《煤矿安全生产标准化基本要求及评分方法(试行)》执行说明

焦方杰　于兴建　主编

中国矿业大学出版社

内 容 提 要

为了煤矿安全生产标准化主管部门和煤矿企业更好地理解、掌握《煤矿安全生产标准化考核评级办法(试行)》和《煤矿安全生产标准化基本要求及评分方法(试行)》,指导煤矿企业开展达标创建,深入推进煤矿安全生产标准化建设,我们组织有关专家编写了本书。本书对《煤矿安全生产标准化考核定级办法(试行)》和《煤矿安全生产标准化基本要求及评分方法(试行)》进行逐条解释说明,说明制定该条款的目的、依据,执行中应注意的问题,煤矿企业如何才能达到该条款规定的要求等。本书采用双色印刷,原条文用蓝色,说明部分用黑色,层次分明,阅读方便。

图书在版编目(C I P)数据

《煤矿安全生产标准化基本要求及评分方法(试行)》执行说明 / 焦方杰,于兴建主编. 一徐州 :中国矿业大学出版社,2017.3(2017.3 重印)

ISBN 978-7-5646-3464-3

Ⅰ.①煤… Ⅱ.①焦…②于… Ⅲ.①煤矿一安全生产一安全标准一中国一学习参考资料 Ⅳ.①TD7一65

中国版本图书馆 CIP 数据核字(2017)第 041670 号

书　　名 《煤矿安全生产标准化基本要求及评分方法(试行)》执行说明

主　　编 焦方杰　于兴建

责任编辑 郭　玉　李　敬

出版发行 中国矿业大学出版社有限责任公司

(江苏省徐州市解放南路　邮编 221008)

营销热线 (0516)83885307　83884995

出版服务 (0516)83885767　83884920

网　　址 http://www.cumtp.com　**E-mail**:cumtpvip@cumtp.com

印　　刷 江苏淮阴新华印刷厂

开　　本 787×1092　1/16　**印张** 22.5　**字数** 562 千字

版次印次 2017 年 3 月第 1 版　2017 年 3 月第 2 次印刷

定　　价 65.00 元

国家煤矿安全监察局关于印发《煤矿安全生产标准化考核定级办法（试行）》和《煤矿安全生产标准化基本要求及评分方法（试行）》的通知

煤安监行管〔2017〕5号

各产煤省、自治区、直辖市及新疆生产建设兵团煤矿安全生产标准化工作主管部门，有关中央企业：

为贯彻执行《安全生产法》关于"企业必须推进安全生产标准化建设"的规定，指导煤矿构建安全风险分级管控和事故隐患排查治理双重预防性工作机制，进一步强化煤矿安全基础，提升安全保障能力，国家煤矿安监局在2013年发布的《煤矿安全质量标准化考核评级办法（试行）》和《煤矿安全质量标准化基本要求及评分方法（试行）》基础上，组织制定了《煤矿安全生产标准化考核定级办法（试行）》（以下简称《定级办法》）和《煤矿安全生产标准化基本要求及评分方法（试行）》（以下简称《评分方法》），现予印发，于2017年7月1日起试行。

请各单位认真做好《定级办法》和《评分方法》宣贯工作，明确权力和责任清单，严格依责尽职，指导和督促本地区（本单位）煤矿企业按照新办法开展达标创建，深入推进煤矿安全生产标准化建设。

在试行过程中如发现问题，请及时将具体意见函告国家煤矿安全监察局行业管理司。

联系人及电话：井健、梁子荣，010-64464099，64464789，64464294（传真）；

电子邮箱：liangzr@chinasafety. gov. cn；

通讯地址：北京市东城区和平里北街21号；

邮编：100713。

附件：1. 煤矿安全生产标准化考核定级办法（试行）

2. 煤矿安全生产标准化基本要求及评分方法（试行）

国家煤矿安全监察局

2017年1月24日

《〈煤矿安全生产标准化基本要求及评分方法(试行)〉执行说明》

编审委员会

主　　编　焦方杰　于兴建

执行主编　宁昭曦

副 主 编　纪尊海　李兰友　卢晓曼　刘成涛　卢广银

参　　编　高庆溪　宁洪进　姚增明　肖　宾　陈　静
张连刚　邓阳春　尹训华　郭立军　王　亮
刘玉国　宴家森　贾　超　蔡丽萍　王业钊
琚全宗　王　佐　周志阳　苏富强　刘云娟
李　鹏　郅荣伟　高　伟　杨　利　杜运夯
李　杰　陈春龙　郭罡业　赵启峰　张士勇
陈之元　肖藏岩　张志军

主　　审　宁尚根

审　　稿　苏富强　焦方杰　徐　永　刘云娟

前　言

安全生产标准化工作是煤矿企业的基础工程、生命工程和效益工程。煤矿安全生产标准化，是构建煤矿安全生产长效机制的重要措施，是我国煤炭行业借鉴国内外先进的安全管理理念、方法和技术，经过多年实践探索，逐步发展完善形成的一套完整的安全生产管理体系和方法。

为贯彻执行《安全生产法》关于“企业必须推进安全生产标准化建设”的规定，指导煤矿构建安全风险分级管控和事故隐患排查治理双重预防性工作机制，进一步强化煤矿安全基础，提升安全保障能力，国家煤矿安全监察局组织制定了《煤矿安全生产标准化考核定级办法(试行)》和《煤矿安全生产标准化基本要求及评分方法(试行)》，于 2017 年 7 月 1 日起施行。

为使广大煤矿安全生产标准化主管部门和煤矿企业更好地理解、掌握《煤矿安全生产标准化考核评级办法(试行)》和《煤矿安全生产标准化基本要求及评分方法(试行)》，指导煤矿企业按照新办法开展达标创建，深入推进煤矿安全生产标准化建设，我们组织有关专家编写了这本《〈煤矿安全生产标准化基本要求及评分方法(试行)〉执行说明》。

本书对《煤矿安全生产标准化考核定级办法(试行)》和《煤矿安全生产标准化基本要求及评分方法(试行)》的条文进行逐条解释说明，说明制定该条款的目的、依据，执行中应注意的问题，煤矿企业如何才能达到该条款的基本要求，如何运用评分办法在评分中取得高分等。

本书采用双色印刷，原条文蓝色印刷，说明部分黑白印刷，层次分明，阅读方便。

本书可供全国煤矿企业在实施安全生产标准化中参考，也可作为有关单位进行煤矿安全生产标准化培训使用。

本书在编写和审定过程中，得到了煤矿安全生产标准化主管部门的大力支持和帮助，在此一并表示感谢。

由于时间紧，任务重，不妥之处，敬请广大读者给予指正，联系邮箱 hnnygy@126.com.

本书编委会
2017 年 3 月

目　录

《煤矿安全生产标准化基本要求及评分方法（试行）》执行说明

第 1 部分　总　　则

一、基本条件

安全生产标准化达标煤矿应具备以下基本条件：

【说明】 本部分规定了申报安全生产标准化等级的煤矿必须同时具备的 4 个基本条件，有任一条基本条件不能满足的，不得参与考核定级。

1. 采矿许可证、安全生产许可证、营业执照齐全有效；

【说明】 “必须证照齐全有效”是指煤矿生产必须要取得“三证”（也称“两证一照”），“三证”指的是：采矿许可证、安全生产许可证和营业执照。“三证”情况比较见表 1-1。

表 1-1　　煤矿“两证一照”统计表

序号	证件名称	颁发部门	申请条件	合法期限	依据的法律法规
1	采矿许可证	国土资源部门	1. 合法登记企业； 2. 有相应的资金、技术、设备等资质条件； 3. 矿区范围已经登记机关批准划定，并在矿区范围预留期内； 4. 经有矿山工程设计资质单位编制的开发利用方案及附图； 5. 非探矿权人自行出资勘查探明矿产地的采矿权价款已经评估、确认； 6. 采矿登记管理机关规定的其他条件	小型矿井：10 年 中型矿井：20 年 大型矿井：30 年	1.《中华人民共和国矿产资源法》； 2.《矿产资源开采登记管理办法》
2	安全生产许可证	煤矿安全监察部门	1. 建立、健全主要负责人、分管负责人、安全生产管理人员、职能部门、岗位安全生产责任制；制定安全目标管理、安全奖惩、安全技术审批、事故隐患排查治理、安全检查、安全办公会议、地质灾害普查、井下劳动组织定员、矿领导带班下井、井工煤矿入井检身与出入井人员清点等安全生产规章制度和各工种操作规程。 2. 安全投入满足安全生产要求，并按照有关规定足额提取和使用安全生产费用。 3. 设置安全生产管理机构，配备专职安全生产管理人员；煤与瓦斯突出矿井、水文地质类型复杂矿井还应设置专门的防治煤与瓦斯突出管理机构和防治水管理机构。	3 年	1.《安全生产许可证条例》； 2.《煤矿企业安全生产许可证实施办法》

续表 1-1

序号	证件名称	颁发部门	申请条件	合法期限	依据的法律法规
2	安全生产许可证	煤矿安全监察部门	4. 主要负责人和安全生产管理人员的安全生产知识和管理能力经考核合格。 5. 参加工伤保险,为从业人员缴纳工伤保险费。 6. 制定重大危险源检测、评估和监控措施。 7. 制定应急救援预案,并按照规定设立矿山救护队,配备救护装备;不具备单独设立矿山救护队条件的,与邻近的专业矿山救护队签订救护协议。 8. 制订特种作业人员培训计划、从业人员培训计划、职业危害防治计划。 9. 法律、行政法规规定的其他条件	3 年	1.《安全生产许可证条例》; 2.《煤矿企业安全生产许可证实施办法》
3	营业执照	工商行政管理部门	1. 股份有限公司:(1) 股东符合法定人数即由二个以上五十个以下股东共同出资设立。(2) 股东出资达到法定资本最低限额;以生产经营为主的公司需 50 万元人民币以上;以商品批发为主的公司需 50 万元人民币以上;以商品零售为主的公司需 30 万元人民币以上;科技开发咨询服务公司需 10 万元人民币以上。(3) 股东共同制定公司章程。(4) 有公司名称,建立符合股份有限公司要求的组织机构。(5) 有固定的生产经营场所和必要的生产经营条件。 2. 有限责任公司:(1) 有符合规定的名称;(2) 有固定的经营场所和设施;(3) 有相应的管理机构和负责人;(4) 有符合规定的经营范围;(5) 实行非独立核算	有限公司营业执照有效期一般为 10 年	《中华人民共和国公司登记管理条例》

2. 矿长、副矿长、总工程师、副总工程师(技术负责人)在规定的时间内参加由煤矿安全监管部门组织的安全生产知识和管理能力考核,并取得考核合格证;

【说明】 本条是对矿长、副矿长、总工程师、副总工程师(技术负责人)安全生产知识和管理能力考核的规定。

矿长、副矿长、总工程师、副总工程师(技术负责人)应当在任职之日起 6 个月内通过安全生产知识和管理能力考核,并取得考核合格证,考核合格证在全国范围内有效。若安全生产知识和能力考核不合格,煤矿企业应调整其工作岗位。

3. 不存在各部分所列举的重大事故隐患;

【说明】 本条是对重大事故隐患的有关界定。

共七部分62条重大隐患。

4. 建立矿长安全生产承诺制度，矿长每年向全体职工公开承诺，牢固树立安全生产“红线意识”，及时消除事故隐患，保证安全投入，持续保持煤矿安全生产条件，保护矿工生命安全。

【说明】 本条规定了安全承诺的具体要求。

国家安全生产监督管理总局要求各煤矿矿长严格执行安全生产承诺，履职尽责，强化管理，夯实基础，这既是加强安全生产的铁律，更是对全国所有矿工的承诺。建立矿长安全生产承诺制度，矿长每年向全体职工公开承诺，是煤矿安全发展的重大举措。

习近平总书记指出“人命关天，发展决不能以牺牲人的生命为代价。这必须作为一条不可逾越的红线”、“牢固树立发展决不能以牺牲安全为代价的红线意识”。

《中华人民共和国安全生产法》(以下简称《安全生产法》)第二十条规定：生产经营单位应当具备的安全生产条件所必需的资金投入，由生产经营单位的决策机构、主要负责人或者个人经营的投资人予以保证，并对由于安全生产所必需的资金投入不足导致的后果承担责任。

《安全生产法》第三十八条规定：生产经营单位应当建立健全生产安全事故隐患排查治理制度，采取技术、管理措施，及时发现并消除事故隐患。事故隐患排查治理情况应当如实记录，并向从业人员通报。

1. 承诺方式

(1) 矿长向全体职工公开承诺；

(2) 实行职工向班组长承诺，班组长向副队长承诺，副队长向队长书记承诺，队长书记、科长向分管矿长承诺，分管矿长向矿长书记承诺的逐级承诺制。

2. 承诺制度

(1)《矿长安全承诺书》由矿长签字，向全体职工进行承诺，由安监处报集团公司安监局备案；

(2) 分管矿领导对分管系统安全生产向矿长、书记进行承诺，由安监处备案；

(3) 矿各单位、各部门分别向分管矿领导进行承诺，并报安监处备案；

(4)《安全生产承诺书》签订后，长期有效；

(5) 生产单位负责人如有变动、或者矿安委会认为有必要变动承诺书内容时，生产单位负责人要重新签订《安全生产承诺书》。

3. 承诺内容

《安全生产承诺书》应包括下列内容：

(1) 负责人应当履行的自主抓安全、查处隐患、反“三违”等安全生产职责和义务；

(2) 公司及矿制定的制度、措施对生产经营单位负责人在安全生产方面的要求；

(3) 负责人应当履行的岗位责任制、“每日必做”、“三走到、三必到”及下井带班等责任和义务；

(4) 负责人没有履行应尽职责和约定内容的，应当承担的责任和自愿接受的处罚条款。

二、等级设定

煤矿安全生产标准化等级分为一级、二级、三级。一级为最高级。

【说明】 本条规定了煤矿安全生产标准化等级设置。

三、工作要求

1. 建立和保持

煤矿是创建并持续保持标准化动态达标的责任主体。应通过实施安全风险分级管控和事故隐患排查治理、规范行为、控制质量、提高装备和管理水平、强化培训，使煤矿达到并持续保持安全生产标准化等级标准,保障安全生产。

【说明】 本条规定了创建并持续保持标准化动态达标的责任主体是煤矿。

新标准明确了煤矿安全生产标准化工作定位与责任主体,以及工作的时间节点特征和工作属性。煤矿生产是持续的动态过程,标准化考核结果仅能反映当时的安全生产状况,不能代表永远。为了督促煤矿企业持续保持标准化等级对应的工作标准,实现动态达标,本条规定了"煤矿是创建并持续保持标准化动态达标的责任主体"的内容,明确煤矿是标准化工作的责任主体。

煤矿企业开展安全生产标准化工作,遵循"安全第一、预防为主、综合治理"的方针,以风险分级管控和隐患排查治理为基础,提高安全生产水平,减少事故发生,保障人身安全健康,保证生产经营活动的顺利进行。

煤矿企业安全生产标准化工作采用"策划、实施、检查、改进"动态循环的模式,依据本办法的要求,结合自身特点,建立并保持安全生产标准化系统;通过自我检查、自我纠正和自我完善,建立安全绩效持续改进的安全生产长效机制。

煤矿企业应通过实施安全风险分级管控和事故隐患排查治理、规范行为、控制质量、提高装备和管理水平、强化培训,使煤矿达到并持续保持安全生产标准化等级标准,保障安全生产。

2. 目标与计划

制定安全生产标准化创建年度计划,并分解到相关部门严格执行和考核。

【说明】 本条规定了煤矿创建安全生产标准化要有年度计划,并做好计划目标分解以及计划的落实与考核。

煤矿企业根据自身安全生产实际,制定总体和年度安全生产标准化创建计划和目标。按照所属基层单位和部门在生产经营中的职能,制定安全生产标准化指标和考核办法。

1. 目标

(1) 煤矿应建立安全生产标准化管理制度,明确目标与指标的制定、分解、实施、考核等环节内容。

煤矿企业的安全生产标准化管理是指煤矿企业在一个时期内,根据国家等有关要求,结合自身实际,制定安全目标、层层分解,明确责任、落实措施,定期考核、奖惩兑现,达到安全生产目的的科学管理方法。因此,煤矿企业应制定对安全生产标准化的管理制度,从制度层面规定其从制定、分解到实施、考核等所有环节的要求,保证目标执行的闭环管理。其范围应包括煤矿企业的所有部门、所属单位和全体员工。

(2) 应按照安全生产标准化管理制度的规定,制定文件化的年度安全生产标准化目标与指标。

煤矿企业应按照安全生产标准化管理制度的要求,制定具体的年度安全生产标准化目标。各企业具体的目标不尽相同,但应该是合理的,可以实现的。目标制定的主要原则有:

① 符合原则:符合有关法规标准和上级要求。

② 持续进步原则:比以前的稍高一点,跳起来,够得着,实现得了。

③ 三全原则:覆盖全员、全过程、全方位。

④ 可测量原则:可以量化测量的,否则无法考核兑现绩效。

⑤ 重点原则:突出重点、难点工作。

以企业的红头文件形式下发年度安全生产标准化创建计划(有的还同时有实施计划、考核办法等内容)。

2. 考核

（1）应根据所属基层单位和部门在安全生产中的职能，分解年度安全生产标准化目标，并制定实施计划和考核办法。

煤矿企业应根据所属基层单位和所有的部门在安全生产中的职能以及可能面临的风险大小，将安全生产标准化目标进行分解。原则上应包括所有的单位和职能部门，如安全部门、生产部门、设备部门、人力资源部门、财务部门、党群部门等。如果企业管理层级较多，各所属单位可以逐级承接分解细化企业总的年度安全生产标准化目标，实现所有的单位、所有的部门、所有的人员都有安全标准化目标要求。为了保障年度安全生产标准化目标与指标的完成，要针对各项目标，制定具体的实施计划和考核办法。

① 层层分解企业的安全生产标准化目标。

② 制定实施计划。

③ 制定考核办法。

④ 签订安全责任书等。

可以将目标分解、实施计划和考核办法一并制定并发布。

（2）应定期对安全生产标准化目标的完成效果进行评估和考核，根据评估、考核结果，及时调整安全生产标准化目标和指标的实施计划。评估报告和实施计划的调整、修改记录应形成文件并加以保存。

年度各项安全生产标准化目标的完成情况如何，需要进行定期的总结评估分析。评估分析后，如发现煤矿企业当前的目标完成情况与设定的目标计划不符合时，应对目标进行必要的调整，并修订实施计划。总结评估分析的周期应和考核的周期频次保持一致，原则上应有月度、季度、半年度的总结评估分析和考核。总结评估分析的内容应全面、实事求是，充分肯定成绩的同时，认真查找需要改进提高的方面。

① 按照制度规定的周期和内容进行总结评估分析，并提交书面报告。

② 根据监测的情况，按照考核办法进行考核，奖惩兑现。

③ 如需要调整目标和实施计划，则需要提供有关决定调整目标和实施计划的会议记录或纪要。

④ 调整后的目标和实施计划的文件等。

3. 组织机构与职责

有负责安全生产标准化工作的机构，各单位、部门和人员的安全生产标准化工作职责明确。

【说明】 本条规定了煤矿安全生产标准化所必需的组织保障。

煤矿安全生产标准化建设是一个长期的工作，波及范围广，涉及部门多，工作量大。为了保证建设工作顺利进行并达到预期效果，煤矿需要成立安全生产标准化管理机构，去完成相应的任务。

煤矿应按照需要，设置煤矿安全生产标准化领导小组、煤矿安全生产标准化办公室和各专业安全生产标准化考核小组，并正式发文明确这些机构组成和主要职责。

1. 领导小组

煤矿需要加强对煤矿安全生产标准化工作的领导，以保障煤矿安全生产标准化建设过程中，能及时协调和解决可能的问题。

领导小组组成一般包括：

组长：由煤矿矿长或煤矿公司总经理担任。

副组长：由分管安全的副矿长或副经理担任。

成员:一般由煤矿职能部门负责人、区队长等组成。

领导小组主要职责:

(1) 负责审查和批准煤矿安全生产标准化建设各部门工作组工作方案;

(2) 领导、组织、协调各部门、区队开展工作;

(3) 负责各工作组职责和工作计划的制订;

(4) 定期组织审核会议,审定各小组的工作成果;

(5) 负责保证人、财、物等各种资源的配置。

2. 煤矿安全生产标准化办公室

煤矿安全生产标准化是一项常规工作,需要设立一个办公室负责组织日常的安全生产标准化制度制定、会议、培训、检查、考核等各项工作。

3. 各专业安全生产标准化考核小组

各专业安全生产标准化考核小组负责对各个专业系统及工程的生产标准化等进行动态、定期的检查、考核和验收工作。

4. 安全生产标准化投入

保障安全生产标准化经费,持续改进和完善安全生产条件。

【说明】 本条规定了煤矿安全生产标准化所必需的资金保障。

煤矿应依据相关法律法规建立安全质量标准化投入保障制度,制度应对安全质量标准化资金提取的渠道、申请、审批、使用、验收等进行规定,确保安全投入,以改善和改进安全生产条件。

根据国家财政部和国家安全生产监督管理总局《企业安全生产费用提取和使用管理办法》(财企〔2012〕16 号)规定,煤炭生产企业依据开采的原煤产量按月提取。各类煤矿原煤单位产量安全费用提取标准如下:① 煤(岩)与瓦斯(二氧化碳)突出矿井、高瓦斯矿井吨煤 30 元;② 其他井工矿吨煤 15 元;③ 露天矿吨煤 5 元。

煤炭生产企业安全费用应当按照以下范围使用:① 煤与瓦斯突出及高瓦斯矿井落实“两个四位一体”综合防突措施支出,包括瓦斯区域预抽、保护层开采区域防突措施、开展突出区域和局部预测、实施局部补充防突措施、更新改造防突设备和设施、建立突出防治实验室等支出;② 煤矿安全生产改造和重大隐患治理支出,包括“一通三防”(通风,防瓦斯、防煤尘、防灭火)、防治水、供电、运输等系统设备改造和灾害治理工程,实施煤矿机械化改造,实施矿压(冲击地压)、热害、露天矿边坡治理、采空区治理等支出;③ 完善煤矿井下监测监控、人员定位、紧急避险、压风自救、供水施救和通信联络安全避险“六大系统”支出,应急救援技术装备、设施配置和维护保养支出,事故逃生和紧急避难设施设备的配置和应急演练支出;④ 开展重大危险源和事故隐患评估、监控和整改支出;⑤ 安全生产检查、评价(不包括新建、改建、扩建项目安全评价)、咨询、标准化建设支出;⑥ 配备和更新现场作业人员安全防护用品支出;⑦ 安全生产宣传、教育、培训支出;⑧ 安全生产适用新技术、新标准、新工艺、新装备的推广应用支出;⑨ 安全设施及特种设备检测检验支出;⑩ 其他与安全生产直接相关的支出。

根据以上规定安全费用使用范围包含了安全生产标准化,因此,安全生产标准化投入可纳入安全费用。安全费用要求专款专用,专户储存,不得挪作他用。

5. 技术保障

健全技术管理体系,完善工作制度,开展技术创新;作业规程、操作规程及安全技术措施编制符合要求,审批手续完备,贯彻执行到位。

【说明】 本条规定了煤矿安全生产标准化的技术保障。

一、技术管理体系

煤矿企业要建立健全煤矿技术管理体系，完善工作制度，开展技术创新，加强技术队伍建设，明确和落实各级技术管理责任，健全以总工程师为核心的技术管理体系。

1. 技术管理范围

(1) 制定生产、基本建设、技术改造、科研及技术开发、设备更新、地质勘探、安全技术、环境保护等中长期规划及年度计划。

(2) 基本建设、技术改造、开拓延深及矿井配套工程建设方案的设计管理。

(3) 地质勘探及储量管理。

(4) 矿井生产水平及采区接替工程管理。

(5) 采掘工作面作业规程的管理。

(6) 工程质量管理。

(7) 机电设备管理。

(8) 科研及技术开发管理。

(9) 防治水、火、瓦斯、煤尘、顶板及机电、运输等重大灾害的安全技术管理。

(10) 煤矿安全生产标准化管理。

2. 技术管理体系组织机构

总工程师对煤矿企业生产技术管理负总责。设立采掘生产技术、矿井“一通三防”、地质测量、水害防治、职业危害防治、工程设计和科研等安全技术管理机构，配齐技术管理和工作人员。

(1) 各专业副矿长及副总工程师对煤矿技术管理体系主要负责人负责，是本专业技术管理的领导核心。

(2) 生产系统各科室必须按要求配备技术人员，生产基层单位必须配备专职技术负责人。

3. 总工程师职责、职权

(1) 负责贯彻国家法律法规、方针政策、行业规章所涉及的技术规定、规范、标准。

(2) 负责技术管理体系的建立，组织加强技术管理，推进技术进步，提升安全生产技术保障水平。

(3) 组织编制本矿的中长期发展规划和年度、季度生产计划，提出实现技术经济目标的技术措施。

(4) 组织制定和批准煤矿的技术标准、技术规范、作业规程、操作规程和相关技术管理制度。

(5) 组织编制矿井地质勘探、矿井技术改造、开拓延深、采区设计以及相关配套工程等重大技术方案和设计。

(6) 负责提出并组织研究解决资源合理开发、采掘平衡、合理集中生产、提高矿井机械化水平、生产系统综合能力配套、煤炭洗选加工和综合利用、环境保护、信息技术等重大技术问题。

(7) 充分了解开采活动对生态环境、自然资源的消极影响和破坏作用，积极开展环境协调、资源节约开采技术的研究与推广应用工作。

(8) 组织研究和实施提高矿井抗灾能力的技术措施，组织制定防治水、火、瓦斯、煤尘、顶板、机电、运输等事故的措施，预防重大事故发生。组织制定和审批矿井灾害预防和处理计划、事故灾害应急预案和安全技术措施工程保障计划。

(9) 煤矿发生生产安全事故和灾害时，在主要负责人的领导下组织制定事故和灾害的抢险救援措施，参与组织指挥抢险救援工作。认真分析总结事故原因和教训，制定和组织落实防范措施。

(10) 组织编制本矿技术发展规划和年度计划,并组织实施;组织技术攻关和科技交流;积极推广应用新技术、新工艺、新装备、新材料;负责技术人员和管理人员的知识更新和技术培训工作。主持本矿技术人员的技术业务考核和职称评定工作。

(11) 积极推进煤矿安全生产标准化工作,保证各种技术管理制度的实施。

4. 副矿长及副总工程师职责、职权

(1) 协助总工程师健全完善技术管理体系,编制技术标准。

(2) 协助总工程师健全完善质量管理体系、加强质量控制、强化质量验收、主持竣工验收、解决施工中重大技术质量问题。

(3) 负责编制、贯彻、执行与工程技术、质量相关的法律、法规、规范、规程、标准和文件。

(4) 负责建立健全施工组织设计、施工方案等技术管理制度;组织审定重大工程和特殊单项工程的技术方案,根据总工程师授权、审批基层上报的施工组织设计、安全施工方案、专项工程施工方案、重大技术问题的处理方案等。

(5) 负责新技术推广应用、技术交流等工作。

(6) 指导各专业人员的技术培训工作。

(7) 审核本矿技术文件。

(8) 完成总工程师分配的其他相关工作任务。

(9) 为了及时排除安全、质量隐患,避免发生可能发生的事故,紧急情况下有权决定局部停止作业。

(10) 对主管范围内违反国家技术法规及矿技术管理制度、规定的行为有权制止。

5. 生产系统各科室技术负责人职责、职权

(1) 协助总(副)工程师健全完善技术管理体系。

(2) 协助总(副)工程师健全完善质量管理体系、加强质量控制、强化质量验收、参与竣工验收、解决施工中重大技术质量问题。

(3) 参与编制、贯彻、执行与工程技术、质量相关的法律、法规、规范、规程、标准和文件。

(4) 参与施工组织设计、施工方案等技术管理制度;参与审定重大工程和特殊单项工程的技术方案,根据总工程师授权、审批基层上报的施工组织设计、安全施工方案、专项工程施工方案、重大技术问题的处理方案等。

(5) 组织制定重点质量问题的纠正和预防措施;参加重大质量事故分析和处理方案的制订。

(6) 完成总工程师(副总工程师)分配的其他相关工作任务。

(7) 对本单位技术管理人员的技术工作进行监督和考核。

(8) 对违反国家技术法规和本矿技术、质量管理制度或规定的行为有权制止。

(9) 行使总工程师(副总工程师)授予的其他职权。

二、煤矿作业规程、安全技术措施

煤矿作业规程、操作规程、安全技术措施是保证安全生产、正确指导作业、实行科学管理的基础,是进行采掘活动的主要依据,也是采掘工作面的基本法规。

根据《煤矿安全规程》规定,回采、掘进工作面在开工之前,都必须按照采区设计或巷道设计编制作业规程;在采掘工作面地质情况、施工条件发生变化时,如初采、收尾、贯通、过断层、过老巷、工作面调采等,临时性工程如巷道起底、扩帮、铺轨、各类小型硐室施工、机电设备安装等,均须编制专项安全技术措施。

1. 管理原则

(1) 作业规程、操作规程、安全技术措施必须严格遵守《安全生产法》、《中华人民共和国煤炭法》、《中华人民共和国矿山安全法》、《煤矿安全监察条例》、《煤矿安全规程》等国家有关安全生产的法律、法规、标准、规章、规程和相关技术规范。

(2) 坚持“安全第一、预防为主、综合治理”的方针,积极推广、采用新技术、新工艺、新设备、新材料和先进的管理手段,提高经济效益。

(3) 单项工程、单位工程开工之前,必须严格按照“一工程、一规程;一变化、一措施”的原则编制作业规程,不得沿用、套用作业规程,严禁无规程组织施工。

(4) 作业规程、操作规程、安全技术措施由总工程师负责,总工办具体落实作业规程、操作规程、安全技术措施的编制、审批、贯彻、管理考核等各个环节的工作。

2. 作业规程、安全技术措施的编制

(1) 编制作业规程、安全技术措施,由主管业务科室根据工作衔接安排或工作计划提前一个月下达“规程(措施)编制通知单”(通知单必须明确计划开工时间)。

(2) 生产技术科技术员接到“规程(措施)编制通知单”后,在编制作业规程、安全技术措施之前,生产科技术员应组织各业务科室技术员对开工地点及邻近煤层进行现场勘查,检查现场的施工条件,预测施工中可能遇到的各种情况,讨论制定有针对性的安全措施,明确施工的程序和任务,为作业规程的编制做好准备工作。

(3) 编制作业规程、安全技术措施必须具备下列文件、资料:

① 由总工办提供的经过批准的有关设计(采、掘工作面等设计)及文件、资料。

② 由地测科提供的经过批准的地质说明书、施工现场地质条件变化的勘查资料、同一煤层或相邻工作面的矿压观测、煤岩层综合柱状图以及水害等资料。

③ 由通风科提供的经过批准的通风系统图、洒水降尘图、监控系统图、瓦斯等级和煤尘的爆炸性、煤的自燃倾向性鉴定资料,以及风量计算等“一通三防”和监测监控的相关资料。

④ 由机电科提供的经过批准的供电系统图、设备布置图、运输系统图以及供电设计等相关资料。

⑤ 由安全科提供的经过批准的避灾路线图。

⑥ 有《煤矿安全规程》、《煤矿安全技术操作规程》等。

⑦ 有关安全生产的管理制度,如岗位责任制、工作面交接班制度、“一通三防”管理制度、爆破管理制度、巷道维修制度、机电设备维修保养制度、通风安全仪表使用维修制度、矿井灾害预防与处理计划等。

(4) 作业规程、安全技术措施的编制由生产技术科的技术员负责。要做到:内容齐全,语言简明、准确、规范;图表满足施工需要,采用规范图例,内容和标注齐全,比例恰当、图面清晰,按章节顺序编号,采用集团公司作业规程模板格式编制。

(5) 作业规程、安全技术措施编制的内容应结合现场的实际情况,具有针对性。

3. 作业规程、安全技术措施的审批

(1) 生产技术科技术员完成煤矿作业规程编制之后,自己必须先自查一遍,发现问题应及时修改或补充,然后征求科长的意见,获得科长同意并签字后,方可上报审批。

(2) 生产技术科对规程进行内审后,主管技术员持作业规程或安全技术措施首先到主管领导审核,主管领导要严格把关。规程(措施)经审核后,由主管业务科室下达“规程(措施)审批通知单”,通知单上要明确规程(措施)必须参加审批的业务科室和对口专业副总。各副总及各业务科室规程(措施)审批人员必须坚持“安全第一”的原则,严格把关,对本专业审批内容全面负责,并将审批内容记录在案。科室审批时间最多不超过一天。技术员对各单位审批情况进行记录。

(3) 提交的作业规程(安全技术措施)经各业务科室、分管副总传审完毕,在工程开工10 d前组织集体会审,集体会审必须是矿总工程师主持(矿总工程师外出时可由指派的矿临时技术负责人主持),由矿总工组织,参加集体会审的部门及人员分别为:各分管副总、安全监察科、生产技术科、机电运输科、调度室、通风科、地测科相关队组负责人和技术员。

(4) 参加集体会审的单位由本单位主管和相关科室科长参加,参加会审时要持本人对规程的传阅审批记录。审核过程中要认真细致,对本专业审批内容全面负责、严格把关,并写出会审意见,施工单位按照各部门提出的审查意见修改后,经过相关单位和人员核实符合审查意见要求并签字后,报各分管矿领导审核并签字,然后报总工程师审批。

(5) 会审应建立“规程措施集体会审记录”(工程名称、会审时间、地点、参加人提出的问题和意见等)。

(6) 执行“谁会审、谁审批、谁签字、谁负责”制度,各职能部门由参加会审的人员对规程、措施进行审核签字,并且由签字者对规程、措施中相关专业内容的科学性、针对性、安全技术有效性负责。

(7) 各类作业规程、安全技术措施的编制、审查严重违背《煤矿安全规程》和有关技术规范,造成重大失误的;各类作业规程、安全技术措施中应明确的事项而未明确,存在严重缺陷的,按照矿有关规定进行责任追究。

(8) 作业规程、安全技术措施未经审批、批准(生效)和贯彻,主管部门不得下达开工通知书,开工通知书应提前3 d由主管部门送达参加会审的部门和主管领导、施工单位。

(9) 作业规程、安全技术措施由各业务科室具体落实。

(10) 经批准的作业规程、安全技术措施文本由总工进行统一编号,并在安全监察科等部门备案、交档案室存档。

(11) 批准程序和权限:

① 作业规程经参加会审各相关部门负责人审核签字后,报矿相关领导签字批准,由矿总工程师签发执行。

② 批准程序依次为生产矿长、安全矿长、机电矿长、总工程师、矿长,其他人员无权代替批准(领导外出时可委托副总以上人员代替批准,受委托人同委托人负同等责任)。

③ 安全技术措施经各相关部门负责人审核签字后,报矿总工程师签发执行。

④ 矿总工程师要对主管部门提交的经集体会审后的规程和安全技术措施进行全面检查,写出批示意见并签名后方可生效。

(12) 一切新编制的规程、措施或经修改、补充的规程、措施都必须经过审批签字后方可生效。

(13) 坚持规程、措施复审制度,每月底由生产技术科将各采掘工作面在用的规程、措施报总工程师,由总工程师主持(矿总工程师外出时可由指派的矿临时技术负责人主持),矿总工组织,参加复审的部门及人员分别为:各分管副总、安全监察科、生产技术科、机电运输科、调度室、通风科、地测科、相关队组技术员。

(14) 工作面地质条件发生变化,改变作业工艺时必须另外制定补充措施,补充措施同样具有作业规程的法律效力。

(15) 当工作面发生瓦斯积聚、有透水预兆、突遇地质构造等特殊情况时,要由分管副矿长召集有关业务部门,集体研究制定临时处理措施,必要时组织有关科室现场办公乃至跟班作业,具体进行指导。

4. 作业规程、安全技术措施的贯彻学习

（1）规程一经会审完毕，参加会审人员签字后，即具法律效力，必须严格遵照执行，任何个人无权随意修改。当由于地质条件或施工工艺改变确需对规程进行修改时，必须由总工程师负责召集规程会审人员对需修改部分共同研究、讨论，认定后方可修改。

（2）作业规程、安全技术措施的贯彻学习，必须在工作面开工之前完成；由生产技术科技术员组织所有参加施工人员学习、贯彻。参加学习的人员，经考试合格方可上岗。考试合格人员的考试成绩应登记在本规程的学习考试记录表上，并签名，考试卷要存档。作业规程、安全技术措施贯彻学习要有记录备查。

（3）为了提高工人的技术素质，要求采掘区队每月要有不少于一次的有关安全规程、操作规程、作业规程、工种岗位责任制、安全制度以及有关安全技术措施的全员学习，同时在平时班前会、学习会上开展经常性的规程、措施学习。

（4）作业规程、安全技术措施的执行必须严格认真，一丝不苟。采、掘区队干部、工人必须严格按作业规程规定进行生产管理和操作。作业规程、安全技术措施在执行过程中，因地质条件或生产条件与规程、措施不符时，应及时修改作业规程或补充安全技术措施，并经有关部门审签和领导签发后贯彻执行。

5. 作业规程、安全技术措施的实施

（1）作业规程、安全技术措施由施工单位负责实施。所有现场工作人员都必须按照作业规程、安全技术措施要求进行作业和施工。

（2）作业规程、安全技术措施的实施应进行全过程、全方位的管理，重点抓好下列工作：

① 工程技术人员负责施工现场规程的指导、落实、修改和补充工作。

② 每月对作业规程执行情况进行一次复查。

③ 工作面的地质、施工条件发生变化时，必须及时修改补充安全技术措施，并履行审批和贯彻程序。

6. 作业规程、安全技术措施的管理

（1）作业规程在开工前10 d完成审批工作，安全技术措施在开工前3 d完成审批工作。

（2）作业规程、安全技术措施的编制和贯彻执行作为安全检查的重要内容，每月进行一次，由总工组织，安全、调度、生产、通风等部门参加，对作业规程、安全技术措施及其执行情况，进行定期和不定期的监督检查。发现生产现场不按规程要求施工，应责令及时整改；如有规程不满足现场需要的情况，应责令其及时补充、修改。

（3）对于违反作业规程、安全技术措施所造成的各类事故，要按照“四不放过”的原则，严格进行追查处理，以便吸取教训，进一步抓好安全生产。

（4）施工结束后，一个月内施工单位必须写出作业规程的执行总结，连同作业规程、安全技术措施及修改补充措施一起存档。存档的作业规程文本、电子文档不得修改。

6. 现场管理和过程控制

加强各生产环节的过程管控和现场管理，定期开展安全生产标准化达标自检工作。

【说明】 本条规定了现场管理和过程控制的要求。

煤矿现场应严格执行《煤矿安全规程》、作业规程、操作规程和安全技术措施等，各区队现场作业，应指定跟班队干部负责安全生产工作，矿领导、安监部门、相关职能部门应对生产现场进行定期和不定期的监督检查，确保对各生产环节的过程控制，煤矿每月至少开展一次安全生产标准化达标自检工作，并在等级有效期内每年由隶属的煤矿企业组织（企业和煤矿一体的由煤矿组织）开展一次全面自查，并形成自查报告，并能够做到闭环管理。煤矿宜制定相关安全生产标准化奖罚制度，根据自检结果，对煤矿各单位进行奖罚兑现。

企业应加强生产现场安全管理和生产过程的控制。对生产过程及物料、设备设施、器材、通道、作业环境等存在的隐患，应进行分析和控制。对动火作业、受限空间内作业、临时用电作业、高处作业等危险性较高的作业活动实施作业许可管理，严格履行审批手续。作业许可证应包含危害因素分析和安全措施等内容。

7. 持续改善

煤矿取得的安全生产标准化等级，是煤矿安全生产标准化工作主管部门在考核定级时，对煤矿安全生产标准化工作现状的测评，是对煤矿执行《安全生产法》等相关规定组织开展安全生产标准化建设情况的考核认定。取得等级的煤矿应在取得的等级基础上，有目的、有计划地持续改进工艺技术、设备设施、管理措施，规范员工安全行为，进一步改善安全生产条件，使煤矿持续保持考核定级时的安全生产条件，并不断提高安全生产标准化水平，建立安全生产标准化长效机制。

【说明】 本条是对煤矿持续改善安全生产标准化水平的规定。

煤矿生产是持续的动态过程，标准化考核结果仅能反映当时的安全生产状况，不能代表永远。煤矿取得的安全生产标准化等级，是煤矿安全生产标准化工作主管部门在考核定级时对煤矿按照新标准开展标准化创建工作已有成果的测定，是对煤矿执行《安全生产法》组织开展安全生产标准化建设情况的考核认定，反映煤矿当时的安全生产状况。

应根据安全生产标准化的评定结果和安全预警指数系统，对安全生产目标与指标、规章制度、操作规程等进行修改完善，制定完善安全生产标准化的工作计划和措施，不断提高安全绩效。

持续改善，就是不断发现问题、不断纠正缺陷、不断自我完善、不断提高的过程，使安全状况越来越好。

持续改进更重要的内涵是，企业负责人通过对一定时期后的评定结果的认真分析，及时将某些部门做得比较好的管理方式及管理方法，在企业内所有部门进行全面推广；对发现的系统问题及需要努力改进的方面及时作出调整和安排。在必要的时候，把握好合适的时机，及时调整安全生产目标、指标，或修订不合理的规章制度、操作规程，使企业的安全生产管理水平不断提升。

企业负责人还要根据安全生产预警指数数值大小，对比、分析查找趋势升高、降低的原因，对可能存在的隐患及时进行分析、控制和整改，并提出下一步安全生产工作的关注重点。

在企业安全生产标准化管理系统初步建立并运行一段时间后，经过了有效的评定，结合实际，各单位就要努力地根据评定过程中发现的问题，认真分析这些问题出现的最根本原因是什么，有针对性地开展整改。要彻底改变许多企业以往分析问题时的应付了事现象，做到真正的举一反三，以点带面，提升本部门、本单位的安全管理水平。

四、煤矿安全生产标准化体系

1. 井工煤矿

(1) 安全风险分级管控。考核内容执行本方法第 2 部分“安全风险分级管控”的规定。

(2) 事故隐患排查治理。考核内容执行本方法第 3 部分“事故隐患排查治理”的规定。

(3) 通风。考核内容执行本方法第 4 部分“通风”的规定。

(4) 地质灾害防治与测量。考核内容执行本方法第 5 部分“地质灾害防治与测量”的规定。

(5) 采煤。考核内容执行本方法第 6 部分“采煤”的规定。

(6) 掘进。考核内容执行本方法第 7 部分“掘进”的规定。

(7) 机电。考核内容执行本方法第 8 部分“机电”的规定。

(8) 运输。考核内容执行本方法第 9 部分“运输”的规定。

(9) 职业卫生。考核内容执行本方法第 10 部分“职业卫生”的规定。

(10) 安全培训和应急管理。考核内容执行本方法第 11 部分“安全培训和应急管理”的规定。

(11) 调度和地面设施。考核内容执行本方法第 12 部分“调度和地面设施”的规定。

2. 露天煤矿

露天煤矿安全生产标准化体系包括以下 13 个部分：

(1) 安全风险分级管控考核内容执行第 2 部分“安全风险分级管控”的规定。

(2) 事故隐患排查治理考核内容执行第 3 部分“事故隐患排查治理”的规定。

(3) 钻孔、爆破、采装、运输、排土、机电、边坡、疏干排水考核内容执行本方法第 13 部分“露天煤矿”的规定。

(4) 职业卫生。考核内容执行本方法第 10 部分“职业卫生”的规定。

(5) 安全培训和应急管理。考核内容执行本方法第 11 部分“安全培训和应急管理”的规定。

(6) 调度和地面设施。考核内容执行本方法第 12 部分“调度和地面设施”的规定。

五、煤矿安全生产标准化评分方法

1. 井工煤矿安全生产标准化评分方法

(1) 井工煤矿安全生产标准化考核满分为 100 分，采用各部分得分乘以权重的方式计算，各部分的权重见表 1-1。

表 1-1　　井工煤矿安全生产标准化评分权重表

序号	名称	标准分值	权重(a_i)	【说明】	
				考核得分(M_i)	加权得分
1	安全风险分级管控	100	0.10		
2	事故隐患排查治理	100	0.10		
3	通风	100	0.16		
4	地质灾害防治与测量	100	0.11		
5	采煤	100	0.09		
6	掘进	100	0.09		
7	机电	100	0.09		
8	运输	100	0.08		
9	职业卫生	100	0.06		
10	安全培训和应急管理	100	0.06		
11	调度和地面设施	100	0.06		
井工煤矿安全生产标准化考核得分(M)：					

(2) 按照井工煤矿安全生产标准化体系包含的各部分评分表进行打分。

(3) 各部分考核得分乘以该部分权重之和即为井工煤矿安全生产标准化考核得分，采用式(1)计算：

$$M = \sum_{i=1}^{11}(a_i M_i) \tag{1}$$

式中 M——井工煤矿安全生产标准化考核得分;

M_i——安全风险分级管控、事故隐患排查治理、通风、地质灾害防治与测量、采煤、掘进、机电、运输、职业卫生、安全培训和应急管理、调度和地面设施等11个部分的安全生产标准化考核得分;

a_i——安全风险分级管控、事故隐患排查治理、通风、地质灾害防治与测量、采煤、掘进、机电、运输、职业卫生、安全培训和应急管理、调度和地面设施等11个部分的权重值。

2. 露天煤矿安全生产标准化评分方法

(1) 露天煤矿安全生产标准化考核满分为100分,采用各项得分乘以权重的方式计算,各部分的权重见表1-2。

(2) 按照露天煤矿安全生产标准化体系包含的各部分评分表进行打分。

(3) 各项考核得分乘以其权重之和即为露天煤矿安全生产标准化考核得分,采用式(2)计算:

$$N = \sum_{i=1}^{13}(b_i N_i) \tag{2}$$

式中 N——露天煤矿安全生产标准化考核得分;

N_i——安全风险分级管控、事故隐患排查治理、钻孔、爆破、采装、运输、排土、机电、边坡、疏干排水、职业卫生、安全培训和应急管理、调度和地面设施等13部分的安全生产标准化考核得分;

b_i——安全风险分级管控、事故隐患排查治理、钻孔、爆破、采装、运输、排土、机电、边坡、疏干排水、职业卫生、安全培训和应急管理、调度和地面设施等13部分的权重。

表1-2 露天煤矿安全生产标准化评分权重表

序号	名称	标准分值	权重(b_i)	【说明】	
				考核得分(N_i)	加权得分
1	安全风险分级管控	100	0.10		
2	事故隐患排查治理	100	0.10		
3	钻孔	100	0.05		
4	爆破	100	0.11		
5	采装	100	0.11		
6	运输	100	0.12		
7	排土	100	0.09		
8	机电	100	0.09		
9	边坡	100	0.05		
10	疏干排水	100	0.05		
11	职业卫生	100	0.05		
12	安全培训和应急管理	100	0.04		
13	调度和地面设施	100	0.04		
露天煤矿安全生产标准化考核得分(N):					

（4）在考核评分中，如缺项，可将该部分的加权分值，平均折算到其他部分中去，折算方法如式（3）：

$$T=\frac{100}{100-P}\times Q \tag{3}$$

式中　T——实得分数；

　　　Q——加权得分数；

　　　P——缺项加权分数（缺项权重值乘以100）。

【说明】　本条规定了在煤矿安全标准化考核评分中，针对煤矿存在的生产工艺缺项情况的计分方法。

第2部分　安全风险分级管控

一、工作要求

1. 组织机构与制度

建立矿长为第一责任人的安全风险分级管控工作体系，明确负责安全风险分级管控工作的管理部门。

【说明】 本条主要规定了安全风险分级管控工作体系的基本要求。

绝大多数煤矿尤其是小煤矿在实践中并不能严格区分安全风险与事故隐患，对安全风险概念不清晰。对大多数煤矿而言，安全风险分级管控是全新的，没有相应的工作基础。

考虑到煤矿现状，现阶段工作重点应该是督促煤矿决策层尽快树立安全风险意识，而不是“一竿子捅到底”，要求所有从业人员尤其是一线职工都去参与风险辨识、管控。所以，在内容设置上，本条把相关工作的责任主体直接界定为矿长、总工程师和矿级分管负责人，不涉及煤矿操作层面的人员，全部工作内容均集中在煤矿决策层(副总工程师以上，约15人，各矿存在差异)。新标准实质上是要抓住关键人物，明确工作责任。

煤矿要建立以矿长为第一责任人的安全风险分级管控工作体系，即由矿长、书记、总工程师、副矿长、副书记、副总工程师分级负责的风险分级管控工作体系，明确负责安全风险分级管控工作的管理部门及其职责，并制定相关文件，也可以单独建立责任文件，也可以在安全风险分级管控相关制度中规定，也可以在安全生产责任制中补充完善。

煤矿要明确安全风险分级管控工作的管理部门，煤矿可根据职责分工，指定部门负责安全风险分级管控工作，具体负责矿井安全风险分级管控工作的组织开展，并指导协调各职能部室和区队、班组完成分管范围内的工作。

煤矿要建立安全风险分级管控工作制度，明确安全风险的辨识范围、方法，安全风险的辨识、评估、管控工作流程。煤矿可根据本单位实际建立一个或多个制度，但必须包含本部分中安全风险辨识评估的全部内容。

① 辨识的范围，包括煤矿所有系统及生产经营活动的区域和地点。煤矿应遵循大小适中、便于分类、功能独立、易于管理、范围清晰的原则，组织对生产全过程进行风险点排查，形成风险点名称、所在位置、可能导致事故类型、风险等级等内容的基本信息。

② 辨识的方法。企业应采用适用的辨识方法，对风险点内存在的危险源进行辨识，辨识应覆盖风险点内全部的设备设施和作业活动，并充分考虑不同状态和不同环境带来的影响。设备设施危险源辨识应采用安全检查表分析法(SCL)等方法，作业活动危险源辨识应采用作业危害分析法(JHA)等方法。

③ 风险的评估。根据风险辨识数据库，对风险进行分级。由专家或评估人员根据风险的危害程度和管控的难度进行风险分级。一般选择风险矩阵分析法(LS)或作业条件危险性分析法(LEC)的评价方法对危险源所伴随的风险进行定性、定量评价，并根据评价结果划分等级。

根据《国务院安委会办公室关于实施遏制重特大事故工作指南构建双重预防机制的意见》(安委办〔2016〕11 号)规定：安全风险等级从高到低划分为重大风险、较大风险、一般风险和低风险，对应是一级、二级、三级和四级风险，分别用红、橙、黄、蓝四种颜色标示。

结合我国煤矿实际，根据有关专家的建议，安全风险等级从高到低划分为重大风险、一般风险，对应是一级、二级风险，分别用红、黄两种颜色标示。

煤矿可以结合实际来划分等级，其中，重大安全风险应填写清单、汇总造册，按照职责范围报告属地负有安全生产监督管理职责的部门。

④ 要依据安全风险类别和等级建立煤矿安全风险数据库，绘制煤矿安全风险空间分布图(“红、橙、黄、蓝”四色或“红、黄”两色)。风险点的定级按风险点各危险源评价出的最高风险级别作为该风险点的级别，风险点也相应分为一级、二级、三级和四级(或一级、二级)。

⑤ 风险的管控。根据风险的分级，风险越大，管控级别越高；上级负责管控的风险，下级必须负责管控。

⑥ 风险控制措施，包括：工程技术措施、管理措施、培训教育措施、个体防护措施、应急处置措施。

2. 安全风险辨识评估

(1) 年度辨识评估。每年底矿长组织开展年度安全风险辨识，重点对容易导致群死群伤事故的危险因素进行安全风险辨识评估。

【说明】 本条主要规定了年度辨识评估的基本要求。

年度辨识评估是煤矿企业必须做的。

① 每年底矿长组织各分管负责人和相关业务科室、区队进行年度安全风险辨识；重点对井工煤矿瓦斯、水、火、粉尘、顶板、冲击地压及提升运输系统，露天煤矿边坡、爆破、机电运输等容易导致群死群伤事故的危险因素开展安全风险辨识。

年度安全风险辨识要有记录，参加人员签字；内容明确，针对性强；并随机抽查相关人员询问。

② 及时编制年度安全风险辨识评估报告，建立可能引发重特大事故的重大安全风险清单，制定相应的管控措施。

年度安全风险辨识评估报告内容与实际相符，建立的重大安全风险清单和制定的管控措施明确具体。

③ 辨识评估结果用于确定下一年度安全生产工作重点，并指导和完善下一年度生产计划、灾害预防和处理计划、应急救援预案。

④ 年度安全风险辨识评估的结果在下一年度生产计划、灾害预防和处理计划、应急救援预案中有体现。

(2) 专项辨识评估。以下情况，应进行专项安全风险辨识评估：

【说明】 专项辨识评估不要求煤矿企业全部同时做，煤矿企业应根据生产布局和生产组织情况来组织开展。

a. 新水平、新采(盘)区、新工作面设计前；

【说明】 本条主要规定了进行专项安全风险辨识评估的情况之一。

① 该专项辨识由总工程师组织有关业务科室进行；重点在新水平、新采(盘)区、新工作面设计前，辨识地质条件和重大灾害因素等方面存在的安全风险。

专项辨识要有记录,参加人员签字;内容明确,针对性强。

② 及时编制专项安全风险辨识评估报告,完善重大安全风险清单并制定相应管控措施;重大安全风险清单和相应管控措施针对性强,与实际相符。

③ 辨识评估结果用于完善设计方案,指导生产工艺选择、生产系统布置、设备选型、劳动组织确定等。

④ 辨识评估结果在设计方案、生产工艺选择、生产系统布置、设备选型、劳动组织确定等中有体现。

b. 生产系统、生产工艺、主要设施设备、重大灾害因素等发生重大变化时;

【说明】 本条主要规定了进行专项安全风险辨识评估的情况之一。

① 该专项辨识由分管负责人组织有关业务科室进行;重点在生产系统、生产工艺、主要设施设备、重大灾害因素等发生重大变化时,重点辨识作业环境、生产过程、重大灾害因素和设施设备运行等方面存在的安全风险。

专项辨识要有记录,参加人员签字;内容明确,针对性强。

② 及时编制专项安全风险辨识评估报告,完善重大安全风险清单并制定相应管控措施;重大安全风险清单和相应管控措施针对性强,与实际相符。

③ 辨识评估结果用于指导重新编制或修订完善作业规程、操作规程和安全技术措施。

④ 辨识评估结果在作业规程、操作规程和安全技术措施中有体现。

c. 启封火区、排放瓦斯、突出矿井过构造带及石门揭煤等高危作业实施前,新技术、新材料试验或推广应用前,连续停工停产1个月以上的煤矿在复工复产前;

【说明】 本条主要规定进行安全风险辨识评估的情况之一。

① 该专项辨识由分管负责人组织有关业务科室进行;重点在启封火区、排放瓦斯、突出矿井过构造带及石门揭煤等高危作业实施前,新技术、新材料试验或推广应用前,连续停工停产一个月以上的煤矿在复工复产前,重点辨识作业环境、工程技术、设备设施、现场操作等方面存在的安全风险。

专项辨识要有记录,参加人员签字;内容明确,针对性强。

② 及时编制专项安全风险辨识评估报告,完善重大安全风险清单并制定相应管控措施;重大安全风险清单和相应管控措施针对性强,与实际相符。

③ 辨识评估结果用于指导编制安全技术措施。

④ 辨识评估结果在安全技术措施中有体现。

d. 本矿发生死亡事故或涉险事故、出现重大事故隐患,或所在省份煤矿发生重特大事故后。

【说明】 本条主要规定进行安全风险辨识评估的情况之一。

① 该专项辨识由矿长组织分管负责人和业务科室进行;重点在本矿发生死亡事故或涉险事故、出现重大事故隐患,或所在省份煤矿发生重特大事故后,重点辨识原安全风险辨识结果及管控措施是否存在漏洞、盲区。

专项辨识要有记录,参加人员签字;内容明确,针对性强;随机抽查相关人员询问。

② 及时编制专项安全风险辨识评估报告,补充和完善重大安全风险清单并制定相应管控措施;重大安全风险清单和相应管控措施针对性强,与实际相符。

③ 辨识评估结果用于指导修订完善设计方案、作业规程、操作规程、灾害预防与处理计

划、应急救援预案以及安全技术措施等技术文件。

④ 辨识评估结果在设计方案、作业规程、操作规程、灾害预防与处理计划、应急救援预案以及安全技术措施等技术文件中有体现。

3. 安全风险管控

(1) 内容要求

a. 建立矿长、分管负责人安全风险定期检查分析工作机制，检查安全风险管控措施落实情况，评估管控效果，完善管控措施。

【说明】 本条主要规定了安全风险分级管控工作机制的基本要求。

煤矿要建立矿长、分管负责人安全风险定期检查分析工作机制，检查安全风险管控措施落实情况，评估管控效果，完善管控措施。

① 煤矿要根据风险评估的结果，针对安全风险特点，从组织、制度、技术、应急等方面对安全风险进行有效管控。

② 煤矿要对安全风险分级、分层、分类、分专业进行管理，逐一落实企业、区队、班组和岗位的管控责任。

③ 重大安全风险管控措施由矿长组织实施，有具体的工作方案，人员、资金有保障。采取设计、替代、转移、隔离等技术、工程手段，制定重大安全风险管控措施，并符合相关规定。

④ 制定由矿长组织实施的工作方案，明确人员和资金保障；制定重大安全风险的管控措施，措施针对性强，现场落实到位并有相关的资料和记录。

⑤ 煤矿要高度关注生产状况和危险源变化后的风险状况，动态评估、调整风险等级和管控措施，确保安全风险始终处于受控范围内。

⑥ 在划定的重大安全风险区域设定作业人数上限。明确具体规定，现场有限员挂牌。

b. 建立安全风险辨识评估结果应用机制，将安全风险辨识评估结果应用于指导生产计划、作业规程、操作规程、灾害预防与处理计划、应急救援预案以及安全技术措施等技术文件的编制和完善。

【说明】 本条主要规定了安全风险分级管控应用机制的基本要求。

辨识的目的是为了应用。辨识后，如果不用，束之高阁，就起不到任何作用。每项辨识都要列出重大安全隐患清单，出台安全风险管控措施，以指导后续工作。

矿长每月组织对重大安全风险管控措施落实情况和管控效果进行一次检查分析，针对管控过程中出现的问题调整完善管控措施，并结合年度和专项安全风险辨识评估结果，布置月度安全风险管控重点，明确责任分工。

将安全风险辨识评估结果应用于指导下列技术文件的编制和完善：

① 生产计划；

② 作业规程；

③ 操作规程；

④ 灾害预防与处理计划；

⑤ 应急救援预案以及安全技术措施。

c. 重大安全风险有专门的管控方案，管控责任明确，人员、资金有保障。

【说明】 本条主要规定了重大安全风险管控的基本要求。

(1) 以下情形为重大风险：

① 违反法律、法规及国家标准中强制性条款的；

② 发生过死亡、重伤、职业病、重大财产损失事故，或三次及以上轻伤、一般财产损失事故，且现在发生事故的条件依然存在的；

③ 涉及重大危险源的；

④ 具有中毒、爆炸、火灾等危险的场所，作业人员在10人以上的；

⑤ 经风险评价确定为最高级别风险的。

(2) 需通过工程技术措施和(或)技术改造才能控制的风险，应制定控制该类风险的目标，并为实现目标制订方案。

(3) 属于经常性或周期性工作中的不可接受风险，不需要通过工程技术措施，但需要制定新的文件(程序或作业文件)或修订原来的文件，文件中应明确规定对该种风险的有效控制措施，并在实践中落实这些措施。

(4) 重大安全风险有专门的管控方案，管控责任明确，人员、技术、资金有保障。

(2) 现场检查

跟踪重大安全风险管控措施落实情况，执行煤矿领导带班下井制度，发现问题及时整改。

【说明】 本条主要规定了安全风险分级管控现场检查的基本要求。

按照《煤矿领导带班下井及安全监督检查规定》，执行煤矿领导带班制度，跟踪重大安全风险管控措施落实情况，发现问题及时整改。

带班领导每天对重大安全风险管控措施落实情况进行跟踪督查，并在交接班记录、带班下井记录或检查问题落实单中有体现。

(3) 公告警示

及时公告重大安全风险。

【说明】 本条主要规定了安全风险分级管控公告警示的基本要求。

煤矿要建立和完善安全风险公告制度，要在醒目位置和重点区域分别设置安全风险公告栏，制作岗位安全风险告知卡，标明主要安全风险、可能引发事故隐患类别、事故后果、管控措施、应急措施及报告方式等内容。

对存在重大安全风险的工作场所和岗位，要设置明显的警示标志，并强化危险源监测和预警。在井口(露天煤矿交接班室)或存在重大安全风险区域的显著位置，公告存在的重大安全风险、管控责任人和主要管控措施。

4. 保障措施

(1) 采用信息化管理手段开展安全风险管控工作。

【说明】 本条主要规定了安全风险分级管控信息化管理的基本要求。

实施风险点信息化管控。在安全生产监控平台中建立风险管控信息管理系统，煤矿将排查出来的风险点全部录入到该系统中，实现对风险点的在线监测或者视频监控，煤矿及其各部门要时时刻刻盯紧风险点，一旦发现异常立即处置，确保风险点万无一失。

① 采用信息化管理手段，实现对安全风险记录、跟踪、统计、分析等全过程的信息化管理。

② 建立安全风险管控信息管理系统，并实现安全风险的跟踪、统计、分析，并与现场相符。

(2) 定期组织安全风险知识培训。

【说明】 本条主要规定了安全风险分级管控定期培训的基本要求。

煤矿要建立和完善安全风险培训制度，并加强风险教育和技能培训，确保管理层和每名员工都掌握安全风险的基本情况及防范、应急措施。

① 安全培训内容包括年度和专项安全风险辨识评估结果、与本岗位相关的重大安全风险管控措施。

② 每半年至少组织参与安全风险辨识评估工作的人员学习 1 次安全风险辨识评估技术。

③ 安全培训计划中有安全风险辨识评估结果和重大安全风险管控措施方面的内容，有考试结果和档案。

④ 安全培训要过程控制，要有培训大纲、课程安排、培训日志、学员签到记录、教师教案（或课件）、培训效果反馈等。

二、评分方法

1. 按表 2-1 评分，总分为 100 分。按照所检查存在的问题进行扣分，各小项分数扣完为止。

2. 项目内容中缺项时，按式(1)进行折算：

$$A = \frac{100}{100 - B} \times C \tag{1}$$

式中　A——实得分数；

B——缺项标准分数；

C——检查得分数。

表 2-1　煤矿安全风险分级管控标准化管理评分表

项目	项目内容	基本要求	标准分值	评分方法	得分	【说明】
一、工作机制(10 分)	职责分工	1. 建立安全风险分级管控工作责任体系，矿长全面负责，分管负责人负责分管范围内的安全风险分级管控工作	4	查资料和现场。未建立责任体系不得分，随机抽查，矿领导 1 人不清楚职责扣 1 分		1. 建立矿长为第一责任人的安全风险分级管控工作体系：矿井要建立矿长、书记、总工程师、副矿长、副书记、副总工程师分级负责的风险管控体系； 2. 矿成立领导机构、工作机构，指定专人具体负责，并明确职责，并制定相关文件、责任制； 3. 现场核查
		2. 有负责安全风险分级管控工作的管理部门	2	查资料。未明确管理部门不得分		本条未要求成立专门的部门，因此煤矿可根据职责分工，指定部门负责安全风险分级管控工作，并在相关制度或文件中明确

续表 2-1

项目	项目内容	基本要求	标准分值	评分方法	得分	【说明】
一、工作机制(10分)	制度建设	建立安全风险分级管控工作制度,明确安全风险的辨识范围、方法和安全风险的辨识、评估、管控工作流程	4	查资料。未建立制度不得分,辨识范围、方法或工作流程1处不明确扣2分		1. 煤矿可根据本单位实际建立一个或多个制度。 2. 范围是包括哪些系统、区域和工作,本条虽然没有规定范围,但范围应至少包含本表安全风险辨识评估部分的全部内容。 3. 本条未明确规定辨识评估的方法和工作流程,煤矿可根据本矿实际选择适当的辨识评估方法。 4. 制定工作流程
二、安全风险辨识评估(40分)	年度辨识评估	每年底矿长组织各分管负责人和相关业务科室、区队进行年度安全风险辨识,重点对井工煤矿瓦斯、水、火、粉尘、顶板、冲击地压及提升运输系统,露天煤矿边坡、爆破、机电运输等容易导致群死群伤事故的危险因素开展安全风险辨识;及时编制年度安全风险辨识评估报告,建立可能引发重特大事故的重大安全风险清单,并制定相应的管控措施;将辨识评估结果应用于确定下一年度安全生产工作重点,并指导和完善下一年度生产计划、灾害预防和处理计划、应急救援预案	10	查资料。未开展辨识或辨识组织者不符合要求不得分,辨识内容(危险因素不存在的除外)缺1项扣2分,评估报告、风险清单、管控措施缺1项扣2分,辨识成果未体现缺1项扣1分		1. 年度辨识评估人员:矿长以及各分管负责人和相关业务科室、区队; 2. 年度辨识评估的重点:井工煤矿瓦斯、水、火、粉尘、顶板、冲击地压及提升运输系统,露天煤矿边坡、爆破、机电运输等容易导致群死群伤事故的危险因素开展安全风险辨识; 3. 年度安全风险辨识要有记录,参加人员签字;内容明确,针对性强;并随机抽查相关人员询问; 4. 年度安全风险辨识评估报告; 5. 重特大事故的重大安全风险清单; 6. 管控措施; 7. 辨识评估结果用于确定下一年度安全生产工作重点,并指导和完善下一年度生产计划、灾害预防和处理计划、应急救援预案; 8. 年度安全风险辨识评估的结果在下一年度生产计划、灾害预防和处理计划、应急救援预案中有体现

续表2-1

<table>
<tr><th>项目</th><th>项目内容</th><th>基本要求</th><th>标准分值</th><th>评分方法</th><th>得分</th><th>【说明】</th></tr>
<tr><td rowspan="2">二、安全风险辨识评估(40分)</td><td rowspan="2">专项辨识评估</td><td>新水平、新采(盘)区、新工作面设计前，开展1次专项辨识：
1. 专项辨识由总工程师组织有关业务科室进行；
2. 重点辨识地质条件和重大灾害因素等方面存在的安全风险；
3. 补充完善重大安全风险清单并制定相应管控措施；
4. 辨识评估结果用于完善设计方案，指导生产工艺选择、生产系统布置、设备选型、劳动组织确定等</td><td>8</td><td>查资料和现场。未开展辨识不得分，辨识组织者不符合要求扣2分，辨识内容缺1项扣2分，风险清单、管控措施、辨识成果未在应用中体现缺1项扣1分</td><td></td><td>1. 专项辨识评估人员：总工程师、有关业务科室；
2. 辨识重点：在新水平、新采(盘)区、新工作面设计前，辨识地质条件和重大灾害因素等方面存在的安全风险；
3. 专项辨识记录，参加人员签字；内容明确，针对性强；
4. 专项安全风险辨识评估报告；
5. 重大安全风险清单；
6. 管控措施；
7. 辨识评估结果在设计方案、生产工艺选择、生产系统布置、设备选型、劳动组织确定等中有体现；
8. 现场核查</td></tr>
<tr><td>生产系统、生产工艺、主要设施设备、重大灾害因素(露天煤矿爆破参数、边坡参数)等发生重大变化时，开展1次专项辨识：
1. 专项辨识由分管负责人组织有关业务科室进行；
2. 重点辨识作业环境、生产过程、重大灾害因素和设施设备运行等方面存在的安全风险；
3. 补充完善重大安全风险清单并制定相应的管控措施；
4. 辨识评估结果用于指导重新编制或修订完善作业规程、操作规程</td><td>8</td><td>查资料和现场。未开展辨识不得分，辨识组织者不符合要求扣2分，辨识内容缺1项扣2分，风险清单、管控措施、辨识成果未在应用中体现缺1项扣1分</td><td></td><td>1. 辨识人员：分管负责人、有关业务科室；
2. 辨识重点：作业环境、生产过程、重大灾害因素和设施设备运行等方面存在的安全风险；
3. 专项辨识记录，参加人员签字；内容明确，针对性强；
4. 专项安全风险辨识评估报告；
5. 重大安全风险清单；
6. 管控措施；
7. 辨识评估结果在作业规程、操作规程中有体现；
8. 现场核查</td></tr>
</table>

续表 2-1

项目	项目内容	基本要求	标准分值	评分方法	得分	【说明】
二、安全风险辨识评估(40分)	专项辨识评估	启封火区、排放瓦斯、突出矿井过构造带及石门揭煤等高危作业实施前,新技术、新材料试验或推广应用前,连续停工停产1个月以上的煤矿复工复产前,开展1次专项辨识: 1. 专项辨识由分管负责人组织有关业务科室、生产组织单位(区队)进行; 2. 重点辨识作业环境、工程技术、设备设施、现场操作等方面存在的安全风险; 3. 补充完善重大安全风险清单并制定相应的管控措施; 4. 辨识评估结果作为编制安全技术措施依据	8	查资料和现场。未开展辨识不得分,辨识组织者不符合要求扣2分,辨识内容缺1项扣2分,风险清单、管控措施、辨识成果未在应用中体现缺1项扣1分		1. 辨识人员:分管负责人、有关业务科室、生产组织单位(区队); 2. 辨识重点:作业环境、工程技术、设备设施、现场操作等方面存在的安全风险; 3. 专项辨识记录,参加人员签字;内容明确,针对性强; 4. 专项安全风险辨识评估报告; 5. 重大安全风险清单; 6. 管控措施; 7. 辨识评估结果在安全技术措施中有体现; 8. 现场核查
		本矿发生死亡事故或涉险事故、出现重大事故隐患或所在省份发生重特大事故后,开展1次针对性的专项辨识: 1. 专项辨识由矿长组织分管负责人和业务科室进行; 2. 识别安全风险辨识结果及管控措施是否存在漏洞、盲区; 3. 补充完善重大安全风险清单并制定相应的管控措施; 4. 辨识评估结果用于指导修订完善设计方案、作业规程、操作规程、安全技术措施等技术文件	6	查资料和现场。未开展辨识不得分,辨识组织者不符合要求扣2分,辨识内容缺1项扣2分,风险清单、管控措施、辨识成果未在应用中体现缺1项扣1分		1. 专项辨识人员:矿长、分管负责人、业务科室; 2. 辨识重点:安全风险辨识结果及管控措施是否存在漏洞、盲区; 3. 辨识记录,参加人员签字;内容明确,针对性强;随机抽查相关人员询问; 4. 重大安全风险清单; 5. 管控措施; 6. 辨识评估结果在设计方案、作业规程、操作规程、安全技术措施等技术文件中有体现; 7. 现场核查

续表 2-1

<table>
<tr><th>项目</th><th>项目内容</th><th>基本要求</th><th>标准分值</th><th>评分方法</th><th>得分</th><th>【说明】</th></tr>
<tr><td rowspan="4">三、安全风险管控(35 分)</td><td rowspan="2">管控措施</td><td>1. 重大安全风险管控措施由矿长组织实施，有具体工作方案，人员、技术、资金有保障</td><td>5</td><td>查资料。组织者不符合要求、未制订方案不得分，人员、技术、资金不明确、不到位 1 项扣 1 分</td><td></td><td>1. 重大安全风险本标准未进行明确定义。
2. 各地、煤矿制定标准。应至少包含重大安全风险的等级，在重大安全风险中应包含水、火、瓦斯、煤尘、顶板、冲击地压和运输提升等容易导致重特大事故的内容。
3. 重大安全风险管控措施由矿长组织实施。
4. 有具体工作方案，人员、资金有保障。
5. 管控措施：采取设计、替代、转移、隔离等技术、工程手段，制定重大安全风险管控措施，并符合相关规定。
6. 现场落实到位并有相关的资料和记录</td></tr>
<tr><td>2. 在划定的重大安全风险区域设定作业人数上限</td><td>4</td><td>查资料和现场。未设定人数上限不得分，超 1 人扣 0.5 分</td><td></td><td>1. 本条要求根据本矿辨识评估的重大安全风险，划分重大安全风险区域。
2. 由煤矿自行组织设定作业人数上限，并执行</td></tr>
<tr><td rowspan="2">定期检查</td><td>1. 矿长每月组织对重大安全风险管控措施落实情况和管控效果进行一次检查分析，针对管控过程中出现的问题调整完善管控措施，并结合年度和专项安全风险辨识评估结果，布置月度安全风险管控重点，明确责任分工</td><td>8</td><td>查资料。未组织分析评估不得分，分析评估周期不符合要求；每缺 1 次扣 3 分，管控措施不做相应调整或月度管控重点不明确 1 处扣 2 分，责任不明确 1 处扣 1 分</td><td></td><td>1. 本条未要求组织召开专题会议，可以在矿长办公会、安全例会等会议中增加该项内容，也可以召开专题会议。
2. 应在会议纪要或记录等资料中包含该项内容。
3. 应将本项工作开展形式及职责写入安全风险分级管控制度及工作职责</td></tr>
<tr><td>2. 分管负责人每旬组织对分管范围内月度安全风险管控重点实施情况进行一次检查分析，检查管控措施落实情况，改进完善管控措施</td><td>8</td><td>查资料。未组织分析评估不得分，分析评估周期不符合要求，每缺 1 次扣 3 分，管控措施不做相应调整 1 处扣 2 分</td><td></td><td>1. 可以和其他会议合并召开，也可以组织专题会议。
2. 本条中分管负责人是指分管各类别风险控制的各位副矿长、总工程师等，均应按照本条规定分别组织检查分析。
3. 研究落实上条月度会议布置的工作。并应将本项工作开展形式及职责划分写入安全风险分级管控制度及工作职责</td></tr>
</table>

续表 2-1

项目	项目内容	基本要求	标准分值	评分方法	得分	【说明】
三、安全风险管控(35分)	现场检查	按照《煤矿领导带班下井及安全监督检查规定》,执行煤矿领导带班制度,跟踪重大安全风险管控措施落实情况,发现问题及时整改	6	查资料和现场。未执行领导带班制度不得分,未跟踪管控措施落实情况或发现问题未及时整改1处扣2分		1. 领导带班下井检查记录; 2. 交接班记录; 3. 检查问题落实单; 4. 跟踪督查重大安全风险管控措施落实情况记录; 5. 现场核查
	公告警示	在井口(露天煤矿交接班室)或存在重大安全风险区域的显著位置,公告存在的重大安全风险、管控责任人和主要管控措施	4	查现场。未公示不得分,公告内容和位置不符合要求1处扣1分		1. 公告地点:井口(露天煤矿交接班室)或存在重大安全风险区域的显著位置; 2. 公告内容:存在的重大安全风险、管控责任人和主要管控措施; 3. 风险点公布:主要风险点、风险类别、风险等级、管控措施和应急措施,让每名员工都了解风险点的基本情况及防范、应急对策; 4. 岗位风险告知卡:标明本岗位主要危险危害因素、后果、事故预防及应急措施、报告电话等内容; 5. 现场核查
四、保障措施(15分)	信息管理	采用信息化管理手段,实现对安全风险记录、跟踪、统计、分析、上报等全过程的信息化管理	4	查现场。未实现信息化管理不得分,功能每缺1项扣1分		没有要求必须上新的专门的安全风险管控信息管理系统,可在原有信息管理系统的基础上增加模块,实现对安全风险的跟踪、统计、分析、上报等功能即可
	教育培训	1. 入井(坑)人员和地面关键岗位人员安全培训内容包括年度和专项安全风险辨识评估结果、与本岗位相关的重大安全风险管控措施	6	查资料。培训内容不符合要求1处扣1分		本条未规定组织专题培训,因此可以在本矿组织的各类型安全培训中增加本条规定的内容,也可以组织专题培训
		2. 每年至少组织参与安全风险辨识评估工作的人员学习1次安全风险辨识评估技术	5	查资料和现场。未组织学习不得分,现场询问相关学习人员,1人未参加学习扣1分		本条未规定组织形式和内容,煤矿可以根据本矿实际采用集中组织培训、自学、派出到外单位学习、研讨等形式,并将该项内容要求在安全培训等相关制度中进行规定
得分合计:						

第 3 部分　事故隐患排查治理

【说明】 事故隐患排查治理是单位对事故隐患进行排查、登记、治理实施全覆盖、全过程的管理。安全风险管控是在风险源辨识和风险评估的基础上，预先采取措施消除或控制风险的过程。如果管控措施失效或管控不到位即转化为隐患。

本部分的主要修订变化如下：

(1) 章节设置：原有标准中，本部分内容只是作为"安全管理"章节中的一部分；新标准中，将"事故隐患排查治理"内容单独设置为一章。

(2) 内容覆盖：原有标准中，仅有"隐患排查"和"隐患治理"2 方面内容，7 小项要求；新标准中增改为 5 方面内容：工作机制、事故隐患排查、事故隐患治理、监督管理、保障措施，共 16 项条款 30 小项要求。

(3) 分值设置：原有标准中，分值仅占"安全管理"章节中的 15 分，折合到全专业后仅占 1.2 分；新标准中，本部分占整个标准评分的 10 分。

一、工作要求

1. 工作机制

(1) 建立健全事故隐患排查治理责任体系；

【说明】 本条主要规定了事故隐患排查治理责任体系的基本要求。

煤矿通过建立健全责任体系、明确细化职责的方式，确立事故隐患排查治理全员参与的工作模式，要求煤矿安全管理部门和其他业务职能部门、生产组织单位共同参与，管理人员与岗位人员共同参与，职责清晰。

煤矿企业和煤矿应当建立健全从主要负责人（包括一些煤矿企业的实际控制人，下同）到每位作业人员，覆盖各部门、各单位、各岗位的事故隐患排查治理责任体系，明确主要负责人为本煤矿隐患排查治理工作的第一责任人，统一组织领导和协调指挥本煤矿事故隐患排查治理工作；明确本煤矿负责事故隐患排查、治理、记录、上报和督办、验收等工作的责任部门。

将所属煤矿整体对外承包或托管的煤矿企业，应当在签订的安全生产管理协议或承包（托管）合同中约定本企业和承包（承托）单位在煤矿事故隐患排查治理工作方面的责任，督促承包（承托）单位按规定定期组织开展事故隐患排查治理工作。

(1) 矿建立以矿长为组长、其他班子成员为副组长、各副总及各部门科室负责人为成员的隐患排查治理领导小组。负责矿年度隐患排查，并制定年度隐患治理措施。

(2) 各分管成立以分管副总为组长、本部门负责人为副组长、本部门科室其他人员为成员的分管隐患排查治理工作小组。负责分管每月、每旬、每日的隐患排查，并制定每月、每旬、每日隐患治理措施。

(3) 安监处负责矿年度隐患及各分管每月、每旬、每日隐患汇总、整理、公告，并督查隐患治理措施的落实情况。

(2) 对排查出的事故隐患进行分级，按事故隐患等级进行治理、督办、验收。

【说明】 本条主要规定了事故隐患分级管理的基本要求。

煤矿企业和煤矿应当建立事故隐患分级管控机制,根据事故隐患的影响范围、危害程度和治理难度等制定本企业(煤矿)的事故隐患分级标准,明确负责不同等级事故隐患的治理、督办和验收等工作的责任单位和责任人员。

根据隐患整改、治理和排除的难度及其可能导致事故后果和影响范围,分为一般事故隐患和重大事故隐患。

(1) 一般事故隐患:指危害和整改难度小,发现后能够立即通过整改排除的隐患。

(2) 重大事故隐患:指危害和整改难度大,应全部或局部停产,并经过一定时间治理方能排除的隐患,或因外部因素影响致使本队组(单位)自身难以排除的隐患。

煤矿重大事故隐患的判定,依据《煤矿重大生产安全事故隐患判定标准》(国家安全监督管理总局令第85号)执行。

对排查出的事故隐患,按事故隐患等级,由安监部门进行督办,矿组织相关单位进行验收。

根据目前多数煤矿已形成的成熟做法,要求煤矿将国家规定的重大隐患之外的其他隐患进行分级,与国家安全监督管理总局令第85号规定的重大隐患一起,按照隐患等级分别明确对应的治理、验收和督办责任单位和人员,实施分级治理、分级督办、分级验收。

2. 事故隐患排查

(1) 建立事故隐患排查工作机制,制定排查计划,明确排查内容和排查频次;

【说明】 本条主要规定了事故隐患排查工作机制的基本要求。

煤矿应当建立预防事故隐患排查的工作机制,在采掘活动开始前和安全条件、生产系统、设施设备等发生较大变化时,组织安全、生产和技术等部门对涉及的作业场所、工艺环节、设施设备、岗位人员等可能存在的危险因素进行全面辨识,识别可能导致事故隐患产生的危险因素,并进行汇总分类和危险程度评估,制定针对性的预防措施,分解落实到每个工作岗位和每个作业人员,预防事故隐患产生。

1. 隐患排查清单

煤矿应依据确定的各类风险的全部控制措施和基础安全管理要求,编制包含全部应该排查的项目清单。隐患排查项目清单包括生产现场类隐患排查清单和基础管理类隐患排查清单。

(1) 生产现场类隐患排查清单。

应以各类风险点为基本单元,依据风险分级管控体系中各风险点的控制措施和标准、规程要求,编制该排查风险点的排查清单。至少应包括:

① 与风险点对应的设备设施和作业名称;

② 排查内容;

③ 排查标准;

④ 排查方法。

(2) 基础管理类隐患排查清单。

应依据基础管理相关内容要求,逐项编制排查清单。至少应包括:

① 基础管理名称;

② 排查内容;

③ 排查标准;

④ 排查方法。

2. 隐患排查内容

实施隐患排查前，应根据排查类型、人员数量、时间安排和季节特点，在排查项目清单中选择确定具有针对性的具体排查项目，作为隐患排查的内容。隐患排查可分为生产现场类隐患排查或基础管理类隐患排查，两类隐患排查可同时进行。煤矿安全隐患排查的主要内容有：

(1) 煤矿持证情况。

是否持有采矿许可证、安全生产许可证、工商营业证执照。

(2) 五职矿长配备情况。

是否配有矿长、安全副矿长、生产副矿长、机电副矿长、总工程师(技术副矿长)，有省份要求六职，即增加通风助理。

(3) 特种作业人员配备情况。

是否按相关规定配备安全员、瓦斯检查工、绞车工、爆破工等特种作业人员；配备人数是否符合要求；是否经过培训合格并持证上岗等。

(4) 出入井管理情况。

煤矿是否严格执行班前会议制度；是否严格执行入井检身制度；是否严格执行出入井人员登记制度；是否严格执行矿灯集中管理制度。

(5) 领导带班下井情况。

是否严格执行矿级领导带班入井制度；是否严格执行每班都有矿级领导带班入井；是否严格执行矿级领导与工人同时下井同时升井；是否严格执行井下交接班制度。

(6) 通风管理情况。

是否具备完整的独立通风系统；矿井、采区和采掘工作面的供风能力是否满足安全生产的要求；地面是否按要求安装了同等能力的两台通风机；井下风门、风桥、密封等通风设施构筑质量是否符合标准并能满足安全要求；有无违规串联通风。

是否存在采掘工作面等主要用风地点风量不足的问题；采区进(回)风是否存在一段进风、一段回风情况；是否存在其他重大的通风隐患。

(7) 瓦斯防治情况。

煤矿瓦斯检查工配备数量是否满足要求；是否按规定检查瓦斯；是否存在漏检、假检；是否存在井下瓦斯超限后未采取措施继续作业；瓦斯超限是否立即组织撤人；瓦斯监控系统运行是否正常；是否有瓦斯超限处理记录；各类监控器配备是否齐全；位置安设是否正确；是否配备专业人员值班、检修瓦斯监测监控系统；是否存在其他重大安全隐患。

(8) 水害防治情况。

煤矿是否有可靠的排水系统；是否存在赋水地质条件、相邻矿井及废弃老窑积水情况；是否严格执行“预测预报，有掘必探，先探后掘，先治后采”的原则；是否有探放工作需要的防治水专业技术人员、配齐专用探放水设备；是否有专业的探放水作业队伍；是否擅自开采各种防隔水煤柱；是否存在其他重大安全隐患。

(9) 爆破管理情况。

爆破工是否经过培训合格并持证上岗；人员配备数量是否满足安全要求；是否严格执行远距离爆破制度；是否严格执行“三人连锁爆破”制度；是否严格执行“一炮三检”制度。

(10) 煤与瓦斯突出防治情况。

煤矿是否建立防突机构并配备相应的专业人员；是否安装瓦斯抽放系统并运转正常；有

无专业用风井;是否设置采区专用回风巷;是否采取了“预测预报,防治措施,效果检验,安全防护”“四位一体”的局部综合防突措施;是否编制专项防突设计;是否按防突设计施工;是否按消突后进行采掘;是否按规定配备防突装备和仪器;是否存在其他重大隐患。

(11) 顶板管理情况。

煤矿作业规程中是否编有顶板说明书;掘进作业是否采取前探支护;是否存在空顶作业;巷道维修作业是否采取临时支护措施;是否严格执行“敲帮问顶”制度;是否存在其他重大安全隐患。

(12) 下井人数情况。

当班总人数情况;井下人员分布情况;井下人数及分布情况是否符合相关规定;是否存在超员现象。

(13) 其他情况。

冲击地压、运输管理、机电管理、火灾防范等情况。

3. 隐患排查频次及要求

煤矿企业和煤矿应当按照日常排查和定期排查相结合的原则建立事故隐患排查工作机制,及时发现生产建设过程中存在的事故隐患。

(1) 煤矿主要负责人每月至少组织开展一次全面的安全隐患排查工作;

(2) 煤矿作业人员应当在开始作业前对本岗位危险因素进行一次安全确认,并在作业过程中随时排查事故隐患;

(3) 煤矿的生产组织单位(区、队)应当每天安排管理、技术和安全等人员进行巡检,对作业区域开展事故隐患排查;

(4) 煤矿应当组织安全、生产、技术等职能部门和相关的专业部门每旬至少开展一次覆盖生产各系统和各岗位的事故隐患排查;

(5) 煤矿企业应当组织安全、生产、技术、管理等职能部门定期开展覆盖各运营煤矿的事故隐患排查。

4. 分级排查

煤矿应根据自身组织架构确定不同的排查组织级别。排查组织级别一般包括公司矿级、区队级、班组级、岗位级。分级排查如图 3-1 所示。

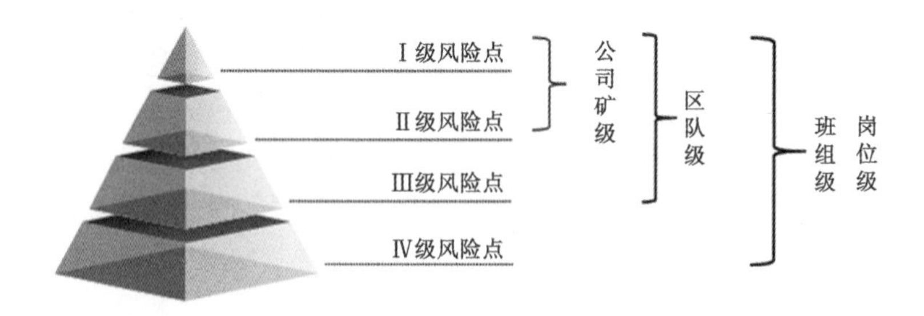

图 3-1　隐患分级排查

(2) 排查范围覆盖生产各系统和各岗位;

【说明】 本条主要规定了事故隐患排查范围的基本要求。

“风险点、危险源”即为隐患排查的范围和对象。风险点明确了排查的范围,危险源明确了排查的对象。

《风险点基本信息表》、《危险源基本信息表》中的“风险点”、“危险源”为隐患排查的对象，即“排查点”。煤矿要制定排查点清单。

排查点清单是煤矿内分级排查和日常安全检查的关注点，各级安监部门进行监督检查时，也可参照煤矿上报的排查点清单进行监督检查。

（1）生产现场类隐患排查范围：

① 设备设施（采掘设备、通风设备、排水设备、提升设备等）；

② 场所环境；

③ 生产系统（采煤、掘进、供电、运输、提升、通风、供风、供水等）；

④ 从业人员操作行为；

⑤ 安全避险及应急设施；

⑥ 供配电设施；

⑦ 职业卫生防护设施；

⑧ 各生产岗位；

⑨ 现场其他方面。

（2）基础管理类隐患排查范围：

① 生产经营单位资质证照；

② 安全生产管理机构及人员；

③ 安全生产责任制；

④ 安全生产管理制度；

⑤ 教育培训；

⑥ 安全生产管理档案；

⑦ 安全生产投入；

⑧ 应急管理；

⑨ 职业卫生基础管理；

⑩ 其他方面。

（3）发现重大事故隐患立即向当地煤矿安全监管监察部门书面报告，建立事故隐患排查台账和重大事故隐患信息档案。

【说明】 本条主要规定了事故隐患排查台账和信息档案的基本要求。

发现重大事故隐患时，要立即停止受威胁区域内所有作业活动，撤出作业人员，并立即向当地煤矿安全监管监察部门书面报告。

上报的重大事故隐患信息应当包括以下内容：

① 隐患的基本情况和产生原因；

② 隐患危害程度、波及范围和治理难易程度；

③ 需要停产治理的区域；

④ 发现隐患后采取的安全措施。

煤矿企业和煤矿应当建立事故隐患统计分析和汇总建档工作制度，定期对事故隐患和治理情况进行汇总分析，及时发现安全生产和隐患排查治理工作中出现的普遍性、苗头性和倾向性问题，研究制定预防性措施；并及时将事故隐患排查、治理和督办、验收过程中形成的电子信息、纸质信息归档立卷。

煤矿企业和煤矿应当建设具备事故隐患内容记录、治理过程跟踪、统计分析、逾期警示、信息上报等功能的事故隐患排查治理信息化管理手段,实现对事故隐患从排查发现到治理完成全过程的信息化管理。

事故隐患排查治理信息系统应当接入煤矿调度中心(生产信息平台),并确保事故隐患记录无法被篡改或删除。

3. 事故隐患治理

(1) 分级治理

a. 事故隐患实施分级治理,不同等级的事故隐患由相应层级的单位(部门)负责。

【说明】 本条主要规定了事故隐患分级治理的基本要求。

煤矿应当建立依据事故隐患的等级实施分级治理的工作机制。对于有条件立即治理的事故隐患,在采取措施确保安全的前提下,事故隐患治理责任单位应当及时治理;对于难以采取有效措施立即治理的事故隐患,事故隐患治理责任单位应当及时制定治理方案,限期完成治理;对于重大事故隐患,应当由煤矿企业主要负责人负责组织制定治理方案。

隐患治理应遵循分级治理、分类实施的原则,主要包括岗位纠正、班组治理、区队治理、矿级治理、集团公司治理等。

事故隐患治理流程包括通报隐患信息、下发隐患整改通知、实施隐患治理、治理情况反馈和验收等环节。

(1) 一般隐患的整改。隐患排查人员向存在隐患的部门、区队、班组下发《隐患排查治理通知单》。由隐患整改责任单位负责人或班组立即组织整改,明确整改责任人、整改要求、整改时限等内容。

(2) 重大事故隐患的整改。对于重大事故隐患或难以整改的隐患,隐患整改责任部门、煤矿应组织制定事故隐患治理方案,经论证后实施。

隐患排查结束后,将隐患名称、存在位置、不符合状况、隐患等级、治理期限及治理措施要求等信息向从业人员进行通报。隐患排查组织部门应制发隐患整改通知书,应对隐患整改责任单位、措施建议、完成期限等提出要求。隐患存在单位在实施隐患治理前应当对隐患存在的原因进行分析,并制定可靠的治理措施。隐患整改通知制发部门应当对隐患整改效果组织验收。

b. 事故隐患治理必须做到责任、措施、资金、时限和预案"五落实",重大事故隐患治理方案由矿长负责组织制定并实施。

【说明】 本条主要规定了事故隐患治理"五落实"的基本要求。

(1) 煤矿企业应当建立事故隐患排查资金保障机制,根据年度事故隐患排查治理工作安排,每年在安全生产费用提取中留设专项资金,专门用于隐患排查治理。

事故隐患治理必须做到责任、措施、资金、时限和预案"五落实",具体包括:

① 治理的责任:分级负责;

② 治理的方法和措施;

③ 治理的资金和物质;

④ 治理的时限和要求;

⑤ 应急处置和应急预案。

(2) 重大事故隐患评估报告书。

经判定或评估属于重大事故隐患的，企业应当及时组织评估，并编制事故隐患评估报告书：

① 事故隐患的类别；

② 影响范围和风险程度以及对事故隐患的监控措施；

③ 治理方式；

④ 治理期限的建议。

(3) 重大事故隐患治理方案。

对于重大事故隐患，应当由煤矿或煤矿企业主要负责人负责组织制定治理方案。重大事故隐患治理方案应当包括以下内容：

① 治理的目标和任务；

② 治理的方法和措施；

③ 落实的经费和物资；

④ 治理的责任单位和责任人员；

⑤ 治理的时限、进度安排和停产区域；

⑥ 采取的安全防护措施和制定的应急预案。

(2) 安全措施

事故隐患治理过程中必须采取安全技术措施。对治理过程危险性较大的事故隐患，治理过程中有专人现场指挥和监督，并设置警示标识。

【说明】 本条主要规定了事故隐患治理安全措施的基本要求。

煤矿应当制定事故隐患排查治理过程中的安全保护措施，严防事故发生。

① 事故隐患治理前无法保证安全或事故隐患治理过程中出现险情时，应撤离危险区域内的作业人员，并设置警示标志。

② 对于短期内无法彻底治理的事故隐患，应当及时组织对其危险程度和影响范围进行评估，根据评估结果采取相应的安全监控和防护措施，确保安全。

③ 对治理过程中危险性较大的事故隐患，治理过程中应有专人现场指挥和监督，并设置警示标识。

4. 监督管理

(1) 事故隐患治理实施分级督办，对未按规定完成治理的事故隐患，及时提高督办层级，加大督办力度；事故隐患治理完成，经验收合格后予以销号，解除督办。

【说明】 本条主要规定了事故隐患治理分级督办的基本要求。

煤矿企业应当建立事故隐患治理分级督办、分级验收机制，依据排查出的事故隐患等级在其治理过程中实施分级跟踪督办，对不能按规定时限完成治理的事故隐患，及时提高督办层级、发出提级督办警示，加大治理的督促力度。事故隐患治理完成后，相应的验收责任单位应当及时对事故隐患治理结果进行验收，验收合格后解除督办、予以销号。

(2) 及时通报事故隐患排查和治理情况，接受监督。

【说明】 本条主要规定了事故隐患排查和治理情况通报的基本要求。

煤矿企业应当及时向从业人员通报事故隐患排查治理情况。重大事故隐患应当在煤矿井口显著位置公告，一般事故隐患可以在涉及的区(队)办公区域公告或在班前会上通报；事故隐患公告必须包括隐患主要内容、治理时限和责任人员等内容，重大事故隐患公告还应标明停产停工范围。

5. 保障措施

(1) 采用信息化管理手段,实现对事故隐患排查治理记录统计、过程跟踪、逾期报警、信息上报的信息化管理。

【说明】 本条主要规定了事故隐患排查和治理信息化的基本要求。

煤矿企业应当建设具备事故隐患内容记录、治理过程跟踪、统计分析、逾期警示、信息上报等功能的事故隐患排查治理信息化管理手段,实现对事故隐患从排查发现到治理完成销号全过程的信息化管理。

信息化管理手段,除了使用具有相关功能的信息化管理系统外,还包括利用计算机、网络等手段管理隐患,也鼓励有条件的煤矿建立隐患排查治理信息化管理系统或在现有综合信息化系统的基础上加载事故隐患管理模块、功能。

事故隐患排查治理信息系统应当接入煤矿调度中心(生产信息平台),并确保事故隐患记录无法被篡改或删除。

采用在线监测,实时监控采空区煤尘、瓦斯、矿井涌水等重大隐患,实现对重大事故隐患排查治理进行记录统计、过程跟踪、超限报警、信息上报的信息化管理。

(2) 定期组织召开专题会议,对事故隐患排查和治理情况进行汇总分析。

【说明】 本条主要规定了事故隐患排查和治理专题分析会的基本要求。

① 各科室部门负责人每旬组织召开一次旬隐患排查和治理情况分析会。对本旬的隐患排查和治理情况进行总结,并确定下一旬要排查的隐患,并提出治理方案措施。

② 每月由矿长组织各科室部门负责人召开一次月度隐患排查和治理情况分析会,对本月的隐患排查和治理情况进行总结,并确定下月度矿井要排查的隐患,并提出治理方案措施。

③ 每年年底前由矿长组织矿其他领导及各科室部门负责人召开一次年度隐患排查和治理情况分析会,对本年度的隐患排查和治理情况进行总结,并确定下一年度矿井要排查的隐患,并提出治理方案措施。

隐患排查治理的分析总结可专门召开,也可与其他会议合并召开。对重大隐患、共性隐患、反复隐患、新增隐患等应当“追根溯源”,可从技术设计、规程措施、规章制度、安全投入、安全培训、劳动组织、设备设施、现场管理、操作行为等方面进行系统分析并研究制定改进措施。月度事故隐患统计分析报告应当坚持“问题导向”,对下月及今后隐患排查治理、安全生产管理工作提出针对性、可操作性的意见及建议。

(3) 定期组织安全管理技术人员进行事故隐患排查治理相关知识培训。

【说明】 本条主要规定了事故隐患排查治理定期培训的基本要求。

煤矿企业应当建立事故隐患排查治理宣传教育制度,采取多种方式宣传事故隐患排查治理工作制度和工作要求,将事故隐患排查治理能力建设纳入职工日常培训范围,并根据不同岗位开展针对性培训,提高全体从业人员的事故隐患排查治理能力。安培中心定期组织安全管理技术人员进行事故隐患排查治理相关知识培训。

二、重大事故隐患判定

本部分重大事故隐患:

1. 未按规定足额提取和使用安全生产费用的;

【说明】 本条主要规定了安全生产费用提取和使用的基本要求。

安全生产费用必须按照《企业安全生产费用提取和使用管理办法》进行足额提取和使

用，严禁挪作他用。

(1) 煤炭生产企业依据开采的原煤产量按月提取。各类煤矿原煤单位产量安全费用提取标准如下：

① 煤(岩)与瓦斯(二氧化碳)突出矿井、高瓦斯矿井吨煤 30 元；

② 其他井工矿吨煤 15 元；

③ 露天矿吨煤 5 元。

(2) 煤炭生产企业安全费用应当按照以下范围使用：

① 煤与瓦斯突出及高瓦斯矿井落实“两个四位一体”综合防突措施支出，包括瓦斯区域预抽、保护层开采区域防突措施、开展突出区域和局部预测、实施局部补充防突措施、更新改造防突设备和设施、建立突出防治实验室等支出；

② 煤矿安全生产改造和重大隐患治理支出，包括“一通三防”(通风，防瓦斯、防煤尘、防灭火)、防治水、供电、运输等系统设备改造和灾害治理工程，实施煤矿机械化改造，实施矿压(冲击地压)、热害、露天矿边坡治理、采空区治理等支出；

③ 完善煤矿井下监测监控、人员定位、紧急避险、压风自救、供水施救和通信联络安全避险“六大系统”支出，应急救援技术装备、设施配置和维护保养支出，事故逃生和紧急避难设施设备的配置和应急演练支出；

④ 开展重大危险源和事故隐患评估、监控和整改支出；

⑤ 安全生产检查、评价(不包括新建、改建、扩建项目安全评价)、咨询、标准化建设支出；

⑥ 配备和更新现场作业人员安全防护用品支出；

⑦ 安全生产宣传、教育、培训支出；

⑧ 安全生产适用新技术、新标准、新工艺、新装备的推广应用支出；

⑨ 安全设施及特种设备检测检验支出；

⑩ 其他与安全生产直接相关的支出。

2. 未制定或者未严格执行井下劳动定员制度的；

【说明】 本条主要规定了煤矿超员的基本要求。

煤矿必须制定科学合理、平均先进和可操作的劳动定额定员标准。煤矿企业制定的劳动定额定员标准每 2～3 年应修订一次。煤矿在遇有地质条件发生较大变化、生产设备和机械化程度发生重大改变、生产工艺和技术操作方法发生重大改进，以及发现劳动定额定员存在较大问题时，应及时予以修订。

国有重点煤矿原则上每个采区同时作业的采、掘人员每小班不得超过 100 人。煤矿企业要实行“限员挂牌”制，煤矿在井口、采区及采、掘工作面现场要设牌板，真实标明核定的每班作业人数和实际每班作业人数。

3. 未分别配备矿长和分管安全的副矿长的；

【说明】 本条主要规定了煤矿设置矿长和安全矿长的基本要求。

矿长、安全副矿长应具有煤矿相关专业大专及以上学历、从事煤矿安全生产相关工作 3 年以上经历，并在任职之日起 6 个月内通过安全生产知识和管理能力考核。

4. 将煤矿承包或者托管给没有合法有效煤矿生产证照的单位或者个人的；

【说明】 本条主要规定了煤矿承包或托管的基本要求。

严禁将煤矿承包或者托管给没有合法有效煤矿生产证照的单位或者个人。

合法有效煤矿生产证照齐全主要是指采矿许可证、安全生产许可证、营业执照齐全有效。

5. 煤矿实行承包(托管)但未签订安全生产管理协议,或者未约定双方安全生产管理职责合同而进行生产的;承包方(承托方)未按规定变更安全生产许可证进行生产的;承包方(承托方)再次将煤矿承包(托管)给其他单位或者个人的;

【说明】 本条主要规定了煤矿承包或托管的基本要求。

(1) 煤矿实行承包(托管),必须签订安全生产管理协议,或者约定双方安全生产管理职责的合同。

煤矿发包或者托管给其他单位的,煤矿应当与承包单位、托管单位签订专门的安全生产管理协议,或者在承包合同、托管合同中约定各自的安全生产管理职责;煤矿对承包单位、托管单位的安全生产工作统一协调、管理,定期进行安全检查,发现安全问题的,应当及时督促整改。

(2) 承包方(托管方)按规定变更安全生产许可证进行生产。

煤矿企业在安全生产许可证有效期内有下列情形之一的,应当向原安全生产许可证颁发管理机关申请变更安全生产许可证:

① 变更主要负责人的;

② 变更隶属关系的;

③ 变更经济类型的;

④ 变更煤矿企业名称的;

⑤ 煤矿改建、扩建工程经验收合格的。

变更第①②③④项的,自工商营业执照变更之日起10个工作日内提出申请;变更第⑤项的,应当在改建、扩建工程验收合格后10个工作日内提出申请。

申请变更第①项的,应提供变更后的工商营业执照副本和主要负责人任命文件(或者聘书);申请变更第②③④项的,应提供变更后的工商营业执照副本;申请变第⑤项的,应提供改建、扩建工程安全设施及条件竣工验收合格的证明材料。

(3) 承包方(托管方)严禁再次将煤矿承包(托管)给其他单位或者个人。

承包方(托管方)再次将煤矿承包(托管)给其他单位或者个人,往往形成安全投入不足、安全生产责任不落实,只顾生产不管安全,甚至违法生产,从而导致事故发生,所以杜绝承包方(托管方)再次将煤矿承包(托管)给其他单位或者个人。

6. 煤矿将井下采掘工作面或者井巷维修作业作为独立工程承包(托管)给其他企业或者个人的;

【说明】 本条主要规定了煤矿承包或托管的基本要求。

煤矿将井下采掘工作面或者井巷维修作业作为独立工程承包(托管)给其他企业或者个人的现象在国内煤矿中甚为普遍,是作为"减员分流提效"的供给侧改革的措施,既可减轻煤矿企业的负担,又可推卸安全责任。但这样做不仅出现两个以上生产经营单位在同一作业区域内进行生产经营活动,可能危及对方的生产安全,而且在安全生产责任制、安全措施制定、安全检查等方面不能统一安排,容易形成安全生产责任制不明、安全措施遗漏、安全期检查不到位,最终会导致事故发生。

7. 改制煤矿在改制期间,未明确安全生产责任人而进行生产的,或者未健全安全生产管理机构和配备安全管理人员进行生产的;完成改制后,未重新取得或者变更采矿许可证、安全生产许可证、营业执照而进行生产的。

【说明】 本条主要规定了改制煤矿的基本要求。

(1) 改制煤矿在改制期间，必须明确安全生产责任人，建立健全安全生产管理机构和配备安全管理人员；

(2) 完成改制后，必须重新取得或者变更采矿许可证、安全生产许可证和营业执照。

三、评分方法

1. 按表 3-1 评分，总分为 100 分。按照所检查存在的问题进行扣分，各小项分数扣完为止。

2. 项目内容中缺项时，按式(1)进行折算：

$$A = \frac{100}{100 - B} \times C \tag{1}$$

式中　A——实得分数；

B——缺项标准分数；

C——检查得分数。

表 3-1　煤矿事故隐患排查治理标准化评分表

项目	项目内容	基本要求	标准分值	评分方法	得分	【说明】
一、工作机制(10 分)	职责分工	1. 有负责事故隐患排查治理管理工作的部门	2	查资料。无管理部门不得分		1. 建立以矿长为组长、其他班子成员为副组长、各副总及各部门科室负责人为成员的隐患排查治理小组； 2. 设置事故隐患排查治理管理工作的部门，并以文件形式公布； 3. 建立事故隐患排查治理档案，事故隐患排查治理档案内容齐全
		2. 建立事故隐患排查治理工作责任体系，明确矿长全面负责、分管负责人负责分管范围内的事故隐患排查治理工作，各业务科室、生产组织单位(区队)、班组、岗位人员职责明确	4	查资料和现场。责任未分工或不明确不得分，矿领导不清楚职责 1 人扣 2 分、部门负责人不清楚职责 1 人扣 0.5 分		1. 事故隐患排查治理工作责任体系：有文件、有牌板、有电子和纸质资料； 2. 事故隐患排查治理工作矿长全面负责、分管负责人分级负责，各业务科室、生产组织单位(区队)、班组、岗位人员责任制度汇编； 3. 矿长全面负责、分管负责人负责分管范围内的事故隐患排查治理工作记录； 4. 现场核查
	分级管理	对排查出的事故隐患进行分级，并按照事故隐患等级明确相应层级的单位(部门)、人员负责治理、督办、验收	4	查资料和现场。未对事故隐患进行分级扣 2 分，责任单位和人员不明确 1 项扣 1 分		1. 排查出的事故隐患分级清单； 2. 事故隐患分级后相应层级单位、人员负责治理、督办、验收记录； 3. 现场核查

续表 3-1

项目	项目内容	基本要求	标准分值	评分方法	得分	【说明】
二、事故隐患排查(30分)	基础工作	编制事故隐患年度排查计划,并严格落实执行	4	查资料和现场。未编制排查计划或未落实执行不得分		1. 年度事故隐患排查计划并以文件形式公布; 2. 事故隐患排查计划严格落实执行记录; 3. 现场核查
	周期范围	1. 矿长每月至少组织分管负责人及安全、生产、技术等业务科室、生产组织单位(区队)开展一次覆盖生产各系统和各岗位的事故隐患排查,排查前制订工作方案,明确排查时间、方式、范围、内容和参加人员	6	查资料和现场。未组织排查不得分,组织人员、范围、频次不符合要求1项扣2分,未制订工作方案扣1分、方案内容缺1项扣0.5分		1. 月检组织:矿长; 2. 月检频次:每月至少一次; 3. 月检部门:分管负责人及安全、生产、技术等业务科室、生产组织单位(区队); 4. 月检对象:覆盖生产各系统和各岗位的事故隐患排查; 5. 月检方案:排查前制订工作方案,明确排查时间、方式、范围、内容和参加人员; 6. 月检记录; 7. 月检报告; 8. 现场核查
		2. 矿各分管负责人每旬组织相关人员对分管领域进行1次全面的事故隐患排查	6	查资料和现场。分管负责人未组织排查不得分,组织人员、范围、频次不符合要求1项扣2分		1. 旬检组织:矿分管负责人; 2. 旬检部门:相关部门和人员; 3. 旬检频次:每旬一次; 4. 旬检对象:分管领域的事故隐患排查; 5. 旬检记录; 6. 现场核查
		3. 生产期间,每天安排管理、技术和安检人员进行巡查,对作业区域开展事故隐患排查	5	查资料和现场。未安排不得分,人员、范围、频次不符合要求1项扣1分		煤矿生产期间进行日检: 1. 日检人:管理、技术和安检人员进行巡查; 2. 日检对象:对作业区域开展事故隐患排查; 3. 日检记录; 4. 现场核查
		4. 岗位作业人员作业过程中随时排查事故隐患	4	查资料和现场。未进行排查不得分		1. 岗位排查记录; 2. 现场核查

续表 3-1

项目	项目内容	基本要求	标准分值	评分方法	得分	【说明】
二、事故隐患排查(30分)	登记上报	1. 建立事故隐患排查台账,逐项登记排查出的事故隐患	3	查资料。未建立台账不得分,登记不全缺1项扣0.5分		1. 事故隐患排查台账; 2. 隐患排查台账登记齐全
		2. 排查发现重大事故隐患后,及时向当地煤矿安全监管监察部门书面报告,并建立重大事故隐患信息档案	2	查资料。不符合要求不得分		1. 重大事故隐患信息档案; 2. 重大事故隐患后,及时向当地煤矿安全监管监察部门书面报告的,有报告记录; 3. 重大事故隐患报告材料
三、事故隐患治理(25分)	分级治理	1. 事故隐患治理符合责任、措施、资金、时限、预案"五落实"要求	2	查资料和现场。不符合要求不得分		1. 事故隐患治理必须做到责任落实、措施落实、资金落实、时限落实、预案落实,五落实记录; 2. 现场核查
		2. 重大事故隐患由矿长组织制定专项治理方案,并组织实施;治理方案按规定及时上报	6	查资料和现场。组织者不符合要求或未按方案组织实施不得分,治理方案未及时上报扣2分		1. 重大事故隐患专项治理方案; 2. 重大事故隐患专项治理方案上报记录; 3. 重大事故隐患专项治理方案实施记录; 4. 现场核查
		3. 不能立即治理完成的事故隐患,由治理责任单位(部门)主要责任人按照治理方案组织实施	4	查资料和现场。组织者不符合要求或未按方案组织实施不得分		1. 不能立即治理完成的事故隐患清单; 2. 治理责任单位(部门)主要责任人按照治理方案组织实施治理记录; 3. 现场核查
		4. 能够立即治理完成的事故隐患,当班采取措施,及时治理消除,并做好记录	5	查资料和现场。当班未采取措施或未及时治理不得分,不做记录扣3分,记录不全1处扣0.5分		1. 能够立即治理完成的事故隐患清单; 2. 当班及时治理措施; 3. 及时消除治理工作记录; 4. 现场核查

续表 3-1

项目	项目内容	基本要求	标准分值	评分方法	得分	【说明】
三、事故隐患治理(25分)	安全措施	1. 事故隐患治理有安全技术措施,并落实到位	4	查资料和现场。没有措施、措施不落实不得分		当班能处理的事故隐患可不制定安全技术措施。 1. 事故隐患治理安全技术措施; 2. 安全技术措施落实工作记录; 3. 现场核查
		2. 对治理过程危险性较大的事故隐患,治理过程中现场有专人指挥,并设置警示标识;安检员现场监督	4	查资料和现场。现场没有专人指挥不得分、未设置警示标识扣1分、没有安检员监督扣1分		1. 治理过程危险性较大的事故隐患清单; 2. 治理安全技术措施; 3. 治理记录:有现场专人指挥和安检员监督; 4. 现场核查
四、监督管理(20分)	治理督办	1. 事故隐患治理督办的责任单位(部门)和责任人员明确; 2. 对未按规定完成治理的事故隐患,由上一层级单位(部门)和人员实施督办; 3. 挂牌督办的重大事故隐患,治理责任单位(部门)及时记录治理情况和工作进展,并按规定上报	7	查资料。督办责任不明确、不落实1次扣2分,未实行提级督办1次扣2分,未及时记录或上报1次扣2分		1. 事故隐患治理督办的责任单位(部门)和责任人员及督办责任; 2. 督办的事故隐患治理清单; 3. 提级督办事故隐患治理清单; 4. 挂牌督办重大事故隐患治理清单; 5. 督办记录、督办事故隐患治理记录; 6. 挂牌督办重大事故隐患治理报告
	验收销号	1. 煤矿自行排查发现的事故隐患完成治理后,由验收责任单位(部门)负责验收,验收合格后予以销号	4	查资料和现场。未进行验收不得分,验收单位不符合要求扣2分,验收不合格即销号的不得分		本条所指事故隐患包括重大事故隐患。 1. 煤矿自行排查发现的事故隐患清单; 2. 治理记录和验收记录; 3. 验收合格销号记录; 4. 现场核查
		2. 负有煤矿安全监管职责的部门和煤矿安全监察机构检查发现的事故隐患,完成治理后,书面报告发现部门或其委托部门(单位)	4	查资料和现场。未按规定报告不得分		1. 负有煤矿安全监管职责的部门和煤矿安全监察机构检查发现的事故隐患; 2. 隐患治理报告和记录; 3. 现场核查

续表 3-1

项目	项目内容	基本要求	标准分值	评分方法	得分	【说明】
四、监督管理(20分)	公示监督	1. 每月向从业人员通报事故隐患分布、治理进展情况； 2. 及时在井口(露天煤矿交接班室)或其他显著位置公示重大事故隐患的地点、主要内容、治理时限、责任人、停产停工范围； 3. 建立事故隐患举报奖励制度，公布事故隐患举报电话，接受从业人员和社会监督	5	查资料和现场。未定期通报、未及时公告扣2分，通报和公告内容每缺1项扣1分，未设立举报电话扣2分，接到举报未核查或核实后未进行奖励扣2分		1. 月公示：每月向从业人员通报事故隐患分布、治理进展情况； 2. 重大事故隐患公示：及时在井口(露天煤矿交接班室)或其他显著位置公示重大事故隐患的地点、主要内容、治理时限、责任人、停产停工范围； 3. 事故隐患举报奖励制度； 4. 设置公告专栏或电子显示屏，利用内部网站或报纸、微信平台、qq群等媒介； 5. 隐患举报电话、电子信箱、qq、微信等亦可； 6. 现场核查
五、保障措施(15分)	信息管理	采用信息化管理手段，实现对事故隐患排查治理记录统计、过程跟踪、逾期报警、信息上报的信息化管理	3	查资料和现场。未采取信息化手段不得分，管理内容缺1项扣1分		1. 具有计算机及煤矿事故信息化管理系统不一定要上新的专门的信息化管理系统； 2. 信息化管理功能：记录统计、过程跟踪、逾期报警、信息上报等； 3. 现场核查
	改进完善	矿长每月组织召开事故隐患治理会议，对一般事故隐患、重大事故隐患的治理情况进行通报，分析事故隐患产生的原因，提出加强事故隐患排查治理的措施，并编制月度事故隐患统计分析报告	3	查资料。未召开会议定期通报、未编制报告不得分，报告内容不符合要求扣2分		1. 事故隐患治理会议记录或纪要； 2. 一般事故隐患、重大事故隐患的治理情况通报：分析事故隐患产生的原因，提出加强事故隐患排查治理的措施； 3. 月度事故隐患统计分析报告
	资金保障	建立安全生产费用提取、使用制度。事故隐患排查治理工作资金有保障	3	查资料和现场。未建立并执行制度不得分，资金无保障扣2分		1. 安全生产费用提取、使用制度； 2. 隐患排查工作资金账户及资金保障； 3. 现场核查
	专项培训	每年至少组织安全管理技术人员进行1次事故隐患排查治理方面的专项培训	3	查资料。未按要求开展培训不得分		1. 专项培训计划； 2. 专项培训内容； 3. 专项培训记录； 4. 专项培训教案或课件； 5. 专项培训考核成绩

续表 3-1

项目	项目内容	基本要求	标准分值	评分方法	得分	**【说明】**
五、保障措施(15分)	考核管理	1. 建立日常检查制度,对事故隐患排查治理工作实施情况开展经常性检查; 2. 检查结果纳入工作绩效考核	3	查资料。未建立制度、未执行制度不得分,检查结果未运用扣1分		1. 事故隐患排查治理日常检查制度; 2. 事故隐患排查治理日常检查记录; 3. 检查结果未纳入工作绩效考核

得分合计:

第 4 部分　通　　风

一、工作要求(风险管控)

1. 通风系统

(1) 矿井通风方式、方法符合《煤矿井工开采通风技术条件》(AQ1028,以下简称 AQ1028)规定。矿井安装 2 套同等能力的主要通风机装置,1 用 1 备;反风设施完好,反风效果符合《煤矿安全规程》规定;

【说明】 本条主要规定了矿井通风和矿井反风的具体要求。

(1) 矿井通风系统是矿井通风方式、主要通风机的工作方法、矿井通风网络和通风设施的总称。通风方法是指通风机的工作方法;通风方式是指进风井筒与回风井筒的布置方式;通风网路是指矿井各风路间的连接形式。

① 矿井通风方式可分为中央式、对角式和混合式三种。

② 矿井通风方法,可分为抽出式、压入式和压入抽出混合式三种。

③ 采煤工作面通风方式由采区瓦斯、粉尘、气温以及自然发火倾向等因素决定。根据采煤工作面进、回风道的数量与位置,将采煤工作面通风方式分为 U 形、W 形、Y 形和 Z 形等。

④ 采煤工作面必须采用矿井全风压通风,禁止采用局部通风机稀释瓦斯。

(2)《煤矿安全规程》第一百五十八条规定:矿井必须采用机械通风。主要通风机的安装和使用应当符合下列要求:

① 主要通风机必须安装在地面;装有通风机的井口必须封闭严密,其外部漏风率在无提升设备时不得超过 5%,有提升设备时不得超过 15%。

② 必须保证主要通风机连续运转。

③ 必须安装 2 套同等能力的主要通风机装置,其中 1 套作备用,备用通风机必须能在 10 min 内开动。

④ 严禁采用局部通风机或者风机群作为主要通风机使用。

⑤ 装有主要通风机的出风井口应当安装防爆门,防爆门每 6 个月检查维修 1 次。

⑥ 至少每月检查 1 次主要通风机。改变主要通风机转数、叶片角度或者对旋式主要通风机运转级数时,必须经矿总工程师批准。

⑦ 新安装的主要通风机投入使用前,必须进行试运转和通风机性能测定,以后每5 年至少进行 1 次性能测定。

⑧ 主要通风机技术改造及更换叶片后必须进行性能测试。

⑨ 井下严禁安设辅助通风机。

(3) 矿井反风是矿井通风系统的表现形式之一,是矿井抗灾、救灾的重要组成部分,必须按照《煤矿安全规程》相关规定进行矿井反风设施管理和反风演习,进一步提高矿井的防灾抗灾能力。

《煤矿安全规程》第一百五十九条规定：生产矿井主要通风机必须装有反风设施，并能在10 min内改变巷道中的风流方向；当风流方向改变后，主要通风机的供给风量不应小于正常供风量的40%。

每季度应当至少检查1次反风设施，每年应当进行1次反风演习；矿井通风系统有较大变化时，应当进行1次反风演习。

(2) 矿井风量计算准确，风量分配合理，井下作业地点实际供风量不小于所需风量；矿井通风系统阻力合理。

【说明】 本条主要规定了矿井风量的具体要求。

矿井风量是矿井通风的主要参数之一，能否满足安全生产需要是衡量矿井通风是否成功的主要标志，也是能否实现矿井通风安全的关键，为此，准确计算，合理分配，按需供风是矿井通风最为重要的一环。加大矿井通风系统优化调整力度，降低矿井通风阻力，确保矿井通风阻力在合理范围内，提高和稳定矿井风量，确保各用风地点有足够的风量，做到通风可靠。

(1)《煤矿安全规程》第一百三十八条规定：矿井需要的风量应当按下列要求分别计算，并选取其中的最大值：

① 按井下同时工作的最多人数计算，每人每分钟供给风量不得少于4 m^3。

② 按采掘工作面、硐室及其他地点实际需要风量的总和进行计算。各地点的实际需要风量，必须使该地点的风流中的甲烷、二氧化碳和其他有害气体的浓度，风速、温度及每人供风量符合本规程的有关规定。

使用煤矿用防爆型柴油动力装置机车运输的矿井，行驶车辆巷道的供风量还应当按同时运行的最多车辆数增加巷道配风量，配风量不小于4 m^3/min·kW。

按实际需要计算风量时，应当避免备用风量过大或者过小。煤矿企业应当根据具体条件制定风量计算方法，至少每5年修订1次。

(2)《煤矿安全规程》第一百三十九条规定：矿井每年安排采掘作业计划时必须核定矿井生产和通风能力，必须按实际供风量核定矿井产量，严禁超通风能力生产。

(3)《煤矿安全规程》第一百四十条规定：矿井必须建立测风制度，每10天至少进行1次全面测风。对采掘工作面和其他用风地点，应当根据实际需要随时测风，每次测风结果应当记录并写在测风地点的记录牌上。

应当根据测风结果采取措施，进行风量调节。

(4)《煤矿安全规程》第一百五十六条规定：新井投产前必须进行1次矿井通风阻力测定，以后每3年至少测定1次。生产矿井转入新水平生产、改变一翼或者全矿井通风系统后，必须重新进行矿井通风阻力测定。

(5)《煤矿安全规程》第一百二十五条规定：矿井必须制定井巷维修制度，加强井巷维修，保证通风、运输畅通和行人安全。

(6)《煤矿井工开采通风技术条件》规定了矿井通风系统风量与矿井通风阻力的合理配比，见表4-1。

表 4-1　　《煤矿井工开采通风技术条件》(AQ 1028—2006)要求

矿井通风系统风量(m^3/min)	通风系统阻力/Pa
<3 000	<1 500
3 000～5 000	<2 000
5 000～10 000	<2 500
10 000～20 000	<2 940
>20 000	<3 920

2. 局部通风

(1) 掘进巷道通风方式、方法符合《煤矿安全规程》规定,每一掘进巷道均有局部通风设计,选择合适的局部通风机和匹配的风筒;

【说明】 本条主要规定了局部通风的具体要求。

局部通风是矿井通风至关重要的环节,关系着矿井的安全与否。据不完全统计,矿井76%的通风事故均发生在局部通风地段。确保局部通风安全管理是矿井"一通三防"安全管理的重要内容。掘进巷道通风方式、方法必须符合《煤矿安全规程》规定,每一掘进巷道均编制局部通风设计,选择合适的局部通风机和匹配的风筒,确保局部通风安全。本条款对掘进工作面如何选型局部通风机和风筒作出了具体规定。

(1)《煤矿安全规程》第一百六十二条规定:矿井开拓或者准备采区时,在设计中必须根据该处全风压供风量和瓦斯涌出量编制通风设计。掘进巷道的通风方式、局部通风机和风筒的安装和使用等应当在作业规程中明确规定。

(2)《煤矿安全规程》第一百六十三条规定:掘进巷道必须采用矿井全风压通风或者局部通风机通风。

煤巷、半煤岩巷和有瓦斯涌出的岩巷掘进采用局部通风机通风时,应当采用压入式,不得采用抽出式(压气、水力引射器不受此限);如果采用混合式,必须制定安全措施。

瓦斯喷出区域和突出煤层采用局部通风机通风时,必须采用压入式。

(3)《煤矿井工开采通风技术条件》(AQ 1028)规定:矿井使用局部通风机通风时,压入式风筒的出风口或抽出式风筒的吸风口与掘进工作面的距离,应在风流的有效射程或有效吸程范围内,并在作业规程中明确规定;使用混合式通风时,短抽或短压风筒与主导风筒的重叠段长度应大于10 m。并选用与风机功率相匹配的不同直径的风筒。

(2) 局部通风机安装、供电、闭锁功能、检修、试验等符合《煤矿安全规程》规定;

【说明】 本条主要规定了局部通风机的具体要求。

局部通风机的双风机安装和双电源供电是保证局部通风机正常连续运转的主要措施。实行风电闭锁,是预防瓦斯爆炸的一项重要举措。局部通风机应安装开停传感器,且与监测系统联网;专人负责,实行挂牌管理;定期进行自动切换试验和风电闭锁试验,并有记录;不应出现无计划停风,有计划停风前应制定专项通风安全技术措施。确保局部通风安全。本条款对局部通风机安装、供电、闭锁功能、检修、试验等作出了具体明确规定。

《煤矿安全规程》第一百六十四条规定:安装和使用局部通风机和风筒时,必须遵守下列规定:

(1) 局部通风机由指定人员负责管理。

(2) 压入式局部通风机和启动装置安装在进风巷道中,距掘进巷道回风口不得小于 10 m;全风压供给该处的风量必须大于局部通风机的吸入风量,局部通风机安装地点到回风口间的巷道中的最低风速必须符合本规程第一百三十六条的要求。

(3) 高瓦斯、突出矿井的煤巷、半煤岩巷和有瓦斯涌出的岩巷掘进工作面正常工作的局部通风机必须配备安装同等能力的备用局部通风机,并能自动切换。正常工作的局部通风机必须采用“三专”(专用开关、专用电缆、专用变压器)供电,专用变压器最多可向 4 个不同掘进工作面的局部通风机供电;备用局部通风机电源必须取自同时带电的另一电源,当正常工作的局部通风机故障时,备用局部通风机能自动启动,保持掘进工作面正常通风。

(4) 其他掘进工作面和通风地点正常工作的局部通风机可不配备备用局部通风机,但正常工作的局部通风机必须采用“三专”供电;或者正常工作的局部通风机配备安装一台同等能力的备用局部通风机,并能自动切换。正常工作的局部通风机和备用局部通风机的电源必须取自同时带电的不同母线段的相互独立的电源,保证正常工作的局部通风机故障时,备用局部通风机能投入正常工作。

(5) 采用抗静电、阻燃风筒。风筒口到掘进工作面的距离、正常工作的局部通风机和备用局部通风机自动切换的交叉风筒接头的规格和安设标准,应当在作业规程中明确规定。

(6) 正常工作和备用局部通风机均失电停止运转后,当电源恢复时,正常工作的局部通风机和备用局部通风机均不得自行启动,必须人工开启局部通风机。

(7) 使用局部通风机供风的地点必须实行风电闭锁和甲烷电闭锁,保证当正常工作的局部通风机停止运转或者停风后能切断停风区内全部非本质安全型电气设备的电源。正常工作的局部通风机故障,切换到备用局部通风机工作时,该局部通风机通风范围内应当停止工作,排除故障;待故障被排除,恢复到正常工作的局部通风后方可恢复工作。使用 2 台局部通风机同时供风的,2 台局部通风机都必须同时实现风电闭锁和甲烷电闭锁。

(8) 每 15 天至少进行一次风电闭锁和甲烷电闭锁试验,每天应当进行一次正常工作的局部通风机与备用局部通风机自动切换试验,试验期间不得影响局部通风,试验记录要存档备查。

(9) 严禁使用 3 台及以上局部通风机同时向 1 个掘进工作面供风。不得使用 1 台局部通风机同时向 2 个及以上作业的掘进工作面供风。

(3) 局部通风机无循环风。

【说明】 本条主要规定了局部通风机的具体要求。

压入式局部通风机安装在进风巷道中,距掘进巷道回风口不得小于 10 m,目的是防止局部通风机发生循环风。循环风的危害是将掘进工作面的乏风返回掘进工作面,导致有毒有害气体和粉尘浓度越来越大,不仅使作业环境越来越恶化,更为严重的是易引起瓦斯爆炸事故。

《煤矿安全规程》第一百六十四条规定:压入式局部通风机和启动装置安装在进风巷道中,距掘进巷道回风口不得小于 10 m;全风压供给该处的风量必须大于局部通风机的吸入风量,局部通风机安装地点到回风口间的巷道中的最低风速必须符合《煤矿安全规程》第一百三十六条的要求。

《煤矿矿长保护矿工生命安全七条规定》:必须确保通风系统可靠,严禁无风、微风、循环风冒险作业。

3. 通风设施

按规定及时构筑通风设施；设施可靠，利于通风系统调控；设施位置合理，墙体周边掏槽符合规定，与围岩填实接严不漏风。

【说明】 本条主要规定了矿井通风设施的具体要求。

通风设施是进行矿井风量调节的工具和手段，通风设施构筑的位置、质量等直接影响矿井通风系统的稳定，矿井风量在井巷中做定向和定量流动到各用风地点，满足供风需要，通风设施管理是通风系统成败的关键。必须按规定及时构筑通风设施；保证设施可靠，按相关规定进行管理。

(1)《煤矿安全规程》第一百五十五条规定：控制风流的风门、风桥、风墙、风窗等设施必须可靠。

不应在倾斜运输巷中设置风门；如果必须设置风门，应当安设自动风门或者设专人管理，并有防止矿车或者风门碰撞人员以及矿车碰坏风门的安全措施。

开采突出煤层时，工作面回风侧不得设置调节风量的设施。

(2)《煤矿井工开采通风技术条件》(AQ 1028)规定：

① 进、回风井之间和主要进、回风巷之间的每个联络巷中，必须砌筑永久性风墙；需要使用的联络巷必须安设2道连锁的正向风门和2道反向风门；风门间距不小于常用运输工具长度。

② 不应在倾斜巷道中设置风门；如果必须设置风门，应安设自动风门或设专人管理，并有防止矿车或风门碰撞人员以及矿车破坏风门的安全措施。

③ 凡报废的采区通向运输大巷和总回风巷的所有联络巷，所有结束回采的工作面、平巷间的联络巷、岩石集中巷连通煤层的巷道都应设置永久性密闭。

④ 凡是进风、回风风流平面交叉的地点均应设置风桥，风桥应用不燃性材料建筑，风桥不应设风门。

⑤ 开采突出煤层时，在其进风侧巷道中，必须设置2道坚固的反向风门，工作面回风侧不应设置风窗。

⑥ 矿井的总进风巷、矿井一翼的总进风巷、总回风巷应设置永久测风站，采掘工作面及其他用风地点应设置临时测风站。

(3)《防治煤与瓦斯突出规定》第一百零三条规定：在突出煤层的石门揭煤和煤巷掘进工作面进风侧，必须设置至少2道牢固可靠的反向风门。风门之间的距离不得小于4 m。

① 反向风门距工作面的距离和反向风门的组数，应当根据掘进工作面的通风系统和预计的突出强度确定，但反向风门距工作面回风巷不得小于10 m。

② 反向风门墙垛：可用砖、料石或混凝土砌筑，嵌入巷道周边岩石的深度可根据岩石的性质确定，但不得小于0.2 m；墙垛厚度不得小于0.8 m。在煤巷构筑反向风门时，风门墙体四周必须掏槽，掏槽深度见硬帮硬底后再进入实体煤不小于0.5 m。通过反向风门墙垛的风筒、水沟、刮板输送机道等，必须设有逆向隔断装置。

③ 人员进入工作面时必须把反向风门打开、顶牢。工作面放炮和无人时，反向风门必须关闭。

4. 瓦斯管理

(1) 按照矿井瓦斯等级检查瓦斯,严格现场瓦斯管理工作,不形成瓦斯超限;

【说明】 本条主要规定了矿井瓦斯管理的具体要求。

防治瓦斯事关职工的生命安全,事关整个矿井的安全形势稳定,事关整个社会的和谐发展。强化矿井瓦斯管理是矿井安全生产的头等大事,必须按照矿井瓦斯等级进行瓦斯检查,严格现场瓦斯管理制度,落实责任,确保措施在现场落实,确保矿井安全。

(1)《煤矿安全规程》第一百六十九条规定:一个矿井中只要有一个煤(岩)层发现瓦斯,该矿井即为瓦斯矿井。瓦斯矿井必须依照矿井瓦斯等级进行管理。

根据矿井相对瓦斯涌出量、矿井绝对瓦斯涌出量、工作面绝对瓦斯涌出量和瓦斯涌出形式,矿井瓦斯等级划分为:

① 低瓦斯矿井。同时满足下列条件的为低瓦斯矿井:

A. 矿井相对瓦斯涌出量不大于 10 m^3/t;

B. 矿井绝对瓦斯涌出量不大于 40 m^3/min;

C. 矿井任一掘进工作面绝对瓦斯涌出量不大于 3 m^3/min;

D. 矿井任一采煤工作面绝对瓦斯涌出量不大于 5 m^3/min。

② 高瓦斯矿井。具备下列条件之一的为高瓦斯矿井:

A. 矿井相对瓦斯涌出量大于 10 m^3/t;

B. 矿井绝对瓦斯涌出量大于 40 m^3/min;

C. 矿井任一掘进工作面绝对瓦斯涌出量大于 3 m^3/min;

D. 矿井任一采煤工作面绝对瓦斯涌出量大于 5 m^3/min。

③ 突出矿井。

(2)《煤矿安全规程》第一百七十条规定:每 2 年必须对低瓦斯矿井进行瓦斯等级和二氧化碳涌出量的鉴定工作,鉴定结果报省级煤炭行业管理部门和省级煤矿安全监察机构。上报时应当包括开采煤层最短发火期和自燃倾向性、煤尘爆炸性的鉴定结果。高瓦斯、突出矿井不再进行周期性瓦斯等级鉴定工作,但应当每年测定和计算矿井、采区、工作面瓦斯和二氧化碳涌出量,并报省级煤炭行业管理部门和煤矿安全监察机构。

新建矿井设计文件中,应当有各煤层的瓦斯含量资料。

高瓦斯矿井应当测定可采煤层的瓦斯含量、瓦斯压力和抽采半径等参数。

(2) 排放瓦斯,按规定制定专项措施,做到安全排放,无"一风吹"。

【说明】 本条主要规定了排放瓦斯的具体要求。

排放瓦斯是瓦斯安全管理的重要环节,排放瓦斯风流从排放地点到地面需流经许多巷道,人员是否进入、排放风量流经巷道是否断电、是否畅通、瓦斯是否积聚或超限等都是安全管理的重点,排放瓦斯稍有疏忽,就可能出现瓦斯事故,必须按规定制定专项措施,做到安全排放,无"一风吹"。

(1)《煤矿安全规程》第一百七十五条规定:矿井必须从设计和采掘生产管理上采取措施,防止瓦斯积聚;当发生瓦斯积聚时,必须及时处理。当瓦斯超限达到断电浓度时,班组长、瓦斯检查工、矿调度员有权责令现场作业人员停止作业,停电撤人。

① 矿井必须有因停电和检修主要通风机停止运转或者通风系统遭到破坏以后恢复通风、排除瓦斯和送电的安全措施。恢复正常通风后,所有受到停风影响的地点,都必须

经过通风、瓦斯检查人员检查,证实无危险后,方可恢复工作。所有安装电动机及其开关的地点附近 20 m 的巷道内,都必须检查瓦斯,只有甲烷浓度符合本规程规定时,方可开启。

② 临时停工的地点,不得停风;否则必须切断电源,设置栅栏、警标,禁止人员进入,并向矿调度室报告。停工区内甲烷或者二氧化碳浓度达到 3.0%或者其他有害气体浓度超过《煤矿安全规程》第一百三十五条的规定不能立即处理时,必须在 24 h 内封闭完毕。

③ 恢复已封闭的停工区或者采掘工作接近这些地点时,必须事先排除其中积聚的瓦斯。排除瓦斯工作必须制定安全技术措施。

④ 严禁在停风或者瓦斯超限的区域内作业。

(2)《煤矿安全规程》第一百七十六条规定:局部通风机因故停止运转,在恢复通风前,必须首先检查瓦斯,只有停风区中最高甲烷浓度不超过 1.0%和最高二氧化碳浓度不超过 1.5%,且局部通风机及其开关附近 10 m 以内风流中的甲烷浓度都不超过 0.5%时,方可人工开启局部通风机,恢复正常通风。

① 停风区中甲烷浓度超过 1.0%或者二氧化碳浓度超过 1.5%,最高甲烷浓度和二氧化碳浓度不超过 3.0%时,必须采取安全措施,控制风流排放瓦斯。

② 停风区中甲烷浓度或者二氧化碳浓度超过 3.0%时,必须制定安全排放瓦斯措施,报矿总工程师批准。

③ 在排放瓦斯过程中,排出的瓦斯与全风压风流混合处的甲烷和二氧化碳浓度均不得超过 1.5%,且混合风流经过的所有巷道内必须停电撤人,其他地点的停电撤人范围应当在措施中明确规定。只有恢复通风的巷道风流中甲烷浓度不超过 1.0%和二氧化碳浓度不超过1.5%时,方可人工恢复局部通风机供风巷道内电气设备的供电和采区回风系统内的供电。

(3) 排放瓦斯是矿井瓦斯管理工作的重要内容。在排放瓦斯时,尤其是在排放浓度超过 3%、接近爆炸下限浓度的积存瓦斯时,必须慎之又慎。必须制定针对该地点的专门的安全排放措施,并严格执行。严禁“一风吹”。否则,必将导致重大瓦斯事故。为防止排放瓦斯引发瓦斯燃爆事故,规定在排放瓦斯过程中,风流混合处的瓦斯浓度不得超过 1.5%,并且回风系统内必须停电撤人,其他地点的停电撤人范围应在措施中明确规定。

遇到下列情况,必须进行排放瓦斯工作:

① 矿井因停电和检修,主要通风机停止运转或通风系统遭到破坏后,在恢复通风前必须排放瓦斯,并且必须有排除瓦斯的安全措施。

② 局部通风机因故停止运转,恢复通风前必须首先检查瓦斯,停风区中瓦斯浓度超过 1.0%或二氧化碳浓度超过 1.5%,最高瓦斯浓度和二氧化碳浓度不超过 3.0%时,必须采取安全措施,控制风流排放瓦斯;停风区中瓦斯浓度或二氧化碳浓度超过 3.0%时,必须制定安全排放瓦斯专门措施。

③ 恢复已封闭的停工区或采掘工作接近这些地点时,必须事先排除其中积聚的瓦斯。排除瓦斯工作必须制定专门的安全技术措施。

停风区的瓦斯排放分为以下两个级别:一级排放:停风区中瓦斯浓度超过 1%但不超过 3%时,必须采取安全措施,控制风流排放瓦斯。因为停风区内需要排放的瓦斯量并不大,认真采取控制风流措施,可以做到安全排放。一般情况下,但只要有瓦斯检查工、安监员、电工等有关人员在场,并在采取控制风流措施的情况下,就可以现场排放。

二级排放:停风区中瓦斯浓度超过 3%时,必须制定安全排放瓦斯措施,并报矿总工程师批准。

④ 排放瓦斯时必须遵守下列要求:

A. 需要编制排放瓦斯安全措施时,必须根据不同地点的不同情况制定有针对性的措施。严禁使用"通用"措施,更不准几个地点共用一个措施。批准的瓦斯排放措施,必须由有关领导负责学习贯彻,责任落实到人,凡参加审查、贯彻、实施的人员,都必须签字备查。

B. 排放瓦斯前,必须检查局部通风机及其开关地点附近 10 m 以内风流中的瓦斯浓度,其浓度都不超过 0.5%时,方可人工开动局部通风机向独头巷道送入有限的风量,逐步排放积聚的瓦斯;同时,还必须使独头巷道排出的风流与全风压风流混合处的瓦斯和二氧化碳浓度都不超过 1.5%。

C. 排放瓦斯时,应有瓦斯检查人员在独头巷道回风流与全风压风流混合处,经常检查瓦斯,当瓦斯浓度达到 1.5%时,应指令调节风量人员,减少向独头巷道送入的风量,确保独头巷道排出的瓦斯在全风压风流混合处的瓦斯和二氧化碳浓度不超限。

D. 排放瓦斯时,严禁局部通风机发生循环风。

E. 排放瓦斯时,独头巷道的回风系统内(包括受排放瓦斯风流影响的硐室、巷道和被排放瓦斯风流切断安全出口的采掘工作面等)必须切断电源、撤出人员;还应派出警戒人员,禁止一切人员通行。

F. 二级排放瓦斯工作,必须由矿山救护队负责实施,矿有关部门参与。

G. 排放瓦斯后,经检查证实,整个独头巷道内风流中的瓦斯浓度不超过 1%、氧气浓度不低于 20%和二氧化碳浓度不超过 1.5%,且稳定 30 min 后瓦斯浓度没有变化时,才可以恢复局部通风机的正常通风。

H. 两个串联工作面排放瓦斯时,必须严格遵守排放顺序,严禁同时排放。首先应从进风方向第一台局部通风机开始排放,只有第一台局部通风机供风巷道排放瓦斯结束后,后一台局部通风机方可送电,依此类推。排放瓦斯风流所经过的分区内必须撤出人员、切断所有电源。

I. 独头巷道恢复正常通风后,必须由电工对独头巷道内的电气设备进行检查,证实完好后,方可人工恢复局部通风机供风的巷道中的一切电气设备的电源。

5. 突出防治

有防突专项设计,落实两个"四位一体"综合防突措施,采掘工作面不消突不推进。

【说明】 本条主要规定了综合防突措施的具体要求。

防突专项设计是突出矿井防突最基础的工作,是矿井防突的总抓手,直接关系防突工作的成败。突出矿井(采区)应编制专项防突设计、措施计划和事故应急预案,并按相关规定审批。防突工作必须做到多措并举、应抽尽抽、抽采平衡、效果达标。防突专项设计必须由有资质单位进行设计,矿井严格按设计进行施工。应当包括开拓方式、煤层开采顺序、采区巷道布置、采煤方法、通风系统、防突设施(设备)、区域综合防突措施和局部综合防突措施等内容。突出矿井新水平、新采区移交生产前,必须经当地人民政府煤矿安全监管部门按管理权限组织防突专项验收;未通过验收的不得移交生产。

(1) 突出矿井必须严格落实区域和局部两个"四位一体"综合防突措施。

健全完善矿井采掘工作面消突综合评价技术体系,编制消突评价报告,并认真分析,做到采掘工作面不消突不推进。

两个“四位一体”的定义：

区域综合防突措施：① 区域突出危险性预测；② 区域防突措施；③ 区域措施效果检验；④ 区域验证。

局部综合防突措施：① 工作面突出危险性预测；② 工作面防突措施；③ 工作面措施效果检验；④ 安全防护措施

(2)《防治煤与瓦斯突出规定》第四条规定：有突出矿井的煤矿企业主要负责人及突出矿井的矿长是本单位防突工作的第一责任人。

① 有突出矿井的煤矿企业、突出矿井应当设置防突机构，建立健全防突管理制度和各级岗位责任制。

② 有突出矿井的煤矿企业、突出矿井应当根据突出矿井的实际状况和条件，制定区域综合防突措施和局部综合防突措施。

(3)《煤矿安全规程》第一百九十一条规定：突出矿井的防突工作必须坚持区域综合防突措施先行、局部综合防突措施补充的原则。

① 突出矿井的新采区和新水平进行开拓设计前，应当对开拓采区或者开拓水平内平均厚度在 0.3 m 以上的煤层进行突出危险性评估，评估结论作为开拓采区或者开拓水平设计的依据。对评估为无突出危险的煤层，所有井巷揭煤作业还必须采取区域或者局部综合防突措施；对评估为有突出危险的煤层，按突出煤层进行设计。

② 突出煤层突出危险区必须采取区域防突措施，严禁在区域防突措施效果未达到要求的区域进行采掘作业。

③ 施工中发现有突出预兆或者发生突出的区域，必须采取区域综合防突措施。经区域验证有突出危险，则该区域必须采取区域或者局部综合防突措施。按突出煤层管理的煤层，必须采取区域或者局部综合防突措施。

④ 在突出煤层进行采掘作业期间必须采取安全防护措施。

(4)《煤矿安全规程》第一百九十二条规定：突出矿井必须确定合理的采掘部署，使煤层的开采顺序、巷道布置、采煤方法、采掘接替等有利于区域防突措施的实施。

突出矿井在编制生产发展规划和年度生产计划时，必须同时编制相应的区域防突措施规划和年度实施计划，将保护层开采、区域预抽煤层瓦斯等工程与矿井采掘部署、工程接替等统一安排，使矿井的开拓区、抽采区、保护层开采区和被保护层有效区按比例协调配置，确保采掘作业在区域防突措施有效区内进行。

《煤矿安全规程》第一百九十三条规定：有突出危险煤层的新建矿井及突出矿井的新水平、新采区的设计，必须有防突设计篇章。

非突出矿井升级为突出矿井时，必须编制防突专项设计。

《煤矿安全规程》第一百九十四条规定：石门、井筒揭穿突出煤层必须编制防突专项设计，并报企业技术负责人审批。

突出煤层采掘工作面必须编制防突专项设计。

矿井必须对防突措施的技术参数和效果进行实际考察确定。

(5)《防治煤与瓦斯突出规定》第六条规定：防突工作坚持区域防突措施先行、局部防突措施补充的原则。突出矿井采掘工作做到不掘突出头、不采突出面。未按要求采取区域综合防突措施的，严禁进行采掘活动。

区域防突工作应当做到多措并举、可保必保、应抽尽抽、效果达标。

本条规定了采取防突措施的原则。具体要求是：

① 立足源头治理，矿井突出灾害的治理从程序上必须是坚持区域措施先行，即先采取区域性防突措施，如开采保护层、预先抽采煤层瓦斯等，力求从区域上使突出灾害得到消除，在此基础上再补充采取局部综合防突措施，确保采掘安全施工。

② 不掘突出头，不采突出面。也就是说工作面突出危险性没有消除不允许进行采掘工作。也隐含说明了防突工作必须坚持区域措施为主，局部措施作为补充的必要性。

③ 未按本规定和矿井防突措施设计要求采取综合防突措施，严禁采掘；

④ 坚持多种措施并举，有保护层开采条件的一定要优先开采保护层，应采取瓦斯抽采措施的都必须采取抽采措施，并要达到抽采标准或措施设计的要求。

(6)《防治煤与瓦斯突出规定》第七条规定：突出矿井发生突出的必须立即停产，并立即分析、查找突出原因。在强化实施综合防突措施消除突出隐患后，方可恢复生产。

① 非突出矿井首次发生突出的必须立即停产，按本规定的要求建立防突机构和管理制度，编制矿井防突设计，配备安全装备，完善安全设施和安全生产系统，补充实施区域防突措施，达到本规定要求后，方可恢复生产。

② 突出矿井发生突出后必须停产生产，以及恢复生产的条件，即强化措施，消除隐患。

③ 非突出矿井发生突出后必须停止生产，以及恢复生产的条件，即建立机构和制度、进行防突措施设计、使用防突装备和设施、完善安全生产系统、补充实施区域综合防突措施，并且达到本规定或设计要求。

6. 瓦斯抽采

(1) 瓦斯抽采设备、设施、安全装置、瓦斯管路检查、钻孔参数、监测参数等符合《煤矿瓦斯抽放规范》(AQ1027，以下简称 AQ1027)规定；

【说明】 本条主要规定了矿井瓦斯抽采的具体要求。

抽采瓦斯是向煤层和瓦斯集聚区域打钻或施工专用巷道，将钻孔或专用巷道接在专用的管路上，用抽采设备将煤层和采空区中的瓦斯抽至地面，加以利用；或排放至总回风流中。

煤矿抽采瓦斯防治必须坚持"多措并举、应抽尽抽、抽采掘平衡、效果达标"的原则。

煤矿瓦斯抽采应当紧密结合煤矿实际，加大技术攻关和科技创新力度，强化现场管理，采取多种可能的抽采技术和工程措施充分抽采瓦斯，实现先抽后采、抽采达标。

瓦斯抽采工作要超前规划、超前设计、超前施工，确保煤层预抽时间和瓦斯预抽效果，保持抽采达标煤量与生产准备及回采的煤量相平衡。抽采瓦斯设备、设施、安全装置、瓦斯管路检查、钻孔参数、监测参数等符合《煤矿瓦斯抽放规范》和《煤矿安全规程》等有关规定

(1)《煤矿安全规程》第一百八十一条规定：突出矿井必须建立地面永久抽采瓦斯系统。有下列情况之一的矿井，必须建立地面永久抽采瓦斯系统或者井下临时抽采瓦斯系统：

① 任一采煤工作面的瓦斯涌出量大于 5 m^3/min 或者任一掘进工作面瓦斯涌出量大于 3 m^3/min，用通风方法解决瓦斯问题不合理的。

② 矿井绝对瓦斯涌出量达到下列条件的：

A. 大于或者等于 40 m^3/min；

B. 年产量 1.0～1.5 Mt 的矿井，大于 30 m^3/min；

C. 年产量 0.6～1.0 Mt 的矿井，大于 25 m^3/min；

D. 年产量0.4～0.6 Mt的矿井，大于20 m^3/min；

E. 年产量小于或者等于0.4 Mt的矿井，大于15 m^3/min。

(2)《煤矿安全规程》第一百八十二条规定：抽采瓦斯设施应当符合下列要求：

① 地面泵房必须用不燃性材料建筑，并必须有防雷电装置，其距进风井口和主要建筑物不得小于50 m，并用栅栏或者围墙保护。

② 地面泵房和泵房周围20 m范围内，禁止堆积易燃物和有明火。

③ 抽采瓦斯泵及其附属设备，至少应当有1套备用，备用泵能力不得小于运行泵中最大一台单泵的能力。

④ 地面泵房内电气设备、照明和其他电气仪表都应当采用矿用防爆型；否则必须采取安全措施。

⑤ 泵房必须有直通矿调度室的电话和检测管道瓦斯浓度、流量、压力等参数的仪表或者自动监测系统。

⑥ 干式抽采瓦斯泵吸气侧管路系统中，必须装设有防回火、防回流和防爆炸作用的安全装置，并定期检查。抽采瓦斯泵站放空管的高度应当超过泵房房顶3 m。

泵房必须有专人值班，经常检测各参数，做好记录。当抽采瓦斯泵停止运转时，必须立即向矿调度室报告。如果利用瓦斯，在瓦斯泵停止运转后和恢复运转前，必须通知使用瓦斯的单位，取得同意后，方可供应瓦斯。

(3)《煤矿安全规程》第一百八十三条规定：设置井下临时抽采瓦斯泵站时，必须遵守下列规定：

① 临时抽采瓦斯泵站应当安设在抽采瓦斯地点附近的新鲜风流中。

② 抽出的瓦斯可引排到地面、总回风巷、一翼回风巷或者分区回风巷，但必须保证稀释后风流中的瓦斯浓度不超限。在建有地面永久抽采系统的矿井，临时泵站抽出的瓦斯可送至永久抽采系统的管路，但矿井抽采系统的瓦斯浓度必须符合《煤矿安全规程》第一百八十四条的规定。

③ 抽出的瓦斯排入回风巷时，在排瓦斯管路出口必须设置栅栏、悬挂警戒牌等。栅栏设置的位置是上风侧距管路出口5 m、下风侧距管路出口30 m，两栅栏间禁止任何作业。

(4)《煤矿瓦斯抽放规范》对抽放设备及抽放站的规定：

① 矿井瓦斯抽放设备的能力，应满足矿井瓦斯抽放期间或在瓦斯抽放设备服务年限内所达到的开采范围的最大抽放量和最大抽阻力的要求，且应有不小于15%的富裕能力。矿井抽放系统的总阻力，必须按管网最大阻力计算，瓦斯抽放系统应不出现正压状态。

② 在一个抽放站内，瓦斯抽放泵及附属设备只有一套工作时，应备用一套；两套或两套以上工作时，应至少备用一套。

③ 抽放站位置：

A. 设在不受洪涝威胁且工程地质条件可靠地带，应避开滑坡、溶洞、断层破碎带及塌陷区等；

B. 宜设在回风井工业场地内，站房距井口和主要建筑物及居住区不得小于50 m；

C. 站房及站房周围20 m范围内禁止有明火；

D. 站房应建在靠近公路和有水源的地方；

E. 站房应考虑进出管敷设方便，有利瓦斯输送，并尽可能留有扩能的余地。

④ 抽放站建筑：

A. 站房建筑必须采用不燃性材料，耐火等级为二级；

B. 站房周围必须设置栅栏或围墙。

⑤ 站房附近管道应设置放水器及防爆、防回火、防回水装置，设置放空管及压力、流量、浓度测量装置，并应设置采样、阀门等附属装置。放空管设置在泵的进、出口，管径应大于或等于泵的进、出口直径，放空管的管口要高出泵房房顶 3 m 以上。

⑥ 泵房内电气设备、照明和其他电气、检测仪表均应采用矿用防爆型。

⑦ 抽放站应有双回供电线路。

⑧ 抽放站应有防雷电、防火灾、防洪涝、防冻等设施。

⑨ 干式瓦斯抽放泵吸气侧管路系统必须装设防回火、防回气、防爆炸的安全装置。

⑩ 站房必须有直通矿调度室的电话。

⑪ 抽放泵运转时，必须对泵流量、水温度、泵轴温度等进行监测、监控。

⑫ 抽放站应有供水系统。站房设备冷却水一般采用闭路循环。给水管路及水池容积均应考虑消防水量。污水应设置地沟排放。

⑬ 抽放站采暖与通风应符合现行的《煤炭工业矿井设计规范》的有关规定。

⑭ 废水、噪声和对空排放瓦斯不得超过工业卫生规定指标，抽放站场地应搞好绿化。

(5)《煤矿瓦斯抽放规范》对抽放管路系统的规定：

① 抽放管路系统应根据井下巷道的布置、抽放地点的分布、瓦斯利用的要求以及矿井的发展规划等因素一，避免或减少主干管路系统的频繁改动，确保管道运输、安装和维护方便，并应符合下列要求：

A. 抽放管路通过的巷道曲线段少、距离短，管路安装应平直，转弯时角度不应大于 50°；

B. 抽放管路系统宜在回风巷道或矿车不经常通过的巷道布置；若设于主要运输巷内，在人行道侧其架设高度不应小于 1.8 m，并固定在巷道壁上，与巷道壁的距离应满足检修要求；瓦斯抽放管件的外缘距巷道壁不宜小于 0.1 m；

C. 当抽放设备或管路发生故障时，管路内的瓦斯不得流入采掘工作面及机电硐室内；

D. 管径要统一，变径时必须设过渡节。

② 瓦斯抽放管路的管径应按最大流量分段计算，并与抽放设备能力相适应，抽放管路按经济流速为 5～15 m/s 和最大通过流量来计算管径，抽放系统管材的备用量可取 10%。

③ 当采用专用钻孔敷设抽放管路时，专用钻孔直径应比管道外形尺寸大 100 mm；当沿竖井敷设抽放管路时，应将管道固定在罐道梁上或专用管架上。

④ 抽放管路包括摩擦阻力和局部阻力；摩擦阻力可用低负压瓦斯管路阻力公式计算；局部阻力可用估算法计算，一般取摩擦阻力的 10%～20%。

⑤ 地面管路布置：

A. 尽可能避免布置在车辆通告频繁的主干道旁；

B. 不得将抽放管路和动力电缆、照明电缆及通讯电缆等敷设在同一条地沟内；

C. 主干管应与城市及矿区的发展规划和建筑布置相结合；

D. 抽放管道与地上、下建(构)筑物及设施的间距，应符合《工业企业总平面设计规范》的有关规定；

E. 瓦斯管道不得从地下穿过房屋或其他建(构)筑物，一般情况下也不得穿过其他管网，当必须穿过其他管网时，应按有关规定采取措施。

⑥ 抽放管路附属装置及设施：

A. 主管、分管、支管及其与钻场连接处装设瓦斯计量装置；

B. 抽放钻场、管路拐弯、低洼、温度突变处及油管路适当距离（间距一般为 200～300 m，最大不超过 500 m）应设置放水器；

C. 在抽放管路的适当部位应设置除渣装置和测压装置；

D. 抽放管路分岔处应设置控制阀门，阀门规格应与安装地点的管径相匹配；

E. 地面主管上的阀门应设置在地表下用不燃性材料砌成的不透水观察井内，其间距为 500～1 000 m。

⑦ 条件适当时，可选用新材料的瓦斯抽放管，但井下抽放管路禁止采用玻璃钢管。

⑧ 在倾斜巷道中，管路应设防滑卡，其间距可根据巷道坡度确定，对 28°以下的斜巷，间距一般取 15～20 m。

⑨ 抽放管路应有良好的气密性及采取防腐蚀、防砸坏、防带电及防冻等措施。

⑩ 通往井下的抽放管路应采取防雷措施。

(6)《煤矿瓦斯抽放规范》对瓦斯抽放参数的监测、监控的规定：

① 矿井瓦斯抽放系统应安装监控设备，监测抽放管道中的瓦斯浓度、流量、负压、温度和一氧化碳等参数，同时监测抽放泵站内瓦斯泄漏等。

② 当出现瓦斯抽放浓度过低、一氧化碳超限、泵站内有瓦斯泄漏等情况时，应能报警并使抽放泵主电源断电。

③ 抽放站内应配置专用检测瓦斯抽放参数的仪器仪表。

(7)《煤矿瓦斯抽放规范》对钻孔参数的要求：

① 钻场钻孔布置：

A. 钻场的布置应免受采动影响，避开地质构造带，便于维护，利于封孔，保证抽放效果。

B. 尽量利用现有的开拓，准备和回采巷道布置钻场。

C. 对开采层未卸压抽放，除按钻孔抽放半径确定合理的孔间距外，应尽量增大钻孔的见煤长度。

邻近层卸压抽放，应将钻孔打在采煤工作面顶板冒落后所形成的裂隙带内，并避开冒落带。

D. 强化抽放布孔方式除考虑应取得好的抽放效果外，还应考虑施工方便。

E. 边采边抽钻孔的方向应与开采推进方向相迎，避免采动首先破坏孔口或钻场。

F. 钻孔方向应尽可能正交或斜交煤层层理。

G. 穿层钻孔终孔位置，应在穿过煤层顶（底）板 0.5 m 处。

② 封孔：

A. 封孔方法的选择应根据抽放孔口所处煤（岩）层位、岩性、构造等因素综合确定，因地制宜地选用新方法、新工艺。

B. 岩壁钻孔，宜采用封孔器封孔。封孔器械应满足密封性能好、操作便捷、封孔速度快的要求。

C. 煤壁钻孔，宜采用充填材料进行压风封孔。封孔材料可先用膨胀水泥、聚氨酯等新型材料。在钻孔所处围岩条件较好的情况下，亦可选用水泥砂浆或其他封孔材料。

D. 封孔长度：

孔口段围岩条件好，构造简单、孔口负压中等时，封孔长度可取 3～5 m；

孔口段围岩裂隙较发育或孔口负压高时，封孔长度可取 5～8 m；

在煤壁开孔的钻孔，封孔长度可取 8～10 m；

采用除聚氨酯外的其他材料封孔时，封孔段长度与封孔深度相等；

采用聚氨酯封孔时，封孔参数见表 4-2。

表 4-2　　封孔参数

封孔材料	钻孔条件	封孔段长度/m	封孔深度/m
聚氨酯	孔口段较完整	0.8	3～5
	孔口段较破碎	1.0	4～6

③ 钻孔封孔质量检查标准：

A. 预抽瓦斯钻孔抽放过程中孔口瓦斯浓度不应小于 40%；

B. 邻近层瓦斯抽放钻孔抽放过程中孔口瓦斯浓度不应小于 30%；

C. 当钻孔封孔质量达不到上代用品标准时，抽放结束后应全孔封实。

(2) 瓦斯抽采系统运行稳定、可靠，抽采能力满足《煤矿瓦斯抽采达标暂行规定》要求；

【说明】 本条主要规定了矿井瓦斯抽采的具体要求。

瓦斯抽采系统运行稳定、可靠是保证抽放效果达标的关键，按照相关规定和要求进行抽采设计，抽采能力必须满足《煤矿瓦斯抽采达标暂行规定》要求。

煤矿瓦斯抽采应当坚持“应抽尽抽、多措并举、抽掘采平衡”的原则。

瓦斯抽采系统应当确保工程超前、能力充足、设施完备、计量准确；瓦斯抽采管理应当确保机构健全、制度完善、执行到位、监督有效。

煤矿应当加强抽采瓦斯的利用，有效控制向大气排放瓦斯。

(1)《煤矿瓦斯抽采达标暂行规定》第五条规定：应当抽采瓦斯的煤矿企业应当落实瓦斯抽采主体责任，推进瓦斯抽采达标工作。

(2)《煤矿瓦斯抽采达标暂行规定》第八条规定：煤矿企业主要负责人为所在单位瓦斯抽采的第一责任人，负责组织落实瓦斯抽采工作所需的人力、财力和物力，制定瓦斯抽采达标工作各项制度，明确相关部门和人员的责、权、利，确保各项措施落实到位和瓦斯抽采达标。

煤矿企业、矿井的总工程师或者技术负责人(以下统称技术负责人)对瓦斯抽采工作负技术责任，负责组织编制、审批、检查瓦斯抽采规划、计划、设计、安全技术措施和抽采达标评判报告等；煤矿企业、矿井的分管负责人负责分管范围内瓦斯抽采工作的组织和落实。

煤矿企业、矿井的各职能部门负责人在其职责范围内对瓦斯抽采达标工作负责。

(3)《煤矿瓦斯抽采达标暂行规定》第九条规定：煤矿企业应当建立瓦斯抽采达标评价工作体系，制定矿井瓦斯抽采达标评判细则，建立瓦斯抽采管理和考核奖惩制度、抽采工程检查验收制度、先抽后采例会制度、技术档案管理制度等。

(4)《煤矿瓦斯抽采达标暂行规定》第十条规定：煤矿企业应当建立健全专业的瓦斯抽采机构。企业(集团公司)应当设置管理瓦斯抽采工作部门；矿井应当建立负责瓦斯抽采的科、区(队)，并配备足够数量的专业工程技术人员。

瓦斯抽采技术和管理人员应当定期参加专业技术培训，瓦斯抽采工应当参加专门培训并取得相关资质后上岗。

(5)《煤矿瓦斯抽采达标暂行规定》第十一条规定：矿井在编制生产发展规划和年度生产计划时，必须同时组织编制相应的瓦斯抽采达标规划和年度实施计划，确保"抽掘采平衡"。矿井生产规划和计划的编制应当以预期的矿井瓦斯抽采达标煤量为限制条件。

抽采达标规划包括：抽采达标工程(表)、抽采量(表)、抽采设备设施(表)、资金计划(表)，抽采达标范围可规划产量(表)、采面接替(表)、巷道掘进(表)等。

年度实施计划包括：年度瓦斯抽采达标的煤层范围及相对应的年度产量安排(表)、采面接替(表)、巷道掘进(表)，年度抽采工程(表)、抽采设备设施(表)、施工队伍、抽采时间、抽采量(表)、抽采指标、资金计划(表)以及其他保障措施。

矿井应当积极试验和考察不同抽采方式和参数条件下的煤层瓦斯抽采规律，根据抽采参数、抽采时间和抽采效果之间的关系，确定矿井合理抽采方式下的抽采超前时间，并结合抽采工程施工周期，安排抽采、掘进、回采三者之间的接替关系。

煤矿企业对矿井瓦斯抽采规划、计划、设计、工程施工、设备设施以及抽采计量、效果等每年应当至少进行一次审查。

(6)《煤矿瓦斯抽采达标暂行规定》第十二条规定：经矿井瓦斯涌出量预测或者矿井瓦斯等级鉴定、评估符合应当进行瓦斯抽采条件的新建、技改和资源整合矿井，其矿井初步设计必须包括瓦斯抽采工程设计内容。

矿井瓦斯抽采工程设计应当与矿井开采设计同步进行；分期建设、分期投产的矿井，其瓦斯抽采工程必须一次设计，并满足分期建设过程中瓦斯抽采达标的要求。

(7)《煤矿瓦斯抽采达标暂行规定》第十三条规定：矿井确定开拓和开采布局时，应当充分考虑瓦斯抽采达标需要的工程和时间。

煤层群开采的矿井，应当部署抽采采动卸压瓦斯的配套工程。

开采保护层时，必须布置对被保护层进行瓦斯抽采的配套工程，确保抽采达标。

在煤层底(顶)板布置专用抽采瓦斯巷道，采用穿层钻孔抽采瓦斯时，其专用抽采瓦斯巷道应当满足下列要求：

① 巷道的位置、数量应当满足可实现抽采达标的抽采方法的要求；

② 巷道施工应当满足抽采达标所需的抽采时间要求；

③ 敷设抽采管路、布置钻场及钻孔的抽采巷道采用矿井全风压通风时，巷道风速不得低于 0.5 m/s。

(8)《煤矿瓦斯抽采达标暂行规定》第十四条规定：煤与瓦斯突出矿井和高瓦斯矿井必须建立地面固定抽采瓦斯系统，其他应当抽采瓦斯的矿井可以建立井下临时抽采瓦斯系统；同时具有煤层瓦斯预抽和采空区瓦斯抽采方式的矿井，根据需要分别建立高、低负压抽采瓦斯系统。

(9)《煤矿瓦斯抽采达标暂行规定》第十五条规定：泵站的装机能力和管网能力应当满足瓦斯抽采达标的要求。备用泵能力不得小于运行泵中最大一台单泵的能力；运行泵的装机能力不得小于瓦斯抽采达标时应抽采瓦斯量对应工况流量的 2 倍，即：

$$2\times\frac{100\times\text{抽采达标时抽采量}\times\text{标准大气压力}}{\text{抽采瓦斯浓度}\times(\text{当地大气压力}-\text{泵运行负压})}$$

预抽瓦斯钻孔的孔口负压不得低于 13 kPa,卸压瓦斯抽采钻孔的孔口负压不得低于5 kPa。

(10)《煤矿瓦斯抽采达标暂行规定》第十六条规定:瓦斯抽采矿井应当配备瓦斯抽采监控系统,实时监控管网瓦斯浓度、压力或压差、流量、温度参数及设备的开停状态等。

抽采瓦斯计量仪器应当符合相关计量标准要求;计量测点布置应当满足瓦斯抽采达标评价的需要,在泵站、主管、干管、支管及需要单独评价的区域分支、钻场等布置测点。

(11)《煤矿瓦斯抽采达标暂行规定》第十七条规定:瓦斯抽采管网中应当安装足够数量的放水器,确保及时排除管路中的积水,必要时应设置除渣装置,防止煤泥堵塞管路断面。每个抽采钻孔的接抽管上应留设钻孔抽采负压和瓦斯浓度(必要时还应观测一氧化碳浓度)的观测孔。

煤矿应当加强瓦斯抽采现场管理,确保瓦斯抽采系统的正常运转和瓦斯抽采钻孔的效用,钻孔抽采效果不好或者有发火迹象的,应当及时处理。

(3) 积极利用抽采瓦斯。

【说明】 本条主要规定了矿井瓦斯利用的具体要求。

瓦斯抽采的矿井应加强瓦斯利用工作,变害为利,保护环境并以用促抽,以抽保用。年瓦斯抽采量在 100 万 m^3 及以上的矿井,必须开展瓦斯利用工作。矿井瓦斯利用须经相关资质的专业机构可行性论证。

进行瓦斯抽采论证和设计时,要同时对瓦斯利用进行论证和设计。

瓦斯利用设计内容包括:确定瓦斯利用量和利用方式、储气装置及容积、输送气方法、输气管路系统、安全及检测装置、利用工艺,绘制瓦斯利用工程系统布置图,编制设备材料清册、土建工程计划、资金概算、劳动组织及管理制度、安全技术措施、经济分析等。

7. 安全监控

安全监控系统满足《煤矿安全监控系统通用技术要求》(AQ6201,以下简称 AQ6201)、《煤矿安全监控系统及检测仪器使用管理规范》(AQ1029,以下简称 AQ1029)和《煤矿安全规程》的要求,维护、调校、检定到位,系统运行稳定可靠。

【说明】 本条主要规定了矿井安全监控系统的具体要求。

煤矿安全监控系统具有模拟量、开关量、累计量采集、传输、存储、处理、显示、打印、声光报警、控制等功能,用于监测甲烷浓度、一氧化碳浓度、风速、风压、温度、烟雾、馈电状态、风门状态、风筒状态、局部通风机开停、主要通风机开停,并实现甲烷超限声光报警、断电和甲烷风电闭锁控制,由主机、传输接口、分站、传感器、断电控制器、声光报警器、电源箱、避雷器等设备组成的系统。为保证安全监控系统的断电和故障闭锁功能,断电控制器与被控开关之间必须正确接线,并满足《煤矿安全监控系统通用技术要求》、《煤矿安全监控系统及检测仪器使用管理规范》和《煤矿安全规程》的要求,维护、调校、检定到位,系统运行稳定可靠。

(1)《煤矿安全规程》第四百八十七条规定:所有矿井必须装备安全监控系统、人员位置监测系统、有线调度通信系统。

(2)《煤矿安全规程》第四百八十八条规定:编制采区设计、采掘作业规程时,必须对安全监控、人员位置监测、有线调度通信设备的种类、数量和位置,信号、通信、电源线缆的敷设,安全监控系统的断电区域等做出明确规定,绘制安全监控布置图和断电控制图、人员位置监测系统图、井下通信系统图，并及时更新。

每3个月对安全监控、人员位置监测等数据进行备份，备份的数据介质保存时间应当不少于2年。图纸、技术资料的保存时间应当不少于2年。录音应当保存3个月以上。

(3)《煤矿安全规程》第四百八十九条规定：矿用有线调度通信电缆必须专用。严禁安全监控系统与图像监视系统共用同一芯光纤。矿井安全监控系统主干线缆应当分设两条，从不同的井筒或者一个井筒保持一定间距的不同位置进入井下。

① 设备应当满足电磁兼容要求。系统必须具有防雷电保护，入井线缆的入井口处必须具有防雷措施。

② 系统必须连续运行。电网停电后，备用电源应当能保持系统连续工作时间不小于2 h。

③ 监控网络应当通过网络安全设备与其他网络互通互联。

④ 安全监控和人员位置监测系统主机及联网主机应当双机热备份，连续运行。当工作主机发生故障时，备份主机应当在5 min内自动投入工作。

⑤ 当系统显示井下某一区域瓦斯超限并有可能波及其他区域时，矿井有关人员应当按瓦斯事故应急救援预案切断瓦斯可能波及区域的电源。安全监控和人员位置监测系统显示和控制终端、有线调度通信系统调度台必须设置在矿调度室，全面反映监控信息。矿调度室必须24 h有监控人员值班。

(4)《煤矿安全规程》第四百九十条规定：安全监控设备必须具有故障闭锁功能。当与闭锁控制有关的设备未投入正常运行或者故障时，必须切断该监控设备所监控区域的全部非本质安全型电气设备的电源并闭锁；当与闭锁控制有关的设备工作正常并稳定运行后，自动解锁。

安全监控系统必须具备甲烷电闭锁和风电闭锁功能。当主机或者系统线缆发生故障时，必须保证实现甲烷电闭锁和风电闭锁的全部功能。系统必须具有断电、馈电状态监测和报警功能。

(5)《煤矿安全规程》第四百九十一条规定：安全监控设备的供电电源必须取自被控开关的电源侧或者专用电源，严禁接在被控开关的负荷侧。

安装断电控制系统时，必须根据断电范围提供断电条件，并接通井下电源及控制线。

改接或者拆除与安全监控设备关联的电气设备、电源线和控制线时，必须与安全监控管理部门共同处理。检修与安全监控设备关联的电气设备，需要监控设备停止运行时，必须制定安全措施，并报矿总工程师审批。

(6)《煤矿安全规程》第四百九十二条规定：安全监控设备必须定期调校、测试，每月至少1次。

采用载体催化元件的甲烷传感器必须使用校准气样和空气气样在设备设置地点调校，便携式甲烷检测报警仪在仪器维修室调校，每15天至少1次。甲烷电闭锁和风电闭锁功能每15天至少测试1次。可能造成局部通风机停电的，每半年测试1次。

安全监控设备发生故障时，必须及时处理，在故障处理期间必须采用人工监测等安全措施，并填写故障记录。

(7)《煤矿安全规程》第四百九十三条规定：必须每天检查安全监控设备及线缆是否正常，使用便携式光学甲烷检测仪或者便携式甲烷检测报警仪与甲烷传感器进行对照，并将记录和检查结果报矿值班员；当两者读数差大于允许误差时，应当以读数较大者为依据，采取安全措施并在8 h内对2种设备调校完毕。

(8)《煤矿安全规程》第四百九十四条规定:矿调度室值班人员应当监视监控信息,填写运行日志,打印安全监控日报表,并报矿总工程师和矿长审阅。系统发出报警、断电、馈电异常等信息时,应当采取措施,及时处理,并立即向值班矿领导汇报;处理过程和结果应当记录备案。

(9)《煤矿安全规程》第四百九十五条规定:安全监控系统必须具备实时上传监控数据的功能。

(10)《煤矿安全规程》第四百九十八条规定:甲烷传感器(便携仪)的设置地点,报警、断电、复电浓度和断电范围必须符合规定要求。

8. 防灭火

(1) 按《煤矿安全规程》规定建立防灭火系统、自然发火监测系统,系统运行正常;

【说明】 本条主要规定了矿井防灭火系统的具体要求。

开采自燃、容易自燃煤层的矿井,应按相关规定建立防灭火系统和制定防治自然发火的专门措施;采掘工作面作业规程应有防治自然发火的专项措施,并严格执行。矿井必须由矿长和矿总工程师负责组织制订本矿井的防灭火长远规划和年度计划。矿井防灭火工程项目应列入矿井生产建设长远规划和年、季、月度计划,矿井防灭火工程和措施所需的费用和材料、设备等必须列入企业财务和供应计划,并组织实施。完善矿井防灭火系统、自然发火监测系统,按照《煤矿安全规程》有关规定,确保系统正常运行,进一步夯实防治自然发火的基础工作。

(1)《煤矿安全规程》第二百四十九条规定:矿井必须设地面消防水池和井下消防管路系统。井下消防管路系统应当敷设到采掘工作面,每隔 100 m 设置支管和阀门,但在带式输送机巷道中应当每隔 50 m 设置支管和阀门。地面的消防水池必须经常保持不少于 200 m^3 的水量。消防用水同生产、生活用水共用同一水池时,应当有确保消防用水的措施。

开采下部水平的矿井,除地面消防水池外,可以利用上部水平或者生产水平的水仓作为消防水池。

(2)《煤矿安全规程》第二百六十条规定:煤的自燃倾向性分为容易自燃、自燃、不易自燃 3 类。

开采容易自燃和自燃煤层的矿井,必须编制矿井防灭火专项设计,采取综合预防煤层自然发火的措施。

(3)《煤矿安全规程》第二百六十六条规定:采用灌浆防灭火时,应当遵守下列规定:

① 采(盘)区设计应当明确规定巷道布置方式、隔离煤柱尺寸、灌浆系统、疏水系统、预筑防火墙的位置以及采掘顺序。

② 安排生产计划时,应当同时安排防火灌浆计划,落实灌浆地点、时间、进度、灌浆浓度和灌浆量。

③ 对采(盘)区始采线、终采线、上下煤柱线内的采空区,应当加强防火灌浆。

④ 应当有灌浆前疏水和灌浆后防止溃浆、透水的措施。

(4)《煤矿安全规程》第二百六十七条规定:在灌浆区下部进行采掘前,必须查明灌浆区内的浆水积存情况。发现积存浆水,必须在采掘之前放出;在未放出前,严禁在灌浆区下部进行采掘作业。

(5)《煤矿安全规程》第二百六十八条规定:采用阻化剂防灭火时,应当遵守下列规定:

① 选用的阻化剂材料不得污染井下空气和危害人体健康。

② 必须在设计中对阻化剂的种类和数量、阻化效果等主要参数作出明确规定。

③ 应当采取防止阻化剂腐蚀机械设备、支架等金属构件的措施。

(6)《煤矿安全规程》第二百六十九条规定：采用凝胶防灭火时，编制的设计中应当明确规定凝胶的配方、促凝时间和压注量等参数。压注的凝胶必须充填满全部空间，其外表面应当喷浆封闭，并定期观测，发现老化、干裂时重新压注。

(7)《煤矿安全规程》第二百七十条规定：采用均压技术防灭火时，应当遵守下列规定：

① 有完整的区域风压和风阻资料以及完善的检测手段。

② 有专人定期观测与分析采空区和火区的漏风量、漏风方向、空气温度、防火墙内外空气压差等状况，并记录在专用的防火记录簿内。

③ 改变矿井通风方式、主要通风机工况以及井下通风系统时，对均压地点的均压状况必须及时进行调整，保证均压状态的稳定。

④ 经常检查均压区域内的巷道中风流流动状态，并有防止瓦斯积聚的安全措施。

(8)《煤矿安全规程》第二百七十一条规定：采用氮气防灭火时，应当遵守下列规定：

① 氮气源稳定可靠。

② 注入的氮气浓度不小于 97%。

③ 至少有 1 套专用的氮气输送管路系统及其附属安全设施。

④ 有能连续监测采空区气体成分变化的监测系统。

⑤ 有固定或者移动的温度观测站(点)和监测手段。

⑥ 有专人定期进行检测、分析和整理有关记录、发现问题及时报告处理等规章制度。

(9)《煤矿安全规程》第二百七十二条规定：采用全部充填采煤法时，严禁采用可燃物作充填材料。

(10)《煤矿安全规程》第二百七十三条规定：开采容易自燃和自燃煤层时，在采(盘)区开采设计中，必须预先选定构筑防火门的位置。当采煤工作面通风系统形成后，必须按设计构筑防火门墙，并储备足够数量的封闭防火门的材料。

(11)《煤矿安全规程》第二百七十四条规定：矿井必须制定防止采空区自然发火的封闭及管理专项措施。采煤工作面回采结束后，必须在 45 天内进行永久性封闭，每周 1 次抽取封闭采空区气样进行分析，并建立台账。

开采自燃和容易自燃煤层，应当及时构筑各类密闭并保证质量。

与封闭采空区连通的各类废弃钻孔必须永久封闭。

(2) 开采自燃煤层、容易自燃煤层进行煤层自然发火预测预报工作；

【说明】 本条主要规定了预测自然发火的具体要求。

凡开采自然发火的煤层，均要开展火灾的预测预报工作，并建立监测系统。按规定观测预报，并确保数据准确、可靠。在开采设计中应明确选定自然发火观测站或观测点。发现异常，采取措施，立即处理。

(1)《煤矿安全规程》第二百六十一条规定：开采容易自燃和自燃煤层时，必须开展自然发火监测工作，建立自然发火监测系统，确定煤层自然发火标志气体及临界值，健全自然发火预测预报及管理制度。

(2)《煤矿安全规程》第二百六十五条规定：开采容易自燃和自燃煤层时，必须制定防治采空区(特别是工作面始采线、终采线、上下煤柱线和三角点)、巷道高冒区、煤柱破坏区自然发火的技术措施。

当井下发现自然发火征兆时,必须停止作业,立即采取有效措施处理。在发火征兆不能得到有效控制时,必须撤出人员,封闭危险区域。进行封闭施工作业时,其他区域所有人员必须全部撤出。

(3)《矿井防灭火规范》第三十二条规定:开采自燃煤层的矿井或矿区应建立气体分析化验室,并装备如下仪器仪表:

① 分析一氧化碳、二氧化碳、沼气可燃气体和氧气的气相色谱仪。

② 检测一氧化碳、二氧化碳、沼气和氧气的便携式检测仪表和现场气体取样装置。

③ 测定水温、岩温及空气温度、湿度、风速、气压及压差的仪表。

④ 矿井酸度的装置。

(4)《矿井防灭火规范》第三十七条规定:开采自燃煤层的采空区必须实行严格的漏风管理,采取有效的防止漏风措施:

① 新采空区必须按规定及时封闭,防火墙必须符合质量标准。

② 老采空区缺少防火墙的必须补上,不符合质量标准的必须进行维修。

③ 因位置不合理而引起风压差增高的通风设施应搬迁或拆除。

④ 采用漏风通道或使采空区进、回风侧防火墙同时位于或回风侧,以均衡或降低风压差。

⑤ 保护采空区边界煤柱和底板的完整性,避免产生裂隙漏风。

⑥ 与采空区边界地面裂隙应进行充填,以减少地面裂隙漏风。

(5)《矿井防灭火规范》第三十八条规定:每一自燃矿井均要开展自然火灾的预测预报工作,及时掌握自然发火动向,并做好以下工作:

① 建立自然发火观测网点,对全矿井的自燃危险区进行系统的、定期的观测。观测点应选在:采空区回风侧防火墙处和回采工作面上隅角采区回风巷中。观测内容为:一氧化碳、二氧化碳、沼气、氧等气体浓度,气温、水温、风量以及防火墙内外压差和表面自燃征兆。

② 通过统计自然发火的临界值。确定适于本矿应用的自然发火预报指标,一般以一氧化碳的相对量和绝对量以及格雷哈姆系数作为自然发火的预报指标。

③ 及时整理和观测分析结果,并绘制变化曲线,一旦发现某一指标已达到临界值,应迅速作出预报,向调度室及矿长报告结果。

(3) 井上、下消防材料库设置和库内及井下重要岗点消防器材配备符合《煤矿安全规程》规定。

【说明】 本条主要规定了矿井消防的具体要求。

井上、下设置消防材料库是矿井救灾重要设施,规范管理消防材料库是矿井防灾抗灾的需要,必须按照《煤矿安全规程》相关规定进行配备各类消防器材,按规定进行巡检维护。

(1)《煤矿安全规程》第二百五十条规定:进风井口应当装设防火铁门,防火铁门必须严密并易于关闭,打开时不妨碍提升、运输和人员通行,并定期维修;如果不设防火铁门,必须有防止烟火进入矿井的安全措施。

(2)《煤矿安全规程》第二百五十一条规定:井口房和通风机房附近 20 m 内,不得有烟火或者用火炉取暖。通风机房位于工业广场以外时,除开采有瓦斯喷出的矿井和突出矿井外,可用隔焰式火炉或者防爆式电热器取暖。

暖风道和压入式通风的风硐必须用不燃性材料砌筑,并至少装设 2 道防火门。

(3)《煤矿安全规程》第二百五十二条规定：井筒与各水平的连接处及井底车场，主要绞车道与主要运输巷、回风巷的连接处，井下机电设备硐室，主要巷道内带式输送机机头前后两端各 20 m 范围内，都必须用不燃性材料支护。

在井下和井口房，严禁采用可燃性材料搭设临时操作间、休息间。

(4)《煤矿安全规程》第二百五十三条规定：井下严禁使用灯泡取暖和使用电炉。

(5)《煤矿安全规程》第二百五十四条规定：井下和井口房内不得进行电焊、气焊和喷灯焊接等作业。如果必须在井下主要硐室、主要进风井巷和井口房内进行电焊、气焊和喷灯焊接等工作，每次必须制定安全措施，由矿长批准并遵守下列规定：

① 指定专人在场检查和监督。

② 电焊、气焊和喷灯焊接等工作地点的前后两端各 10 m 的井巷范围内，应当是不燃性材料支护，并有供水管路，有专人负责喷水，焊接前应当清理或者隔离焊渣飞溅区域内的可燃物。上述工作地点应当至少备有 2 个灭火器。

③ 在井口房、井筒和倾斜巷道内进行电焊、气焊和喷灯焊接等工作时，必须在工作地点的下方用不燃性材料设施接受火星。

④ 电焊、气焊和喷灯焊接等工作地点的风流中，甲烷浓度不得超过 0.5%，只有在检查证明作业地点附近 20 m 范围内巷道顶部和支护背板后无瓦斯积存时，方可进行作业。

⑤ 电焊、气焊和喷灯焊接等作业完毕后，作业地点应当再次用水喷洒，并有专人在作业地点检查 1 h，发现异常，立即处理。

⑥ 突出矿井井下进行电焊、气焊和喷灯焊接时，必须停止突出煤层的掘进、回采、钻孔、支护以及其他所有扰动突出煤层的作业。

煤层中未采用砌碹或者喷浆封闭的主要硐室和主要进风大巷中，不得进行电焊、气焊和喷灯焊接等工作。

(6)《煤矿安全规程》第二百五十五条规定：井下使用的汽油、煤油必须装入盖严的铁桶内，由专人押运送至使用地点，剩余的汽油、煤油必须运回地面，严禁在井下存放。

井下使用的润滑油、棉纱、布头和纸等，必须存放在盖严的铁桶内。用过的棉纱、布头和纸，也必须放在盖严的铁桶内，并由专人定期送到地面处理，不得乱放乱扔。严禁将剩油、废油泼洒在井巷或者硐室内。

井下清洗风动工具时，必须在专用硐室进行，并必须使用不燃性和无毒性洗涤剂。

(7)《煤矿安全规程》第二百五十六条规定：井上、下必须设置消防材料库，并符合下列要求：

① 井上消防材料库应当设在井口附近，但不得设在井口房内。

② 井下消防材料库应当设在每一个生产水平的井底车场或者主要运输大巷中，并装备消防车辆。

③ 消防材料库储存的消防材料和工具的品种和数量应当符合有关要求，并定期检查和更换；消防材料和工具不得挪作他用。

(8)《煤矿安全规程》第二百五十七条规定：井下爆炸物品库、机电设备硐室、检修硐室、材料库、井底车场、使用带式输送机或者液力耦合器的巷道以及采掘工作面附近的巷道中，必须备有灭火器材，其数量、规格和存放地点，应当在灾害预防和处理计划中确定。

井下工作人员必须熟悉灭火器材的使用方法，并熟悉本职工作区域内灭火器材的存放地点。

井下爆炸物品库、机电设备硐室、检修硐室、材料库的支护和风门、风窗必须采用不燃性材料。

(9)《煤矿安全规程》第二百五十八条规定:每季度应当对井上、下消防管路系统、防火门、消防材料库和消防器材的设置情况进行1次检查,发现问题,及时解决。

9. 粉尘防治

(1) 防尘供水系统符合《煤矿安全规程》要求;

【说明】 本条主要规定了矿井防尘供水的具体要求。

矿井防尘供水系统是矿井的主要生产系统之一,防尘系统与其他生产系统同时设计,同时施工,同时验收投入使用。

《煤矿安全规程》第六百四十四条规定:矿井必须建立消防防尘供水系统,并遵守下列规定:

(1) 应当在地面建永久性消防防尘储水池,储水池必须经常保持不少于200 m^3 的水量。备用水池贮水量不得小于储水池的一半。

(2) 防尘用水水质悬浮物的含量不得超过30 mg/L,粒径不大于0.3 mm,水的pH值在6~9范围内,水的碳酸盐硬度不超过3 mmol/L。

(3) 没有防尘供水管路的采掘工作面不得生产。主要运输巷、带式输送机斜井与平巷、上山与下山、采区运输巷与回风巷、采煤工作面运输巷与回风巷、掘进巷道、煤仓放煤口、溜煤眼放煤口、卸载点等地点必须敷设防尘供水管路,并安设支管和阀门。防尘用水应当过滤。水采矿井不受此限。

(2) 隔爆设施安设地点、数量、容量及安装质量符合《煤矿井下粉尘综合防治技术规范》(AQ1020,以下简称AQ1020)规定;

【说明】 本条主要规定了矿井隔爆设施的具体要求。

在采取隔绝爆炸的措施时,需要安设的相关设施称为隔爆设施。设置隔爆设施为了限制爆炸事故波及的范围,减轻爆炸事故所造成的损失。主要包括隔爆水幕、隔爆水棚(岩粉棚)、自动式隔爆棚等。隔爆设施安设地点、数量、容量及安装质量必须符合《煤矿井下粉尘综合防治技术规范》和《煤矿安全规程》要求。

(1)《煤矿井下粉尘综合防治技术规范》规定:

① 新矿井的地质精查报告中,必须有所有煤层的煤尘爆炸性鉴定资料。生产矿井每延深一个新水平,应进行1次煤尘爆炸性鉴定工作。煤尘的爆炸性鉴定由国家授权单位按规定进行,鉴定结果必须报煤矿安全监察机构备案。

② 矿井每年应制定综合防尘措施、预防和隔绝煤尘爆炸措施及管理制度,并组织实施。矿井应每周至少检查一次煤尘隔爆设施的安装地点、数量、水量或岩粉量及安装质量是否符合要求。

③ 开采有煤尘爆炸危险煤层的矿井,必须有预防和隔绝煤尘爆炸的措施。矿井的两翼、相邻的采区、相邻的煤层、相邻的采煤工作面间,煤层掘进巷道同与其相连的巷道间,煤仓同与其相连通的巷道间,采用独立通风并有煤尘爆炸危险的其他地点同与其相连通的巷道间,必须用水棚或岩粉棚隔开。

④ 必须及时清除巷道中的浮煤,清扫或冲洗沉积煤尘,每年应至少进行1次对主要进

风大巷刷浆。

⑤ 主要采用被动式隔爆水棚(或岩粉棚),也可采用自动隔爆装置隔绝煤尘爆炸的传播。

(2) 隔爆棚。隔爆棚分为主要隔爆棚和辅助隔爆棚,隔爆棚设置地点应符合下列规定。

① 主要隔爆棚应在下列巷道设置:

A. 矿井两翼与井筒相连通的主要大巷;

B. 相邻采区之间的集中运输巷和回风巷;

C. 相邻煤层之间的运输石门和回风石门。

② 辅助隔爆棚应在下列巷道设置:

A. 采煤工作面进风、回风巷道;

B. 采区内的煤和半煤巷掘进巷道;

C. 采用独立通风并有煤尘爆炸危险的其他巷道。

③ 水棚:

A. 水棚包括水槽和水袋,水槽和水袋必须符合《煤矿用隔爆水槽和隔爆水袋通用技术条件》(MT 157)的规定,水袋宜作为辅助隔爆水棚。

B. 水棚分为主要隔爆棚和辅助隔爆棚,各自的设置地点见本《煤矿井下粉尘综合防治技术规范》6.5.1条,按布置方式又分为集中式和分散式,分散式水棚只能作为辅助水棚。

C. 水棚用水量。集中式水棚的用水量按巷道断面积计算:主要水棚不小于400 L/m^2,辅助水棚不小于200 L/m^2;分散式水棚的水量按棚区所占巷道的空间体积计算,不小于1.2 L/m^3。

D. 水棚在巷道设置位置:

a. 水棚应设置在直线巷道内;

b. 水棚与巷道交叉口、转弯处的距离须保持50~75 m,与风门的距离应大于25 m;

c. 第一排集中水棚与工作面的距离必须保持60~200 m,第一排分散式水棚与工作面的距离必须保持30~60 m;

d. 在应设辅助隔爆棚的巷道应设多组水棚,每组距离不大于200 m。

E. 水棚排间距离与水棚的棚间长度:

a. 集中式水棚排间距离为1.2~3.0 m,分散式水棚沿巷道分散布置,两个槽(袋)组的间距为10~30 m。

b. 集中式主要水棚的棚区长度不小于30 m,集中式辅助棚的棚区长度不小于20 m,分散式水棚的棚区长度不得小于200 m。

F. 水棚的安装方式:

a. 水槽棚的安装方式,既可采用吊挂式或上托式,也可采用混合式;

b. 水袋棚安装方式的原则是当受爆炸冲击力时,水袋中的水容易泼出;

c. 水槽(袋)的布置必须符合以下规定:

断面 $S<10\ m^2$ 时,$nB/L\times100\geqslant35\%$;

断面 $10\ m^2<S<12\ m^2$ 时,$nB/L\times100\geqslant60\%$;

断面 $S>12\ m^2$ 时,$nB/L\times100\geqslant65\%$。

式中　n——排棚上的水槽(袋)个数;

B——水棚迎风断面宽度;

L——水棚所在水平巷道宽度。

d. 水槽(袋)之间的间隙与水槽(袋)同支架或巷道壁之间的间隙之和不大于 1.5 m,特殊情况下不超过 1.8 m,两个水槽(袋)之间的间隙不得大于 1.2 m;

e. 水槽(袋)边与巷道、支架、顶板、构物架之间的距离不得小于 0.1 m,水槽(袋)底部到顶梁(顶板)的距离不得大于 1.6 m,如顶梁大于 1.6 m,则必须在该水槽(袋)上方增设一个水槽(袋);

f. 水棚距离轨道面的高度不小于 1.8 m,水棚应保持同一高度,需要挑顶时,水棚区内的巷道断面应与其前后各 20 m 长的巷道断面一致;

g. 当水袋采用易脱钩的布置方式时,挂钩位置要对正,每对挂钩的方向要相向布置(钩尖与钩尖相对),挂钩为直径 4～8 mm 的圆钢,挂钩角度为 60°±5°,弯钩长度为 25 mm。

G. 水棚的管理:

a. 要经常保持水槽和水袋的完好和规定的水量;

b. 每半个月检查一次。

④ 岩粉棚:

A. 岩粉棚分为重型岩粉棚和轻型岩粉棚,重型岩粉棚作为主要岩粉棚,轻型岩粉棚作为辅助岩粉棚。

B. 岩粉棚的岩粉用量按巷道断面积计算,主要岩粉棚为 400 kg/m^2,辅助岩粉棚为 200 kg/m^2。

C. 岩粉棚及岩粉棚架的结构及其参数:

a. 岩粉棚的宽度为 100～150 mm;岩粉棚长度:重型棚为 350～500 mm,轻型棚为≤350 mm;

b. 堆积岩粉的板与两侧支柱(或两帮)之间的间隙不得小于 50 mm;

c. 岩粉板面距顶梁(或顶板)之间的距离为 250～300 mm,使堆积岩粉的顶部与顶梁(或顶板)之间的距离不得小于 100 mm;

d. 岩粉棚的排间距离:重型棚 1.2～3.0 m,轻型棚为 1.0～2.0 m;

e. 岩粉棚与工作面之间的距离,必须保持在 60～300 m 之间;

f. 岩粉棚不得用铁钉或铁丝固定;

g. 岩粉棚上的岩粉,每月至少进行一次检查,如果岩粉受到潮湿、变硬则应立即更换,如果岩粉量减少,则应立即补充,如果在岩粉表面沉积有煤尘则应加以清除。

在煤及半煤岩掘进巷道中,可采用自动隔爆装置,根据选用的自动隔爆装置性能进行布置与安装。自动隔爆装置必须符合《煤矿用自动隔爆装置通用技术条件》(MT 694)的规定。

(3) 综合防尘措施完善,防尘设备、设施齐全,使用正常。

【说明】 本条主要规定了综合防尘措施的具体要求。

煤矿防尘就是为了减少和降低煤矿内粉尘浓度及防止煤尘爆炸。矿尘是伴随采掘活动和煤炭运输而随时产生的,只采取一种或两种防尘措施是达不到防尘效果的,必须采取综合防尘措施,提高防尘装备,完善防尘制度,落实防尘责任,强化维护使用管理。矿井目前常采取的综合防尘措施:综合采取煤体注水、采掘防尘、通风除尘、喷雾降尘、使用水泡泥、巷道洒水灭尘、个体防护等措施,可以达到防尘降尘的目的;通过强化防尘降尘洒水系统来实现防尘降尘,主要有洒水喷枪、防尘电磁阀、自动泄水阀、手自一体自动控制系统等。

(1)《煤矿井下粉尘综合防治技术规范》规定：

① 采煤工作面应采取粉尘综合治理措施，落煤时产尘点下风侧10～15 m处总粉尘降尘效率应大于或等于85%；支护时产尘点下风侧10～15 m处总粉尘降尘效率应大于或等于75%；放顶煤时产尘点下风侧10～15 m处总粉尘降尘效率应大于或等于75%；回风巷距工作面10～15 m处的总粉尘降尘效率应大于或等于75%。

② 掘进工作面应采取粉尘综合治理措施，高瓦斯、突出矿井的掘进机司机工作地点和机组后回风侧总粉尘降尘效率应大于或等于85%，呼吸性粉尘降尘效率应大于或等于70%；其他矿井的掘进机司机工作地点和机组后回风侧总粉尘降尘效率应大于或等于90%，呼吸性粉尘降尘效率应大于或等于75%；钻眼工作地点的总粉尘降尘效率应大于或等于85%，呼吸性粉尘降尘效率应大于或等于80%；放炮15 min后工作地点的总粉尘降尘效率应大于或等于95%，呼吸性粉尘降尘效率应大于或等于80%。

③ 锚喷作业应采取粉尘综合治理措施，作业人员工作地点总粉尘降尘效率应大于或等于85%。

④ 井下煤仓放煤口、溜煤眼放煤口、转载及运输环节应采取粉尘综合治理措施，总粉尘降尘效率应大于或等于85%。

⑤ 煤矿井下所使用的防、降尘装置和设备必须符合国家及行业相关标准的要求，并保证其正常运行。

⑥ 防护：作业人员必须佩戴个体防尘用具。

(2)《煤矿安全规程》第六百四十五条规定：井工煤矿采煤工作面应当采取煤层注水防尘措施，有下列情况之一的除外：

① 围岩有严重吸水膨胀性质，注水后易造成顶板垮塌或者底板变形；地质情况复杂、顶板破坏严重，注水后影响采煤安全的煤层。

② 注水后会影响采煤安全或者造成劳动条件恶化的薄煤层。

③ 原有自然水分或者防灭火灌浆后水分大于4%的煤层。

④ 孔隙率小于4%的煤层。

⑤ 煤层松软、破碎，打钻孔时易塌孔、难成孔的煤层。

⑥ 采用下行垮落法开采近距离煤层群或者分层开采厚煤层，上层或者上分层的采空区采取灌水防尘措施时的下一层或者下一分层。

(3)《煤矿安全规程》第六百四十六条规定：井工煤矿炮采工作面应当采用湿式钻眼、冲洗煤壁、水炮泥、出煤洒水等综合防尘措施。

(4)《煤矿安全规程》第六百四十七条规定：采煤机必须安装内、外喷雾装置。割煤时必须喷雾降尘，内喷雾工作压力不得小于2 MPa，外喷雾工作压力不得小于4 MPa，喷雾流量应当与机型相匹配。无水或者喷雾装置不能正常使用时必须停机；液压支架和放顶煤工作面的放煤口，必须安装喷雾装置，降柱、移架或者放煤时同步喷雾。破碎机必须安装防尘罩和喷雾装置或者除尘器。

(5)《煤矿安全规程》第六百四十八条规定：井工煤矿采煤工作面回风巷应当安设风流净化水幕。

(6)《煤矿安全规程》第六百四十九条规定：井工煤矿掘进井巷和硐室时，必须采取湿式钻眼、冲洗井壁巷帮、水炮泥、爆破喷雾、装岩(煤)洒水和净化风流等综合防尘措施。

(7)《煤矿安全规程》第六百五十条规定：井工煤矿掘进机作业时，应当采用内、外喷雾及通风除尘等综合措施。掘进机无水或者喷雾装置不能正常使用时，必须停机。

(8)《煤矿安全规程》第六百五十一条规定：井工煤矿在煤、岩层中钻孔作业时，应当采取湿式降尘等措施。在冻结法凿井和在遇水膨胀的岩层中不能采用湿式钻眼(孔)、突出煤层或者松软煤层中施工瓦斯抽采钻孔难以采取湿式钻孔作业时，可以采取干式钻孔(眼)，并采取除尘器除尘等措施。

(9)《煤矿安全规程》第六百五十二条规定：井下煤仓(溜煤眼)放煤口、输送机转载点和卸载点，以及地面筛分厂、破碎车间、带式输送机走廊、转载点等地点，必须安设喷雾装置或者除尘器，作业时进行喷雾降尘或者用除尘器除尘。

(10)《煤矿安全规程》第六百五十三条规定：喷射混凝土时，应当采用潮喷或者湿喷工艺，并配备除尘装置对上料口、余气口除尘。距离喷浆作业点下风流 100 m 内，应当设置风流净化水幕。

(11)《煤矿安全规程》第六百五十四条规定：露天煤矿的防尘工作应当符合下列要求：

① 设置加水站(池)。

② 穿孔作业采取捕尘或者除尘器除尘等措施。

③ 运输道路采取洒水等降尘措施。

④ 破碎站、转载点等采用喷雾降尘或者除尘器除尘。

10. 井下爆破

(1) 按《煤矿安全规程》要求建设和管理井下爆炸物品库，爆炸物品库存、领用等各环节按制度执行；

【说明】 本条主要规定了井下爆破物品管理的具体要求。

井下爆炸物品库是存放和管理爆炸材料的地点，包括库房、辅助硐室和通向库房的巷道，是爆破安全管理的重中之重，必须严格执行爆炸材料入库、保管、发放、运输、清退等安全管理制度，严禁违规管理和发放爆炸材料。

(1)《煤矿安全规程》第三百二十六条规定：爆炸物品的贮存，永久性地面爆炸物品库建筑结构(包括永久性埋入式库房)及各种防护措施，总库区的内、外部安全距离等，必须遵守国家有关规定。

(2)《煤矿安全规程》第三百二十九条规定：各种爆炸物品的每一品种都应当专库贮存；当条件限制时，按国家有关同库贮存的规定贮存。

存放爆炸物品的木架每格只准放 1 层爆炸物品箱。

(3)《煤矿安全规程》第三百三十一条规定：井下爆炸物品库应当采用硐室式、壁槽式或者含壁槽的硐室式。

① 爆炸物品必须贮存在硐室或者壁槽内，硐室之间或者壁槽之间的距离，必须符合爆炸物品安全距离的规定。

② 井下爆炸物品库应当包括库房、辅助硐室和通向库房的巷道。辅助硐室中，应当有检查电雷管全电阻、发放炸药以及保存爆破工空爆炸物品箱等的专用硐室。

(4)《煤矿安全规程》第三百三十二条规定：井下爆炸物品库的布置必须符合下列要求：

① 库房距井筒、井底车场、主要运输巷道、主要硐室以及影响全矿井或者一翼通风的风门的法线距离：硐室式不得小于 100 m，壁槽式不得小于 60 m。

② 库房距行人巷道的法线距离：硐室式不得小于 35 m，壁槽式不得小于 20 m。

③ 库房距地面或者上下巷道的法线距离：硐室式不得小于 30 m，壁槽式不得小于 15 m。

④ 库房与外部巷道之间，必须用 3 条相互垂直的连通巷道相连。连通巷道的相交处必须延长 2 m，断面积不得小于 4 m^2，在连通巷道尽头还必须设置缓冲沙箱隔墙，不得将连通巷道的延长段兼作辅助硐室使用。库房两端的通道与库房连接处必须设置齿形阻波墙。

⑤ 每个爆炸物品库房必须有 2 个出口，一个出口供发放爆炸物品及行人，出口的一端必须装有能自动关闭的抗冲击波活门；另一出口布置在爆炸物品库回风侧，可以铺设轨道运送爆炸物品，该出口与库房连接处必须装有 1 道常闭的抗冲击波密闭门。

⑥ 库房地面必须高于外部巷道的地面，库房和通道应当设置水沟。

⑦ 贮存爆炸物品的各硐室、壁槽的间距应当大于殉爆安全距离。

(5)《煤矿安全规程》第三百三十三条规定：井下爆炸物品库必须采用砌碹或者用非金属不燃性材料支护，不得渗漏水，并采取防潮措施。爆炸物品库出口两侧的巷道，必须采用砌碹或者用不燃性材料支护，支护长度不得小于 5 m。库房必须备有足够数量的消防器材。

(6)《煤矿安全规程》第三百三十四条规定：井下爆炸物品库的最大贮存量，不得超过矿井 3 天的炸药需要量和 10 天的电雷管需要量。

① 井下爆炸物品库的炸药和电雷管必须分开贮存。

② 每个硐室贮存的炸药量不得超过 2 t，电雷管不得超过 10 天的需要量；每个壁槽贮存的炸药量不得超过 400 kg，电雷管不得超过 2 天的需要量。

③ 库房的发放爆炸物品硐室允许存放当班待发的炸药，最大存放量不得超过 3 箱。

(7)《煤矿安全规程》第三百三十五条规定：在多水平生产的矿井、井下爆炸物品库距爆破工作地点超过 2.5 km 的矿井以及井下不设置爆炸物品库的矿井内，可以设爆炸物品发放硐室，并必须遵守下列规定：

① 发放硐室必须设在独立通风的专用巷道内，距使用的巷道法线距离不得小于 25 m。

② 发放硐室爆炸物品的贮存量不得超过 1 天的需要量，其中炸药量不得超过 400 kg。

③ 炸药和电雷管必须分开贮存，并用不小于 240 mm 厚的砖墙或者混凝土墙隔开。

④ 发放硐室应当有单独的发放间，发放硐室出口处必须设 1 道能自动关闭的抗冲击波活门。

⑤ 建井期间的爆炸物品发放硐室必须有独立通风系统。必须制定预防爆炸物品爆炸的安全措施。

⑥ 管理制度必须与井下爆炸物品库相同。

(8)《煤矿安全规程》第三百三十六条规定：井下爆炸物品库必须采用矿用防爆型（矿用增安型除外）照明设备，照明线必须使用阻燃电缆，电压不得超过 127 V。严禁在贮存爆炸物品的硐室或者壁槽内安设照明设备。

① 不设固定式照明设备的爆炸物品库，可使用带绝缘套的矿灯。

② 任何人员不得携带矿灯进入井下爆炸物品库房内。库内照明设备或者线路发生故障时，检修人员可以在库房管理人员的监护下使用带绝缘套的矿灯进入库内工作。

(9)《煤矿安全规程》第三百三十七条规定：煤矿企业必须建立爆炸物品领退制度和爆炸物品丢失处理办法。

① 电雷管(包括清退入库的电雷管)在发给爆破工前,必须用电雷管检测仪逐个测试电阻值,并将脚线扭结成短路。

② 发放的爆炸物品必须是有效期内的合格产品,并且雷管应当严格按同一厂家和同一品种进行发放。

③ 爆炸物品的销毁,必须遵守《民用爆炸物品安全管理条例》。

(10)《煤矿安全规程》第三百七十三条规定:爆炸物品库和爆炸物品发放硐室附近 30 m 范围内,严禁爆破。

(2) 井下爆破作业按照爆破作业说明书进行,爆破作业执行“一炮三检”和“三人连锁”制度;

【说明】 本条主要规定了井下爆破作业的具体要求。

煤矿井下爆破作业必须严格执行煤矿安全规程、作业规程和爆破说明书,落实“一炮三检”和“三人连锁”制度,严禁违章指挥、违章爆破作业;认真执行报告和连锁制度;制定专项安全措施并严格落实。

(1)《煤矿安全规程》第三百四十三条规定:煤矿必须指定部门对爆破工作专门管理,配备专业管理人员。

所有爆破人员,包括爆破、送药、装药人员,必须熟悉爆炸物品性能和本规程规定

(2)《煤矿安全规程》第三百四十七条规定:井下爆破工作必须由专职爆破工担任。突出煤层采掘工作面爆破工作必须由固定的专职爆破工担任。爆破作业必须执行“一炮三检”和“三人连锁爆破”制度,并在起爆前检查起爆地点的甲烷浓度。

“一炮三检”制度是指装药前、起爆前和爆破后,必须由瓦检工检查爆破地点附近 20 m 以内的瓦斯浓度。

① 装药前、起爆前,必须检查爆破地点附近 20 m 以内风流中的瓦斯浓度,若瓦斯浓度达到或超过 1%,不准装药、爆破。

② 爆破后,爆破地点附近 20 m 以内风流中的瓦斯浓度达到或超过 1%,必须立即处理,若经过处理瓦斯浓度不能降到 1%以下,不准继续作业。

(3)“三人连锁爆破”制度是爆破工、班组长、瓦斯检查工三人必须同时自始至终参加爆破工作过程,并执行换牌制。

① 入井前:爆破工持警戒牌,班组长持爆破命令牌,瓦斯检查工持爆破牌。

② 爆破前:

A. 爆破工做好爆破准备后,将自己所持的红色警戒牌交给班组长。

B. 班组长拿到警戒牌后,派人在规定地点警戒,并检查顶板与支架情况,确认支护完好后,将自己所持的爆破命令牌交给瓦斯检查工,下达爆破命令。

C. 瓦斯检查工接到爆破命令牌后,检查爆破地点附近 20 m 处和起爆地点的瓦斯和煤尘情况,确认合格后,将自己所持的爆破牌交给爆破工,爆破工发出爆破信号 5 s 后进行起爆。

③ 爆破后:“三牌”各归原主,即班组长持爆破命令牌、爆破工持警戒牌、瓦斯检查工持爆破牌。

起爆地点指爆破工准备起爆的躲身地点,起爆前应当检查该处的瓦斯浓度,瓦斯浓度达到或超过 1%时,不准起爆。

(4)《煤矿安全规程》第三百四十八条规定:爆破作业必须编制爆破作业说明书,并符合

下列要求：

① 炮眼布置图必须标明采煤工作面的高度和打眼范围或者掘进工作面的巷道断面尺寸，炮眼的位置、个数、深度、角度及炮眼编号，并用正面图、平面图和剖面图表示。

② 炮眼说明表必须说明炮眼的名称、深度、角度，使用炸药、雷管的品种，装药量，封泥长度，连线方法和起爆顺序。

③ 必须编入采掘作业规程，并及时修改补充。

钻眼、爆破人员必须依照说明书进行作业。

(3) 正确处理拒爆、残爆。

【说明】 本条主要规定了处理拒爆、残爆的具体要求。

通电起爆后工作面的雷管全部或少数不爆称为拒爆；残爆是指雷管爆后而没有引爆炸药或炸药爆轰不完全的现象。爆破作业时，拒爆、残爆的产生主要受爆破器材、爆破网路及操作工艺等因素的影响，出现这种现象必须严格执行《煤矿安全规程》有关规定。

(1)《煤矿安全规程》第三百七十一条规定：通电以后拒爆时，爆破工必须先取下把手或者钥匙，并将爆破母线从电源上摘下，扭结成短路；再等待一定时间（使用瞬发电雷管，至少等待 5 min；使用延期电雷管，至少等待 15 min），才可沿线路检查，找出拒爆的原因。

(2)《煤矿安全规程》第三百七十二条规定：处理拒爆、残爆时，应当在班组长指导下进行，并在当班处理完毕。如果当班未能完成处理工作，当班爆破工必须在现场向下一班爆破工交接清楚。

处理拒爆时，必须遵守下列规定：

① 由于连线不良造成的拒爆，可重新连线起爆。

② 在距拒爆炮眼 0.3 m 以外另打与拒爆炮眼平行的新炮眼，重新装药起爆。

③ 严禁用镐刨或者从炮眼中取出原放置的起爆药卷，或者从起爆药卷中拉出电雷管。不论有无残余炸药，严禁将炮眼残底继续加深；严禁使用打孔的方法往外掏药；严禁使用压风吹拒爆、残爆炮眼。

④ 处理拒爆的炮眼爆炸后，爆破工必须详细检查炸落的煤、矸，收集未爆的电雷管。

⑤ 在拒爆处理完毕以前，严禁在该地点进行与处理拒爆无关的工作。

11. 基础管理

【说明】 本条主要规定了矿井通风基础管理的具体要求。

建立健全通风安全管理组织机构，负责全矿日常通风安全管理以及通风检测、粉尘测定工作。建立健全各级领导、职能机构、岗位人员通风安全生产责任制，实行通风安全目标管理。落实党和国家一系列安全生产方针政策等要求，确保煤矿通防安全措施落实在现场。

(1) 建立组织保障体系，设立相应管理机构，完善各项管理制度，明确人员负责，有序有效开展工作；

【说明】 本条主要规定了矿井通风管理体系的具体要求。

煤矿企业必须按照《安全生产法》的规定，建立安全管理机构，配齐安全管理人员。煤矿的“一通三防”、煤与瓦斯突出矿井的防突等安全管理工作必须明确专门人员负责，有序有效开展工作。完善三个体系：

1. 层级行政管理体系

加强组织领导，落实层级责任，建立健全以董事长为组长的行政管理责任体系，从董事长到分管领导、区队长、班组长,层层落实行政管理责任,形成一级包一级、一级对一级负责的层级责任体系。

2. 技术管理体系

加强技术管理体系建设,落实以总工程师为核心的技术安全保障体系。从总工程师到专业副总、专业管理人员、区队技术员,层层落实技术管理职责,加强技术培训和业务指导。充分发挥和调动技术工作人员的积极性,强化措施和制度的落实,提高矿井"一通三防"技术管理水平,实现全方位的安全监控,达到超前预测、超前管理、超前防治的目的。

3. 安全监督检查体系

建立健全以安监处长为组长的安全监督检查体系,从安监处长到安监处分管干部、安监员、群监员等,层层落实安全监管责任,形成立体化安全检查监控体系。

(2) 按规定绘制图纸,完善相关记录、台账、报表、报告、计划及支持性文件等资料,并与现场实际相符;

【说明】 本条主要规定了矿井通风管理内容的具体要求。

及时调整完善矿井通风系统,并绘制全矿通风系统图。要建立主要通风设备设施技术文件、通风系统图、日常检查维修记录以及通风系统和设备设施检测检验、隐患排查治理、通风管理安全措施投入、特殊工种培训考核等记录档案资料。通风管理基础资料要与井下现场相对应。

《煤矿安全规程》第一百五十七条规定:矿井通风系统图必须标明风流方向、风量和通风设施的安装地点。必须按季绘制通风系统图,并按月补充修改。多煤层同时开采的矿井,必须绘制分层通风系统图。

应当绘制矿井通风系统立体示意图和矿井通风网络图。

(3) 管理、技术以及作业人员掌握相应的岗位技能,规范操作,无违章指挥、违章作业和违反劳动纪律(以下简称"三违")行为,作业前进行安全确认。

【说明】 本条主要规定了矿井通风管理人员、技术人员和作业人员的具体要求。

1. 岗位技能

矿井通风是一项业务素质较强的工作,对从事通风管理、技术管理、作业现场操作等要求比较高,必须具备一定的文化基础素质,不断加强对上级安全生产的法律法规、通防应知应会基本知识、作业规程和措施的学习,进而适应本岗位的技能要求,了解熟悉掌握本岗位的危险因素,进行岗位危险辨识和隐患排查,有针对性的采取治理措施,确保岗位安全,从而保证矿井通风和安全。

(1) 突出上级安全生产法律法规、指示精神、规章制度、国家标准、行业标准的学习。把握国家在矿井"一通三防"安全管理的发展方向和法律要求,用上级安全生产法律法规、指示精神、规章制度、国家标准、行业标准等规范岗位行为,提高岗位管理、操作技能。在矿井通风管理中做到有法可依,有规可循、有据可查、有过必究,促使矿井通风管理有序稳定安全发展。

(2) 加强《煤矿安全规程》的贯彻学习。《煤矿安全规程》是煤矿安全管理工作的基本大法,所有通风管理人员,专业技术人员、通风岗位操作人员必须熟练掌握《煤矿安全规程》中的相关要求,强化现场管理,规范职工现场行为,提高岗位保安意识,将"四不伤害"(不伤害自己、不伤害别人、不被别人伤害、保护他人不被伤害)落实到工作的每一过程。

(3) 作业规程的学习由施工单位负责人组织全体参与施工的人员进行学习,由编制作业规程的技术人员负责讲解规程，掌握规程的要点。

(4) 参加学习的人员，经考试合格方可上岗。考试合格人员的考试成绩应登记在本规程的学习考试记录表上，并签名。并对规程措施的学习效果进行定期和不定期的考试，结合现场实际，巩固职工的学习效果，提高岗位自我约束能力。

2. "三违"

执行好《煤矿安全规程》第八条的规定：煤矿安全生产与职业病危害防治工作必须实行群众监督。煤矿企业必须支持群众组织的监督活动，发挥群众的监督作用。

从业人员有权制止违章作业，拒绝违章指挥；当工作地点出现险情时，有权立即停止作业，撤到安全地点；当险情没有得到处理不能保证人身安全时，有权拒绝作业。

从业人员必须遵守煤矿安全生产规章制度、作业规程和操作规程，严禁违章指挥、违章作业。

违章指挥是指各级管理者和指挥者对下级职工发出违反安全生产规章制度以及煤矿三大规程的指令的行为。违章指挥是管理者和指挥者的一种特定行为，是"三违"中危害最大的一种。

违章作业是指煤矿企业作业人员违反安全生产规章制度以及煤矿三大规程的规定，冒险蛮干进行作业和操作的行为。违章作业是人为制造事故的行为，是造成煤矿各类灾害事故的主要原因之一。违章作业是"三违"中数量最多的一种。

违反劳动纪律是指工人违反生产经营单位的劳动规则和劳动秩序。违反劳动纪律具体包括：不履行劳动合同及违约承担的责任，不遵守考勤与休假纪律、生产与工作纪律、奖惩制度、其他纪律等。

现场作业人员在作业过程中，应当遵守本单位的安全生产规章制度、按操作规程及作业规程、措施施工，不得有"三违"行为。

3. 安全确认

班组长必须对工作地点安全情况进行全面检查，确认无危险后，方准人员进入工作面。

各班组、各岗位在作业前必须对现场进行隐患排查，发现隐患立即整改，做到隐患排查、落实整改、复查验收、隐患销号的隐患闭合管理，保证所有隐患能够得到落实，确保施工安全。

上岗前作业人员可以通过"手指口述"、"应知应会"等进行岗前安全确认，实施岗位保安。

二、重大事故隐患判定

1. 通风系统重大事故隐患：

(1) 矿井总风量不足的：

【说明】 本条主要规定了矿井总风量不足隐患的判定标准。

矿井总风量不足是指在现有矿井通风网络和主要通风机能力，实际最大供风量不能满足矿井计算的需要风量。

① 矿井总进风量不足；

② 总回风量不足；

③ 回风大巷断面小于设计的2/3。

(2) 没有备用主要通风机或者两台主要通风机工作能力不匹配的：

【说明】 本条主要规定了主要通风机隐患的判定标准。

装有主要通风机的井口地面未装备主要通风机或装备备用风机与装备不是同一型号同等能力的主要通风机装置的。

① 自然通风矿井的；

② 使用局部通风机或局部通风机群作为主通风机的；

③ 主通风机能力不能满足矿井通风能力的；

④ 两台主要通风机工作能力不匹配的。

(3) 违反规定串联通风的；

【说明】 本条主要规定了串联通风隐患的判定标准。

指违反《煤矿安全规程》规定的串联通风。如：

① 高瓦斯或煤与瓦斯突出矿井串联通风的；

② 掘进工作面串采煤面的；

③ 一串二及以上的；

④ 二及以上串一的；

⑤ 采区串工作面的；

⑥ 工作面串采区的等。

(4) 没有按设计形成通风系统的，或者生产水平和采区未实现分区通风的；

【说明】 本条主要规定了通风系统隐患的判定标准。

没有按设计形成矿井、水平和采区通风系统的或者形成系统且水平或者采区没有各自进、回风系统，进风或者回风系统有交叉重叠风流。

① 没有形成通风系统的；

② 通风系统不能满足设计要求的；

③ 生产水平采区串联通风的；

④ 生产水平采区老塘串风的。

(5) 高瓦斯、煤与瓦斯突出矿井的任一采区，开采容易自燃煤层、低瓦斯矿井开采煤层群和分层开采采用联合布置的采区，未设置采区专用回风巷的，或者突出煤层工作面没有独立的回风系统的；

【说明】 本条主要规定了专用回风巷隐患的判定标准。

① 未设置采区专用回风巷的；

② 专用回风巷运行机电设备的；

③ 突出煤层采掘工作面没有独立的回风系统的。

(6) 采掘工作面等主要用风地点风量不足的；

【说明】 本条主要规定了用风地点风量不足隐患的判定标准。

采掘工作面实际供风量低于作业规程计算所需风量。

① 采掘工作面风量不足的；

② 瓦斯抽放巷道风量不足的；

③ 有瓦斯涌出架空线巷道风量不足的；

④ 矿井大型机电硐室风量不足的；

⑤ 采煤工作面回风断面小于设计断面 2/3 的。

(7) 采区进(回)风巷未贯穿整个采区，或者虽贯穿整个采区但一段进风、一段回风的。

【说明】 本条主要规定了采区通风隐患的判定标准。

采区进、回风巷只有一条巷未贯穿整个采区或者进、回风巷已到位但相互间未贯通形成通风系统，或者贯穿整个采区的巷道内用密闭、风门或者风窗隔成两段，一段为采掘工作面及其他用风地点进风，另一段为其回风的。

准备采区对于盘区或者采用倾斜长壁布置的，盘区巷道未超过预布置采煤工作面至少两个区段的宽度且未构成通风系统。

2. 局部通风重大事故隐患：

煤巷、半煤岩巷和有瓦斯涌出的岩巷的掘进工作面未装备甲烷电、风电闭锁装置或者不能正常使用的；

【说明】 本条主要规定了掘进通风隐患的判定标准。

掘进工作面及回风巷风流中甲烷浓度到达断电值，不能自动切断供风范围所有非本质安全型电气设备的电源，即使切断电源期间人工能送电。

掘进工作面正常工作的局部通风机突然停止运转停风后或者风筒中风速低于规定值时，不能自动切断停风区内全部非本质安全型电气设备的电源，即使切断电源期间人工能送电。

3. 瓦斯管理重大事故隐患：

(1) 瓦斯检查存在漏检、假检的；

【说明】 本条主要规定了瓦斯检查隐患的判定标准。

① 瓦斯检查工数量不足的；

② 瓦斯检查工未经培训部持证上岗的；

③ 瓦斯检查工空班漏检、假检、伪造数据的；

④ 瓦斯检查三不对口的。

(2) 井下瓦斯超限后不采取措施继续作业的。

【说明】 本条主要规定了矿井瓦斯超限后隐患的判定标准。

井下瓦斯超限后不采取措施继续作业的。

4. 突出防治重大事故隐患：

(1) 煤与瓦斯突出矿井未建立防治突出机构并配备相应专业人员的；

【说明】 本条主要规定了矿井瓦斯防突隐患的判定标准。

突出矿井未成立防突领导组和防治突出专业管理队伍，未配备满足防突要求的检测检验专业人员。

(2) 煤与瓦斯突出矿井未进行区域或者工作面突出危险性预测的；

【说明】 本条主要规定了矿井瓦斯防突隐患的判定标准。

突出矿井未进行区域突出危险性预测及突出危险性区域划分的(认定为突出危险区除外)，或者任一采掘工作面未进行工作面突出危险性预测的。

(3) 煤与瓦斯突出矿井未按规定采取防治突出措施的；

【说明】 本条主要规定了矿井瓦斯防突隐患的判定标准。

突出危险区未采取区域防治突出措施的，无突出危险区应采取而未采取局部防治突出措施的。

(4) 煤与瓦斯突出矿井未进行防治突出措施效果检验或者防突措施效果检验不达标仍

然组织生产的；

【说明】 本条主要规定了矿井瓦斯防突隐患的判定标准。

突出矿井采取区域或者局部防突措施未进行相应的措施效果检验或检验不达标进行采掘作业的。

(5) 煤与瓦斯突出矿井未采取安全防护措施的；

【说明】 本条主要规定了矿井瓦斯防突隐患的判定标准。

突出矿井、井巷揭穿突出煤层和在突出煤层中进行采掘作业时，未采取避难硐室、反向风门、压风自救装置、隔离式自救器、远距离爆破等安全防护措施的。

(6) 出现瓦斯动力现象，或者相邻矿井开采的同一煤层发生了突出，或者煤层瓦斯压力达到或者超过 0.74 MPa 的非突出矿井，未立即按照突出煤层管理并在规定时限内进行突出危险性鉴定的(直接认定为突出矿井的除外)。

【说明】 本条主要规定了矿井瓦斯防突隐患的判定标准。

非突出煤层出现煤突然倾出或者压出并伴随强烈瓦斯涌出或者发生煤与瓦斯突出的动力现象，或者相邻矿井开采的同一煤层发生了突出事故，或者实测煤层瓦斯压力不小于0.74 MPa 的煤层，出现上述情况之一时未在 7 个工作日提出按照突出煤层管理的书面意见并实施，且半年内未完成该煤层的突出危险性鉴定的。

5. 瓦斯抽采重大事故隐患：

(1) 按照《煤矿安全规程》规定应当建立而未建立瓦斯抽采系统的；

【说明】 本条主要规定了矿井瓦斯抽采隐患的判定标准。

高瓦斯矿井有下列情况之一，未建立瓦斯抽采系统的：① 任一采煤工作面的瓦斯涌出量大于 5 m^3/min 或任一掘进工作面瓦斯涌出量大于 3 m^3/min，用通风方法解决瓦斯问题不合理的；② 矿井绝对瓦斯涌出量大于 40 m^3/min 的。

(2) 突出矿井未装备地面永久瓦斯抽采系统或者系统不能正常运行的；

【说明】 本条主要规定了矿井瓦斯抽采隐患的判定标准。

突出矿井主要瓦斯抽采泵及配套设备未装备在地面服务全矿的或者已有地面永久瓦斯抽采系统时而出现故障、中断抽采，影响安全生产的。

(3) 采掘工作面瓦斯抽采不达标组织生产的。

【说明】 本条主要规定了矿井瓦斯抽采隐患的判定标准。

① 矿井没有抽采达标规划的；

② 无采掘工作面瓦斯抽采施工设计，或者不能达到抽采设计和工艺要求的；

③ 无采掘工作面瓦斯抽采工程竣工验收资料、竣工验收资料不真实或者不符合要求的；

④ 没有建立矿井瓦斯抽采达标自评价体系和瓦斯抽采管理制度的；

⑤ 瓦斯抽采泵站能力和备用泵能力、抽采管网能力等达不到本规定要求的；

⑥ 瓦斯抽采系统的抽采计量测点不足、计量器具不符合相关计量标准和规范要求或者计量器具使用超过检定有效期，不能进行准确计量的；

⑦ 缺乏符合标准要求的抽采效果评判用相关测试条件的。

6. 安全监控重大事故隐患：

(1) 突出矿井未装备矿井安全监控系统或者系统不能正常运行的；

【说明】 本条主要规定了矿井安全监控隐患的判定标准。

① 矿井未装备矿井安全监控系统的；

② 矿井装备安全监控系统不能正常运行的；

③ 矿井虽然装备安全监控系统，但是没有按规定对系统进行调校测试的；

④ 系统断电后，不能满足 2 h 自供电的；

⑤ 安全监控设备不具有故障闭锁功能的；

⑥ 监测监控系统未投入正常运行或者故障时，不能切断该监控设备所监控区域的全部非本质安全型电气设备的电源的。

(2) 高瓦斯矿井未按规定安设、调校甲烷传感器，人为造成甲烷传感器失效的，瓦斯超限后不能断电或者断电范围不符合规定的；

【说明】 本条主要规定了矿井安全监控隐患的判定标准。

① 高瓦斯矿井未按规定安设甲烷传感器的；

② 高瓦斯矿井未按规定调校甲烷传感器的；

③ 监测监控系统人为造成甲烷传感器失效的；

④ 监测监控系统调校数据造假的；

⑤ 监测监控系统瓦斯超限后不能断电的；

⑥ 监测监控系统瓦斯超限后断电范围不符合规定的。

(3) 高瓦斯矿井安全监控系统出现故障没有及时采取措施予以恢复的，或者对系统记录的瓦斯超限数据进行修改、删除、屏蔽的。

【说明】 本条主要规定了矿井安全监控隐患的判定标准。

高瓦斯矿井监控系统出现故障，未在 8 h 内采取措施予以恢复的，或者人为对系统记录的瓦斯超限数据进行修改、删除、屏蔽的。

7. 防灭火重大事故隐患：

(1) 开采容易自燃和自燃的煤层时，未编制防止自然发火设计或者未按设计组织生产的；

【说明】 本条主要规定了矿井防灭火隐患的判定标准。

① 开采容易自燃和自燃的煤层时，未编制防止自然发火设计的；

② 开采容易自燃和自燃的煤层矿井编制的防止自然发火设计不符合规定并不能满足矿井防灭火需要的；

③ 开采容易自燃和自燃的煤层时未按设计组织生产的。

(2) 高瓦斯矿井采用放顶煤采煤法不能有效防治煤层自然发火的；

【说明】 本条主要规定了矿井防灭火隐患的判定标准。

① 高瓦斯矿井采用放顶煤采煤法不能有效防治煤层自然发火的；

② 高瓦斯矿井采用放顶煤采煤法没有效防治煤层自然发火设计的；

③ 放顶煤工作面没有制定防瓦斯、防火、防尘等安全技术措施并落实的；

④ 高瓦斯、突出矿井的容易自燃煤层，没有采取以预抽方式为主的综合抽采瓦斯措施和综合防灭火措施，并保证本煤层瓦斯含量不大于 6 m^3/t 的；

⑤ 放顶煤开采后有可能沟通火区的。

(3) 有自然发火征兆没有采取相应的安全防范措施并继续生产的。

【说明】 本条主要规定了矿井防灭火隐患的判定标准。

① 有自然发火征兆没有采取相应的安全防范措施并继续生产的；

② 开采容易自燃和自燃煤层时,没有开展自然发火监测工作并建立自然发火监测系统的;

③ 没有确定煤层自然发火标志气体及临界值的;

④ 没有建立健全自然发火预测预报及管理制度的;

⑤ 安全防范措施不能满足井下现场防灭火需要的。

8. 井下爆破重大事故隐患

未按矿井瓦斯等级选用相应的煤矿许用炸药和雷管、未使用专用发爆器的,或者裸露放炮的。

【说明】 本条主要规定了井下爆破隐患的判定标准。

低瓦斯矿井的岩石掘进工作面使用低于一级的煤矿许用炸药;采煤工作面及煤、半煤岩巷掘进工作面未使用安全等级二级及以上的煤矿许用炸药;高瓦斯矿井未使用安全等级三级及以上的煤矿许用炸药;突出矿井未使用安全等级三级及以上的煤矿许用含水炸药;采煤工作面及煤、半煤岩巷掘进工作面未使用毫秒雷管爆破;井下爆破未使用专用发爆器或者一个采煤工作面使用两台发爆器同时进行爆破。炸药、雷管裸露在被爆破体表面的爆破。

9. 基础管理重大事故隐患:

没有配备矿总工程师,以及负责通风工作的专业技术人员的。

【说明】 本条主要规定了矿井通风管理隐患的判定标准。

煤矿未配备专职的矿总工程师和矿通风副总工程师的。

三、评分方法

1. 按表 4-1 评分,通风 11 个大项每大项标准分为 100 分,按照所检查存在的问题进行扣分,各小项分数扣完为止。

【说明】 表 4-1 项目包括通风系统 11 大项,每大项标准分为 100 分;项目内容包括系统管理等 33 分项;基本要求包括 86 小项,每小项有标准分值,按检查问题依据评分方法标准扣分,该小项分值扣完为止,即最低分为零。

2. 以 11 个大项的最低分作为通风部分得分。

【说明】 按考核大项由最低得分的大项的分数确定为通风部分得分。

3. "局部通风"大项以所检查的各局部通风区域中最低分为该大项得分;"通风设施"大项以所检查的分项的平均分之和为该大项得分;不涉及的大项,如突出防治或者瓦斯抽采等,该大项不考核。

【说明】 局部通风区域是指 1 个掘进工作面使用的所有局部通风机及关联风筒或者相邻掘进巷道局部通风机安设在同一条巷道内且部分风筒敷设在同一段巷道内的局部通风装备范围;通风设施有 4 个分项,每检查考核一道设施,结合相应分项打分,分项得分为检查考核道数的得分算术平均值,分项得分之和为通风设施得分;不涉及的大项不考核评分,如低瓦斯矿井不涉及突出防治或者瓦斯抽采大项。

4. 大项内容中缺项时,按式(1)进行折算:

$$A = \frac{100}{100 - B} \times C \tag{1}$$

式中 A——实得分数;

B——缺项标准分数;

C——检查得分数。

【说明】 大项内容中缺项是指缺一分项或者整小项。如:检查考核周期中,井下不存在"风桥"设施,这一分项按缺项折算;按规定采区不需要设专用回风巷,则通风系统第3小项"采区专用回风巷不用于运输、安设电气设备,突出区不行人;专用回风巷道维修时制定专项措施,经矿总工程师审批"按缺小项折算;开采不易自燃煤层的矿井,则防灭火第2小项"开采自燃、容易自燃煤层的采掘工作面作业规程有防止自然发火的技术措施,并严格执行"按缺小项折算。

未检查考核到的已有项目,不能按缺项折算,应得满分。

折算方法按考核大项内已有项目检查得分数(式中C)除以已有项目的标准分数[即100减去缺项标准分数(式中B)]乘以100,即为该考核大项的实际分数(式中A)。

表4-1　　煤矿通风标准化评分表

项目	项目内容	基本要求	标准分值	评分方法	得分	【说明】
一、通风系统(100分)	系统管理	1. 全矿井、一翼或者一个水平通风系统改变时,编制通风设计及安全技术措施,经企业技术负责人审批;巷道贯通前应制定贯通专项措施,经矿总工程师审批;井下爆炸物品库、充电硐室、采区变电所、实现采区变电所功能的中央变电所有独立的通风系统	20	查资料和现场。改变通风系统(巷道贯通)无审批措施的扣10分,其他1处不符合要求扣5分		明确了改变全矿井、一翼或者一个水平通风系统时,由矿总工程师组织编制相应通风设计及安全技术措施,经煤矿上级业务主管企业技术负责人审批。 新加了"实现采区变电所功能的中央变电所有独立的通风系统",主要是考虑采区使用机电设备较多,若置放中央变电所,一旦出现电气火灾事故,火灾产生高温有害气体直接波及矿井安全。而实现全风压独立通风系统,可将高温有害气体直接排到回风系统
		2. 井下没有违反《煤矿安全规程》规定的扩散通风、采空区通风和利用局部通风机通风的采煤工作面;对于允许布置的串联通风,制定安全技术措施,其中开拓新水平和准备新采区的开掘巷道的回风引入生产水平的进风中的安全技术措施,经企业技术负责人审批,其他串联通风的安全技术措施,经矿总工程师审批	20	查现场和资料。不符合要求1处扣10分		移出了井下没有违反《煤矿安全规程》规定的串联通风,因为违反规定的串联通风属于重大事故隐患,移到重大事故隐患判定进行考核。但增加了允许布置的串联通风制定安全技术措施的审批权限

续表 4-1

项目	项目内容	基本要求	标准分值	评分方法	得分	【说明】
一、通风系统(100分)	系统管理	3. 采区专用回风巷不用于运输、安设电气设备,突出区不行人;专用回风巷道维修时制定专项措施,经矿总工程师审批	5	查现场和资料。不符合要求1处扣2分		新加一小项,原标准要求"未按《煤矿安全规程》规定设置采区专用回风巷",属于重大事故隐患范畴,其内容归属重大事故隐患判定。新标准对采区专用回风巷使用管理及维护措施提出了要求,即专用回风巷道维修时制定专项措施,经矿总工程师审批
		4. 装有主要通风机的回风井口的防爆门符合规定,每6个月检查维修1次;每季度至少检查1次反风设施;制定年度全矿性反风技术方案,按规定审批,实施有总结报告,并达到反风效果。	10	查资料和现场。未进行反风演习扣5分,其他1处不符合要求扣2分		将反风演习计划改为年度全矿性反风技术方案,原反风计划是针对年度反风演习来制定的,而对有火区的矿井,反风可能造成危害时,年度内暂不进行反风演习,但必须对反风设施的完好情况进行检查,并制定发生火灾时的反风技术方案。正常的反风技术方案,由矿总工程师批准,实施有总结报告;年度内不进行反风演习,其反风技术方案由企业技术负责人审批,矿备案
	风量配置	1. 新安装的主要通风机投入使用前,进行1次通风机性能测定和试运转工作,投入使用后每5年至少进行1次性能测定;矿井通风阻力测定符合《煤矿安全规程》规定	10	查资料。通风机性能或者通风阻力未测定的不得分,其他1处不符合要求扣1分		1. 主通风机试运转情况报告; 2. 主通风机性能测试报告; 3. 矿井通风阻力测定报告
		2. 矿井每年进行1次通风能力核定;每10天至少进行1次井下全面测风,井下各硐室和巷道的供风量满足计算所需风量	10	查资料和现场。未进行通风能力核定的不得分,其他1处不符合要求扣5分		1. 矿井通风能力核定报告(附省局审批文件); 2. 矿井通风情况旬报表; 3. 矿井通风系统图; 4. 测风手册; 5. 现场核查
		3. 矿井有效风量率不低于85%;矿井外部漏风率每年至少测定1次,外部漏风率在无提升设备时不得超过5%,有提升设备时不得超过15%	10	查资料。未测定扣5分,有效风量率每低、外部漏风率每高1个百分点扣1分		1. 矿井通风情况月报表; 2. 矿井外部漏风测定记录; 3. 现场核查

续表 4-1

项目	项目内容	基本要求	标准分值	评分方法	得分	【说明】
一、通风系统(100分)	风量配置	4. 采煤工作面进、回风巷实际断面不小于设计断面的2/3；其他通风巷道实际断面不小于设计断面的4/5；矿井通风系统的阻力符合AQ1028规定；矿井内各地点风速符合《煤矿安全规程》规定	10	查现场和资料。巷道断面1处(长度按5m计)不符或者阻力超规定扣2分；风速不符合要求1处扣5分		所有通风巷道断面发生变化时都要考核。 1. 矿井通风月报； 2. 采掘作业规程； 3. 矿井通风阻力测定报告； 4. 现场核查
		5. 矿井主要通风机安设监测系统，能够实时准确监测风机运行状态、风量、风压等参数	5	查现场。未安监测系统的不得分，其他1处不符合要求扣1分		只要风机在线监测系统能准确监测风机的风量、风压等参数，可不必强制装备正压计等压力观测计等。 1. 主通风机房监测系统； 2. 监测系统设计、运行状况； 3. 现场核查
二、局部通风(100分)	装备措施	1. 掘进通风方式符合《煤矿安全规程》规定，采用局部通风机供风的掘进巷道应安设同等能力的备用局部通风机，实现自动切换。局部通风机的安装、使用符合《煤矿安全规程》规定，实行挂牌管理，不发生循环风；不出现无计划停风，有计划停风前制定专项通风安全技术措施	35	查现场和资料。1处发生循环风不得分；无计划停风1次扣10分；其他1处不符合要求扣2分		新加了掘进通风方式符合《煤矿安全规程》规定，即掘进巷道必须采用矿井全风压通风或者局部通风机通风。 若掘进巷道距离不长且具备全风压通风条件应当优先采用矿井全风压通风；如果采用局部通风机通风，煤巷、半煤岩巷和有瓦斯涌出的岩巷掘进面应当采用压入式，不得采用抽出式(压气、水力引射器不受此限)；如果采用混合式，必须编制安全措施，经矿总工程师批准。 瓦斯喷出区域和突出煤层采用局部通风机通风时，必须采用压入式。局部通风机安装和使用符合《煤矿安全规程》第一百六十四条规定。 1. 掘进作业规程； 2. 矿井通风情况月报； 3. 局部通风机安装申请卡； 4. 局部通风机切换记录； 5. 计划停风安全技术措施； 6. 监测监控运行日志； 7. 现场核查

续表 4-1

项目	项目内容	基本要求	标准分值	评分方法	得分	【说明】
二、局部通风(100分)	装备措施	2. 局部通风机设备齐全,装有消音器(低噪声局部通风机和除尘风机除外),吸风口有风罩和整流器,高压部位有衬垫;局部通风机及其启动装置安设在进风巷道中,地点距回风口大于10 m,且10 m范围内巷道支护完好,无淋水、积水、淤泥和杂物;局部通风机离巷道底板高度不小于0.3 m	15	查现场。不符合要求1处扣2分		1. 局部通风机煤安标志; 2. 掘进作业规程; 3. 现场核查
	风筒敷设	1. 风筒末端到工作面的距离和自动切换的交叉风筒接头的规格、安设标准符合作业规程规定	10	查现场和资料。不符合要求1处扣5分		交叉风筒与使用风筒规格及接头匹配,安设位置能够保证自动切换、调节灵活可靠、不漏风。 1. 掘进作业规程; 2. 现场核查
		2. 使用抗静电、阻燃风筒,实行编号管理。风筒接头严密,无破口(末端20 m除外),无反接头;软质风筒接头反压边,硬质风筒接头加垫、螺钉紧固	15	查现场。使用非抗静电、非阻燃风筒不得分;其他1处不符合要求,扣0.5分		新加风筒编号管理,便于及时针对性风筒检查维护处理。 删除了“炮掘工作面应使用硬质风筒,并采用防摩擦起火的材料吊挂”的规定。其一,硬质风筒不便于及时更换维护,且工作面出口端风筒较难保护;其二,风筒常用的钢丝吊挂线与风筒金属环摩擦的静电能达不到引燃瓦斯、煤尘的能量,尚未因吊线引起瓦斯、煤尘燃爆案例。 1. 风筒煤安标志; 2. 风筒阻燃实验记录或报告; 3. 现场核查
		3. 风筒吊挂平、直、稳,软质风筒逢环必挂,硬质风筒每节至少吊挂2处;风筒不被摩擦、挤压	15	查现场。不符合要求1处扣0.5分		1. 掘进作业规程; 2. 现场核查
		4. 风筒拐弯处用弯头或者骨架风筒缓慢拐弯,不拐死弯;异径风筒接头采用过渡节,无花接	10	查现场。不符合要求1处扣1分		1. 掘进作业规程; 2. 现场核查

续表 4-1

项目	项目内容	基本要求	标准分值	评分方法	得分	【说明】
三、通风设施(100 分)	设施管理	1. 及时构筑通风设施(指永久密闭、风门、风窗和风桥),设施墙(桥)体采用不燃性材料构筑,厚度不小于 0.5 m(防突风门、风窗墙体不小于 0.8 m),严密不漏风	15	查现场。应建未建或者构筑不及时不得分,其他 1 处不符合要求扣 10 分		新加了及时构筑通风设施,本标准除采空区及停风区封闭有时限外,其他设施构建没有时限约束,但需构建设施应提前考虑,具备构建条件立即实施,不影响通风系统调整及各作业地点的风量、风压及瓦斯浓度变化。 将风桥桥体厚度即风桥底部与下部巷道顶板的垂距不小于 1.5 m 改为不小于 0.5 m。因桥面既不通车又不构筑其他设施,只要够风桥强度能行人,并严密不漏风即可。0.5 m 厚就能满足要求。 1. 通风设施设计; 2. 通风设施施工安全技术措施; 3. 现场核查
		2. 密闭、风门、风窗墙体周边按规定掏槽,墙体与煤岩接实,四周有不少于 0.1 m 的裙边,周边及围岩不漏风;墙面平整、无裂缝、重缝和空缝,并进行勾缝或者抹面或者喷浆,抹面的墙面 1 m^2 内凸凹深度不大于 10 mm	7	查现场。不符合要求 1 处扣 5 分		新加了构建设施巷道围岩不漏风及墙面喷浆的规定。因围岩漏风尤其密闭处的围岩漏风,就失去封闭的作用,会引起封闭区内煤的氧化自燃,增加矿井内部漏风等不利因素。墙面喷浆处理不单起到密实墙体作用,还能增加墙体强度,有条件应当优先采用。 1. 通风设施施工安全技术措施; 2. 现场核查
		3. 设施 5 m 范围内支护完好,无片帮、漏顶、杂物、积水和淤泥	4	查现场。1 处不符合要求不得分		1. 通风设施施工安全技术措施; 2. 现场核查
		4. 设施统一编号,每道设施有规格统一的施工说明及检查维护记录牌	4	查现场。1 处不符合要求不得分		新加了设施统一编号及检查维护和风桥有施工说明内容,便于针对性检查维护及时处理。设施编号、施工说明内容、检查人、维护人和时间等项目可统一填写在同一块管理记录牌板上

续表 4-1

项目	项目内容	基本要求	标准分值	评分方法	得分	【说明】
三、通风设施(100分)	密闭	1. 密闭位置距全风压巷道口不大于 5 m,设有规格统一的瓦斯检查牌板和警标,距巷道口大于 2 m 的设置栅栏;密闭前无瓦斯积聚。所有导电体在密闭处断开(在用的管路采取绝缘措施处理除外)	10	查现场。不符合要求 1 处扣 5 分		密闭位置非常重要,距全风压巷道距离过多,扩散风流进不去,密闭前易积聚瓦斯形成隐患。因此规定不大于 5 m,小于机电硐室扩散通风不得超过 6 m 的要求。一般情况下在巷道口 4～5 m 进行封闭,因封闭地点巷道压力大,构筑墙体较厚或者时间长,密闭墙体及闭前巷道失修严重,应当在闭前再加固处理,加闭后距巷道口不足 2 m,闭前可不设栅栏。 1. 密闭设计; 2. 密闭施工安全技术措施; 3. 现场核查
		2. 密闭内有水时设有反水池或者反水管,采空区密闭设有观测孔、措施孔,且孔口设置阀门或者带有水封结构	10	查现场。不符合要求 1 处扣 5 分		将"有自然发火煤层采空区密闭"改为"所有采空区密闭"设置观测孔、措施孔。因为对于不易自燃的高瓦斯或者突出煤层的采空区的瓦斯进行抽采,也要进行瓦斯观测,需设观测孔、措施孔。 1. 密闭设计; 2. 密闭施工安全技术措施; 3. 现场核查
	风门风窗	1. 每组风门不少于 2 道,其间距不小于 5 m(通车风门间距不小于 1 列车长度),主要进、回风巷之间的联络巷设具有反向功能的风门,其数量不少于 2 道;通车风门按规定设置和管理,并有保护风门及人员的安全措施	10	查现场。不符合要求 1 处扣 5 分		将主要进、回风巷之间的风门应设反向风门改为主要进、回风巷之间的联络巷设具有反向功能的风门,即正向风门具有反向作用,反风时不能反开。这种风门也叫风压平衡风门,风压大的地点较实用。 将"通车风门前要设置防撞装置"改为"通车风门按规定设置和管理,并有保护风门及人员的安全措施"。修改后不单考虑对通车风门保护和管理,同时要考虑通行人员的安全,更全面。 通车风门应当设在平巷中,不应设在倾斜的运输巷中,如果必须设在倾斜巷中,应当设自动风门或者设专人管理,并有防止矿车或者风门碰撞人员及矿车撞坏风门的安全技术措施

续表 4-1

<table>
<tr><th>项目</th><th>项目内容</th><th>基本要求</th><th>标准分值</th><th>评分方法</th><th>得分</th><th>【说明】</th></tr>
<tr><td rowspan="4">三、通风设施(100分)</td><td rowspan="2">风门风窗</td><td>2. 风门能自动关闭，并连锁，使 2 道风门不能同时打开；门框包边沿口，有衬垫，四周接触严密，门扇平整不漏风；风窗有可调控装置，调节可靠</td><td>10</td><td>查现场。不符合要求 1 处扣 5 分</td><td></td><td>1. 风门风窗设计；
2. 风门风窗施工安全技术措施；
3. 现场核查</td></tr>
<tr><td>3. 风门、风窗水沟处设有反水池或者挡风帘，轨道巷通车风门设有底槛，电缆、管路孔堵严，风筒穿过风门(风窗)墙体时，在墙上安装与胶质风筒直径匹配的硬质风筒</td><td>10</td><td>查现场。不符合要求 1 处扣 5 分</td><td></td><td>1. 风门风窗设计；
2. 风门风窗施工安全技术措施；
3. 现场核查</td></tr>
<tr><td rowspan="2">风桥</td><td>1. 风桥两端接口严密，四周为实帮、实底，用混凝土浇灌填实；桥面规整不漏风</td><td>10</td><td>查现场。不符合要求 1 处扣 5 分</td><td></td><td>1. 风桥设计；
2. 风桥施工安全技术措施；
3. 现场核查</td></tr>
<tr><td>2. 风桥通风断面不小于原巷道断面的 4/5，呈流线型，坡度小于 30°；风桥上、下不安设风门、调节风窗等</td><td>10</td><td>查现场。不符合要求 1 处扣 5 分</td><td></td><td>1. 风桥设计；
2. 风桥施工安全技术措施；
3. 现场核查</td></tr>
<tr><td rowspan="3">四、瓦斯管理(100分)</td><td rowspan="2">鉴定及措施</td><td>1. 按《煤矿安全规程》规定进行煤层瓦斯含量、瓦斯压力等参数测定和矿井瓦斯等级鉴定及瓦斯涌出量测定</td><td>10</td><td>查资料。未鉴定、测定不得分</td><td></td><td>依据《煤矿安全规程》规定，高瓦斯、突出矿井不再进行周期性矿井瓦斯等级鉴定，但每年煤矿要进行 1 次瓦斯涌出量测定，因此将测定纳入考核。
1. 瓦斯参数测定记录；
2. 矿井瓦斯等级鉴定</td></tr>
<tr><td>2. 编制年度瓦斯治理技术方案及安全技术措施，并严格落实</td><td>15</td><td>查资料。未编制 1 项扣 5 分；其他 1 处不符合要求扣 1 分</td><td></td><td>1. 年度瓦斯治理技术方案；
2. 瓦斯防治安全技术措施</td></tr>
<tr><td>瓦斯检查</td><td>1. 矿长、总工程师、爆破工、采掘区队长、通风区队长、工程技术人员、班长、流动电钳工、安全监测工等下井时，携带便携式甲烷检测报警仪。瓦斯检查工下井时携带便携式甲烷检测报警仪和光学瓦斯检测仪</td><td>10</td><td>查现场或者资料。不符合要求 1 处扣 2 分</td><td></td><td>1. 仪器发放室；
2. 仪器发放记录；
3. 现场检查携带情况；
4. “一通三防”管理制度；
5. 仪器使用管理制度；
6. 现场核查</td></tr>
</table>

续表 4-1

项目	项目内容	基本要求	标准分值	评分方法	得分	【说明】
四、瓦斯管理(100分)	瓦斯检查	2. 瓦斯检查符合《煤矿安全规程》规定;瓦斯检查工在井下指定地点交接班,有记录	15	查资料和现场。不符合要求1处扣5分		瓦斯检查是指检查范围、次数、项目符合《煤矿安全规程》第一百八十条规定。 1. 瓦斯检查制度; 2. 巡回检查图表; 3. 瓦斯检查工交接班记录; 4. 现场核查
		3. 瓦斯检查做到井下记录牌、瓦斯检查手册、瓦斯检查班报(台账)"三对口";瓦斯检查日报及时上报矿长、总工程师签字,并有记录	10	查资料和现场。不符合要求1处扣1分		按《煤矿安全规程》规定瓦斯检查工每班检查后要填写瓦斯检查班报。班报填写内容与瓦斯检查手册、瓦斯记录牌内容一致,即是"三对口"。 部分煤矿将瓦斯检查工检查情况汇报到通风调度,调度员作瓦斯台账。台账、手册和记录牌内容一致也可
	现场管理	1. 采掘工作面及其他地点的瓦斯浓度符合《煤矿安全规程》规定;瓦斯超限立即切断电源,并撤出人员,查明瓦斯超限原因,落实防治措施	15	查资料和现场。瓦斯超限1次扣5分;其他1处不符合要求扣1分		1. 监测监控系统运行日志; 2. 瓦斯超限分析处置措施; 3. 瓦斯日报; 4. 监测监控日报; 5. 现场核查
		2. 临时停风地点停止作业、切断电源、撤出人员、设置栅栏和警示标志;长期停风区在24 h内封闭完毕。停风区内甲烷或者二氧化碳浓度达到3.0%或者其他有害气体浓度超过《煤矿安全规程》规定不立即处理时,在24 h内予以封闭,并切断通往封闭区的管路、轨道和电缆等导电物体	15	查资料和现场。未按规定执行1项扣10分		1. 临时停风记录; 2. 停风地点封闭记录; 3. 停风区域瓦斯排放记录; 4. 现场核查
		3. 瓦斯排放按规定编制专项措施,经总工程师批准,并严格执行,且有记录;采煤工作面不使用局部通风机稀释瓦斯	10	查资料。无措施或者未执行不得分;其他1处不符合要求扣5分		不是所有瓦斯排放都需要制定专项措施,按《煤矿安全规程》规定,停风区中甲烷浓度或者二氧化碳浓度超过3.0%以及恢复已封闭的停工区排放瓦斯必须制定安全技术措施,经矿总工程师批准。 采煤工作面不使用局部通风机稀释瓦斯,即不准用局部通风机稀释采煤工作面回风隅角及采空区的瓦斯

续表 4-1

项目	项目内容	基本要求	标准分值	评分方法	得分	【说明】
五、突出防治(100分)	突出管理	1. 编制矿井、水平、采区及井巷揭穿突出煤层的防突专项设计，经企业技术负责人审批，并严格执行	25	查资料和现场。未编审设计不得分；执行不严格1处扣15分		1. 矿井、水平、采区及井巷揭穿突出煤层的防突专项设计； 2. 现场核查
		2. 区域预测结果、区域防突措施保护效果检验、保护范围考察结果经企业技术负责人审批；预抽煤层瓦斯区域防突措施效果检验及区域验证结果经总工程师审批，按预测、检验结果，采取相应防突措施	25	查现场和资料。未审批不得分；执行不严格1处扣15分		按《防治煤与瓦斯突出规定》增加了保护效果检验、保护范围考察结果经企业技术负责人审批和区域验证结果经矿总工程师审批内容。尤其区域验证，无论是否在突出危险区，都必须经区域验证，来确定是否采取局部综合防突措施，因此区域验证结果必须经矿总工程师审批把关。 1. 区域预测结果、区域防突措施； 2. 预抽煤层瓦斯区域防突措施效果检验； 3. 现场核查
		3. 突出煤层采掘工作面编制防突专项设计及安全技术措施，经矿总工程师审批，实施中及时按现场实际作出补充修改，并严格执行	25	查资料和现场。未编审设计及措施或者未执行不得分；执行不严格1处扣5分		1. 采掘工作面防突专项设计及安全技术措施； 2. 防突安全技术措施补充修改记录； 3. 现场措施落实效果评价； 4. 现场核查
	设备设施	压风自救装置、自救器、防突风门、避难硐室等安全防护设备设施符合《防治煤与瓦斯突出规定》要求	25	查现场。不符合要求1处扣2分		1. 压风自救装置、自救器、防突风门、避难硐室相关设计、管理制度； 2. 现场核查
六、瓦斯抽采(100分)	抽采系统	1. 瓦斯抽采设施、抽采泵站符合《煤矿安全规程》要求	15	查现场和资料。不符合要求1处扣5分		1. 矿井瓦斯抽采规划、计划、设计、安全技术措施； 2. 抽采设施、抽采泵站设计； 3. 抽采设施、抽采泵站管理制度； 4. 现场核查
		2. 编制瓦斯抽采工程(包括钻场、钻孔、管路、抽采巷等)设计，并按设计施工	15	查现场和资料。不符合要求1处扣2分		1. 瓦斯抽采工程(包括钻场、钻孔、管路、抽采巷等)设计； 2. 现场核查

续表 4-1

项目	项目内容	基本要求	标准分值	评分方法	得分	【说明】
六、瓦斯抽采(100分)	检查与管理	1. 对瓦斯抽采系统的瓦斯浓度、压力、流量等参数实时监测,定期人工检测比对,泵站每2h至少1次,主干、支管及抽采钻场每周至少1次,根据实际测定情况对抽采系统进行及时调节	15	查资料和现场。未按规定检测核实的1次扣5分,其他1处不符合要求扣2分		1. 瓦斯抽采系统的瓦斯浓度、压力、流量等参数监测记录; 2. 定期人工检测比对记录; 3. 抽采系统调节记录; 4. 现场核查
		2. 井上下敷设的瓦斯管路,不得与带电物体接触并应当有防止砸坏管路的措施。每10天至少检查1次抽采管路系统,并有记录。抽采管路无破损、无漏气、无积水;抽采管路离地面高度不小于0.3m(采空区留管除外)	15	查资料和现场。管路损坏或者与带电物体接触不得分;其他1处不符合要求扣1分		1. 防止砸坏管路的安全措施; 2. 抽采管路系统检查记录; 3. 抽采管路巡查维修记录; 4. 现场核查
		3. 抽采钻场及钻孔设置管理牌板,数据填写及时、准确,有记录和台账	15	查资料和现场。不符合要求1处扣0.5分		1. 抽采钻场及钻孔设置管理牌板; 2. 抽采钻场及钻孔检查记录; 3. 抽采钻场及钻孔台账; 4. 现场核查
		4. 高瓦斯、突出矿井计划开采的煤量不超出瓦斯抽采的达标煤量,生产准备及回采煤量和抽采达标煤量保持平衡	15	查资料。不符合要求不得分		1. 年度、季度、月度生产计划; 2. 矿井瓦斯抽采规划、计划、设计、安全技术措施,瓦斯抽放月度工作总结; 3. 矿井瓦斯抽采达标评判细则; 4. 矿井抽采达标评判报告; 5. 矿井煤量观察核实记录
		5. 矿井瓦斯抽采率符合《煤矿瓦斯抽采达标暂行规定》要求	10	查资料。不符合要求不得分		1. 瓦斯抽采达标评价工作体系; 2. 矿井瓦斯抽采达标规划和年度实施计划; 3. 矿井瓦斯抽采工程设计; 4. 矿井瓦斯抽采规划、计划、设计、工程施工、设备设施以及抽采计量、效果等年度审查记录

续表 4-1

项目	项目内容	基本要求	标准分值	评分方法	得分	【说明】
七、安全监控(100分)	装备设置	1. 矿井安全监控系统具备“风电、甲烷电、故障”闭锁及手动控制断电闭锁功能和实时上传监控数据的功能;传感器、分站备用量不少于应配备数量的20%	15	查资料和现场。系统功能不全扣5分,其他1处不符合要求扣2分		1. 监测监控系统运行情况; 2. 监测监控设备台账; 3. 上级集团公司联网上传运行情况; 4. 现场核查
		2. 安全监控设备的种类、数量、位置、报警浓度、断电浓度、复电浓度、电缆敷设等符合《煤矿安全规程》规定,设备性能、仪器精度符合要求,系统装备实行挂牌管理	15	查资料和现场。报警、断电、复电1处不符合要求扣5分;其他1处不符合要求扣2分		1. 采掘作业规程; 2. 井下现场标准样气体测试; 3. 监测监控系统运行; 4. 现场核查
		3. 安全监控系统的主机双机热备,连续运行。当工作主机发生故障时,备用主机应在5 min内自动投入工作。中心站设双回路供电,并配备不小于2 h在线式不间断电源。中心站设备设有可靠的接地装置和防雷装置。站内设有录音电话	15	查现场或者资料。不符合要求1处扣2分		1. 主备机切换试验; 2. 中心站检查; 3. 现场核查
		4. 分站、传感器等在井下连续使用6～12个月升井全面检修,井下监控设备的完好率为100%,监控设备的待修率不超过20%,并有检修记录	10	查资料或现场。未按规定升井检修1次(台)扣3分,其他1处不符合要求扣1分		1. 监测监控设备台账; 2. 分站、传感器检修记录; 3. 现场核查
	检测试验	安全监控设备每月至少调校、测试1次;采用载体催化元件的甲烷传感器每15天使用标准气样和空气样在设备设置地点至少调校1次,并有调校记录;甲烷电闭锁和风电闭锁功能每15天测试1次,其中,对可能造成局部通风机停电的,每半年测试1次,并有测试签字记录	15	查资料和现场。不符合要求1处扣2分		1. 安全监控设备月度调校、测试记录; 2. 甲烷传感器调校记录; 3. 甲烷电闭锁和风电闭锁功能测试记录; 4. 监测监控系统运行情况; 5. 现场核查

续表 4-1

项目	项目内容	基本要求	标准分值	评分方法	得分	【说明】
七、安全监控(100分)	监控设备	1. 安全监控设备中断运行或者出现异常情况,查明原因,采取措施及时处理,其间采用人工检测,并有记录	10	查资料和现场。不符合要求1处扣5分		1. 安全监控设备中断运行或者出现异常情况采取措施; 2. 安全监控设备中断运行或者出现异常情况期间采用人工检测记录; 3. 现场核查
		2. 安全监控系统显示和控制终端设置在矿调度室,24 h有监控人员值班	10	查现场和资料。1处不符合要求不得分		1. 值班记录; 2. 现场核查
	资料管理	有监控系统运行状态记录、运行日志,安全监控日报表经矿长、总工程师签字;建立监控系统数据库,系统数据有备份并保存2年以上	10	查资料和现场。数据无备份或者数据库缺少数据扣5分,其他1处不符合要求扣2分		1. 监控系统运行状态记录; 2. 监控系统运行日志; 3. 安全监控日报表; 4. 监控系统数据库及其备份; 5. 现场核查
八、防灭火(100分)	防治措施	1. 按《煤矿安全规程》规定进行煤层的自燃倾向性鉴定,制定矿井防灭火措施,建立防灭火系统,并严格执行	10	查资料和现场。未鉴定不得分,其他1处不符合要求扣5分		1. 煤层的自燃倾向性鉴定记录; 2. 矿井综合防治自然发火措施; 3. 矿井防灭火系统; 4. 现场核查
		2. 开采自燃、容易自燃煤层的采掘工作面作业规程有防止自然发火的技术措施,并严格执行	10	查资料和现场。不符合要求1处扣2分		1. 采掘作业规程; 2. 现场核查
		3. 井下易燃物存放符合规定,进行电焊、气焊和喷灯焊接等作业符合《煤矿安全规程》规定,每次焊接制定安全措施,经矿长批准,并严格执行	10	查资料和现场。不符合要求1处扣2分		井下易燃物存放符合《煤矿安全规程》第二百五十五条规定;电气焊和喷灯焊接作业符合《煤矿安全规程》第二百五十四条规定。 1. 井下焊接安全技术措施; 2. 矿井防灭火管理制度; 3. 现场核查
		4. 每处火区建有火区管理卡片,绘制火区位置关系图;启封火区有计划和安全措施,并经企业技术负责人批准	10	查资料。不符合要求1处扣5分		明确了启封火区有计划和安全技术措施,并经企业技术负责人批准。因火区启封关系到火区是否复燃、瓦斯涌出量是否有变化等,涉及重大技术安全问题。计划和措施必须经过上级业务主管企业技术负责人审批把关。 1. 火区管理卡片; 2. 火区位置关系图; 3. 启封火区的计划和安全措施

续表 4-1

项目	项目内容	基本要求	标准分值	评分方法	得分	【说明】
八、防灭火(100分)	设施设备	1. 按《煤矿安全规程》规定设置井上、下消防材料库，配足消防器材，且每季度至少检查1次	10	查资料和现场。缺消防材料库不得分，其他1处不符合规定扣1分		新加了消防材料库配足消防器材的规定。如果不对消防器材进行考核，配多配少都可以，那么设置消防材料库意义不大。消防器材配备标准应在年度矿井灾害预防和处理计划中明确。 1. 井上、下消防材料库管理制度； 2. 井上、下消防材料库检查记录； 3. 井上、下消防材料库设备台账； 4. 现场核查
		2. 按《煤矿安全规程》规定井下爆炸物品库、机电设备硐室、检修硐室、材料库等地点的支护和风门、风窗采用不燃性材料，并配备有灭火器材，其种类、数量、规格及存放地点，均在灾害预防和处理计划中明确规定	10	查资料和现场。不符合要求1处扣2分		1. 矿井灾害预防和处理计划； 2. 采掘作业规程； 3. 现场核查
		3. 矿井设有地面消防水池和井下消防管路系统，每隔100 m(在带式输送机的巷道中每隔50 m)设置支管和阀门，并正常使用。地面消防水池保持不少于200 m^3 的水量，每季度至少检查1次	10	查现场。无消防水池或者水量不足不得分；缺支管、阀门，1处扣2分；其他1处不符合要求扣0.5分		1. 地面消防水池； 2. 井下消防管路系统图； 3. 井上下消防管路系统季度检查记录； 4. 现场核查

续表 4-1

项目	项目内容	基本要求	标准分值	评分方法	得分	【说明】
八、防灭火(100分)	设施设备	4. 开采容易自燃和自燃煤层,确定煤层自然发火标志气体及临界值,开展自然发火预测预报工作,建立监测系统;在开采设计中明确选定自然发火观测站或者观测点,每周进行1次观测分析。发现异常,立即采取措施处理	15	查资料和现场。无监测系统不得分,1处预测预报不符合要求扣5分,其他1处不符合要求,扣2分		新加了"开采容易自燃和自燃煤层,确定煤层自然发火标志气体及临界值"的规定。自然发火标志气体是指因自然发火而产生变化的,在一定程度上表征自然发火状态和发展趋势的火灾气体。其临界值是指煤氧化升温达到临界自燃温度值时,检测出的该标志气体浓度值。 标志气体主要有一氧化碳、烷烃、烯烃和炔烃等。气体及临界值的确定由具备检测能力的单位或者相应资质的检验单位进行。 1. 煤层自然发火标志气体及临界值设置; 2. 自然发火监测系统及运行情况; 3. 自然发火预测预报制度、矿井防灭火系统图; 4. 矿井开采设计或采区防灭火设计; 5. 自然发火观测站设置及分析记录; 6. 现场核查
	控制指标	无一氧化碳超限作业,采空区密闭内及其他地点无超过35 ℃的高温点(因地温和水温影响的除外)	10	查资料和现场。有超限作业不得分;其他1处不符合要求扣2分		1. 采空区密闭检查记录; 2. 一氧化碳超限记录及处置措施和情况; 3. 现场核查
	封闭时限	及时封闭与采空区连通的巷道及各类废弃钻孔;采煤工作面回采结束后45天内进行永久性封闭	5	查资料和现场。1处不符合要求,扣2分		新加了及时封闭与采空区连通的巷道及各类废弃钻孔的内容,主要是减少采空区漏风,防止采空区遗煤自燃发生。对采空区连通的巷道采过3 d内封闭完成,各类废弃钻孔当天封堵严实。 1. 密闭台账; 2. 密闭检查记录; 3. 采煤面停采封闭记录; 4. 现场核查

续表 4-1

项目	项目内容	基本要求	标准分值	评分方法	得分	【说明】
九、粉尘防治(100分)	鉴定及措施	按《煤矿安全规程》规定鉴定煤尘爆炸性；制定年度综合防尘、预防和隔绝煤尘爆炸措施，并组织实施	10	查资料和现场。未鉴定或者无措施不得分；其他1处不符合要求扣2分		1. 煤尘爆炸性鉴定报告； 2. 综合防尘措施； 3. 预防和隔绝煤尘爆炸措施； 4. 现场核查
	设备设施	1. 按照AQ1020规定建立防尘供水系统；防尘管路吊挂平直，不漏水；管路三通阀门便于操作	15	查现场。未建立系统不得分，缺管路1处扣5分，其他1处不符合要求扣2分		新加了管路三通阀门便于操作的内容。三通阀门是防尘喷洒水常用控制开关。其位置应有利于人工操作，如供水管路设在胶带巷不行人一侧，应当将三通的阀门引到便于安全操作的人行侧。且阀门操作开关自如。 1. 矿井防尘系统设计； 2. 矿井防尘系统图； 3. 现场核查
		2. 运煤(矸)转载点设有喷雾装置，采掘工作面回风巷至少设置2道风流净化水幕，净化水幕和其他地点的喷雾装置符合AQ1020规定	15	查现场。缺装置1处扣5分；其他1处不符合要求扣1分		1. 矿井综合防尘措施； 2. 采掘作业规程； 3. 现场核查
		3. 按《煤矿安全规程》要求安设隔爆设施，且每周至少检查1次，隔爆设施安装的地点、数量、水量或者岩粉量及安装质量符合AQ1020规定	10	查资料和现场。未设隔爆设施，1处扣5分；其他1处不符合要求扣2分		1. 隔爆设施检查记录； 2. 矿井防尘系统图； 3. 现场核查
		4. 采煤机、掘进机内外喷雾装置使用正常；液压支架和放顶煤工作面的放煤口安设喷雾装置，降柱、移架或者放煤时同步喷雾，喷雾压力符合《煤矿安全规程》要求；破碎机安装有防尘罩和喷雾装置或者除尘器	10	查现场。缺外喷雾装置或者喷雾效果不好1处扣5分；其他1处不符合要求扣2分		1. 采掘作业规程； 2. 现场核查

续表 4-1

项目	项目内容	基本要求	标准分值	评分方法	得分	【说明】
九、粉尘防治(100分)	防除尘措施	1. 采用湿式钻孔或者孔口除尘措施,爆破使用水炮泥,爆破前后冲洗煤壁巷帮;炮掘工作面安设有移动喷雾装置,爆破时开启使用	10	查现场。未湿式钻孔或者无措施扣5分;其他1处不符合要求扣2分		1. 矿井综合防尘措施; 2. 采掘作业规程; 3. 现场核查
		2. 喷射混凝土时,采用潮喷或者湿喷工艺,并装设除尘装置。在回风侧100 m范围内至少安设2道净化水幕	10	查现场。不符合要求1处扣5分		新加小项,因喷射混凝土工艺易产生粉尘,应当加大除降尘设施,减少粉尘污染。喷射前物料拌潮或者采用湿喷工艺,并配备除尘装置对上料口及排气口除尘。距离喷浆作业点下风流100 m内至少安设2道净化水幕进行风流净化。 1. 矿井综合防尘措施; 2. 采掘作业规程; 3. 现场核查
		3. 采煤工作面按《煤矿安全规程》规定采取煤层注水措施,注水设计符合AQ1020规定	10	查资料和现场。采煤工作面未注水1处扣5分,其他1处不符合要求扣2分		将"应采取煤层注水防尘措施"改为"按《煤矿安全规程》规定采取煤层注水措施",较为客观实际,煤层水分大于4%可以不注水。 注水设计符合《煤矿安全规程》规定改为符合AQ 1020规定。因AQ 1020标准有注水量的要求,即单孔注水总量应使预湿煤体的平均水分含量≥1.5%,是设计主要参数
		4. 定期冲洗巷道积尘或者撒布岩粉。主要大巷、主要进回风巷每月至少冲洗1次,其他巷道冲洗周期或者撒布岩粉由矿总工程师确定。巷道中无连续长5 m、厚度超过2 mm的煤尘堆积	10	查资料和现场。煤尘堆积超限1处扣5分;其他1处不符合要求扣2分		1. 矿井防尘系统图; 2. 巷道洒水清尘记录; 3. 现场核查

续表 4-1

项目	项目内容	基本要求	标准分值	评分方法	得分	【说明】
十、井下爆破(100分)	物品管理	1. 井下爆炸物品库、爆炸物品贮存及运输符合《煤矿安全规程》规定	10	查现场。不符合要求1处扣5分		1. 爆破管理制度； 2. 现场核查
		2. 爆炸物品领退、电雷管编号制度健全，发放前电雷管进行导通试验	20	查资料和现场。未进行导通试验扣10分，缺1项制度扣5分		1. 爆破管理制度； 2. 领退记录； 3. 电雷管导通测试记录； 4. 现场核查
	爆破管理	1. 爆破作业执行“一炮三检”、“三人连锁”制度，采取停送电（突出煤层）、撤人、设岗警戒措施。特殊情况下的爆破作业，制定安全技术措施，经矿总工程师批准后执行	20	查资料和现场。1处不符合要求不得分		明确了特殊情况下的爆破作业安全技术措施，经总工程师批准。 1. 爆破管理制度； 2. “一炮三检”制度； 3. “三人连锁爆破”制度； 4. 特殊情况爆破安全技术措施； 5. 现场核查
		2. 编制爆破作业说明书，并严格执行。现场设置爆破图牌板	15	查资料和现场。无爆破说明书或者不执行的不得分，其他1处不符合要求扣2分		1. 爆破说明书； 2. 现场爆破图牌板； 3. 采掘作业规程； 4. 现场核查
		3. 爆炸物品现场存放、引药制作符合《煤矿安全规程》规定	15	查现场。不符合要求1处扣2分		1. 爆破管理制度； 2. 现场核查
		4. 残爆、拒爆处理符合《煤矿安全规程》规定	20	查现场和资料。不符合要求不得分		1. 爆破管理制度； 2. 现场核查
十一、基础管理(100分)	组织保障	按规定设有负责通风管理、瓦斯管路、安全监控、防尘、防灭火、瓦斯抽采、防突和爆破管理等工作的管理机构	10	查资料。未设置机构不得分，机构不完善扣5分		1. 管理机构设置文件； 2. 管理机构

续表 4-1

项目	项目内容	基本要求	标准分值	评分方法	得分	【说明】
十一、基础管理(100分)	工作制度	1. 有完善矿井通风、瓦斯防治、综合防尘、防灭火和安全监控等专业管理制度,各工种有岗位安全生产责任制和操作规程,并严格执行	10	查资料和现场。缺制度或者操作规程不得分;其他1处不符合要求扣5分		1. 矿井"一通三防"安全管理制度(包括监测监控); 2. "一通三防"安全生产责任制(包括监测监控); 3. 各工种岗位责任制; 4. 操作规程; 5. 现场核查
		2. 制定瓦斯防治中长期规划和年度计划。矿每月至少召开1次通风工作例会,总结安排年、季、月通风工作,并有记录	10	查资料。缺1项计划或者总结扣5分,其他1处不符合要求扣2分		1. 矿井瓦斯防治中长期规划和年度计划; 2. 月度通风工种例会记录
	资料管理	有通风系统图、分层通风系统图、通风网络图、通风系统立体示意图、瓦斯抽采系统图、安全监控系统图、防尘系统图、防灭火系统图等;有测风记录、通风值班记录、通风(反风)设施检查及维修记录、粉尘冲洗记录、防灭火检查记录;有密闭管理台账、煤层注水台账、瓦斯抽采台账等;安全监控及防突方面的记录、报表、账卡、测试检验报告等资料符合AQ1029及《防治煤与瓦斯突出规定》要求,并与现场实际相符	20	查资料和现场。图纸、记录、台账等资料缺1种扣2分;与现场实际不符1处扣5分;其他1处不符合要求扣0.5分		将通风调度值班记录改为通风值班记录。删除瓦斯调度台账。因有的矿井未配备通风调度,但通风值班人员必须有的,应有值班记录,并记载通风调度相关内容。 将安全监控和突出防治大项内容要求记录、报表、台账与资料合并到此小项,便于统一考核管理。 1. 图纸:通风系统图、分层通风系统图、通风网络图、通风系统立体示意图、瓦斯抽采系统图、安全监控系统图、防尘系统图、防灭火系统图等; 2. 记录于报表:有测风记录、通风值班记录、通风(反风)设施检查及维修记录、粉尘冲洗记录、防灭火检查记录;有密闭管理台账、煤层注水台账、瓦斯抽采台账等;安全监控及防突方面的记录、报表、账卡、测试检验报告等; 3. 现场核查

续表 4-1

项目	项目内容	基本要求	标准分值	评分方法	得分	【说明】
十一、基础管理(100分)	仪器仪表	按检测需要配备检测仪器,每类仪器的备用量不小于应配备使用数量的20%,仪器的调校、维护及收发和送检工作有专门人员负责,按期进行调校、检验,确保仪器完好	20	查资料和现场。仪器数量不足或者无专门人员负责扣5分,其他不符要求1台次扣2分		1. 检测仪器设备台账; 2. 仪器调校、维护记录; 3. 仪器发放记录; 4. 仪器发放人员持证上岗; 5. 仪器强检记录; 6. 现场核查
	岗位规范	1. 管理和技术人员掌握相关的岗位职责、管理制度、技术措施	10	查资料和现场。不符合要求1处扣5分		新加小项,要求通风管理和技术人员不单掌握本岗位职责,还要掌握相关的岗位职责、管理制度、技术措施,更好地开展工作。 1. 通防管理岗位安全生产责任制; 2. 通防管理人员管理制度; 3. 相关一通三防安全技术措施; 4. 现场核查
		2. 现场作业人员严格执行本岗位安全生产责任制;掌握本岗位相应的操作规程和安全措施,操作规范;无“三违”行为	10	查现场。发现“三违”不得分,不执行岗位责任制、不规范操作1人次扣3分		新加小项,对现场作业人员规范操作提出要求,熟知并执行本岗位安全生产责任制;掌握本岗位相应的操作规程和安全措施,做到不违章作业、不违章指挥、不违反劳动纪律
		3. 作业前对作业范围内空气环境、设备运行状态及巷道支护和顶底板完好状况等实时观测,进行安全确认	10	查现场。1人次不确认扣3分,其他1处不符合要求扣1分		新加小项,对作业范围内安全环境进行观测。作业前对作业地点的空气环境有害气体浓度、风量大小、粉尘浓度进行观测。同时对设备运行状态及巷道支护和顶底板完好状况进行观察。在安全状态下方可进行作业

得分合计:

第 5 部分　地质灾害防治与测量

一、工作要求(风险管控)

1. 机构设置

(1) 矿井设立负责地质灾害防治与测量(以下简称“地测”)工作的部门,配备有满足矿井地质、水文地质、瓦斯地质(煤与瓦斯突出矿井)、矿井储量管理、矿井测量、井下钻探、物探、制图等方面工作需要的专业技术人员;

【说明】 本条规定了煤矿企业要设立地测部门及各专业所需技术人员的具体要求。

煤矿企业要设立独立的地测部门、地测副总和分管矿长,要配备矿井地质、水文地质、瓦斯地质(煤与瓦斯突出矿井)、矿井储量管理、矿井测量、井下钻探、物探、制图等方面工作需要的专业技术人员。冲击地压矿井人员配备满足防冲工作需要。

地测防治水专业技术人员配备可参照表 5-1。

表 5-1　地测防治水专业技术人员配备表

井型	300 万 t 以上				120 万～300 万 t				45 万～120 万 t				45 万 t 以下				备注
水文地质类型	简单	中等	复杂	极复杂	简单	中等	复杂	极复杂	简单	中等	复杂	极复杂	简单	中等	复杂	极复杂	
矿井地质	2	3	4	5	2	2	3	4	1	2	2	3	1	1	2	2	一人最多可兼两职
储量管理	1	1	1	1	1	1	1	1	1	1	1	1	1	1	1	1	
矿井测量	3	4	4	4	2	3	3	3	2	2	2	3	1	1	1	1	
水文地质	2	3	4	5	1	2	3	4	1	2	2	3	1	1	2	2	
制图人员	1	1	2	2	1	1	1	2	1	1	1	1	1	1	1	1	
瓦斯地质	2				2				1				1				突出矿井

(2) 水文地质类型复杂或极复杂的矿井设立专门的防治水工作机构;

【说明】 本条规定了水文地质类型复杂或极复杂的矿井要设立专门防治水工作机构的具体要求。

煤矿企业应当建立健全各项防治水制度,配备满足工作需要的防治水专业技术人员,配齐专用探放水设备,建立专门的探放水作业队伍,储备必要的水害抢险救灾设备和物资。

① 水文地质条件简单、无冲击地压的瓦斯矿井设专职的地人员。

② 水文地质条件中等、无冲击地压的瓦斯矿井设地测部门。

③ 水文地质条件中等、无冲击地压的高瓦斯矿井设地测部门和地测副总。

④ 水文地质条件复杂或极复杂矿井、煤与瓦斯突出矿井、冲击地压矿井和 400 万 t 以

上矿井设立地测部门、地测副总和分管矿长。

⑤ 水文地质条件复杂、极复杂的矿井设立专门的防治水机构。

(3) 冲击地压矿井设立专门的防冲机构与人员。

【说明】 本条规定了冲击地压矿井设立专门的机构与人员的具体要求。

矿井防治冲击地压（以下简称防冲）工作应当遵守下列规定：

① 设专门的机构与人员。

② 坚持“区域先行、局部跟进”的防冲原则。

③ 必须编制中长期防冲规划与年度防冲计划，采掘工作面作业规程中必须包括防冲专项措施。

④ 开采冲击地压煤层时，必须采取冲击危险性预测、监测预警、防范治理、效果检验、安全防护等综合性防治措施。

⑤ 必须建立防冲培训制度。

2. 煤矿地质

(1) 查明隐蔽致灾地质因素；

【说明】 本条规定了矿井开展隐蔽致灾地质因素普查的具体要求。

煤矿必须结合实际情况开展隐蔽致灾地质因素普查或探测工作，并提出报告，由矿总工程师组织审定。

井工开采形成的老空区威胁露天煤矿安全时，煤矿应当制定安全措施。

(2) 在不同生产阶段，按期完成各类地质报告修编、提交、审批等基础工作；

【说明】 本条规定了矿井在不同生产阶段对各类报告编写的具体要求。

基建矿井、露天煤矿移交生产前，必须编制建井(矿)地质报告，并由煤矿企业技术负责人组织审定。

生产矿井应当每 5 年修编矿井地质报告。地质条件变化影响地质类型划分时，应当在 1 年内重新进行地质类型划分。

(3) 原始记录、成果资料、地质图纸等基础资料齐全，管理规范；

【说明】 本条规定了对基础资料管理的具体要求。

(1) 依据《煤矿地质工作规定》第三十九条，煤矿地质观测应做到及时、准确、完整、统一。

① 观测、描述、记录应在现场进行，并记录在专门的地质记录簿上，记录簿统一编号，妥善保存；

② 观测与描述应做到内容完整、数据准确、表达确切、重点突出、图文结合、字迹清晰，客观地反映地质现象的真实情况；

③ 观测与描述应记录时间、地点、位置和观测、记录者姓名；

④ 观测与描述应做到现场与室内、宏观与微观相结合；

⑤ 观测资料应及时整理并转绘在素描卡片、成果台账及相关图件上，由观测人员进行校对。

(2)《煤矿地质工作规定》第二章第二节“煤矿地质基础资料”主要有：

① 煤矿必须备齐下列区域地质资料和图件：

A. 矿区内的各类地质报告；

B. 矿区构造纲要图；

C. 矿区地形地质图；

D. 矿区地层综合柱状图；

E. 矿区主要地质剖面图。

② 煤矿必须备齐下列地质资料及图件：

A. 地质勘探报告、煤矿地质类型划分报告、建矿地质报告和生产地质报告等；

B. 煤矿地层综合柱状图；

C. 煤矿地形地质图或基岩地质图；

D. 煤矿煤岩层对比图；

E. 煤矿可采煤层底板等高线及资源/储量估算图(急倾斜煤层加绘立面投影图和立面投影资源/储量估算图)；

F. 煤矿地质剖面图；

G. 煤矿水平地质切面图(煤层倾角大于25°的多煤层煤矿)；

H. 勘探钻孔柱状图；

I. 矿井瓦斯地质图；

J. 井上下对照图；

K. 采掘(剥)工程平面图(急倾斜煤层要绘采掘工程立面图)；

L. 井巷、石门地质编录；

M. 工程地质相关图件。

③ 煤矿必须备齐下列地质资料台账：

A. 钻孔成果台账；

B. 地质构造台账；

C. 矿井瓦斯资料台账；

D. 煤质资料台账；

E. 井筒、石门见煤点台账；

F. 工程地质资料台账；

G. 资源/储量台账；

H. 井田及周边采空区、老窑地质资料台账；

I. 井下火区地质资料台账；

J. 封闭不良钻孔台账。

④ 煤矿还应根据实际情况有针对性地编制相关地质报告、图件和台账。报告、图件和台账都应数字化、信息化,内容真实可靠,每年对相关内容进行补充完善。图件的比例尺以满足工作需要为原则。

⑤ 煤矿企业及所属矿井应建立地质资料档案室,并由专人负责管理;资料要齐全、完整,分类妥善保存,便于利用。

(4) 地质预测预报工作满足安全生产需要;

【说明】 本条规定了矿井地质预测预报的具体要求。

煤矿建设、生产阶段,必须对揭露的煤层、断层、褶皱、岩浆岩体、陷落柱、含水岩层,矿井涌水量及主要出水点等进行观测及描述,综合分析,实施地质预测、预报。

(5) 储量计算和统计管理符合《矿山储量动态管理要求》规定。

【说明】 本条规定了矿井储量计算和统计管理的具体要求。

依据《生产矿井储量管理规程》第二章储量计算及《矿山储量动态管理要求》规定要求，煤矿应具备的储量计算台账：分工作面各月损失量分析及回采率计算基础台账；分月分采区分煤层损失量分析及回采率计算基础台账；全矿井分煤层损失量分析及回采率计算基础台账；矿井期末保有储量计算基础台账；矿井“三下”压煤台账；矿井永久煤柱及损失量摊销台账；矿井储量增减、变动审批情况台账；矿井储量动态数字台账；“三量”计算成果台账。

3. 煤矿测量

(1) 测量控制系统健全，测量工作执行通知单制度，原始记录、测量成果齐全；

【说明】 本条规定了矿井测量管理工作的具体要求。

矿区地面控制网可采用三角网、边角网、测边网和导线网等布网方法建立。

(1) 进行重要贯通测量前，须编制贯通测量设计书，其内容应包括：

① 根据井巷贯通测量精度和施工工程的要求，进行井巷贯通点的误差预计；

② 按设计要求制定测设方案，选择测量仪器和工具，确定观测方法及限差要求；

③ 测绘贯通测量导线设计图，比例尺应不小于1∶2 000。

(2) 矿井测量原始资料应包括：

① 地面三角测量、导线测量、高程测量、光电测距和地形测量记录簿；

② 近井点及井上下联系测量(包括陀螺定向测量)记录簿；

③ 井筒十字中线及提升设备等的标定和检查记录簿；

④ 井下经纬仪导线及水准测量记录簿；

⑤ 井下采区测量和井巷工程标定记录簿；

⑥ 重要贯通工程测量记录簿；

⑦ 回采和井巷填图测量记录簿；

⑧ 地面各项工程施工测量记录簿；

⑨ 地表与岩层移动及建(构)筑物变形观测记录簿。

(3) 矿井测量成果计算资料应包括：

① 矿区首级控制和加密点的计算资料和成果台账；

② 地形测量图根点及水准点的计算资料和成果台账；

③ 近井点和井上下联系测量的计算资料和成果台账；

④ 井下经纬仪导线和水准测量计算资料和成果台账；

⑤ 重要贯通测量的设计书及贯通测量的总结等；

⑥ 井筒中心、十字中线点、井下永久控制点和重要技术边界角点的平面坐标和高程、立井提升中线、斜井和平硐中心线的坐标方位角以及井筒深度和斜井坡度、长度等资料；

⑦ 井上、下各种施工测量和标定工作的计算台账(包括设计图纸检查结果记录、工程标定设计图、标定设计和标定点位参数数值台账等)。

(2) 基本矿图种类、内容、填绘、存档符合《煤矿测量规程》规定；

【说明】 本条规定了矿井基本矿图管理工作的具体要求。

矿井基本矿图主要测绘内容及注记要求见表5-2。

表 5-2　　矿井基本矿图

图名	比例尺	说明
1. 井田区域地形图	1∶2 000 或 1∶5 000	—
2. 工业广场平面图	1∶500 或 1∶1 000	包括选煤厂
3. 井底车场平面图	1∶200 或 1∶500	斜井、平硐的井底车场一般可不单独绘制
4. 采掘工程平面图	1∶1 000 或 1∶2 000	须分煤层绘制
5. 主要巷道平面图	1∶1 000 或 1∶2 000	可按每一开采水平或各水平综合绘制。如开拓系统比较简单，且分层采掘工程平面图上已包括主要巷道，可不单独绘制
6. 井上下对照图	1∶2 000 或 1∶5 000	—
7. 井筒(包括立井和主斜井)断面图	1∶200 或 1∶500	—
8. 主要保护煤柱图	一般与采掘工程平面图一致	包括平面图和断面图

注:① 缓倾斜和倾斜薄煤层或中厚煤层的采掘工程平面图，应按自然分层绘制。厚煤层可按第一人工分层或数个人工分层综合绘制采掘工程平面图，并急倾斜煤层除绘制平面图外，还应加绘竖直面投影图和沿煤层倾斜方向的断面图。

② 可根据实际需要加绘比例尺为1∶500、1∶1 000或1∶2 000的分采区或分工作面的局部采掘工程平面图，及时填图并定期将图上资料转绘到分层采掘工程平面图上。

③ 采掘工程平面图和主要巷道平面图，可根据需要加绘1∶5 000比例尺图。

1. 井田区域地形图

(1) 各级平面和高程测量控制点，注明点号、高程。

(2) 居民区，包括各类房屋、窑洞和各种公共建筑设施等，单独或总体注记名称。

(3) 重要的独立地物。如井口(包括废弃不用的井口和小煤窑井口并注记名称)、钻孔及其编号、烟囱、水塔、电线杆(塔)和坟地等。

(4) 各种管线和垣栅。如高、低压输电线、通讯线、煤气管道、围墙、铁丝网和篱笆等。

(5) 各种道路。如铁路、轻便铁道、架空索道、公路、大车道和乡村路等。注记铁路及主要公路名称。

(6) 水系及其附属设施。如河流、湖泊、水库、沟渠、输水槽、桥梁、渡口、泉和水井等。注记河流、湖泊、水库及主要沟渠名称。

(7) 以等高线和符号表示的地表自然形态及由于生物活动引起的地面特有地貌。如塌陷坑、塌陷台阶、积水区、矸石山(堆)等。

(8) 土质和植被情况。

(9) 各种境界线。如省、市、县界，煤矿占地边界等。

2. 工业广场平面图

(1) 测量控制点(平面和高程)、井口十字中线基点，注明点号、高程。

(2) 各种永久和临时建(构)筑物。如办公楼、绞车房、井架、选煤厂、锅炉房、机修厂、食堂、仓库、储木场、水塔、烟囱、贮水池、广场和花园等。注记主要建(构)筑物名称。

(3) 各种井口(包括废弃不用的井口),注明名称、高程。

(4) 各种交通运输设施。如铁路、轻便铁道和公路等。注记主要铁路及公路名称。

(5) 各种管线和垣栅。如高、低压输电线、通讯线、煤气管道、围墙、铁丝网和篱笆等。

(6) 供水、排水和消防系统。如排水沟(渠)、下水道、供水管、暖气管和消火栓等。

(7) 隐蔽工程。如电缆沟、防空洞、扇风机风道等。

(8) 以等高线和符号表示的地表自然形态及由于生物活动引起的地面特有地貌。如塌陷坑、塌陷台阶、积水区、矸石山(堆)等。若地形特别平坦或工业广场很平整不便以等高线表示时,要适当增加高程注记点的个数。

(9) 保安煤柱围护带,注明批准文号。

3. 井底车场平面图

(1) 井底车场内的所有生产设施,如各类巷道、硐室和水闸门、水闸墙、防火门等。轨道要注明坡向和坡度,区分单轨和双轨;曲线巷道应标出曲率半径、转向角和弧长;巷道交叉和变坡处,应注记轨面或底板高程;泵房要表示各台水泵的位置,注明排水能力、扬程和功率;水仓应注明容量。

(2) 永久导线点和水准点,注明点号和高程。

图上应附有主要硐室和巷道的大比例尺断面图,绘出硐室和巷道的衬砌材料和厚度、轨道与排水沟的位置,并标注有关尺寸。

4. 采掘工程平面图

(1) 井田技术边界,保安煤柱及其他边界线,注明名称和批准文号。

(2) 本煤层以及与开采本煤层有关的巷道(主要巷道应注明名称和月末工作面位置,斜巷应注记倾向和倾角,巷道交叉口、变坡以及平巷等特征点,在图上每隔 50～100 mm 应注记轨面或底板高程)。

(3) 回采工作面及采空区,注记工作面月末位置、平均采厚、煤层倾角、开采方法、开采年度和煤层小柱状;丢煤区应注明丢煤原因和煤量;注销区应注明批准文号和煤量。

(4) 永久导线点和水准点,注明点号和高程;临时点根据需要注记。

(5) 钻孔、勘探线、煤层露头线、风化带、煤层变薄区、尖灭区、陷落柱和火成岩侵入区、煤厚点、煤样点以及实测的主要地质构造。

(6) 发火区、积水区、煤及瓦斯突出区、冒流砂区等,应注明发生时间等有关情况。

(7) 井田边界外 100 m 以内的邻矿采掘工程和地质情况,井田范围内的小煤窑及其开采范围。

(8) 根据图面允许和实际要求,还可加绘煤层底板等高线、地面重要工业建筑、居民区、铁路、重要公路、大的河流、湖泊等。

5. 主要巷道平面图

(1) 采掘工程平面图应绘出的 8 项内容中的第(1)、(2)、(4)、(5)、(6)项。

(2) 水闸墙、水闸门、永久风门、防火门、突水点和抽放水钻孔等。

6. 井上下对照图

(1) 井田区域地形图规定的主要内容。

(2) 井下主要开采水平的井底车场、运输大巷、主要石门、主要上下山、总回风道和采区内的重要巷道;回采工作面及其编号(对于开采煤层群的矿井,视煤层间距和煤层倾角,可只绘若干层煤或最上一层煤的工作面)。

(3) 井田技术边界线、保安煤柱的围护带和边界线,并注明批准文号。

7. 井筒断面图

(1) 井壁支护材料和衬砌厚度、壁座的位置和厚度、掘砌的月末位置。

(2) 穿越岩层的柱状,并注明岩层名称、厚度、距地表的深度和岩性简况,开凿过程中的涌水量和其他水文资料等。

(3) 地表(锁口)、井底和各中间连通水平的高程注记。

(4) 井筒竖直程度。

(5) 附井筒横断面图,图上应绘出井筒内主要设施,并标出提升方位、井口坐标。

(6) 附表列出井口坐标、井筒直径、深度、井口和井底高程,提升方位,开工与竣工日期以及施工单位等。

8. 主要保护煤柱图

(1) 平面图上绘出受保护对象、围护带、煤层底板等高线和主要断层、煤柱与开采水平或煤柱与开采煤层的交面线的水平投影线。

(2) 剖面图上应绘出地层厚度、各开采水平线、煤层分布、主要断层以及围护带和保护煤柱边界线。

(3) 附表说明受保护对象及其名称,煤柱设计所采用的参数及其依据,围护带及煤柱角点的坐标,煤柱内各煤层的分级储量统计,煤柱设计的批准文号等。

(3) 沉陷观测台账资料齐全。

【说明】 本条规定了矿井沉陷观测台账管理的具体要求。

① 建筑物受采动影响后,应对墙壁、地板或其他部位出现裂缝等破坏现象及时进行记录,并作上记号,观测其变化情况。

② 铁路观测站一般应每隔 1～2 个月进行一次全面观测(全面观测包括铁路观测线的角度测量,点间距离、支距,线路的纵、横向移动和高程测量,轨道观测点的高程测量),根据下沉速度和维修需要应加密观测次数。

③ 为了及时掌握线路的下沉情况,还应根据维修的需要定期进行水准测量。

④ 此外,对路基附近出现的裂缝及变化情况也应及时测量。

⑤ 为了及时掌握水体下采煤后井下涌水量及含水层水位变化情况,由测量人员和水文地质人员共同研究布设水文观测孔及井下涌水量观测点,并及时进行观测,水位观测孔应根据水文地质条件分别布置在盆地内外,以确定采煤后岩层移动波及含水层的情况。

4. 煤矿防治水

(1) 坚持"预测预报、有疑必探、先探后掘、先治后采"基本原则,做好雨季"三防",矿井、采区防排水系统健全;

【说明】 本条规定了矿井防治水管理工作的具体要求。

矿井防治水的原则:"预测预报、有疑必探、先探后掘、先治后采。"

1. 预测预报

预测预报指的是查清矿井水文地质条件,对水害作出分析判断,并提出水害预报。

(1) 每年初,根据年采掘接续计划,结合矿井水文地质资料,全面分析水害隐患,提出水害分析预测表及水害预测图。

(2) 在采掘过程中，对预测图、表要逐月进行检查，不断补充和修订。发现水患险情，应及时发出水害通知单，并报告矿调度室，通知可能受水害威胁地点的人员撤到安全地点。

(3) 采掘工作面年度和月度水害预测资料应及时报送矿总工程师及生产安全部门。

2. 有疑必探

有疑必探指的是对可能构成水害威胁的区域，采用钻探、物探、化探等综合技术手段查明或排除水害。

(1) 采掘工作面遇到下列情况之一时，必须进行探放水：

① 接近水淹或可能积水的井巷、老空或相邻煤矿时。

② 接近含水层、导水断层、暗河、溶洞和导水陷落柱时。

③ 打开防隔水煤(岩)柱放水前。

④ 接近可能与河流、湖泊、水库、蓄水池、水井等相通的断层破碎带时。

⑤ 接近有出水可能的钻孔时。

⑥ 接近水文地质条件复杂的区域时。

⑦ 采掘破坏影响范围内有承压含水层或含水构造、煤层与含水层间的防隔水煤(岩)柱厚度不清可能突水时。

⑧ 接近有积水的灌浆区时。

⑨ 接近其他可能突水地区时。

(2) 水害探测方法。水害探测方法主要有钻探、物探、化探和巷探等。煤矿可以根据矿井水文地质条件加以选择，必要时要采用综合技术手段。

① 钻探。对存在水患威胁的地区应该采用打钻的方法进行探测，确定直接和间接充水含水层的分布、岩性、厚度、埋藏条件，含水层的水位、水质、富水性，地下水的补排关系，含水层与可采煤层之间隔水层的厚度、岩性组合及物理力学性质。

钻探是可靠性最大的一种水害探测方法。但是，钻探成本较高，影响生产正常进行，而且带有一定危险性，所以必须采取一定的安全技术措施。每个钻孔都要按照设计要求进行单孔设计，包括钻孔结构、孔斜、岩芯采取率，封孔止水要求、终孔直径、终孔层位、简易水文观测，抽水试验、地球物理测井及采样测试、封孔质量、孔口装置和测量标志等。钻孔方法在煤矿防治水工作中仍然得到广泛采用。

② 物探。物探是矿井水害探测的重要方法。它具有成本较低、不影响或少影响生产、操作简单、安全等优点，越来越被煤矿企业广泛采用，在有的矿区已经成为采煤工作面投产前的必备手续。

井下物探方法主要有直流电法(电阻率法)、音频电穿透法、瞬变电磁法、电磁-频率测探法、无线电波透视法、地质雷达法、浅层地震勘探、瑞利波勘探和槽波地震勘探方法等。煤矿企业可根据实际情况进行选择。

但是，由于物探手段本身可能受到多方面因素的制约和影响，其测试结果往往带有一定的局限性。物探结果有助于提高勘探工程布置的针对性和加快勘探速度、提高勘探工效。因此，一切有条件的富水量大的矿井，都应实施“物探先行、钻探验证”的勘探程序，以提高勘探技术水平。

③ 化探。化探是矿井水害探测方法之一。目前，我国煤矿化探的主要方法有水质法和放射性法。

④ 巷探。受水害威胁的矿井，用常规水文地质勘探方法难以进行开采评价时，可根据条件采用穿层石门或专门凿井进行疏水降压开采试验。

采用巷探时必须有专门的施工设计，其设计由总工程师组织审批。要预计最大涌水量，且必须建立保证排出最大涌水量的排水系统。应选择适当位置建筑防水闸门。做好钻孔超前探水和放水降压工作。在巷探期间应做好井上下水位、水压和涌水量的观测工作。

⑤ 注水试验。为矿井防渗漏研究岩石渗透性，或因含水层水位很深无法进行抽水试验时，可进行注水试验。

注水试验应编制试验设计。设计内容应包括：试验层段的起至深度，孔径及套管下入层位、深度及止水工作；注水试验前，必须彻底洗孔，以保证疏通含水层；应测定钻孔水温和注入水的温度；注水试验正式注水前及正式注水结束后，应进行静止水位和恢复水位的观测。

⑥ 抽水试验。水文地质复杂型和极复杂型矿井，当用小口径抽水不能查明水文地质、工程地质(地面岩溶塌陷)条件时，应进行大口径、大流量群孔抽水试验。群孔抽水试验必须单独编制设计，经矿总工程师审查后实施。大口径群孔抽水试验的延续时间，应根据水位流量过程曲线稳定趋势而定，但一般不应小于 10 d。当受开采疏水干扰，水位无法稳定时，应根据具体情况而研究确定。

抽水试验的水位降深，应尽设备能力做最大降深，降深次数一般不少于 3 次，降距合理分布。凡受开采影响钻孔水位较深时，可只做一次最大降深抽水试验，但降深过程的观测，应考虑非稳定流计算的要求，同时应适当延长时间。

抽水前，应对试验孔、观测孔及井上、下有关的水文地质点，进行水位(压)、流量观测，必要时可另外施工专门钻孔测定大口径群孔的中心水位。

⑦ 放水试验。水文地质复杂型和极复杂型矿井，当采用地面水文地质勘探难以查清水文地质和工程地质(地面岩溶塌陷)条件时，可进行井下放水试验。

放水试验必须编制放水试验设计，确定试验方法、各次降深值和放水量，并由矿总工程师组织审批。

放水前，必须做好一切准备工作，固定人员，检验校正观测仪器和工具，检查排水设备能力和排水路线。同时，必须在同一时间对井上下观测孔及出水点的水位、水压、涌水量、水温和水质进行一次统测。

放水试验延续时间，可根据具体情况确定。当涌水量、水位难以稳定时，试验延续时间一般不少于 10～15 d。选取观测时间间隔应考虑到稳定流计算需要。中心水位或水压必须与涌水量同步观测。

放水试验后，应及时整理资料，观测数据应及时登入台账，并绘制涌水量-水位历时曲线。

⑧ 连通(示踪)试验。连通(示踪)试验必须有试验设计。示踪剂的种类和用量的选择，既要考虑连通试验的需要，又不能对地下水质产生有害的影响。

投放示踪剂前，必须采集投放点、接收点以及溶解示踪用水的水样，进行本底值测定。溶解示踪剂的容器或设备必须清洗以免污染。

根据投放方法选择投放容器，先加入一定量的清水，后按规定量加入示踪剂。如采用染色剂，则需加入一定量的促溶剂，随加随搅动，直到全部溶化。向钻孔内投放试剂溶液时，必须用导管下放至受试含水层段的设计深度，确保试剂准确送到设计层位。

设专人在接收点值班，按照既定时间取样。每取 1 个样后，应封严容器，及时填写标签。

必须及时根据各接收点的水样检测结果,填制历时曲线图、表(填全绝对值),分析示踪效果。

3. 先探后掘

先探后掘指的是首先进行综合探放,确定巷道掘进没有水害威胁后再进行掘进施工。

井下探放水指的是矿井在开采过程中采用超前勘探方法,查明采掘工作面顶底板、两帮和前方的含水构造的具体位置和产状等,并将水体中的积水疏放出来。从近年来发生的煤矿透水事故分析,地质资料不清,未实施井下探放水措施是主要原因。

(1) 采掘工作面探放水原则。

井下探放水应根据水体积的多少及其水源补给量的大小、现有排水能力和疏干水量后可解放煤炭资源量等因素,进行综合考虑,达到安全、经济、合理的目的。

探放水的原则,总体来说包括以下"五先五后",即:

① 先探放后开采的原则。为了彻底消除开采时的水患威胁,应采取积极探放的办法,将积水提前疏放出来,再进行开采。

② 先隔离后探放的原则。为了避免矿井增加长期排水费用,在水量大、补给足、水质酸性大或者排水后产生地面环境破坏等条件下,应先设法阻挡其补给通道,然后再进行探放水,必要时应留设防隔水煤(岩)柱。

③ 先降压后探放的原则。对于矿井水量大、水压高的积水区,应先从煤层顶底板岩层打穿放水孔,把水压降下来和水量减下来,然后再沿煤层打钻探放水。

④ 先封堵后探放的原则。当矿井含水体被其他强含水层与其他大水源有水力联系的水体所淹没,含水体有很大的补给量时,一般应先封堵出水点,然后再探放水。

⑤ 先探放后采掘的原则。凡对采掘工作面上下、左右及前方水患情况有疑问的地段都必须进行探放水,以查明情况或疏放积水,然后再进行采掘活动。

(2) 探放水设计。

煤矿采掘工作面探水前,必须编制探放水设计。探放水设计内容包括:

① 探放水起点的确定。由于小煤窑资料不可能十分准确,所以,应分别按照积水线、探水线和警戒线来确定探放水起点。

② 探放水钻孔的主要参数。

③ 探放水钻孔的布置方式。探放水钻孔的布置方式主要有扇形和半扇形两种。扇形布置主要应用于三面受水威胁的巷道;半扇形布置主要应用于前方或一侧受水威胁的巷道。

4. 先治后采

先治后采指的是根据查明的水害情况,采取有针对性的治理措施排除隐患后,再安排回采。治理水害隐患的措施如下。

(1) 控制水源:

① 防止井口灌水。井口位置标高必须高于当地历史最高洪水位,同时,在雨季准备足够的防洪物资,确保暴雨洪水不致灌入井口。

② 防止地表渗水。井田范围内的河流等地表水,应尽可能改道;排干低洼积水,以免地表水渗入井下。

③ 疏水降压。在受水害威胁和有水害的矿井或采区进行疏水降压,以使其降至安全开采水压。

④ 超前放水。当采掘工作面接近可能出水的地区或有出水预兆时,必须将积水超前放

出，以确保采掘工作面安全作业。

(2) 截断通道：

① 留设防隔水煤(岩)柱。井田内遇有对生产安全有威胁的含水层或其他水体时，必须留设防隔水煤(岩)柱，使生产区域与水源隔开、水源无透水通道，确保开采安全。

② 注浆堵水。将水泥砂浆等堵水材料通过钻孔注入渗水地层的裂隙、渗洞、断层破碎带，将涌水通道堵塞，起到防水作用。

③ 构筑防水闸墙和防水闸门。在水文地质条件复杂或有突出淹井危险的矿井，选择井下巷道适当地点构筑防水闸门或预留防水闸墙位置及构筑材料。在水害发生时，迅速关闭防水闸门或构筑防水闸墙，缩小水害涉及的范围，减轻水害损失的程度，保证矿井安全不淹井。

(3) 恢复被淹井巷。在矿井发生透水事故后，排水恢复被水淹没的井巷时，应注意以下安全事项：

① 恢复被淹井巷前，应分析调查突水淹井情况。

② 矿井井巷排水恢复时应做好的工作。

③ 排水恢复井巷时预防有害气体事项。

煤矿每年雨季前必须对防治水工作进行全面检查。受雨季降水威胁的矿井，应当制定雨季防治水措施，建立雨季巡视制度并组织抢险队伍，储备足够的防洪抢险物资。当暴雨威胁矿井安全时，必须立即停产撤出井下全部人员，只有在确认暴雨洪水隐患消除后方可恢复生产。

(2) 防治水基础资料(原始记录、台账、图纸、成果报告)齐全，满足生产需要；

【说明】 本条规定了矿井防治水基础资料管理工作的具体要求。

矿井水文地质原始资料应做到：有正规的分井上井下和不同观测内容的专用原始记录本，分档按时间保存，有目录、索引便于查找。矿井防治水基础台账，应当认真收集、整理，实行计算机数据库管理，长期保存，并每半年修正1次。

(1) 矿井应当编制井田地质报告、建井设计和建井地质报告。井田地质报告、建井设计和建井地质报告应当有相应的防治水内容。

(2) 矿井应当按照规定编制下列防治水图件：

① 矿井充水性图；

② 矿井涌水量与各种相关因素动态曲线图；

③ 矿井综合水文地质图；

④ 矿井综合水文地质柱状图；

⑤ 矿井水文地质剖面图。

其他有关防治水图件由矿井根据实际需要编制。

矿井应当建立数字化图件，内容真实可靠，并每半年对图纸内容进行修正完善。

(3) 依据《煤矿防治水规定》第十六条，矿井应当建立下列防治水基础台账：

① 矿井涌水量观测成果台账；

② 气象资料台账；

③ 地表水文观测成果台账；

④ 钻孔水位、井泉动态观测成果及河流渗漏台账；

⑤ 抽(放)水试验成果台账；

⑥ 矿井突水点台账；

⑦ 井田地质钻孔综合成果台账；

⑧ 井下水文地质钻孔成果台账；

⑨ 水质分析成果台账；

⑩ 水源水质受污染观测资料台账；

⑪ 水源井(孔)资料台账；

⑫ 封孔不良钻孔资料台账；

⑬ 矿井和周边煤矿采空区相关资料台账；

⑭ 水闸门(墙)观测资料台账；

⑮ 其他专门项目的资料台账。

(3) 井上、下水文地质观测符合《煤矿防治水规定》要求，水文地质类型明确；

【说明】 本条规定了井上、下水文地质观测工作的具体要求。

(1) 矿区、矿井地面水文地质观测应当包括下列主要内容：

① 进行气象观测。距离气象台(站)大于 30 km 的矿区(井)，设立气象观测站。站址的选择和气象观测项目，符合气象台(站)的要求。距气象台(站)小于 30 km 的矿区(井)，可以不设立气象观测站，仅建立雨量观测站。

② 进行地表水观测。地表水观测项目与地表水调查内容相同。一般情况下，每月进行 1 次地表水观测；雨季或暴雨后，根据工作需要，增加相应的观测次数。

③ 进行地下水动态观测。观测点应当布置在下列地段和层位：

A. 对矿井生产建设有影响的主要含水层；

B. 影响矿井充水的地下水强径流带(构造破碎带)；

C. 可能与地表水有水力联系的含水层；

D. 矿井先期开采的地段；

E. 在开采过程中水文地质条件可能发生变化的地段；

F. 人为因素可能对矿井充水有影响的地段；

G. 井下主要突水点附近，或者具有突水威胁的地段；

H. 疏干边界或隔水边界处。

④ 观测点的布置，应当尽量利用现有钻孔、井、泉等。观测内容包括水位、水温和水质等。对泉水的观测，还应当观测其流量。

⑤ 观测点应当统一编号，设置固定观测标志，测定坐标和标高，并标绘在综合水文地质图上。观测点的标高应当每年复测 1 次；如有变动，应当随时补测。

(2) 矿井应当在开采前的 1 个水文年内进行地面水文地质观测工作。在采掘过程中，应当坚持日常观测工作；在未掌握地下水的动态规律前，应当每 7～10 d 观测 1 次；待掌握地下水的动态规律后，应当每月观测 1～3 次；当雨季或者遇有异常情况时，应当适当增加观测次数。水质监测每年不少于 2 次，丰、枯水期各 1 次。

技术人员进行观测工作时，应当按照固定的时间和顺序进行，并尽可能在最短时间内测完，并注意观测的连续性和精度。钻孔水位观测每回应当有 2 次读数，其差值不得大于 2 cm，取值可用平均数。测量工具使用前应当校验。水文地质类型属于复杂、极复杂的矿井，应当尽量使用智能自动水位仪观测、记录和传输数据。

(3) 对新开凿的井筒、主要穿层石门及开拓巷道,应当及时进行水文地质观测和编录,并绘制井筒、石门、巷道的实测水文地质剖面图或展开图。

当井巷穿过含水层时,应当详细描述其产状、厚度、岩性、构造、裂隙或者岩溶的发育与充填情况,揭露点的位置及标高、出水形式、涌水量和水温等,并采取水样进行水质分析。

遇含水层裂隙时,应当测定其产状、长度、宽度、数量、形状、尖灭情况、充填程度及充填物等,观察地下水活动的痕迹,绘制裂隙玫瑰图,并选择有代表性的地段测定岩石的裂隙率。测定的面积:较密集裂隙,可取 1~2 m^2;稀疏裂隙,可取 4~10 m^2。其计算公式为:

$$K_T = \frac{\sum lb}{A} \times 100\%$$

式中 K_T——裂隙率,%;

A——测定面积,m^2;

l——裂隙长度,m;

b——裂隙宽度,m。

① 遇岩溶时,应当观测其形态、发育情况、分布状况、有无充填物和充填物成分及充水状况等,并绘制岩溶素描图。

② 遇断裂构造时,应当测定其断距、产状、断层带宽度,观测断裂带充填物成分、胶结程度及导水性等。

③ 遇褶曲时,应当观测其形态、产状及破碎情况等。

④ 遇陷落柱时,应当观测陷落柱内外地层岩性与产状、裂隙与岩溶发育程度及涌水等情况,判定陷落柱发育高度,并编制卡片,附平面图、剖面图和素描图。

⑤ 遇突水点时,应当详细观测记录突水的时间、地点、确切位置,出水层位、岩性、厚度,出水形式,围岩破坏情况等,并测定涌水量、水温、水质和含砂量等。同时,应当观测附近的出水点和观测孔涌水量和水位的变化,并分析突水原因。各主要突水点可以作为动态观测点进行系统观测,并应当编制卡片,附平面图和素描图。

(4) 对于大中型煤矿发生 300 m^3/h 以上的突水、小型煤矿发生 60 m^3/h 以上的突水,或者因突水造成采掘区域和矿井被淹的,应当将突水情况及时上报所在地煤矿安全监察机构和地方人民政府负责煤矿安全生产监督管理的部门、煤炭行业管理部门。

按照突水点每小时突水量的大小,将突水点划分为小突水点、中等突水点、大突水点、特大突水点等 4 个等级:

① 小突水点:$Q \leqslant 60\ m^3/h$;

② 中等突水点:$60\ m^3/h < Q \leqslant 600\ m^3/h$;

③ 大突水点:$600\ m^3/h < Q \leqslant 1\ 800\ m^3/h$;

④ 特大突水点:$Q > 1\ 800\ m^3/h$。

(5) 矿井应当加强矿井涌水量的观测工作和水质的监测工作。

矿井应当分井、分水平设观测站进行涌水量的观测,每月观测次数不少于 3 次。对于出水较大的断裂破碎带、陷落柱,应当单独设立观测站进行观测,每月观测 1~3 次。对于水质的监测每年不少于 2 次,丰、枯水期各 1 次。涌水量出现异常、井下发生突水或者受降水影响矿井的雨季时段,观测频率应当适当增加。

① 对于井下新揭露的出水点,在涌水量尚未稳定或尚未掌握其变化规律前,一般应当

每日观测1次。对溃入性涌水，在未查明突水原因前，应当每隔1～2 h观测1次，以后可适当延长观测间隔时间，并采取水样进行水质分析。涌水量稳定后，可按井下正常观测时间观测。

② 当采掘工作面上方影响范围内有地表水体、富水性强的含水层、穿过与富水性强的含水层相连通的构造断裂带或接近老空积水区时，应当每日观测涌水情况，掌握水量变化。

③ 对于新凿立井、斜井，垂深每延深10 m，应当观测1次涌水量。掘进至新的含水层时，如果不到规定的距离，也应当在含水层的顶底板各测1次涌水量。

④ 当进行矿井涌水量观测时，应当注重观测的连续性和精度，采用容积法、堰测法、浮标法、流速仪法或者其他先进的测水方法。测量工具和仪表应当定期校验，以减少人为误差。

(6) 当井下对含水层进行疏水降压时，在涌水量、水压稳定前，应当每小时观测1～2次钻孔涌水量和水压；待涌水量、水压基本稳定后，按照正常观测的要求进行。疏放老空水的，应当每日进行观测。

(4) 防治水工程设计方案、施工措施、工程质量符合规定；

【说明】 本条规定了防治水工程管理工作的具体要求。

矿井防治水技术工作应达到下列要求：防治水工程应有设计方案和施工安全技术措施，并按规定程序审批，工程结束后有验收、总结及工程效果评价报告。

坚持"预测预报，有疑必探，先探后掘，先治后采"，凡不清楚或有怀疑的地段，都必须安排探放水，并有探放水工程设计及安全技术措施。煤矿的探放水工作均应具备"三专"：专门的防治水技术人员、专门的探放水队伍和专用的探放水钻机。

及时下发停止掘进通知单和允许掘进通知单。在地面无法查明矿井水文地质条件和充水因素、对周边和矿井内小煤窑或采空区范围积水不详的，要坚持"有疑必探"，并有相关探测资料和记录。

探放水工程设计应有单孔设计，设计符合《煤矿防治水规定》的要求，并将探放水钻孔及时如实填绘在采掘工程平面图和充水性图上或探放水设计图上。对矿井内及周边报废或关闭小煤窑的积水范围、积水量、积水标高、积水线、探水线、警戒线，应在采掘工程平面图和充水性图上标明。对采掘工作面上部采空区和相邻同层采空区积水必须在采、掘之前进行探放，及时下达停止采、掘通知书和允许采、掘通知书。对相邻煤矿废弃巷道积水区和开采范围及水文地质情况必须清楚，存在问题及时上报煤矿主管部门。

矿井每月进行两次防治水隐患排查，并有书面排查分析记录，上一级公司组织每季度进行一次防治水安全检查，并有书面整改意见。

矿井应当根据本单位的主要水害类型和可能发生的水害事故，制定水害应急预案和现场处置方案，至少每年对应急预案修订完善并进行1次演练，施工地点变化快的矿井应每季度对应急预案修订完善并进行1次演练。

工业广场必须采取防洪排涝措施，符合《煤矿安全规程》规定。

相邻矿井的分界处及矿井以断层分界的断层两侧，与强含水层有水力联系的导水断层、钻孔，有大量老空积水(包括周边采空区积水)无法排除时，应留设防(隔)水煤柱。煤柱设计应符合《煤矿防治水规定》要求，并按规定程序审批。

(5) 水文地质类型复杂或极复杂的矿井建立水文动态观测系统和水害监测预警系统。

【说明】 本条规定了水文地质类型复杂或极复杂的矿井水动态管理工作的具体要求。

煤矿企业、矿井应当加强防治水技术研究和科技攻关,推广使用防治水的新技术、新装备和新工艺,提高防治水工作的科技水平。

水文地质条件复杂、极复杂的煤矿企业、矿井,应当装备必要的防治水抢险救灾设备。

矿井应当建立水文地质信息管理系统,实现矿井水文地质文字资料收集、数据采集、图件绘制、计算评价和矿井防治水预测预报一体化。

5. 煤矿防治冲击地压

(1) 按规定进行煤岩冲击倾向性鉴定,鉴定结果报上级有关部门备案;

【说明】 本条规定了煤岩冲击倾向性鉴定工作的具体要求。

冲击危险采区编制防冲专门设计,工作面设计符合防冲规范。按要求进行煤岩层冲击倾向性鉴定。开采解放层时,采空区内不得留煤柱,特殊情况必须留煤柱应经集团公司总工程师批准,并准确地标在本煤层及被解放层的采掘工程平面图上。采用钻屑法、微震监测法、电磁辐射法、含水率测定法、围岩变形观测法等预测冲击危险时必须以采区为单位,按煤层确定冲击危险指标,报上级批准。规程、措施等技术文件按集团公司防冲管理规定中的要求审批、备案。

有下列情况之一的,应当进行煤岩冲击倾向性鉴定:

(1) 有强烈震动、瞬间底(帮)鼓、煤岩弹射等动力现象的。

(2) 埋深超过 400 m 的煤层,且煤层上方 100 m 范围内存在单层厚度超过 10 m 的坚硬岩层。

(3) 相邻矿井开采的同一煤层发生过冲击地压的。

(4) 冲击地压矿井开采新水平、新煤层。

(2) 开展冲击危险性评价、预测预报工作,按规定编制防冲设计及专项措施,防治措施有效、落实到位;

【说明】 本条规定了防冲管理工作的具体要求。

作业规程中防冲部分及防冲措施编制内容齐全、规范,图文清楚、保存完好;审批手续规范;贯彻、考核记录齐全。钻孔、爆破、注水等施工参数建立台账,上图管理。现场作业记录齐全、真实,有据可查。报表、阶段性工作总结齐全、规范。建立冲击地压记录卡和统计表。

新建矿井和冲击地压矿井的新水平、新采区、新煤层有冲击地压危险的,必须编制防冲设计。防冲设计应当包括开拓方式、保护层的选择、采区巷道布置、工作面开采顺序、采煤方法、生产能力、支护形式、冲击危险性预测方法、冲 击地压监测预警方法、防冲措施及效果检验方法、安全防护措施等内容。

(3) 冲击地压监测系统健全,运行正常。

【说明】 本条规定了冲击地压监测系统管理工作的具体要求。

建立微震监测系统,保证实时监控。使用电磁辐射仪进行防冲监测。强冲击危险区域坚硬顶板工作面使用支架压力在线监测系统、超前应力(冲击地压)在线监测系统,保证实时监控。运用钻屑法进行防冲监测。

《煤矿安全规程》第二百二十八条规定,矿井防治冲击地压(以下简称防冲)工作第(四)项规定:开采冲击地压煤层时,必须采取冲击危险性预测、监测预警、防范治理、效果检验、安全防护等综合性防治措施。

二、重大事故隐患判定

1. 煤矿地质灾害防治与测量技术管理重大事故隐患：

（1）未配备地质测量工作专业技术人员的；

【说明】 本条规定了地质灾害防治和测量技术管理方面的一种重大事故隐患。

依据《煤矿重大生产安全事故隐患判定标准》第十八条第（一）项，“其他重大事故隐患”，是指没有分别配备矿长、总工程师和分管安全、生产、机电的副矿长，以及负责采煤、掘进、机电运输、通风、地质测量工作的专业技术人员的。

依据《煤矿安全规程》第二十二条，煤矿企业应当设立地质测量（简称地测）部门，配备所需的相关专业技术人员和仪器设备，及时编绘反映煤矿实际的地质资料和图件，建立健全煤矿地测工作规章制度。

（2）水文地质类型复杂、极复杂矿井没有设立专门防治水机构和配备专门探放水作业队伍、配齐专用探放水设备的。

【说明】 本条规定了地质灾害防治和测量技术管理方面的一种重大事故隐患。

依据《煤矿重大生产安全事故隐患判定标准》第九条第（二）项，“有严重水患，未采取有效措施”重大事故隐患，是指水文地质类型复杂、极复杂的矿井没有设立专门的防治水机构和配备专门的探放水作业队伍、配齐专用探放水设备的。

依据《煤矿防治水规定》第五条，煤矿企业、矿井应当按照本单位的水害情况，配备满足工作需要的防治水专业技术人员，配齐专用探放水设备，建立专门的探放水作业队伍。

水文地质条件复杂、极复杂的煤矿企业、矿井，还应当设立专门的防治水机构。

依据《煤矿安全规程》第二百八十三条，煤矿企业应当建立健全各项防治水制度，配备满足工作需要的防治水专业技术人员，配齐专用探放水设备，建立专门的探放水作业队伍，储备必要的水害抢险救灾设备和物资。

水文地质条件复杂、极复杂的煤矿，应当设立专门的防治水机构。

2. 煤矿防治水重大事故隐患：

（1）未查明矿井水文地质条件和井田范围内采空区、废弃老窑积水等情况而组织生产的；

【说明】 本条规定了地质灾害防治和测量技术管理方面的一种重大事故隐患。

依据《煤矿重大生产安全事故隐患判定标准》第九条第（一）项，“有严重水患，未采取有效措施”重大事故隐患，是指未查明矿井水文地质条件和井田范围内采空区、废弃老窑积水等情况而组织生产建设的。

依据《煤矿防治水规定》第八条，煤矿企业、矿井的井田范围内及周边区域水文地质条件不清楚的，应当采取有效措施，查明水害情况。在水害情况查明前，严禁进行采掘活动。

发现矿井有透水征兆时，应当立即停止受水害威胁区域内的采掘作业，撤出作业人员到安全地点，采取有效安全措施，分析查找透水原因。

（2）在突水威胁区域进行采掘作业未按规定进行探放水的；

【说明】 本条规定了地质灾害防治和测量技术管理方面的一种重大事故隐患。

依据《煤矿重大生产安全事故隐患判定标准》第九条第（三）项，“有严重水患，未采取有效措施”重大事故隐患，是指在突水威胁区域进行采掘作业未按规定进行探放水的。

依据《煤矿防治水规定》第八十九条，水文地质条件复杂、极复杂的矿井，在地面无法查明矿井水文地质条件和充水因素时,必须坚持有掘必探的原则,加强探放水工作。

(3) 未按规定留设或者擅自开采各种防隔水煤柱的;

【说明】 本条规定了地质灾害防治和测量技术管理方面的一种重大事故隐患。

依据《煤矿重大生产安全事故隐患判定标准》第九条第(四)项,“有严重水患,未采取有效措施”重大事故隐患,是指未按规定留设或者擅自开采各种防隔水煤柱的。

依据《煤矿安全规程》第二百九十七条,相邻矿井的分界处,应当留防隔水煤(岩)柱;矿井以断层分界的,应当在断层两侧留有防隔水煤(岩)柱。

矿井防隔水煤(岩)柱一经确定,不得随意变动,并通报相邻矿井。严禁在设计确定的各类防隔水煤(岩)柱中进行采掘活动。

依据《煤矿防治水规定》第五十二条,受水害威胁的矿井,有下列情况之一的,应当留设防隔水煤(岩)柱:

① 煤层露头风化带。

② 在地表水体、含水冲积层下和水淹区邻近地带。

③ 与富水性强的含水层间存在水力联系的断层、裂隙带或者强导水断层接触的煤层。

④ 有大量积水的老窑和采空区。

⑤ 导水、充水的陷落柱、岩溶洞穴或地下暗河。

⑥ 分区隔离开采边界。

⑦ 受保护的观测孔、注浆孔和电缆孔等。

依据《煤矿防治水规定》第五十四条,矿井各类防隔水煤(岩)柱一经确定,不得随意变动。严禁在各类防隔水煤(岩)柱中进行采掘活动。

(4) 有透水征兆未撤出井下作业人员的;

【说明】 本条规定了地质灾害防治和测量技术管理方面的一种重大事故隐患。

依据《煤矿重大生产安全事故隐患判定标准》第九条第(五)项,“有严重水患,未采取有效措施”重大事故隐患,是指有透水征兆未撤出井下作业人员的。

依据《煤矿安全规程》第二百九十三条,降大到暴雨时和降雨后,应当有专业人员观测地面积水与洪水情况、井下涌水量等有关水文变化情况和井田范围及附近地面有无裂缝、采空塌陷、井上下连通的钻孔和岩溶塌陷等现象,及时向矿调度室及有关负责人报告,并将上述情况记录在案,存档备查。

情况危急时,矿调度室及有关负责人应当立即组织井下撤人。

透水事故是有预兆的,井下所有人员都必须熟知透水预兆,及时发现,以防止井下透水事故的发生,确保矿井及井下人员的安全。井下透水事故的预兆口诀为:

一看二摸三四听,五汗六红硫化氢,七上八下九水沟,嘴尝手捏身体冷。

一看煤层是否发潮发暗,失去光泽,剥去一层是否还是发潮发暗,失去光泽。

二摸煤壁是否变凉冰手。

三听煤层是否有“嘶嘶”或“吱吱”的水叫声。

四听煤层是否有“咕咕”的空洞泄水声。

五汗是指煤壁或巷壁是否“挂汗”,且“挂汗”水珠有欲滴之状。

六红是指煤壁或巷壁是否“挂红”,并有硫化氢气体的臭鸡蛋气味。

七是顶板来压是否加大,淋水是否加大且犹如落雨状。

八是底板是否发生底鼓，涌水量是否突然增大。

九是水沟流水是否出现压力水流，这时要特别注意流水的颜色，若较清则说明距透水源较远，若较浑浊则说明距透水源迫近，这时已经很危险了。

十是用嘴尝工作面上涌出的水或淋水是否发苦发涩。

十一是用手指摩擦水珠或涌水是否有发滑的感觉。

十二是进入工作面是否感觉身体冷，工作面温度下降，空气变冷，产生雾气，说明有毒有害气体增加。

上述预兆应进行综合观察分析，当发现若干预兆时，则说明已接近透水水源，此时应停止作业，并报告矿调度室，采取有效措施，以防矿井透水事故的发生。

(5) 受地表水倒灌威胁的矿井在强降雨天气或其来水上游发生洪水期间未实施停产撤人的；

【说明】 本条规定了地质灾害防治和测量技术管理方面的一种重大事故隐患。

依据《煤矿重大生产安全事故隐患判定标准》第九条第(六)项，“有严重水患，未采取有效措施”重大事故隐患，是指受地表水倒灌威胁的矿井在强降雨天气或其来水上游发生洪水期间未实施停产撤人的。

依据《煤矿安全规程》第二百九十三条，降大到暴雨时和降雨后，应当有专业人员观测地面积水与洪水情况、井下涌水量等有关水文变化情况和井田范围及附近地面有无裂缝、采空塌陷、井上下连通的钻孔和岩溶塌陷等现象，及时向矿调度室及有关负责人报告，并将上述情况记录在案，存档备查。

情况危急时，矿调度室及有关负责人应当立即组织井下撤人。

3. 煤矿防治冲击地压重大事故隐患：

(1) 首次发生过冲击地压动力现象，半年内没有完成冲击地压危险性鉴定的；

【说明】 本条规定了一种冲击地压重大事故隐患。

依据《煤矿重大生产安全事故隐患判定标准》第十一条第(一)项，“有冲击地压危险，未采取有效措施”重大事故隐患，是指首次发生过冲击地压动力现象，半年内没有完成冲击地压危险性鉴定的。

依据《煤矿安全规程》第二百二十五条，在矿井井田范围内发生过冲击地压现象的煤层，或者经鉴定煤层（或者其顶底板岩层)具有冲击倾向性且评价具有冲击危险性的煤层为冲击地压煤层。有冲击地压煤层的矿井为冲击地压矿井。

(2) 有冲击地压危险的矿井未配备专业人员并编制专门设计的；

【说明】 本条规定了一种冲击地压重大事故隐患。

依据《煤矿重大生产安全事故隐患判定标准》第十一条第(二)项，“有冲击地压危险，未采取有效措施”重大事故隐患，是指有冲击地压危险的矿井未配备专业人员并编制专门设计的。

依据《煤矿安全规程》第二百二十八条，矿井防治冲击地压(以下简称防冲)工作应当遵守下列规定：

① 设专门的机构与人员。

② 坚持“区域先行、局部跟进”的防冲原则。

③ 必须编制中长期防冲规划与年度防冲计划，采掘工作面作业规程中必须包括防冲专

项措施。

④ 开采冲击地压煤层时,必须采取冲击危险性预测、监测预警、防范治理、效果检验、安全防护等综合性防治措施。

⑤ 必须建立防冲培训制度。

(3) 未进行冲击地压预测预报,或采取的防治措施没有消除冲击地压危险仍组织生产的。

【说明】 本条规定了一种冲击地压重大事故隐患。

依据《煤矿重大生产安全事故隐患判定标准》第十一条第(三)项,“有冲击地压危险,未采取有效措施”重大事故隐患,是指未进行冲击地压预测预报,或者采取的防治措施没有消除冲击地压危险仍组织生产建设的。

依据《煤矿安全规程》第二百三十四条,冲击地压矿井必须进行区域危险性预测(以下简称区域预测)和局部危险性预测(以下简称局部预测)。区域与局部预测可根据地质与开采技术条件等,优先采用综合指数法确定冲击危险性。

依据《煤矿安全规程》第二百三十五条,必须建立区域与局部相结合的冲击地压危险性监测制度。

应当根据现场实际考察资料和积累的数据确定冲击危险性预警临界指标。

依据《煤矿安全规程》第二百三十六条,冲击地压危险区域必须进行日常监测。判定有冲击地压危险时,应当立即停止作业,撤出人员,切断电源,并报告矿调度室。在实施解危措施、确认危险解除后方可恢复正常作业。

停采 3 d 及以上的采煤工作面恢复生产前,应当评估冲击地压危险程度,并采取相应的安全措施。

三、评分方法

1. 按照表 5-1、5-2、5-3、5-4 和 5-5 评分,每个表总分为 100 分。按照所检查存在的问题进行扣分,各小项分数扣完为止。

2. 地质灾害防治与测量安全生产标准化考核得分采用下列方法计算:

(1) 无冲击地压灾害,水文地质类型简单和中等矿井按式(1)计算:

$$A = J \times 15\% + D \times 30\% + C \times 25\% + F_1 \times 30\% \quad (1)$$

(2) 无冲击地压灾害,水文地质类型复杂和极复杂矿井按式(2)计算:

$$A = J \times 15\% + D \times 25\% + C \times 20\% + F_1 \times 40\% \quad (2)$$

(3) 冲击地压矿井,水文地质类型简单和中等矿井按式(3)计算:

$$A = J \times 15\% + D \times 20\% + C \times 15\% + F_1 \times 20\% + F_2 \times 30\% \quad (3)$$

(4) 冲击地压矿井,水文地质类型复杂及以上矿井按式(4)计算:

$$A = J \times 15\% + D \times 15\% + C \times 15\% + F_1 \times 25\% + F_2 \times 30\% \quad (4)$$

式中 A——煤矿地质灾害防治与测量部分安全生产标准化考核得分;

J——煤矿地质灾害防治与测量技术管理标准化考核得分;

D——煤矿地质标准化考核得分;

C——煤矿测量标准化考核得分;

F_1——煤矿防治水标准化考核得分;

F_2——煤矿防治冲击地压标准化考核得分。

表 5-1　　煤矿地质灾害防治与测量技术管理标准化评分表

项目	项目内容	基本要求	标准分值	评分方法	得分	【说明】
一、规章制度(50分)	制度建设	有以下制度： 1. 地质灾害防治技术管理、预测预报、地测安全办公会议制度； 2. 地测资料、技术报告审批制度； 3. 图纸的审批、发放、回收和销毁制度； 4. 资料收集、整理、定期分析、保管、提供制度； 5. 隐蔽致灾地质因素普查制度； 6. 岗位安全生产责任制度	15	查资料。每缺 1 项制度扣 5 分；制度有缺陷 1 处扣 1 分		矿井应建立与自身地质条件相适应的地质灾害防治等各项规章制度；各项制度应系统完善，针对性强，便于考核。制度应遵照《煤矿安全规程》等法规要求建立。隐蔽致灾地质因素普查制度应包括井上下各项隐蔽致灾普查内容及操作和考核内容。 制度有缺陷指的是技术管理不够精细、不够严密、不闭合或技术管理上很难操作等
	资料管理	图纸、资料、文件等分类保管，存档管理，电子文档定期备份	15	查资料。未分类保管扣 5 分，存档不齐，每缺 1 种扣 3 分，电子文档备份不全，每缺 1 种扣 2 分		图纸、资料、文件等资料应归档管理，并分档按时间顺序保存，有目录、索引，便于查找；并建有电子文档，每年至少更新备份 1 次
	岗位规范	1. 管理和技术人员掌握相关的岗位职责、管理制度、技术措施； 2. 现场作业人员严格执行本岗位安全生产责任制，掌握本岗位相应的操作规程和安全措施，操作规范，无“三违”行为； 3. 作业前进行安全确认	20	查资料和现场。发现“三违”不得分，不执行岗位责任制、不规范操作 1 人次扣 3 分		1. 管理和技术人员的岗位职责、安全生产责任制； 2. 现场作业人员的操作规范和手指口述标准； 3. 现场随机抽查管理和技术人员以及现场操作人员； 4. 现场核查

续表 5-1

项目	项目内容	基本要求	标准分值	评分方法	得分	【说明】
二、组织保障与装备(50分)	组织保障	矿井按规定设立负责地质灾害防治与测量部门，配备相关人员	25	查资料。未按要求设置部门不得分，设置不健全扣10分，人员配备不能满足要求扣5分		水文地质类型为复杂或极复杂矿井、煤与瓦斯突出矿井和大型矿井设立独立的地测部门、地测副总工程师和分管矿长(地质灾害防治与测量主题专业、中级职称及以上)；矿井水文地质条件复杂、极复杂的矿井设立独立的防治水机构；地测部门配备矿井地质、水文地质、瓦斯地质(煤与瓦斯突出矿井)、矿井储量管理、矿井测量、井下钻探、物探、制图绘图等方面满足工作需要的专业技术人员(一人最多可兼两职)。 1. 地质灾害防治与测量部门等相关机构成立批文及部门负责人任职文件、专业技术人员的聘书等； 2. 技术人员学历、专业、职称原件和复印件等
	装备管理	1. 工器具、装备完好，满足规定和工作需要； 2. 地质工作至少采用一种有效的物探装备； 3. 采用计算机制图； 4. 地测信息系统与上级公司联网并能正常使用	25	查资料和现场。因装备不足或装备落后而影响安全生产的不得分；装备不能正常使用1台扣2分；无物探装备扣5分；未采用计算机制图扣10分；地测信息系统未与上级公司联网扣10分，不能正常使用扣5分		煤矿企业要尽量装备交互式的地测信息系统，实现煤矿企业系统内部联网运行；煤矿企业也可以利用金山快盘系统实现煤矿企业系统内部联网运行；联网运行的地测信息系统要既能实现矿井内部管理系统联网运行，又能与上级管理机构联网运行。 矿井地质、防治水、防突、防冲等技术工作，视矿井地质灾害情况至少采用一种有效的物探装备；当矿井的某一地质灾害危害程度较大，或存在较多的危害条件时，应采取适合其技术管理需求的多种物探装备或手段。 1. 工器具、装备一览表； 2. 设备档案及使用记录； 3. 采用计算机制图； 4. 地测信息系统与上级公司联网并能正常使用； 5. 现场核查

得分合计：

【说明】 技术管理部分的修订变化：

(1) 将专业隐患排查会议与地测专业安全办公会议合并，提高会商效率，减少会商时间。

(2) 依规增加了隐蔽致灾地质因素普查制度，旨在合理有效控制隐蔽致灾地质因素。

(3) 增加了岗位规范，强化了管理责任，提升了安全风险防控质量与水平。

(4) 将"防治水保障体系健全"删除，改为组织保障，强调专业组织机构与专业技术人员才是防治水保障体系健全的关键。

(5) 将"冲击地压矿井每周召开1次防冲分析会，防冲技术人员每天对防冲工作分析1次"调整到表5-5煤矿防治冲击地压标准化评分表。

(6) 将目前控制弱化的技术培训从本专业中删除，由企业统一调控；简化机构配置要求，强调风险防控的组织保障。

(7) 增加工器具要求，强化地质基础保障配置需求。

表5-2 煤矿地质标准化评分表

项目	项目内容	基本要求	标准分值	评分方法	得分	【说明】
一、基础工作(20分)	地质观测与分析	1. 按《煤矿地质工作规定》要求进行地质观测与资料编录、综合分析； 2. 综合分析资料能满足生产工作需要	10	查资料。未开展地质观测、无观测资料或综合分析资料不能满足生产需要不得分，资料无针对性扣5分，地质观测与资料编录不及时、内容不完整、原始记录不规范1处扣2分		1. 要有井下各采掘工作面的专用原始记录本，观测内容和周期符合《煤矿地质工作规定》第三十九条至第四十六条规定，收集资料必须于两天内反映到相关图件或台账、素描等地质文档中。 2. 综合分析内容要符合《煤矿地质工作规定》第五十四条规定。综合分析成果应能反映在煤矿生产地质报告、地质说明书及各类地质图件上。综合分析的程度能满足安全生产工作需要
	致灾因素普查地质类型划分	1. 按规定查明影响煤矿安全生产的各种隐蔽致灾地质因素； 2. 按"就高不就低"原则划分煤矿地质类型，出现影响煤矿地质类型划分的突水和煤与瓦斯突出等地质条件变化时，在1年内重新进行地质类型划分	10	查资料。矿井隐蔽致灾地质因素普查不全面，每缺1类扣5分；普查方法不当扣2分；未按原则划分煤矿地质类型扣5分；未及时划分煤矿地质类型不得分		1. 隐蔽致灾地质因素报告； 2. 煤矿地质类型划分报告

续表 5-2

项目	项目内容	基本要求	标准分值	评分方法	得分	【说明】
二、基础资料(35分)	地质报告	有满足不同生产阶段要求的地质报告,按期修编,并按要求审批	10	查资料。地质类型划分报告、生产地质报告、隐蔽致灾地质因素普查报告不全,每缺1项扣3分;地质报告未按期修编1次扣3分;未按要求审批1次扣2分		1. 不同生产阶段的地质报告; 2. 地质类型划分报告; 3. 隐蔽致灾地质因素普查报告; 4. 报告审批文件
	地质说明书	采掘工程设计施工前,按时提交由总工程师批准的采区地质说明书、回采工作面地质说明书、掘进工作面地质说明书;井巷揭煤前,探明煤层厚度、地质、构造、瓦斯地质、水文地质及顶底板等地质条件,编制揭煤地质说明书	5	查资料。资料不全,每缺1项扣2分;地质说明书未经批准扣2分;文字、原始资料、图纸数字不符,内容不全,1处扣1分		1. 采区地质说明书; 2. 回采工作面地质说明书; 3. 掘进工作面地质说明书; 4. 揭煤地质说明书; 5. 报告审批文件
	采后总结	采煤工作面和采区结束后,按规定进行采后总结	5	查资料。采后总结不全,每缺1份扣3分,内容不符合规定1次扣3分		1. 工作面回采总结; 2. 采区回采总结
	台账图纸	1. 有《煤矿地质工作规定》要求必备的台账、图件等地质基础资料; 2. 图件内容符合《煤矿地质测量图技术管理规定》要求,图种齐全有电子文档	10	查资料。台账不全,每缺1种扣3分;台账内容不全不清,1处扣1分;检查全部地质图纸,图种不全的,每缺1种扣5分;图幅不全扣2分,无电子文档扣2分,未及时更新1处扣1分,图例、注记不规范1处扣1分;素描图不全,每缺1处扣3分,要素内容不全1处扣1分;日常用图中采掘工程及地质内容未及时填绘的1处扣1分		1. 地质基础资料台账; 2. 地质基础资料图件; 3. 地质基础资料电子文档
	原始记录	1. 有专用原始记录本,分档按时间顺序保存; 2. 记录内容齐全,字迹、草图清楚	5	查资料。记录本不全,每缺1种扣3分;其他1处不符合要求扣1分		1. 专用原始记录本; 2. 记录内容及绘制标准

续表 5-2

项目	项目内容	基本要求	标准分值	评分方法	得分	【说明】
三、预测预报(10 分)	地质预报	地质预报内容符合《煤矿地质工作规定》要求，内容齐全，有年报、月报和临时性预报，并以年为单位装订成册，归档保存	10	查资料。采掘地点预报不全，每缺 1 个采掘工作面扣 5 分，预报内容不符合规定、预报有疏漏、失误 1 处扣 1 分，未经批准 1 次扣 2 分；未预报造成工程事故本项不得分		地质预报既要有文字说明，又要有附图。除临时性预报外，还应做到月有月报、年有年报，并以年为单位装订成册、归档保存；预报的内容应符合《煤矿地质工作规定》第五十九条要求，预报结果应保证矿井正常安全生产，无因预报错误造成的工程事故；必要时应做临时预报。 1. 年预报； 2. 月预报； 3. 临时预报； 4. 预报归档保存
四、瓦斯地质(15 分)	瓦斯地质	1. 突出矿井及高瓦斯矿井每年编制并至少更新 1 次各主采煤层瓦斯地质图，规范填绘瓦斯赋存采掘进度、煤层赋存条件、地质构造、被保护范围等内容，图例符号绘制统一，字体规范； 2. 采掘工作面距保护边缘不足 50 m 前，编制发放临近未保护区通知单，按规定揭露煤层及断层，探测设计及探测报告及时无误； 3. 根据瓦斯地质图及时进行瓦斯地质预报	15	查资料。瓦斯预报错误造成工程事故或误揭煤层及断层的不得分；未编制下发临近未保护区通知单的，1 次扣 2 分；未编制揭煤探测设计及探测报告扣 5 分；其他 1 项不符合要求扣 1 分		1. 主采煤层瓦斯地质图； 2. 临近未保护区通知单； 3. 揭煤探测设计及探测报告； 4. 瓦斯地质预报
五、资源回收及储量管理(20 分)	储量估算图	有符合《矿山储量动态管理要求》规定的各种图纸，内容符合储量、损失量计算图要求	6	查资料。图种不全，每缺 1 种扣 2 分，其他 1 项不符合要求扣 1 分		工作面、采区、矿井储量计算图及其电子文档
	储量估算成果台账	有符合《矿山储量动态管理要求》规定的储量计算台账和损失量计算台账，种类齐全、填写及时、准确，有电子文档	6	查资料。每种台账至少抽查 1 本，台账不全或未按规定及时填写的，每缺 1 种扣 2 分；台账内容不全、数据前后矛盾的，1 处扣 1 分		储量计算台账及损失量计算台账及其电子文档

续表 5-2

项目	项目内容	基本要求	标准分值	评分方法	得分	【说明】
五、资源回收及储量管理(20分)	统计管理	1. 储量动态清楚,损失量及构成原因等准确; 2. 储量变动批文、报告完整,按时间顺序编号、合订; 3. 定期分析回采率,能如实反映储量损失情况; 4. 采区、工作面结束有损失率分析报告; 5. 每半年进行1次全矿回采率总结; 6. 三年内丢煤通知单完整无缺,按时间顺序编号、合订; 7. 采区、工作面回采率符合要求	8	查资料。回采率达不到要求不得分,其他1项不符合要求扣2分		1. 储量报告及批文; 2. 回采率报告及总结

得分合计:

【说明】 煤矿地质部分的修订变化:

(1) 增加了“地质观测与分析”、“致灾因素普查地质类型划分”,按规定完善了地质过程控制与隐蔽致灾地质因素普查管理要求。

(2) 按《煤矿安全规程》要求增加了揭煤地质说明书要求。

(3) 按《防治煤与瓦斯突出规定》要求完善瓦斯地质图,并增加了“根据瓦斯地质图及时进行瓦斯地质预报”的要求。

(4) 将资源储量管理内容整合到地质内容中,资源储量管理要符合《矿山储量动态管理要求》。完善了资源储量管理要求,删除了矿井损失率分析报告、不合理丢煤处理等内容,增加了“丢煤通知单”管理要求,增加了“采区、工作面回采率要求”。

表 5-3 煤矿测量标准化评分表

项目	项目内容	基本要求	标准分值	评分方法	得分	【说明】
一、基础工作(40分)	控制系统	1. 测量控制系统健全,精度符合《煤矿测量规程》要求; 2. 及时延长井下基本控制导线和采区控制导线	10	查资料和现场。控制点精度不符合要求1处扣1分;井下控制导线延长不及时1处扣2分;未按规定敷设相应等级导线或导线精度达不到要求的,1处扣2分		1. 矿井控制系统; 2. 及时延长井下基本控制导线和采区控制导线记录; 3. 核查现场

续表 5-3

项目	项目内容	基本要求	标准分值	评分方法	得分	【说明】
一、基础工作(40分)	测量重点	1. 贯通、开掘、放线变更、停掘停采线、过断层、冲击地压带、突出区域、过空间距离小于巷高或巷宽4倍的相邻巷道等重点测量工作，执行通知单制度； 2. 通知单按规定提前发送到施工单位、有关人员和相关部门	10	查资料。贯通及过巷通知单未按要求发送、开掘及停头通知单发放不及时的，1次扣5分；巷道掘进到特殊地段时漏发通知单的，1次扣3分；其他通知单，1处错误扣2分，漏发扣3分		贯通通知单
	贯通精度	贯通精度满足设计要求，两井贯通和一井内3 000 m以上贯通测量工程应有设计，并按规定审批和总结	8	查资料和现场。两井间贯通或3 000 m以上贯通测量工程未编制贯通测量设计书或未经审批、没有总结的，每缺1项扣3分；贯通后重要方向误差超过允许偏差值的，1处扣5分		1. 贯通设计； 2. 贯通总结； 3. 现场核查
	中腰线标定	中腰线标定符合《煤矿测量规程》要求	6	查资料和现场。掘进方向偏差超过限差1处扣3分		1. 中腰线标定资料； 2. 现场核查
	原始记录及成果台账	1. 导线测量、水准测量、联系测量、井巷施工标定、陀螺定向测量等外业记录本齐全，并分档按时间顺序保存，记录内容齐全，书写工整无涂改； 2. 测量成果计算资料和台账齐全	6	查资料。无专用记录本扣2分；无目录、索引、编号，导致查找困难扣1分；记录本不全，每缺1种扣3分，无编号1处扣1分；误差超限1处扣2分；原始记录内容不全1处扣1分；无测量成果计算资料和标定解算台账扣5分，测量成果计算资料和标定解算台账中数据不全或错误的，1处扣2分		1. 原始测量记录； 2. 测量成果计算资料和台账

续表 5-3

项目	项目内容	基本要求	标准分值	评分方法	得分	【说明】
二、基本矿图(40分)	测量矿图	有采掘工程平面图、工业广场平面图、井上下对照图、井底车场图、井田区域地形图、保安煤柱图、井筒断面图、主要巷道平面图等《煤矿测量规程》规定的基本矿图	20	查资料。图种不全,每缺1种扣4分		图纸及电子图
	矿图要求	1. 基本矿图采用计算机绘制,内容、精度符合《煤矿测量规程》要求; 2. 图符、线条、注记等符合《煤矿地质测量图例》要求; 3. 图面清洁、层次分明,色泽准确适度,文字清晰,并按图例要求的字体进行注记; 4. 采掘工程平面图每月填绘1次,井上下对照图每季度填绘1次,图面表达和注记无矛盾; 5. 数字化底图至少每季度备份1次	20	查资料。图符不符合要求1种扣2分;图例、注记不规范1处扣0.5分;填绘不及时1处扣2分;无数字化底图或未按时备份数据扣2分		图纸及电子图
三、沉陷观测控制(20分)	地表移动	1. 进行地面沉陷观测; 2. 提供符合矿井情况的有关岩移参数	15	查资料和现场。未进行地面沉陷观测扣10分,岩移参数提供不符合要求1处扣3分		1. 观测记录; 2. 现场核查
	资料台账	1. 及时填绘采煤沉陷综合治理图; 2. 建立地表塌陷裂缝治理台账、村庄搬迁台账; 3. 绘制矿井范围内受采动影响土地塌陷图表	5	查资料。不符合要求1处扣1分		台账及图表
得分合计:						

【说明】 煤矿测量部分的修订变化:

(1) 规范并提炼了测量通知单发放范围管理。

(2) 增加了“测量成果计算资料和台账齐全”的控制要求。

(3) 明确了测量基本矿图名称。

（4）将“沉陷治理”更改为“沉陷观测控制”，删除了保护煤柱留设参数、三下开采工程治理等个性内容，着重于“1. 进行地面沉陷观测；2. 提供符合矿井情况的有关岩移参数”等控制要求，并增加了“绘制矿井范围内受采动影响土地塌陷图表”中的图件要求。

（5）将“资源回收及储量管理”划入地质控制内容。

表 5-4　煤矿防治水标准化评分表

项目	项目内容	基本要求	标准分值	评分方法	得分	【说明】
一、水文地质基础工作（45分）	基础工作	1. 按《煤矿防治水规定》要求进行水文地质观测； 2. 开展水文地质类型划分工作，发生重大及以上突（透）水事故后，恢复生产前应重新确定； 3. 对井田范围内及周边矿井采空区位置和积水情况进行调查分析并做好记录，制定相应的安全技术措施	15	查资料和现场。水文地质观测不符合《煤矿防治水规定》1 处扣 2 分；未及时划分水文地质类型扣 5 分；采空区有 1 处积水情况不清楚扣 2 分；未制定相应的安全技术措施扣 5 分		1. 水文地质观测记录； 2. 井田范围内及周边矿井采空区位置和积水情况调查分析记录； 3. 安全技术措施； 4. 现场核查
	基础资料	1. 有井上、井下和不同观测内容的专用原始记录本，记录规范，保存完好； 2. 按《煤矿防治水规定》要求编制水文地质报告、矿井水文地质类型划分报告、水文地质补充勘探报告，按规定修编、审批水文地质报告； 3. 建立防治水基础台账（含水文钻孔管理台账）和计算机数据库，并每季度修正 1 次	10	查资料。每缺 1 种报告扣 4 分，每缺 1 种台账扣 2 分；无水文钻孔管理记录或台账记录不全，1 处扣 2 分；其他 1 处不符合要求扣 1 分		1. 井上、井下和不同观测内容的专用原始记录本； 2. 各类报告及批文； 3. 14 种台账
	水文图纸	1. 绘制有矿井充水性图、矿井涌水量与各种相关因素动态曲线图、矿井综合水文地质图、矿井综合水文地质柱状图、矿井水文地质剖面图，图种齐全有电子文档，图纸内容全面、准确； 2. 在采掘工程平面图和充水性图上准确标明井田范围内及周边采空区的积水范围、积水量、积水标高、积水线、探水线、警戒线	10	查资料。每缺 1 种图纸扣 3 分，图纸电子文档缺 1 种扣 2 分；图种内容有矛盾的 1 处扣 1 分；积水区及其参数未在采掘工程平面图和充水性图上标明的 1 处扣 5 分，参数标注有误的 1 处扣 2 分		图纸及电子文档

续表 5-4

项目	项目内容	基本要求	标准分值	评分方法	得分	【说明】
一、水文地质基础工作(45分)	水害预报	1. 年报、月报、临时预报应包含突水危险性评价和水害处理意见等内容,预报内容齐全、下达及时; 2. 在水害威胁区域进行采掘前,应查清水文地质条件,编制水文地质情况分析报告,报告编制、审批程序符合规定; 3. 水文地质类型中等及以上的矿井,年初编制年度水害分析预测表及水害预测图; 4. 编制矿井中长期防治水规划及年度防治水计划,并组织实施	10	查资料。因预报失误造成事故不得分,预报缺1次扣2分,预报不能指导生产的1次扣2分;图表不符、描述不准确1处扣1分;预报下发不及时1次扣2分;审批、接收手续不齐全1次扣1分;突水危险性评价缺1次扣2分;无年度水害分析图表扣2分;无中长期防治水规划或年度防治水计划扣3分,未组织实施扣5分		1. 水害预报; 2. 矿井水害预测图表; 3. 矿井中长期防治水规划及年度计划
二、防治水工程(50分)	系统建立	1. 矿井防排水系统健全,能力满足《煤矿防治水规定》要求; 2. 水文地质类型复杂、极复杂的矿井建立水文动态观测系统	10	查资料和现场。防排水系统达不到规定要求不得分;未按规定建观测系统不得分,系统运行不正常扣5分		1. 防排水系统; 2. 水文动态系统; 3. 现场核查
	技术要求	1. 井上、井下各项防治水工程有设计方案和施工安全技术措施,并按程序审批,工程结束提交总结报告及验收报告; 2. 制定采掘工作面超前探放水专项安全技术措施,探测资料和记录齐全; 3. 探放水工程设计有单孔设计;井下探放水采用专用钻机,由专业人员和专职探放水队伍施工; 4. 对井田内井下和地面的所有水文钻孔每半年进行1次全面排查,记录详细; 5. 防水煤柱留设按规定程序审批; 6. 制定并严格执行雨季"三防"措施	15	查资料和现场。各类防治水工程设计及措施不完善扣5分,未经审批扣3分;验收、总结报告内容不全1处扣1分;对充水因素不清地段未坚持"有掘必探"扣10分,单孔设计未达到要求扣3分;无定期排查分析记录,每缺1次扣2分;防水煤柱未按规定程序审批扣3分;未执行雨季"三防"措施扣2分		1. 井上、井下各项防治水工程有设计方案和施工安全技术措施、审批报告、批文、总结报告及验收报告; 2. 采掘工作面超前探放水专项安全技术措施,探测资料和记录; 3. 探放水工程设计; 4. 井田内井下和地面的所有水文钻孔巡查记录; 5. 防水煤柱留设审批; 6. 雨季"三防"资料; 7. 现场核查

续表 5-4

项目	项目内容	基本要求	标准分值	评分方法	得分	【说明】
二、防治水工程(50分)	工程质量	防治水工程质量均符合设计要求	15	查资料和现场。工程质量未达到设计标准1次扣5分；探放水施工不符合规定1处扣5分；超前探查钻孔不符合设计1处扣2分		1. 探放水设计； 2. 钻孔资料； 3. 现场核查
	疏干带压开采	用物探和钻探等手段查明疏干、带压开采工作面隐伏构造、构造破碎带及其含(导)水情况，制定防治水措施	5	查资料和现场。疏干、带压开采存在地质构造没有查明不得分，其他1项不符合要求扣1分		1. 物探报告； 2. 钻探设计； 3. 原始资料； 4. 现场核查
	辅助工程	1. 积水能够及时排出； 2. 按规定及时清理水仓、水沟，保证排水畅通	5	查现场。排积水不及时，影响生产扣4分；未及时清理水仓、水沟扣1分		现场核查
三、水害预警(5分)	水害预警	对断层水、煤层顶底板水、陷落柱水、地表水等威胁矿井生产的各种水害进行检测、诊断，发现异常及时预警预控	5	查资料和现场。未进行水害检测、诊断或异常情况未及时预警不得分		1. 对矿井构成威胁的断层突水、煤层顶底板突水、陷落柱突水、地表溃水等各种水害监测检测、诊断分析、隐患排查、超前治理，构建适宜的安全预控管理模式。水文地质条件复杂及以上的矿井，要保证水情、水害监测系统齐全、设备运行状态完好。 2. 受地表水水害威胁或井口标高低于最高洪水位的，除采取可靠的防治水工程措施外，还要构建与气象、水利、防汛等部门的协调沟通渠道，关注灾害性天气预报、暴雨洪水灾害信息，掌握汛情水情，建立灾害性天气预警和预防机制，构建灾害性天气预警预控管理系统。

续表 5-4

项目	项目内容	基本要求	标准分值	评分方法	得分	【说明】
						3. 受地表溃水、煤层顶底板突水、老空突水、相邻煤矿突水等水害威胁的,除采取可靠的防治水工程措施外,还要做好涌水量的水情动态变化观测分析,分别做好矿井、采区、采掘工作面涌水量观测预测预控管理工作,根据水害威胁程度构建适宜的涌水量在线观测预警控制系统。 4. 水文地质条件复杂或有突水淹井危险的矿井,除满足原排水系统要求外,还要构筑防水闸门或另行增建抗灾强排的预警预控潜水电泵排水系统,提升矿井水害的安全防范能力。 5. 受断层突水、陷落柱突水、强含水层带压开采突水等水害威胁的,除建立适宜的涌水量在线监测预警预控管理系统外,还要在主要含水层地下水补给来源方向建立水位(水压)长期观测孔,做好地下水水位(水压)动态观测分析,找出矿井涌水来源的渠道与规律,分析研究地下水降深与矿井突水的关系,推荐构建与水害有关的地下水位在线动态监测预警预控系统。 6. 水害预测预报。 7. 现场核查

得分合计:

【说明】 煤矿防治水部分的修订变化：

(1) 增加“基础工作”内容，将“水文地质观测”、“水文地质类型划分”与“老空及老空积水控制”归入基础工作，强化风险防控管理。

(2) 增加水文地质类报告的编制、修编、审批要求。

(3) 明确了水文地质图纸名称，完善了水害威胁标定上图的规范要求。

(4) 强调了水情水害预报内容要齐全。

(5) 着重强调了矿井内主排水系统、采区排水系统、工作面排水系统要健全，排水能力要满足要求；删除了水泵联合试运转要求。

(6) 明确了防治水工程涵盖井上、井下，明确了采掘工作面超前探放水的技术要求，强调了探放水“三专”的重要性。

(7) 将“工业广场采取防洪排涝措施”改为“制定并严格执行雨季‘三防’措施”。

(8) 删除了“对水文地质条件不清楚地段坚持‘有掘必探’，有相关探测资料和记录”。绝大多数矿井执行“有疑必探”即可，但有少数矿井因多种原因难以达到“有疑必探”的水文地质条件，故必须执行“有掘必探”！

(9) 将“应急管理”集中归于“安全培训和应急管理”专业。

(10) 删除了“带压开采水平或采区构筑防水闸门，每年开展 2 次防水闸门关闭试验，不能安设防水闸门的，应有防治水安全技术措施”、“及时建设各种防洪坝和防水箅”。

(11) 将老空及老空积水控制放入“基础工作”，规范了管理序列；将水害预警系统描述更加精练、概括，以适应不同矿井的不同控制要求。

表 5-5　煤矿防治冲击地压标准化评分表

项目	项目内容	基本要求	标准分值	评分方法	得分	【说明】
一、基础管理(10分)	组织保障	1. 按规定设立专门的防冲机构并配备专门防冲技术人员；健全防冲岗位责任制及冲击地压分析、监测预警、定期检查、验收等制度； 2. 冲击地压矿井每周召开 1 次防冲分析会，防冲技术人员每天对防冲工作分析 1 次	10	查资料和现场。无管理机构不得分；岗位责任制及冲击危险性分析、监测预警、检查验收制度不全，每缺 1 项扣 2 分；人员不足，每缺 1 人扣 1 分；其他 1 处不符合要求扣 1 分		1. 机构成立文件、任命文件、聘任文件等； 2. 各类防冲制度； 3. 会议记录； 4. 现场核查

续表 5-5

项目	项目内容	基本要求	标准分值	评分方法	得分	【说明】
二、防冲技术(40分)	技术支撑	1. 冲击地压矿井应进行煤岩层冲击倾向性鉴定,开采具有冲击倾向性的煤层,应进行冲击危险性评价; 2. 冲击地压矿井应编制中长期防冲规划与年度防冲计划; 3. 按规定编制防冲专项设计,按程序进行审批; 4. 冲击危险性预警指标按规定审批; 5. 有冲击地压危险的采掘工作面有防冲安全技术措施并按规定及时审批	20	查资料。未进行冲击倾向性鉴定、冲击危险性评价,或未编制中长期防冲规划与年度防冲计划、无防冲专项设计或未确定冲击危险性预警指标不得分;工作面设计不符合防冲规定1项扣5分,作业规程中无防冲专项安全技术措施扣5分;采掘工作面防冲安全技术措施审批不及时1次扣5分		1. 煤岩层冲击倾向性鉴定评定报告; 2. 冲击地压矿井中长期防冲规划及年度防冲计划; 3. 防冲专项设计、作业规程及审批
	监测预警	1. 建立冲击地压区域监测和局部监测预警系统,实时监测冲击危险性; 2. 区域监测系统应覆盖所有冲击地压危险区域,经评价冲击危险程度高的采掘工作面应安装应力在线监测系统; 3. 监测系统运行正常,出现故障时及时处理; 4. 监测指标发现异常时,应采用钻屑法及时进行现场验证	20	查资料和现场。未建立区域及局部监测预警系统不得分;监测系统故障处理不及时1次扣2分;区域监测系统布置不合理1处扣1分;发现异常未及时验证1次扣3分		1. 冲击地压区域监测和局部监测预警系统; 2. 现场核查
三、防冲措施(30分)	区域防冲措施	冲击地压矿井开拓方式、开采顺序、巷道布置、采煤工艺等符合规定;保护层采空区原则不留煤柱,留设煤柱时,按规定审批	10	查资料和现场。不符合要求1处扣5分		1. 开采设计和安全设施设计及审批; 2. 现场核查

续表 5-5

项目	项目内容	基本要求	标准分值	评分方法	得分	【说明】
三、防冲措施(30分)	局部防冲措施	1. 钻机等各类装备满足矿井防冲工作需要； 2. 实施钻孔卸压时，钻孔直径、深度、间距等参数应在设计中明确规定，钻孔直径不小于100 mm，并制定安全防护措施； 3. 实施爆破卸压时，装药方式、装药长度、装药量、封孔长度以及连线方式、起爆方式等参数应在设计中明确规定，并制定安全防护措施； 4. 实施煤层预注水时，注水方式、注水压力、注水时间等应在设计中明确规定； 5. 有冲击地压危险的采煤工作面推进速度应在作业规程中明确规定并执行； 6. 冲击地压危险工作面实施解危措施后，应进行效果检验	20	查资料和现场。不落实防冲措施不得分；1项落实不到位扣5分		1. 防冲设备配备一览表； 2. 防冲设计； 3. 防冲作业规程及安全技术措施； 4. 煤层预注水记录； 5. 现场核查
四、防护措施(10分)	安全防护	1. 煤层爆破作业的躲炮距离不小于300 m； 2. 冲击危险区采取限员、限时措施，设置压风自救系统，设立醒目的防冲警示牌、防冲避灾路线图； 3. 冲击地压危险区存放的设备、材料应采取固定措施，码放高度不应超过0.8 m；大型设备、备用材料应存放在采掘应力集中区以外； 4. 冲击危险区各类管路吊挂高度不应高于0.6 m，电缆吊挂应留有垂度； 5. U型钢支架卡缆、螺栓等采取防崩措施； 6. 加强冲击地压危险区巷道支护，采煤工作面两巷超前支护范围和支护强度符合作业规程规定； 7. 严重冲击地压危险区域采掘工作面作业人员佩戴个人防护装备	10	查现场和资料。爆破作业躲炮时间和距离不符合要求1次扣2分；未采取限员限时措施扣5分；未设置压风自救系统扣5分，压风自救系统不完善1处扣2分；图牌板不全，每缺1块扣2分；悬挂不醒目、不规范1处扣2分；通信线路未防护扣4分；巷道不畅通1处扣2分，设备材料码放、管线吊挂不符合要求1处扣2分；锚索、U型钢支架卡缆、螺栓等未采取防崩措施1处扣2分；有冲击地压危险的采掘工作面作业人员未佩戴个人防护装备，发现1人扣1分		1. 作业规程； 2. 安全技术措施； 3. 压风自救系统； 4. 现场核查

续表 5-5

项目	项目内容	基本要求	标准分值	评分方法	得分	【说明】
五、基础资料(10分)	台账资料	1. 作业规程中防冲措施编制内容齐全、规范,图文清楚、保存完好,执行、考核记录齐全; 2. 建立钻孔、爆破、注水等施工参数台账,上图管理; 3. 现场作业记录齐全、真实、有据可查,报表、阶段性工作总结齐全、规范; 4. 建立冲击地压记录卡和统计表	10	查资料。防冲措施内容不齐全1处扣2分,内容不规范1处扣1分;未建立台账或未上图管理扣5分,台账和图纸不全,每缺1次扣1分;现场作业记录、报表、阶段性工作总结等不齐全1项扣2分;发生冲击地压不及时上报、无记录或瞒报不得分		1. 作业规程及防冲措施; 2. 钻孔、爆破、注水等施工参数台账,并上图管理; 3. 现场作业记录、报表、阶段性工作总结; 4. 冲击地压记录卡和统计表

得分合计:

【说明】 煤矿防治冲击地压部分的修订变化:

(1) 明确了"冲击危险倾向性鉴定"的范围。

(2) 增加了防冲中长期规划与年度计划,体现了防冲管理的超前谋划与超前防控的重要性。

(3) 增加了"冲击危险性预警指标按规定审批"的技术要求,提升了技术管控水准。

(4) 将"监测监控"改为"监测预警",提升了管控水平。

(5) 明确了区域监测与局部监测并重的技术要求,明确了区域监测系统的覆盖与应力在线监测系统安装的条件,强调了监测系统维护的重要性,强调了钻屑法检测验证。

(6) 将区域防冲措施与局部防冲措施分开,明确了防冲措施控制的不同要求。

(7) 增加了"实施爆破卸压时,装药方式、装药长度、装药量、封孔长度以及连线方式、起爆方式等参数应在设计中明确规定,并制定安全防护措施"的管控要求。

(8) 明确了推采速度对冲击地压的影响要求;增加了实施解危措施后应进行效果检验、验证的要求。

(9) 新增了"防护措施"考核项。

(10) 规范了"基础资料"描述内容。

第 6 部分　采　　煤

【说明】 本部分与旧标准在结构上和内容上没有大的变化。只在小项条款中进行了内容的细微修改及评分分值的调整。较大点的变化就是删除了原标准的第五大项“变化管理”，增加了采煤工作面设备，如泵站、采煤机(刨煤机)、刮板输送机、带式输送机的内容，这些是从原机电专业中移过来的。

一、工作要求(风险管控)

1. 基础管理

(1) 有批准的采(盘)区设计，采(盘)区内同时生产的采煤工作面个数符合《煤矿安全规程》的规定；按规定编制采煤工作面作业规程；

【说明】 本条规定了采(盘)区设计、采(盘)区内生产的采煤工作面个数及采煤工作面作业规程编制的具体要求。

《煤矿安全规程》第九十五条规定：采(盘)区开采前必须按照生产布局和资源回收合理的要求编制采(盘)区设计，并严格按照采(盘)区设计组织施工，情况发生变化时及时修改设计。

《煤矿安全规程》第九十六条规定：采煤工作面回采前必须编制作业规程。情况发生变化时，必须及时修改作业规程或者补充安全措施。作业规程和措施按照《煤矿作业规程编制指南》及《煤矿作业规程编制指南解读》编制。

(2) 持续提高采煤机械化水平；

【说明】 本条规定了煤矿需提高采煤机械化水平的要求。

采煤机械化程度直接反映了矿井的工艺水平、管理水平和安全可靠程度。大力推广采用机械化开采，可以提高生产效率，降低工人劳动强度，改善作业环境，有利于实现安全生产。综合机械化采煤工艺是煤矿的主要发展方向，全国各产煤区、各煤炭企业要结合实际情况，推广使用新工艺、新技术、新装备，持续提高采煤机械化水平。

(3) 有支护质量、顶板动态监测制度，技术管理体系健全。

【说明】 本条规定了采煤工作面支护质量、顶板动态监测制度和健全技术管理体系的具体要求。

支护质量、顶板动态监测是采煤工作面开展各项工作的基础，是保证安全生产的前提。矿井要有各项完善的支护质量、顶板动态监测等顶板管理制度，及时开展支护质量和顶板动态监测工作，对监测中发现的问题应进行分析，并及时采取切实可行的解决措施，保证安全生产，并做好各项记录。

2. 岗位规范

(1) 建立并执行本岗位安全生产责任制；

【说明】 本条规定了煤矿应建立并执行岗位安全生产责任制的具体要求。

岗位是企业安全管理的基本单元。煤炭企业应逐级逐岗位建立健全覆盖管理人员、职能部门、区队、班组、各工种的岗位安全生产责任制，制定全员安全生产责任清单，明确各层级、各岗位的安全生产职责,明确各岗位的安全考核标准、奖惩办法等内容,做到所有从业人员都有明确的岗位,任何岗位都有明确、清晰的安全生产职责,形成涵盖企业全员、全过程、全方位的安全责任体系,实现安全生产全链条责任实名追溯。

煤矿岗位职工要按照本岗位安全责任要求,通过手指口述、安全宣誓等方式,认真落实本岗位安全职责。

(2) 操作规范,无违章指挥、无违章作业、无违反劳动纪律(以下简称"三违")行为;

【说明】 本条规定了煤矿所有人员必须操作规范,杜绝"三违"现象的具体要求。

《煤矿安全规程》第八条之规定是制定本条的依据。

违章指挥是指各级管理者和指挥者对下级职工发出违反安全生产规章制度以及煤矿三大规程指令的行为。违章指挥是管理者和指挥者的一种特定行为,是"三违"中危害最大的一种。

违章作业是指煤矿企业作业人员违反安全生产规章制度以及煤矿三大规程的规定,冒险蛮干进行作业和操作的行为。违章作业是人为制造事故的行为,是造成煤矿各类灾害事故的主要原因之一。违章作业是"三违"中发生数量最多的一种。

违反劳动纪律是指工人违反生产经营单位的劳动规则和劳动秩序,即违反单位为形成和维持生产经营秩序、保证劳动合同的得以履行,以及与劳动、工作紧密相关的其他过程中必须共同遵守的规则。违反劳动纪律具体包括:不履行劳动合同及违约承担的责任,不遵守考勤与休假纪律、生产与工作纪律、奖惩制度、其他纪律等。

现场作业人员在作业过程中,应当遵守本单位的安全生产规章制度、按操作规程及作业规程、措施施工,不得有"三违"行为。

(3) 管理人员、技术人员掌握采煤工作面作业规程,作业人员熟知本岗位操作规程、作业规程及安全技术措施相关内容;

【说明】 本条规定了煤矿管理人员、技术人员掌握采煤工作面作业规程,作业人员熟知本岗位操作规程、作业规程和安全技术措施相关内容的要求。

随着煤矿开采工艺的进步和装备水平的提高,管理人员和技术人员要掌握自身相关的岗位职责、本单位及上级各管理制度和所施工地点的规程措施的各项要求。

作业人员应掌握本岗位的应知应会、岗位操作规程、作业规程相关内容和安全技术措施,严格落实规程措施的要求。

(4) 作业前进行安全确认。

【说明】 本条规定了所有人员进入采煤工作面作业前进行安全确认的要求。

开工前、爆破后,班组长必须对工作面安全情况进行全面检查,严格执行敲帮问顶制度,确认无危险后,方准人员进入工作面。每个作业人员也必须随时对自己工作地点的顶板和煤壁进行检查,将危石、活石处理掉,才能杜绝和减少采煤工作面顶板事故的发生。

敲帮问顶制度和安全确认制度是保证采煤工作面安全生产行之有效的制度和措施,矿井应建立规范的敲帮问顶制度和现场确认制度,并在现场执行到位。

3. 质量与安全

(1) 工作面的支护形式、支护参数符合作业规程要求;

【说明】 本条规定了工作面的支护形式、支护参数必须符合作业规程的要求。

《煤矿安全规程》第一百零一条规定:采煤工作面必须及时支护,严禁空顶作业。所有支架必须架设牢固,并有防倒柱措施。严禁在浮煤或浮矸上架设支架。单体液压支柱的初撑力,柱径为 100 mm 的不得小于 90 kN,柱径为 80 mm 的不得小于 60 kN。对于软岩条件下初撑力确实达不到要求的,在制定措施、满足安全的条件下,必须经矿总工程师审批。严禁在控顶区域内提前摘柱。碰倒或损坏、失效的支柱,必须立即恢复或更换。移动输送机机头、机尾需要拆除附近的支架时,必须架好临时支架。

工作面支护与顶板管理包括:采煤工作面支架、特殊支架的结构、规格和支护间距,放顶步距,最小控顶距和最大控顶距,上下缺口,上下出口的支护结构、规格;初次放顶措施,初次来压、周期来压和末采阶段特殊支护措施;分层开采时人工假顶或再生顶板管理,回柱方法、工艺及支护材料复用的规定,上下平巷支架的回撤以及距工作面滞后距离的规定等。

(2) 工作面出口畅通,进、回风巷支护完好,无失修巷道,巷道净断面满足通风、运输、行人、安全设施及设备安装、检修、施工的需要;

【说明】 本条规定了工作面出口必须满足的条件的要求。

《煤矿安全规程》第九十七条规定:采煤工作面必须保持至少 2 个畅通的安全出口,一个通到进风巷道,另一个通到回风巷道。

采煤工作面所有安全出口与巷道连接处超前压力影响范围内必须加强支护,且加强支护的巷道长度不得小于 20 m;综合机械化采煤工作面,此范围内的巷道高度不得低于 1.8 m,其他采煤工作面,此范围内的巷道高度不得低于 1.6 m。

安全出口和与之相连接的巷道必须设专人维护,发生支架断梁折柱、巷道底鼓变形时,必须及时更换、清挖。采煤工作面上下出口是巷道与工作面衔接的重要地点,也是矿压显现强烈和事故易发地段,应保证出口通道畅通。同时对排头支架与巷道支护的间距提出了要求,以保证出口的顶板支护安全,并鼓励、推广使用端头支架或其他先进有效的支护形式。

超前支护主要是提高采煤工作面超前压力范围内的巷道支护强度,减少巷道变形量,确保上下出口的高度、宽度符合规定,超前支护的距离应根据超前压力的实测数据确定,但不小于 20 m,超前支护布置形式在作业规程中要明确规定,无失修巷道,巷道断面满足通风、运输、行人、设备安装、检修的需要。

(3) 工作面通信、监测监控设备运行正常;

【说明】 本条规定了工作面通信、监测监控设备运行质量的要求。

采煤工作面语音通讯系统、瓦斯监测系统以及工作面集中控制站等监测、监控系统应运转正常。语音通讯应按规定设置,瓦斯探头应悬挂在规定位置。

《煤矿安全规程》第一百二十一条规定,使用刮板输送机运输时,采煤工作面刮板输送机必须安设能发出停止、启动信号和通讯的装置,发出信号点的间距不得超过 15 m。

《煤矿安全规程》第四百九十九条规定,井下下列地点必须设置甲烷传感器:采煤工作面及其回风巷和回风隅角,高瓦斯和突出矿井采煤工作面回风巷长度大于 1 000 m 时回风巷中部。

(4) 工作面安全防护设施和安全措施符合规定。

【说明】 本条规定了工作面安设安全防护设施和安全措施的具体要求。

依据《煤矿矿井机电设备完好标准》规定确定设备综合完好率。煤矿各种机械设备状态是决定设备能否安全运行的关键,煤矿各种机械设备均应在完好状态下运行,其各种保护、保险及安全防护装置应齐全、灵敏、有效、可靠。

4. 机电设备

(1) 设备能力匹配,系统无制约因素;

【说明】 本条规定了采煤工作面设备的生产能力满足要求,不能出现相互制约的情况。

为使各类采煤设备满足地质条件要求,发挥最大效能,综采工作面要进行三机配套,采煤机选型是否合理,是能否实现安全高效生产的关键。采煤工作面各工序、各设备间的能力相互匹配,并应在作业规程中进行验算,不得出现能力不匹配、制约生产能力发挥的设备与因素。采煤机截齿的选择,应根据煤层截割难易程度和特点进行确定;截割功率、行走功率的选择,应根据煤层硬度、倾角和设计的采煤机最大牵引速度等参数,计算后确定。刮板输送机运输能力满足生产能力的需要;液压支架满足支护顶板和推移设备的需要。

(2) 设备完好,保护齐全;

【说明】 本条规定了工作面设备必须完好,各类保护齐全、可靠。

依据《煤矿机电设备完好标准》的规定,确定设备综合完好率。煤矿各种机械设备状态是决定设备能否安全运行的关键,煤矿各种机械设备均应在完好状态下运行,其各种保护、保险及安全防护装置应齐全、灵敏、有效、可靠。

(3) 乳化液泵站压力和乳化液浓度符合要求,并有现场检测手段。

【说明】 本条规定了工作面乳化液泵站压力和配比浓度的要求。

依据《煤矿安全规程》第一百一十四条的规定,采用综合机械化采煤时,乳化液的配制、水质、配比等,必须符合有关要求。泵箱应当设自动给液装置,防止吸空。

乳化液泵站完好,综采工作面乳化液浓度为3%～5%、压力不小于30 MPa,炮采、高档普采工作面乳化液浓度为2%～3%、压力不小于18 MPa;每班至少进行两次检测乳化液配比浓度是否符合要求。

5. 文明生产

(1) 作业场所卫生整洁,照明符合规定;

【说明】 本条规定了作业场所卫生面貌必须达到的要求。

作业场所卫生整洁,包括巷道及硐室底板平整,无浮渣及杂物、无淤泥、无积水,管路、设备无积尘,物见本色。

依据《煤矿安全规程》第四百六十九条第六款之规定,综合机械化采煤工作面(照明灯间距不得大于15 m)。泵站、休息地点、油脂库等场所有照明。

(2) 工具、材料等摆放整齐,管线吊挂规范,图牌板内容齐全、准确、清晰。

【说明】 本条规定了物料码放、管线吊挂、牌板管理的要求。

采煤工作面生产所需的各类工具、材料必须分类集中存放,明确管理责任人,挂牌管理,图牌板齐全、清晰整洁。设备、物料放置地点与通风设施距离大于5 m。

按照《各工作场所质量标准化牌板、制度镜框悬挂标准》制作、悬挂牌板。采煤工作面图牌板有:工作面布置图、设备布置图、通风系统图、监测通信系统图、供电系统图、工作面支护示意图、正规作业循环图表和避灾路线图;炮采工作面增设炮眼布置图、爆破说明书等。

二、重大事故隐患判定

本部分重大事故隐患:

(1) 矿井全年原煤产量超过矿井核定生产能力110%的,或者矿井月产量超过矿井核定生产能力10%的;

【说明】 本条规定了煤矿生产能力的具体要求。

根据国家安全生产监督管理总局令 第85号《煤矿重大生产安全事故隐患判定标准》的

规定。超能力生产违背煤矿生产规律，是煤矿安全重大隐患，所有生产煤矿必须按照公告生产能力组织生产，合理安排年度、季度、月度生产计划。煤矿全年原煤产量不得超过核定生产能力的110%；或者月度产量不得超过核定生产能力的10%。企业集团公司不得向所属煤矿下达超过公告生产能力的生产计划及相关经济指标。

(2) 矿井开拓、准备、回采煤量可采期小于有关标准规定的最短时间组织生产、造成接续紧张的，或者采用“剃头下山”开采的；

【说明】 本条规定了“三量”开采的要求。

依据国家安全生产监督管理总局令 第85号《煤矿重大生产安全事故隐患判定标准》的规定。开拓煤量、准备煤量、回采煤量简称“三量”，这是为了保证开采水平(阶段)、采区和回采工作面的正常接续，以便及时掌握采掘关系动态的指标。

矿井生产前的全部井巷工程可分成三个阶段，即：基本巷道的开拓阶段、采区主要巷道的准备阶段、形成回采工作面的回采巷道切割阶段。① 基本巷道的开拓阶段：从井筒直到采区主要巷道的全部井巷工程，如井筒、井底车场、主要运输大巷、主要回风大巷、主要石门、采区石门等是开拓巷道，完成这些井巷工程获得的可采储量，称为开拓煤量。② 采区主要巷道的准备阶段：如采区上山、采区机电硐室、采区溜煤眼、采区车场等为一个采区服务的巷道为准备巷道，完成这些巷道获得的可采储量，称为准备煤量。③ 形成回采工作面的回采巷道切割阶段：在采区范围内为一个回采工作面服务的运输、通风巷道和回采工作面开切眼等工程，完成这些工程获得的可采煤量，称为回采煤量。一般来说，“三量”愈大，对正常接续回采工作愈有保障。但在经营管理方面，“三量”过多，说明提前开掘了大量井巷工程，这将增加巷道维护费，造成投资过早和浪费资金的后果。因此要根据具体情况，确定出最经济而又能保证正常接替所必需的“三量”可采期。

生产矿井“三量”可采期按以下公式计算：

开拓煤量可采期(年)＝期末开拓煤量/当年计划年产量

准备煤量可采期(月)＝期末准备煤量/当年平均月计划产量

回采煤量可采期(月)＝期末回采煤量/当年平均月计划产量

我国规定开拓煤量的可采期限一般为3～5年以上，准备煤量的可采期一般为一年以上，回采煤量的可采期一般为4～6个月以上。并且规定，井巷工程量除满足“三量”要求外，还要保证采区和回采工作面的正常接替。在一般情况下，矿井的“三量”符合上述规定，即能达到采掘平衡，并有一定的合理储备，满足矿井稳产高产的要求。但是“三量”是一个概括性指标，它本身只说明为正常开采工作准备了一定的储量，而不能说明储量分布情况及开采条件。它只是概略地反映采掘关系，有时还不能确切地说明生产能否正常接续。如煤层层数多、总厚度大、层间距离小的多煤层矿井，有时“三量”虽然够了，但受开采程序限制，不能安排必需的回采工作面，采掘关系仍可能紧张。因此，要对具体情况作具体分析，配合其他指标(如掘进率等)综合分析，据以安排生产计划。正确处理采掘关系，是矿井生产的全面规划问题。

目前我国采煤机械化水平提高较快，回采工作面的推进速度和单产水平都有较大幅度的提高，掘进往往成为薄弱环节，应努力提高掘进机械化程度和掘进速度，加强地质探测工作，减少无效进尺，改进开拓方式和巷道布置，改革采煤方法，降低掘进率，保证矿井持续地实现稳产高产。

“剃头下山”开采就是下山采区在没有形成完善的生产系统前，就开始布置工作面回采。

这种情况往往出现在采区接替紧张的矿井,一边往下施工采区准备巷道,上部够一个采煤工作面位置就开始同时施工回采巷道并进行回采。

(3) 超出采矿许可证规定开采煤层层位或者标高而进行开采的;

(4) 超出采矿许可证载明的坐标控制范围而开采的;

【说明】 根据国家安全生产监督管理总局令 第85号《煤矿重大生产安全事故隐患判定标准》,上述两种情况符合"超层越界开采"重大事故隐患情况。重特大煤矿安全责任事故的背后,往往存在非法开采、越层越界开采等破坏矿产资源的行为。

"层"首先应理解为描述层状、似层状构造的矿体,以煤矿最为明显;"界"则表现为闭合的平面范围和垂向上为开采上下限标高。"层"、"界"框定了开采的空间区域,为平面上由若干个拐点组成的闭合曲线及纵向上由高程限定而成的立体空间。

超层越界违法行为的界定:一是持合法采矿许可证的行为人实施的违法行为。超层越界首先确定了一个超越活动的参照点——"层"和"界",该"层"和"界"是由依法取得的采矿许可证确定的,采矿许可证划定的矿区范围是其采矿权唯一、合法、封闭的采矿活动场所,只有持有合法采矿许可证的矿山企业才可能实施超层越界行为。二是产生了损害结果。直接结果是行为人超越了其合法矿区范围,进入矿业权空白区或他人矿业权区域,虽然侵犯的法律关系不完全一致,进入矿业权空白区的超层越界开采行为侵犯了我国《矿产资源法》所保护的矿产资源法律关系,即侵犯了矿产资源的国家所有权;进入他人合法矿业权区域则成为民法所调整的法律关系,但都损害了他人的合法利益或违法人获得不法收益。三是"连续"为超层越界违法行为的重要表征。"连续"开采是行为人在"界"内活动的向外延伸,即从界内连续采矿至界外,是一个由"合法活动"向"违法开采"渐变的过程,具有可控性。区别于持有合法有效的采矿许可证而直接在界外开采,由于无"越界"过程,不存在由"合法活动"向"违法开采"渐变的过程而定性为非法采矿。正确理解"连续"的含义,可正确区分"超层越界"和"非法采矿",尤其是杜绝将持有合法有效的采矿许可证而直接在界外非法开采定性为"超层越界",减少违法者受到较轻处罚、客观上降低违法者违法成本现象的发生。

(5) 擅自开采保安煤柱的;

【说明】 本条规定了矿井开采行为不得擅自开采保安煤柱。

《中华人民共和国煤炭法》第二十六条规定:煤炭生产应当依法在批准的开采范围内进行,不得超越批准的开采范围越界、越层开采。采矿作业不得擅自开采保安煤柱,不得采用可能危及相邻煤矿生产安全的决水、爆破、贯通巷道等危险方法。

(6) 采煤工作面不能保证2个畅通的安全出口的;

【说明】 本条规定了采煤工作面必须保证2个畅通的安全出口。

依据《煤矿安全规程》第九十七条的规定 采煤工作面必须保持至少2个畅通的安全出口,一个通到进风巷道,另一个通到回风巷道。

采煤工作面不能保证2个畅通的安全出口的,不能形成完整的行人、运输和通风的路线,发生灾变事故时,避险路线少,抗灾能力差。必须保证有2个畅通的安全出口,当一个出口被堵塞事,人员可从另一个出口安全撤离。

(7) 高瓦斯矿井、煤与瓦斯突出矿井、开采容易自燃和自燃煤层(薄煤层除外)矿井,采煤工作面采用前进式采煤方法的;

【说明】 本条规定了前进式采煤法的应用范围的要求。

依据国家安全生产监督管理总局令第85号《煤矿重大生产安全事故隐患判定标准》，上述两种情况符合“使用明令禁止使用或者淘汰的设备、工艺”重大事故隐患情况的规定。

我国煤矿采煤工作面主要有前进式和后退式两种采煤方法。前进式采煤法是在掘好必要的开拓、准备及相关联络巷后，不预掘采煤工作面进、回风巷就直接掘开切眼，并从开切眼起进行前进式采煤，即从采区中央（采区上下山）向采区边界逐步推进的一种采煤方法。后退式采煤法则是在掘好必要的开拓、准备及相关联络巷基础上，预掘采煤工作面进、回风巷到采区边界后，开切眼，并从开切眼起进行后退式采煤，即从采区边界向采区中央逐步推进的一种采煤方法。

前进式采煤法具有一些优点，如巷道掘进工程量小，费用低；准备时间短，有利于缓解矿井采掘接替矛盾；回采巷道的服务时间短，维修次数少，维护费用低等。但其缺陷和不足也十分明显：

① 回采巷道维护条件差，漏风大，容易造成工作面风量不足，引起采空区煤炭自然发火。前进式采煤的回采巷道一侧为采空区，对其维护比较困难，且容易形成较大的采空区漏风，造成采煤工作面风量不足。如果煤具有自然发火危险，易造成采空区煤炭自燃火灾。

② 对工作面前方地质条件变化的预测性差，不利于对安全问题的预先防范和煤与瓦斯突出的防治。虽然随着地质探测技术的发展，可以掌握工作面前方较大的地质构造，但对微小构造尚缺乏有效的技术手段。采煤工作面采用前进式采煤方法，其前方没有巷道探测地质变化和煤层特征，一旦出现异常变化，容易造成生产的被动；如果煤层具有煤与瓦斯突出危险，不利于突出的预测预报，万一发生突出，其强度和破坏性往往更大。

③ 不利于煤矿瓦斯抽采。瓦斯抽采是高瓦斯矿井、煤与瓦斯突出矿井治理瓦斯的最重要措施。采煤工作面采用前进式采煤方法时，对煤层的瓦斯抽采只能采用穿层钻孔预采的方法，一旦预采效果不佳，采取边采边抽进行补救极为困难。

④ 掘进与回采相互影响。如果生产的组织管理不善，有时会严重影响生产的正常进行。

鉴于前进式采煤方法的上述缺陷，《煤矿安全规程》第九十七条规定：突出矿井、高瓦斯矿井、低瓦斯矿井高瓦斯区域的采煤工作面，不得采用前进式采煤方法。第二百六十三条规定：开采容易自燃和自燃的煤层（薄煤层除外）时，采煤工作面必须采用后退式开采。

与前进式采煤方法相比，后退式采煤法则在瓦斯治理、突出防治和预防自然发火等方面具有更多优势。采用后退式采煤方法时，回采巷道两侧为实体煤，维护条件好，漏风小；回采前掘进回采巷道，不仅掘进和回采互不影响，而且可以探测煤层的地质条件变化，预测煤与瓦斯突出危险性，掌握生产的主动权；在先掘的回采巷道内可以布置瓦斯抽采钻场，既可进行煤层瓦斯预采，也可进行边采边抽，有利于更有效地治理瓦斯。

（8）图纸作假、隐瞒采煤工作面的；

【说明】 本条规定了煤矿生产建设法定的所必需的重要技术资料的要求。

依据《煤矿安全规程》第十四条的规定，井工煤矿必须按规定填绘反映实际情况的下列图纸：① 矿井地质图和水文地质图；② 井上、下对照图；③ 巷道布置图；④ 采掘工程平面图等。但是，近年来在煤矿安全监管监察、煤矿事故抢险救援等工作中发现，一些煤矿存在图纸测绘不及时、填绘不准确、标注不完善、管理不规范等问题，特别是个别小煤矿使用“真、假”两套图纸，弄虚作假、蓄意逃避监管，酿成事故，贻误了最佳抢险救援时间。为此，将“图纸作假、隐瞒采掘工作面的”列为《煤矿重大生产安全事故隐患判定标准》第十八条“其他重大事故隐患”情形之一。

对图纸造假、图实不符的,要按照国家安全生产监督管理总局、国家煤矿安全监察局《关于进一步加强和规范煤矿图纸管理和监管监察工作的通知》(安监总煤调〔2014〕80 号)的要求进行查处,对弄虚作假、情节恶劣的要吊销安全生产许可证和矿长安全资格证,提请地方政府予以关闭,并公开处理结果。

(9) 未配备分管生产的副矿长以及负责采煤工作的专业技术人员的。

【说明】 本条规定了煤矿各级管理人员配备的要求。

本条明确提出了配备分管生产的副矿长的要求,采煤专业的技术人员没有特指是采煤副总、采煤科长等,而是泛指有管采煤技术的人员。

《煤矿重大生产安全事故隐患判定标准》第十八条“其他重大事故隐患”,是指有下列情形之一的:没有分别配备矿长、总工程师和分管安全、生产、机电的副矿长,以及负责采煤、掘进、机电运输、通风、地质测量工作的专业技术人员的。

依据《煤矿安全规程》第三十七条的规定,煤矿建设、施工单位必须设置项目管理机构,配备满足工程需要的安全人员、技术人员和特种作业人员。

配备负责采煤工作的专业技术人员,能够全面负责采煤工作面的技术管理工作,落实好国家有关煤矿安全生产的法律、法规、规章、规程、标准和技术规范,保证采煤工区实现安全生产,完成各项技术经济指标。能够保证每项工程开工前规程、措施齐全,坚持一工程、一规程、一措施,并负责报批、传达、贯彻、监督执行。能够定期对采煤工区生产系统的安全隐患进行排查、治理,对排查出来的安全隐患,落实整改措施。能够组织好调查研究,及时总结采煤工区安全生产、技术管理方面的方法和经验,学习新知识,推广新技术和新经验。

对拒不配备聘用采掘专业工程技术人员或配备采掘专业工程技术人员不足、不到位的煤矿要停止其生产,从严从重追究煤矿主要负责人的责任。

三、评分方法

1. 采煤工作面评分。

按表 6-1 评分,总分为 100 分。按照所检查存在的问题进行扣分,各小项分数扣完为止。水力采煤、柔性掩护支架开采急倾斜煤层、台阶式采煤、房柱式采煤、充填开采等本部分未涉及的工艺方法,其评分参照工艺相近或相似工作面的评分标准执行。

项目内容中有缺项时按(1)式进行折算:

$$A_i = \frac{100}{100 - B} \times C_i \tag{1}$$

式中 A——采煤工作面实得分数;

B——采煤工作面缺项标准分数;

C——采煤工作面检查得分数。

2. 采煤部分评分。

按照所检查各采煤工作面的平均考核得分作为采煤部分标准化得分,按式(2)进行计算:

$$A = \frac{1}{n}\sum_{i=1}^{n} A_i \tag{2}$$

式中:

A——煤矿采煤部分安全生产标准化得分;

n——检查的采煤工作面个数；

A_i——检查的采煤工作面得分。

3. 检查时发现重大事故隐患，采煤安全生产标准化得分为零。

表 6-1 煤矿采煤标准化评分表

项目	项目内容	基本要求	标准分值	评分方法	得分	【说明】
一、基础管理(15分)	监测	采煤工作面实行顶板动态和支护质量监测，进、回风巷实行顶板离层观测；有相关监测、观测记录，资料齐全	3	查现场和资料。未开展动态监测、观测和无记录资料不得分，记录资料缺1项扣0.5分		工作面顶板和支护质量观测内容包括日常支架(支柱)支护质量动态监测、巷道变形离层观测、顶板活动规律分析等。工作面观测方法通过安设矿压观测仪器、仪表，或利用在线监测仪器，或收集顶板动态观测记录仪的存储数据来完成，作业规程中应说明矿压仪器的安设位置、观测方式、观测时段，生产过程中有记录、有分析。两巷的顶板观测：架棚巷道以观测为主，锚杆支护巷道在掘进时必须安设顶板离层指示仪，回采过程中记录观测数据
	规程措施	1. 作业规程符合《煤矿安全规程》等要求。采煤工作面地质条件发生变化时，及时修改作业规程或补充安全技术措施； 2. 矿总工程师组织人员定期对作业规程贯彻实施情况进行复审，且有复审意见； 3. 工作面安装、初次放顶、强制放顶、收尾、回撤、过地质构造带、过老巷、过煤柱、过冒顶区，以及托伪顶开采时，制定安全技术措施并组织实施； 4. 作业规程中支护方式的选择、支护强度的计算有依据； 5. 作业规程中各种附图完整规范； 6. 放顶煤开采工作面开采设计制定有防瓦斯、防灭火、防水等灾害治理专项安全技术措施，并按规定进行审批和验收	5	查现场和资料。内容不全，每缺1项扣1分，1项不符合要求扣0.5分		1. 应根据本矿区、本企业的开采条件和工艺水平，制定适合本企业技术管理特点的作业规程编制细则，指导基层作业规程的编制工作。作业规程应在采煤工作面试生产10 d前审批完毕并贯彻到每个职工，试生产前考试完毕并签字留存。 2. 煤矿生产和建设企业由总工程师或技术负责人组织做好作业规程的编制、审批、贯彻、落实、管理等各个环节的工作。 3. 作业规程的复审是确保作业规程能否有效指导采煤工作面安全生产，决定作业规程是否需要及时增补安全技术措施的关键。作业规程复审每2个月至少1次。当采煤工作面开采条件出现重大变化时，应及时复审，且有复审意见，并根据复审情况决定是否编写补充安全技术措施。

续表 6-1

项目	项目内容	基本要求	标准分值	评分方法	得分	【说明】
一、基础管理(15分)						4. 安全技术措施是对作业规程的有效补充。采煤工作面处于安装、初次放顶、收尾、回撤、过地质构造带、过老巷、过煤柱、过冒顶区,以及托伪顶开采时,制定安全技术措施。安全技术措施的审批程序、权限符合有关规定。 5. 作业规程各类附图要准确规范,图表满足施工需要,采用规范图例,内容和标注齐全,比例恰当,图面清晰。 6. 采用放顶煤开采时,必须遵守下列规定: 第一,矿井第一次采用放顶煤开采,或者在煤层(瓦斯)赋存条件变化较大的区域采用放顶煤开采时,必须根据顶板、煤层、瓦斯、自然发火、水文地质、煤尘爆炸性、冲击地压等地质特征和灾害危险性进行可行性论证和设计,并由煤矿企业组织行业专家论证。 第二,针对煤层开采技术条件和放顶煤开采工艺特点,必须制定防瓦斯、防火、防尘、防水、采放煤工艺、顶板支护、初采和工作面收尾等安全技术措施。 7. 现场核查

续表 6-1

项目	项目内容	基本要求	标准分值	评分方法	得分	【说明】
一、基础管理(15分)	管理制度	1. 有岗位安全生产责任制度； 2. 有工作面顶板管理制度，有支护质量检查、顶板动态监测和分析制度，有变化管理制度；变化管理制度指不在正规作业标准涵盖范围的作业项目，要超前安排、超前部署，制定超前防范措施。 3. 有采煤作业规程编制、审批、复审、贯彻、实施制度； 4. 有工作面机械设备检修保养制度、乳化液泵站管理制度、文明生产管理制度、有工作面支护材料设备配件备用制度等	3	查资料。制度不全，每缺1项扣1分，1项不符合要求扣0.5分		1. 矿井必须制定各岗位安全生产责任制，并有实施文件。 2. 矿井有顶板管理制度，有支护质量检查、顶板动态监测和分析制度，有变化管理制度，变化管理制度指不在正规作业标准涵盖范围的作业项目，要超前安排、超前部署，制定超前防范措施。 3.《关于进一步加强煤矿企业安全技术管理工作的指导意见》(安监总煤装〔2011〕51号文)要求，有完善的采煤作业规程编制、审批、复审、贯彻、实施制度。 4. 有工作面机电设备检修保养制度、乳化液泵站管理制度、文明生产管理制度、有工作面支护材料设备配件备用制度等，对设备检修周期和使用情况，及材料配件管理有明确的管理制度
	支护材料	支护材料有管理台账，单体液压支柱完好，使用期限超过8个月后，应进行检修和压力试验，记录齐全；现场备用支护材料和备件符合作业规程要求	2	查现场和资料。不符合要求1处扣0.5分		1. 支护材料管理台账； 2. 检修和试压记录； 3. 现场备用的支护材料和备件的规格、型号、数量等技术参数应符合作业规程要求； 4. 现场核查。 单体液压支柱完好一般包括如下内容： 1. 支柱所有零部件齐全，三用阀、顶盖、弹性圆柱销装配位置正确，支柱不缺牙。 2. 支柱外表面无剥落的氧化皮，油缸表面无凹坑，支柱不弯曲。焊接处焊缝不允许有裂缝、弧坑、焊缝间断等缺陷。 3. 支柱最小高度：允许误差为额定高度和行程的正负20 mm。 4. 装配后的密封性：支柱全行程升柱时，手把体、底座不漏液。支柱注液时与注液枪配合处不漏液。 5. 操作性能：升柱，无卡阻，限位装置可靠；降柱，降柱速度 $\phi100 \geqslant 40$ mm/s。 6. 支柱密封性能：高压密封，密封压力不小于0.85个额定工作液压，2 min不允许压降，4 h不允许渗漏。低压密封，密封压力为2 MPa，2 min不允许压降，4 h不允许渗漏

续表 6-1

项目	项目内容	基本要求	标准分值	评分方法	得分	【说明】
一、基础管理(15分)	采煤机械化	采煤工作面采用机械化开采	2	查现场。未使用机械化开采不得分		综采机械化程度直接反映了矿井的工艺水平、管理水平和安全可靠程度。综合机械化采煤工艺是煤矿的主要发展方向。对工作面采用机械化程度的考核,采用机械化开采就达100%,否则就是0。这一条是对工作面的考评,不是对企业的考评
二、岗位规范(5分)	专业技能	管理和技术人员掌握相关的岗位职责、管理制度、技术措施,作业人员掌握本岗位操作规程、作业规程相关内容和安全技术措施	2	查资料和现场。不符合要求1处扣0.5分		管理人员是指班组长以上的采煤专业管理人员。 1. 管理制度齐全; 2. 管理和技术人员岗位职责、管理制度、技术措施掌握情况; 3. 现场落实情况; 4. 作业人员岗位操作规程、作业规程相关内容和安全技术措施掌握情况; 5. 现场核查
	规范作业	1. 现场作业人员严格执行本岗位安全生产责任制,掌握本岗位相应的操作规程和安全措施,操作规范,无"三违"行为; 2. 作业前进行安全确认; 3. 零星工程施工有针对性措施、有管理人员跟班	3	查现场和资料。发现"三违"不得分,其他不符合要求1处扣1分		零星工程施工是安全管理的薄弱点。为避免出现安全管理的死角,对于零散工程施工应做到有现场措施、有跟班,并责任到人,监督检查到位。 1. 岗位安全生产责任制; 2. 岗位员工现场规范操作情况; 3. 违章记录; 4. 安全确认制度; 5. 零星工程有安全措施; 6. 管理人员跟班记录; 7. 现场核查

续表 6-1

项目	项目内容	基本要求	标准分值	评分方法	得分	【说明】
三、质量与安全(50分)	顶板管理	1. 工作面液压支架初撑力不低于额定值的 80%，有现场检测手段；单体液压支柱初撑力符合《煤矿安全规程》要求	4	查现场。沿工作面均匀选 10 个点现场测定，1 点不符合要求扣 1 分		1. 查现场是否有初撑力监测手段及仪器，监测记录齐全。 2. 依据《煤矿安全规程》第一百零一条的规定：采煤工作面必须及时支护，严禁空顶作业。所有支架必须架设牢固，并有防倒措施。严禁在浮煤或者浮矸上架设支架。单体液压支柱的初撑力，柱径为 100 mm 的不得小于 90 kN，柱径为 80 mm 的不得小于 60 kN。对于软岩条件下初撑力确实达不到要求的，在制定措施、满足安全的条件下，必须经矿总工程师审批。严禁在控顶区域内提前摘柱。碰倒或者损坏、失效的支柱，必须立即恢复或者更换。移动输送机机头、机尾需要拆除附近的支架时，必须先架好临时支架
		2. 工作面支架中心距（支柱间排距）误差不超过 100 mm，侧护板正常使用，架间间隙不超过 100 mm（单体支柱间距误差不超过 100 mm）；支架（支柱）不超高使用，支架（支柱）高度与采高相匹配，控制在作业规程规定的范围内，支架的活柱行程不小于 200 mm（企业特殊定制支架、支柱以其技术指标为准）	4	查现场。沿工作面均匀选 10 个点现场测定，1 点不符合要求扣 1 分		主要检查综采（单体液压支柱）工作面支架的布置质量。支架中心距（支柱间排距）过大容易造成架间窜矸，达不到设计的支护强度；过小容易挤死支架，单体液压支柱还影响工作面操作空间

续表 6-1

项目	项目内容	基本要求	标准分值	评分方法	得分	【说明】
三、质量与安全(50分)	顶板管理	3. 液压支架接顶严实,相邻支架(支柱)顶梁平整,无明显错茬(不超过顶梁侧护板高的2/3),支架不挤不咬;采高大于3.0 m或片帮严重时,应有防片帮措施;支架前梁(伸缩梁)梁端至煤壁顶板垮落高度不大于300 mm。高档普采(炮采)工作面机道梁端至煤壁顶板垮落高度不大于200 mm,超过200 mm时采取有效措施	2	查现场和资料。不符合要求1处扣1分		《煤矿安全规程》第一百一十四条第(四)、(七)项之规定:液压支架必须接顶。若液压支架不接顶,顶板与支架间有空顶,势必造成顶板离层、下沉,顶板出现台阶状,错茬超规定时,极易发生架间冒顶或超前冒顶事故。工作面采高较大时,顶板压力也相应增大,很容易造成片帮和超期冒顶。因此要求当采高超过3 m或煤壁片帮严重时,液压支架必须设护帮板,并坚持使用
		4. 支架顶梁与顶板平行,最大仰俯角不大于7°;支架垂直顶底板,歪斜角不大于5°;支柱垂直顶底板,仰俯角符合作业规程规定	2	查现场和资料。不符合要求1处扣0.5分		支架顶梁与顶板平行,是为了防止支架接顶不实,不能有效支护顶板,造成冒顶事故,支架不垂直顶底板,易造成支架顶梁由面接触变成线接触,影响支护效果
		5. 工作面液压支架(支柱顶梁)端面距符合作业规程规定。工作面"三直一平",液压支架(支柱)排成一条直线,其偏差不超过50 mm。工作面伞檐长度大于1 m时,其最大突出部分,薄煤层不超过150 mm,中厚以上煤层不超过200 mm;伞檐长度在1 m及以下时,最突出部分薄煤层不超过200 mm,中厚煤层不超过250 mm	4	查现场和资料。不符合要求1处扣1分		《煤矿安全规程》第一百一十四条第(三)、(五)项之规定。采煤工作面煤壁是安全事故的多发带。合适的端面距可有效地控制煤壁顶板,防止漏顶窜矸,明确规定了采煤工作面支架端面距偏差不超过50 mm。严格控制伞檐可防止片帮伤人和砸坏设备、线缆,明确规定了不同采高的采煤工作面允许出现的伞檐尺寸
		6. 工作面内液压支架(支柱)编号管理,牌号清晰	2	查现场。不符合要求1处扣0.5分		液压支架(支柱)采用编号管理,有利于明确责任,方便隐患处理,提高管理效率,是采煤工作面管理的有效形式

续表 6-1

项目	项目内容	基本要求	标准分值	评分方法	得分	【说明】
三、质量与安全(50分)	顶板管理	7. 工作面内特殊支护齐全;局部悬顶和冒落不充分的,悬顶面积小于 10 m^2 时应采取措施,悬顶面积大于 10 m^2 时应进行强制放顶。特殊情况下不能强制放顶时,应有加强支护的可靠措施和矿压观测监测手段	2	查现场和资料。1处不符合要求不得分		主要检查采煤工作面对采空区悬顶的管理。采空区悬顶或冒落不充分是采煤工作面的重大安全隐患,必须采取强制放顶措施,保证采煤工作面的支护安全。采煤工作面内特殊支护是指综采工作面的过滤支架、端头支架、超前支架等,也包括煤壁片帮漏顶时应采用的超前架棚;单体支柱工作面的两巷超前支护、挑棚、木垛等
		8. 不随意留顶煤、底煤开采,留顶煤、托夹矸开采时,制定专项措施	2	查现场和资料。不符合要求 1 处扣 0.5 分,留顶煤、托夹矸回采时无专项措施不得分		一次采全高的采煤工作面留煤顶、托夹矸石开采极易造成漏顶、空顶、支护失效甚至引发顶板安全事故。当采煤工作面过断层,或因其他原因必须留煤顶、托夹矸石开采时,必须制定专项安全技术措施并落实到位
		9. 工作面因顶板破碎或分层开采,需要铺设假顶时,按照作业规程的规定执行	2	查现场和资料。不符合要求 1 处扣 0.5 分		顶板破碎时铺设假顶是为阻挡顶板垮落岩石进入工作空间造成漏顶,支架接顶不实,支护强度达不到要求,出现冒顶事故。分层开采人工假顶的铺设质量将直接影响第二分层开采时的安全,如果网的铺设不按作业规程和有关规定执行,铺网、连网不仔细、不认真,网扣疏密不均,连接不牢固,在下分层开采时,网很容易破损、撕裂,造成冒顶事故
		10. 工作面控顶范围内顶底板移近量按采高不大于 100 mm/m;底板松软时,支柱应穿柱鞋,钻底小于 100 mm;工作面顶板不应出现台阶式下沉	2	查现场。不符合要求 1 处扣 0.5 分		该项是对采煤工作面支护系统对顶板支护有效性的考验,只有当采煤工作面支护能有效地控制顶底板移近量时,才能保证采煤工作面顶板完整性,实现顶板有效的支护管理。同时对松软的煤层底板提出了穿柱鞋的要求,明确规定单体支柱钻底量不大于 100 mm

续表 6-1

项目	项目内容	基本要求	标准分值	评分方法	得分	【说明】
三、质量与安全(50分)	顶板管理	11. 坚持开展工作面工程质量、顶板管理、规程落实情况的班评估工作,记录齐全,并放置在井下指定地点	2	查现场和资料。未进行班评估不得分,记录不符合要求的1处扣0.5分		采煤工作面是一个动态变化的作业场所,开展班评估有利于及时发现隐患,制定针对性的措施,消除安全隐患,实现安全生产。班评估内容涉及工作面工程质量、顶板管理、规程落实等
	安全出口与端头支护	1. 工作面安全出口畅通,人行道宽度不小于0.8 m,综采(放)工作面安全出口高度不低于1.8 m,其他工作面不低于1.6 m。工作面两端第一组支架与巷道支护间距不大于0.5 m,单体支柱初撑力符合《煤矿安全规程》规定	4	查现场。1处不符合要求不得分		采煤工作面上下出口是巷道与工作面衔接的重要地点,也是矿压显现强烈和事故易发地段。该项对采煤工作面上下出口的宽度、高度做出了明确规定,保证出口通道畅通;对排头支架与巷道支护的间距提出了要求,以保证出口的顶板支护安全。并鼓励、推广使用端头支架或其他先进有效的支护形式。《煤矿安全规程》第一百零一条 单体液压支柱的初撑力,柱径为100 mm的不得小于90 kN,柱径为80 mm的不得小于60 kN。对于软岩条件下初撑力确实达不到要求的,在制定措施、满足安全的条件下,必须经矿总工程师审批
		2. 条件适宜时,使用工作面端头支架和两巷超前支护液压支架	1	查现场。1处不符合要求不得分		1. 工作面端头空顶面积大、应力集中,端头支架具有支护强度高、支护面积大的特点,采用端头支架和两巷超前支护液压支架能满足端头和两巷的特殊要求; 2. 各地区、各煤炭企业应结合本地区或本企业条件实施

续表 6-1

项目	项目内容	基本要求	标准分值	评分方法	得分	【说明】
三、质量与安全(50分)	安全出口与端头支护	3. 进、回风巷超前支护距离不小于 20 m，支柱柱距、排距允许偏差不大于 100 mm，支护形式符合作业规程规定；进、回风巷与工作面放顶线放齐（沿空留巷除外），控顶距应在作业规程中规定；挡矸有效	4	查现场和资料。超前支护距离不符合要求不得分，其他 1 处不符合要求扣 0.5 分		超前支护主要是提高采煤工作面超前压力范围内的巷道支护强度，减少巷道变形量，确保上下出口的高度、宽度符合规定，超前支护的距离应根据超前压力的实测数据确定，但不小于 20 m，超前支护布置形式在作业规程中要明确规定。 采煤工作面上下出口管理是安全管理的重点，进、回风巷必须与采煤工作面放顶线放齐，主要是防止上、下隅角过大造成空顶距大、矿压集中，从而造成采煤工作面上、下出口顶板管理困难，同时防止积聚瓦斯。采煤工作面控顶距应在作业规程中作出明确规定，作业现场应与作业规程中的规定一致。采煤工作面切顶线侧挡矸应有效，无窜矸现象
		4. 架棚巷道超前替棚距离、锚杆、锚索支护巷道退锚距离符合作业规程规定	2	查现场和资料。不符合要求 1 处扣 0.5 分		架棚巷道超前替换主要是为了方便采煤工作面上下出口回撤巷道支架，保证工作面出口安全。若超前替换距采煤工作面过近，替换作业时有可能与工作面作业相互干涉，并危及出口安全，故在作业规程中对超前替换的距离做出明确规定
	安全设施	1. 各转载点有喷雾灭尘装置，带式输送机机头、乳化液泵站、配电点等场所消防设施齐全	3	查现场。1 处不符合要求扣 0.5 分		《煤矿安全规程》第六百五十二条规定：井下煤仓（溜煤眼）放煤口、输送机转载点和卸载点，以及地面筛分厂、破碎车间、带式输送机走廊、转载点等地点，必须安设喷雾装置或者除尘器，作业时进行喷雾降尘或者用除尘器除尘。 《煤矿安全规程》第五百七十二条规定：带式输送机设置应当遵守下列规定：在转载点和机头处应当设置消防设施

续表 6-1

项目	项目内容	基本要求	标准分值	评分方法	得分	【说明】
三、质量与安全(50分)	安全设施	2. 设备转动外露部位、溜煤眼及煤仓上口等人员通过的地点有可靠的安全防护设施	2	查现场。1处不符合要求不得分		设备转动外露部位,溜煤眼及煤仓上口等人员通过的地点应有护栏警示牌板等安全防护设施,防止人员靠近或坠落
		3. 单体液压支柱有防倒措施;工作面倾角大于15°时,液压支架有防倒、防滑措施,其他设备有防滑措施;倾角大于25°时,有防止煤(矸)窜出伤人的措施	3	查现场。不符合要求1处扣0.5分		依据《煤矿安全规程》第一百一十四条之规定执行。当工作面倾角大于15°时,液压支架很容易倾倒。目前生产的液压支架,在设计时一般有防倒功能,但由于采煤工作面生产的多变性,加之其他因素,所以,当工作面倾角大于15°时,液压支架必须采取相应的防倒、防滑措施。 倾角大于25°时,刮板输送机内的煤(矸)很容易窜出伤人,一般可采取在刮板输送机两侧架防护板的措施加以防治
		4. 行人通过的输送机机尾设盖板;输送机行人跨越处有过桥;工作面刮板输送机信号闭锁符合要求	2	查现场。不符合要求1处扣0.5分		人员出入工作面通常会跨越输送机,设盖板是为了防止人员误踩入运行中的设备,出现事故。设过桥是为方便行人需要,避免随意跨越而出现意外伤害事故。 依据《煤矿安全规程》第一百二十一条之规定,使用刮板输送机运输时,采煤工作面刮板输送机必须安设能发出停止、启动信号和通讯的装置,发出信号点的间距不得超过15 m
		5. 破碎机安全防护装置齐全有效	1	查现场。不符合要求不得分		破碎机入口前安装急停闭锁装置,没封闭的破碎机需设有效的安全防护装置,避免伤人。 依据《煤矿安全规程》第一百一十四条规定,采用综合机械化采煤时,必须遵守下列规定:工作面转载机配有破碎机时,必须有安全防护装置

续表 6-1

项目	项目内容	基本要求	标准分值	评分方法	得分	【说明】
四、机电设备(20分)	设备选型	1. 支护装备(泵站、支架及支柱)满足设计要求	2	查现场和资料。不符合要求不得分		液压支架(单体支柱)是保证采煤工作面支护安全的基础,其规格、型号的选择必须与煤层厚度(设计采高)、倾角、顶底板特性等开采条件相适应。支护应有计算过程,支架的工作阻力应满足要求。乳化液泵的完好和供液质量,是保证采煤工作面设备与支护安全的基础,满足工作面支架(支柱)支护顶板和推移设备的需要
		2. 生产装备选型、配套合理,满足设计生产能力需要	2	查现场和资料。不符合要求不得分		为使各类采煤设备满足地质条件要求,发挥最大效能,综采工作面要进行“三机”配套,采煤机选型是否合理,是能否实现安全高效生产的关键。采煤机截齿的选择,应根据煤层截割难易程度和特点进行确定;截割功率、行走功率的选择,应根据煤层硬度、倾角和设计的采煤机最大牵引速度等参数,计算后确定。刮板输送机运输能力满足生产能力的需要;液压支架满足支护顶板和推移设备的需要
		3. 电气设备满足生产、支护装备安全运行的需要	2	查现场和资料。不符合要求不得分		1. 查设备选型和配套资料; 2. 查现场设备使用、运行质量

续表 6-1

项目	项目内容	基本要求	标准分值	评分方法	得分	【说明】
四、机电设备(20分)	设备管理	1. 泵站: (1) 乳化液泵站完好,综采工作面乳化液泵压力不小于 30 MPa,炮采、高档普采工作面乳化液泵压力不小于 18 MPa,乳化液(浓缩液)浓度符合产品技术标准要求,并在作业规程中明确规定; (2) 液压系统无漏、窜液,部件无缺损,管路无挤压;注液枪完好,控制阀有效; (3) 采用电液阀控制时,净化水装置运行正常,水质、水量满足要求; (4) 各种液压设备及辅件合格、齐全、完好,控制阀有效,耐压等级符合要求,操纵阀手把有限位装置	4	查现场和资料。不符合要求 1 处扣 1 分		目前我国大部分采煤工作面采用乳化液作为支架的工作介质,乳化液泵站的完好和乳化液的供液质量,是保证采煤工作面设备与支护安全的基础,设备完好是采煤工作面保障安全生产、实现安全高效的关键。 1. 综采工作面投入使用前,应对配液用水、乳化油进行化验,保证乳化液质量源头达标。水质不合格时,应对井下配液用水加装软化、净化装置。 2. 现场对乳化液浓度进行测量,必须达到 3%～5%要求。当采用浓缩液时,应按产品使用说明执行。泵站司机必须熟知糖量仪使用方法,熟知乳化油的换算系数。 3. 现场需有乳化液浓度自检台账,每班检查次数不少于 2 次。 4. 智能型乳化液泵站控制系统显示屏参数(液位、浓度)显示正常,浓度显示值与实际测量值误差范围不能超过±0.5。 5. 乳化液泵压力表齐全,显示正常。 6. 乳化液泵站各连接管路、接头不得存在滴、漏液现象。 7. 支架操作阀手把有限位装置,防止误操作

续表 6-1

项目	项目内容	基本要求	标准分值	评分方法	得分	【说明】
四、机电设备(20分)	设备管理	2. 采(刨)煤机： (1) 采(刨)煤机完好； (2) 采煤机有停止工作面刮板输送机的闭锁装置； (3) 采(刨)煤机设置甲烷断电仪或者便携式甲烷检测报警仪，且灵敏可靠； (4) 采(刨)煤机截齿、喷雾装置、冷却系统符合规定，内外喷雾有效； (5) 采(刨)煤机电气保护齐全可靠； (6) 刨煤机工作面至少每隔 30 m 装设能随时停止刨头和刮板输送机的装置或向刨煤机司机发送信号的装置；有刨头位置指示器； (7) 大中型采煤机使用软启动控制装置； (8) 采煤机具备遥控控制功能	3	查现场和资料。第(1)～(6)项不符合要求 1 处扣 0.5 分，第(7)～(8)项不符合要求 1 处扣 0.1 分		依据《煤矿安全规程》第一百一十七条之规定，使用滚筒式采煤机采煤时，必须遵守下列规定： (1) 采煤机上装有能停止工作面刮板输送机运行的闭锁装置。启动采煤机前，必须先巡视采煤机四周，发出预警信号，确认人员无危险后，方可接通电源。采煤机因故暂停时，必须打开隔离开关和离合器。采煤机停止工作或者检修时，必须切断采煤机前级供电开关电源并断开其隔离开关，断开采煤机隔离开关，打开截割部离合器。 (2) 工作面遇有坚硬夹矸或者黄铁矿结核时，应当采取松动爆破处理措施，严禁用采煤机强行截割。 (3) 工作面倾角在 15°以上时，必须有可靠的防滑装置。 (4) 使用有链牵引采煤机时，在开机和改变牵引方向前，必须发出信号。只有在收到反向信号后，才能开机或者改变牵引方向，防止牵引链跳动或者断链伤人。必须经常检查牵引链及其两端的固定连接件，发现问题，及时处理。采煤机运行时，所有人员必须避开牵引链。 (5) 更换截齿和滚筒时，采煤机上下 3 m 范围内，必须护帮护顶，禁止操作液压支架。必须切断采煤机前级供电开关电源并断开其隔离开关，断开采煤机隔离开关，打开截割部离合器，并对工作面输送机施行闭锁。

续表 6-1

项目	项目内容	基本要求	标准分值	评分方法	得分	【说明】
四、机电设备(20分)	设备管理					(6) 采煤机用刮板输送机作轨道时,必须经常检查刮板输送机的溜槽、挡煤板导向管的连接情况,防止采煤机牵引链因过载而断链;采煤机为无链牵引时,齿(销、链)轨的安设必须紧固、完好,并经常检查。 第一百一十八条 使用刨煤机采煤时,必须遵守下列规定: (1) 工作面至少每隔 30 m 装设能随时停止刨头和刮板输送机的装置,或者装设向刨煤机司机发送信号的装置。 (2) 刨煤机应当有刨头位置指示器;必须在刮板输送机两端设置明显标志,防止刨头与刮板输送机机头撞击。 (3) 工作面倾角在 12°以上时,配套的刮板输送机必须装设防滑、锚固装置。 第(7)、(8)两项为鼓励发展项目
		3. 刮板输送机、转载机、破碎机: (1) 刮板输送机、转载机、破碎机完好; (2) 使用刨煤机采煤、工作面倾角大于 12°时,配套的刮板输送机装设防滑、锚固装置; (3) 刮板输送机机头、机尾固定可靠; (4) 刮板输送机、转载机、破碎机的减速器与电动机软连接或采用软启动控制,液力偶合器不使用可燃性传动介质(调速型液力偶合器不受此限),使用合格的易熔塞和防爆片; (5) 刮板输送机安设有能发出停止和启动信号的装置; (6) 刮板输送机、转载机、破碎机电气保护齐全可靠,电机采用水冷方式时,水量、水压符合要求	2	查现场和资料。不符合要求 1 处扣 0.5 分		依据《煤矿安全规程》第一百二十一条之规定,使用刮板输送机运输时,必须遵守下列规定: (1) 采煤工作面刮板输送机必须安设能发出停止、启动信号和通讯的装置,发出信号点的间距不得超过 15 m。 (2) 刮板输送机使用的液力偶合器,必须按所传递的功率大小,注入规定量的难燃液,并经常检查有无漏失。易熔合金塞必须符合标准,并设专人检查、清除塞内污物;严禁使用不符合标准的物品代替。 (3) 刮板输送机严禁乘人。 (4) 用刮板输送机运送物料时,必须有防止顶人和顶倒支架的安全措施。 (5) 移动刮板输送机时,必须有防止冒顶、顶伤人员和损坏设备的安全措施

续表 6-1

项目	项目内容	基本要求	标准分值	评分方法	得分	【说明】
四、机电设备(20分)	设备管理	4. 带式输送机: (1) 带式输送机完好,机架、托辊齐全完好,胶带不跑偏; (2) 带式输送机电气保护齐全可靠; (3) 带式输送机的减速器与电动机采用软连接或软启动控制,液力偶合器不使用可燃性传动介质(调速型液力偶合器不受此限),并使用合格的易熔塞和防爆片;	2	查现场和资料。第(1)~(8)项不符合要求1处扣0.5分,第(9)项不符合要求扣0.1分		1. 带式输送机四保护、两装置齐全有效(四保护:防堆煤保护,防打滑保护,防跑偏保护,防撕裂保护;两装置:有温度、烟雾监测装置,有自动洒水装置)。 2. 带式输送机机头防护网齐全,传动部要求设有保护栅栏。 3. 带式输送机机头电机、减速器冷却水嘴清洁畅通。 4. 带式输送机机尾清扫器完好有效,机尾缓冲托辊齐全完好,缓冲架无变形、损坏,机尾滚筒运转正常并且有护罩,护罩完好紧固。自移机尾装置各千斤顶、操作阀灵活可靠,无窜液、漏液现象。 5. 减速器无渗漏油现象,注油嘴清洁畅通。 6. 液力耦合器具有两项保护,其一是温度保护,以易熔塞实现;其二是压力保护,以防爆片实现。 7. 皮带接口处无毛边,接口(卡口)完好,无坏针。 8. 带式输送机沿线每隔100 m应设有拉线急停装置,拉线急停灵敏可靠,急停拉线严禁用铁丝代替。 9. 第(9)项为鼓励性项目,是适应新技术发展的需要。 依据《煤矿安全规程》第五百七十条之规定,采用带式输送机运输时,应当遵守下列规定: (1) 带式输送机运输物料的最大倾角,上行不得大于16°,严寒地区不得大于14°;下行不得大于12°。特种带式输送机不受此限。 (2) 输送带安全系数取值参照本规程第三百七十四条。 (3) 带式输送机的运输能力应当与前置设备能力相匹配。

续表 6-1

项目	项目内容	基本要求	标准分值	评分方法	得分	【说明】
四、机电设备(20分)	设备管理	(4) 使用阻燃、抗静电胶带,有防打滑、防堆煤、防跑偏、防撕裂保护装置,有温度、烟雾监测装置,有自动洒水装置; (5) 带式输送机机头、机尾固定牢固,机头有防护栏,有防灭火器材,机尾使用挡煤板、有防护罩。在大于16°的斜巷中带式输送机设置防护网,并采取防止物料下滑、滚落等安全措施; (6) 连续运输系统有连锁、闭锁控制装置,全线安设有通信和信号装置; (7) 上运式带式输送机装设防逆转装置和制动装置,下运式带式输送机装设软制动装置和防超速保护装置; (8) 带式输送机安设沿线急停装置; (9) 带式输送机系统宜采用无人值守集中综合智能控制方式	2	查现场和资料。第(1)～(8)项不符合要求1处扣0.5分,第(9)项不符合要求扣0.1分		第五百七十一条规定:带式输送机必须设置下列安全保护: (1) 拉绳开关和防跑偏、打滑、堵塞等。 (2) 上运时应当设制动器和逆止器,下运时应当设软制动和防超速保护装置。 (3) 机头、机尾、驱动滚筒和改向滚筒处应当设防护栏。 第五百七十二条规定:带式输送机设置应当遵守下列规定: (1) 避开采空区和工程地质不良地段,特殊情况下必须采取安全措施。 (2) 带式输送机栈桥应当设人行通道,坡度大于5°的人行通道应当有防滑措施。 (3) 跨越设备或者人行道时,必须设置防物料撒落的安全保护设施。 (4) 除移置式带式输送机外,露天设置的带式输送机应当设防护设施。 (5) 在转载点和机头处应当设置消防设施。 (6) 带式输送机沿线应当设检修通道和防排水设施。 第五百七十三条规定:带式输送机启动时应当有声光报警装置,运行时严禁运送工具、材料、设备和人员。停机前后必须巡查托辊和输送带的运行情况,发现异常及时处理。检修时应当停机闭锁

续表 6-1

项目	项目内容	基本要求	标准分值	评分方法	得分	【说明】
四、机电设备(20分)	设备管理	5.辅助运输设备完好,制动可靠,安设符合要求,声光信号齐全;轨道铺设符合要求;钢丝绳及其使用符合《煤矿安全规程》要求,检验合格	1	查现场。不符合要求1处扣0.5分		主要是对采煤工作面辅助运输设备涉及安全的部分进行检查。目前我国采煤工作面辅助运输方式和设备多种多样,运输方式既有有轨运输方式,也有无轨运输系统;运输设备既有传统的绞车、单轨吊,也有无轨胶轮车、卡轨车、齿轨车、无极绳等。各地区、各煤炭企业应结合本地区或本企业辅助运输特点,开展针对性检查
		6. 通信系统畅通可靠,工作面每隔15 m及变电站、乳化液泵站、各转载点有语音通信装置;监测、监控设备运行正常,安设位置符合规定	1	查现场。不符合要求1处扣0.5分		《煤矿安全规程》第一百二十一条规定:使用刮板输送机运输时,采煤工作面刮板输送机必须安设能发出停止、启动信号和通讯的装置,发出信号点的间距不得超过15 m。 《煤矿安全规程》第四百九十九条规定:井下下列地点必须设置甲烷传感器:采煤工作面及其回风巷和回风隅角,高瓦斯和突出矿井采煤工作面回风巷长度大于1 000 m时回风巷中部
		7. 小型电器排列整齐,干净整洁,性能完好;机电设备表面干净,无浮煤积尘;移动变电站完好;接地线安设规范;开关上架,电气设备不被淋水;移动电缆有吊挂、拖曳装置	1	查现场。1处不符合要求不得分		机电设备表面干净、无浮煤积尘是为防止设备因外部损坏、防爆面损伤或沾污防爆面造成防爆性能降低导致设备失爆。 安设接地线,当人员误操作时,接地线可有效形成接地回路,避免电击伤人。当设备、电缆淋水容易造成设备、电缆受潮,导致绝缘性能降低,当设备发生接地或电缆外皮损坏时,容易引起失爆。移动电缆有吊挂、拖拽装置是为了避免因挤压、撞击损坏电缆,影响使用安全

续表 6-1

项目	项目内容	基本要求	标准分值	评分方法	得分	【说明】
五、文明生产(10分)	面外环境	1. 电缆、管线吊挂整齐,泵站、休息地点、油脂库、带式输送机机头和机尾等场所有照明;图牌板(工作面布置图、设备布置图、通风系统图、监测通信系统图、供电系统图、工作面支护示意图、正规作业循环图表、避灾路线图;炮采工作面增设炮眼布置图、爆破说明书等)齐全、清晰整洁;巷道每隔100 m设置醒目的里程标志	2	查现场。不符合要求1项扣1分		《煤矿安全规程》第四百六十九条规定:下列地点必须有足够照明: (1) 井底车场及其附近。 (2) 机电设备硐室、调度室、机车库、爆炸物品库、候车室、信号站、瓦斯抽采泵站等。 (3) 使用机车的主要运输巷道、兼作人行道的集中带式输送机巷道、升降人员的绞车道以及升降物料和人行交替使用的绞车道(照明灯的间距不得大于30 m,无轨胶轮车主要运输巷道两侧安装有反光标识的不受此限)。 (4) 主要进风巷的交岔点和采区车场。 (5) 从地面到井下的专用人行道。 (6) 综合机械化采煤工作面(照明灯间距不得大于15 m)。 地面的通风机房、绞车房、压风机房、变电所、矿调度室等必须设有应急照明设施
		2. 进、回风巷支护完整,无失修巷道;设备、物料与胶带、轨道等的安全距离符合规定,设备上方与顶板距离不小于0.3 m	3	查现场。不符合要求1项扣1分		《煤矿安全规程》第九十七条规定:采煤工作面必须保持至少2个畅通的安全出口,一个通到进风巷道,另一个通到回风巷道。 采煤工作面所有安全出口与巷道连接处超前压力影响范围内必须加强支护,且加强支护的巷道长度不得小于20 m;综合机械化采煤工作面,此范围内的巷道高度不得低于1.8 m,其他采煤工作面,此范围内的巷道高度不得低于1.6 m。安全出口和与之相连接的巷道必须设专人维护,发生支架断梁折柱、巷道底鼓变形时,必须及时更换、清挖

续表 6-1

项目	项目内容	基本要求	标准分值	评分方法	得分	【说明】
五、文明生产（10分）	面外环境	3. 巷道及硐室底板平整，无浮碴及杂物、无淤泥、无积水；管路、设备无积尘；物料分类码放整齐，有标志牌，设备、物料放置地点与通风设施距离大于5 m	2	查现场。不符合要求1项扣1分		所有材料、设备、配件的码放都要挂牌标注，牌板内容应包括名称、规格、数量、管理单位、责任人等，牌板应齐全、清晰、准确。材料从卸料、码放、使用到用后整理都不得破坏摆放材料的架子，不得造成混乱，且保证安全行人距离；工具放入专用工具箱或工具架，应班班处理，班班保持，班班交接，作业场所未使用完的材料，必须在工作面堆放整齐，现场交接清。所有废旧材料、坏旧设备必须集中堆放，及时回收升井
	面内环境	工作面内管路敷设整齐，支架内无浮煤、积矸，照明符合规定	3	查现场。不符合要求1项扣1分		工作面内管路敷设整齐，便于维修人员工作，防止因强行移架造成管路刮卡、损坏或误动作出现伤人事故。 支架内的浮煤、浮矸不清理，会导致初撑力不足，影响生产安全，有浮煤易引发自燃事故。 《煤矿安全规程》第四百六十九条规定，综合机械化采煤工作面(照明灯间距不得大于15 m)必须有足够照明

得分合计：

第7部分 掘　　进

一、工作要求(风险管控)

1. 生产组织

(1) 煤巷、半煤岩巷宜采用综合机械化掘进,综合机械化程度不低于50%,并持续提高机械化程度;

【说明】 本条规定了煤巷、半煤岩巷采用综合机械化掘进的具体要求。

大力发展机械化,是提高掘进单进,实现减头减面,减轻职工劳动强度,提高安全程度最有效的措施和手段。所谓综合机械化掘进技术就是系统地装配和组织掘进机、输送机和转载机等机械化设备来自动或半自动地高效率完成煤(岩)巷的掘进工作,同时在掘进的过程中辅以定向测量、定向掘进、定向运输、定向支护和有效除尘技术,系统性地组合以达到高产高效的最终效果。综掘机械化程度是指生产矿井中机械化掘进进尺占掘进总进尺的比例。其计算公式如下:掘进装载机械化程度(Y%)=掘进装载机械工作面进尺÷掘进总进尺×100%。煤巷、半煤巷普氏硬度小于5,巷道长度大于600 m,16°以下宜采用综合机械化掘进。

(2) 掘进作业应组织正规循环作业,按循环作业图表进行施工;

【说明】 本条规定了掘进作业的具体要求。

劳动组织科学、合理,可以实现巷道的快速施工,应坚持正规循环作业和尽量采用多工序平行交叉作业。在巷道施工中,各主要工序和辅助工序按照一定的顺序周而复始地进行称为循环作业。为组织循环作业,将循环中各工序的工作持续时间、先后顺序和相互衔接关系,周密地以图表的形式固定下来,该图表称为循环作业图表。编制好的循环作业图表,需在实践中进一步检验修改,使之不断改进、完善、规范,真正起到指导施工的作用。工作面交接班要求每班的负责人、各工种以及每个岗位上的职工,都要在现场对口交接,并做到交任务、交措施、交设备、交安全,确保工作面无隐患、各种状况良好,做到不拖班延点,以使工作面及时连续作业,充分利用工时。

(3)采用机械化装运煤(矸),人工运输材料距离不超过300 m;

【说明】 本条规定了掘进装运煤(矸)及人工运输材料距离的具体要求。

材料、设备运输采用机械运输可以有效减轻工人的劳动强度,也可以减少长距离搬运过程中容易出现的各种砸伤、挤伤以及注意力转移导致的其他工伤事故,因此规定超过300 m不允许人工运输材料。

(4) 掘进队伍工种配备满足作业要求。

【说明】 本条规定了掘进队伍工种配备的具体要求。

《煤矿安全规程》第三十七条规定:煤矿建设、施工单位必须设置项目管理机构,配备满足工程需要的安全人员、技术人员和特种作业人员。

主要负责人和安全生产管理人员必须具备煤矿安全生产知识和管理能力,并经考核合格。特种作业人员必须按国家有关规定培训合格,取得资格证书,方可上岗作业。煤矿企业特种作业人员应当具备从事本岗位必要的安全知识及安全操作技能，熟悉有关安全生产规章制度和安全操作规程，具备相关紧急情况处置和自救互救能力。

煤矿企业必须对从业人员进行安全教育和培训。不得安排未经安全培训合格的人员从事生产作业活动。

2. 设备管理

(1) 掘进机械设备完好，装载设备照明、保护及其他防护装置齐全可靠，使用正常；

【说明】 本条规定了掘进机械设备的具体要求。

(1) 使用耙装机时，应当遵守下列规定：

① 耙装机作业时必须有照明。

② 耙装机绞车的刹车装置必须完好、可靠。

③ 耙装机必须装有封闭式金属挡绳栏和防耙斗出槽的护栏；在巷道拐弯段装岩(煤)时，必须使用可靠的双向辅助导向轮，清理好机道，并有专人指挥和信号联系。

④ 固定钢丝绳滑轮的锚桩及其孔深和牢固程度，必须根据岩性条件在作业规程中明确。

⑤ 耙装机在装岩(煤)前，必须将机身和尾轮固定牢靠。耙装机运行时，严禁在耙斗运行范围内进行其他工作和行人。在倾斜井巷移动耙装机时，下方不得有人。上山施工倾角大于20°时，在司机前方必须设护身柱或者挡板，并在耙装机前方增设固定装置。倾斜井巷使用耙装机时，必须有防止机身下滑的措施。

⑥ 耙装机作业时，其与掘进工作面的最大和最小允许距离必须在作业规程中明确。

⑦ 高瓦斯、煤与瓦斯突出和有煤尘爆炸危险矿井的煤巷、半煤岩巷掘进工作面和石门揭煤工作面，严禁使用钢丝绳牵引的耙装机。

(2) 使用掘进机、掘锚一体机、连续采煤机掘进时，必须遵守下列规定：

① 开机前，在确认铲板前方和截割臂附近无人时，方可启动。采用遥控操作时，司机必须位于安全位置。开机、退机、调机时，必须发出报警信号。

② 作业时，应当使用内、外喷雾装置，内喷雾装置的工作压力不得小于2 MPa，外喷雾装置的工作压力不得小于4 MPa。

③ 截割部运行时，严禁人员在截割臂下停留和穿越，机身与煤(岩)壁之间严禁站人。

④ 在设备非操作侧，必须装有紧急停转按钮(连续采煤机除外)。

⑤ 必须装有前照明灯和尾灯。

⑥ 司机离开操作台时，必须切断电源。

⑦ 停止工作和交班时，必须将切割头落地，并切断电源。

(3) 使用运煤车、铲车、梭车、履带式行走支架、锚杆钻车、给料破碎机、连续运输系统或者桥式转载机等掘进机后配套设备时，必须遵守下列规定：

① 所有安装机载照明的后配套设备启动前必须开启照明，发出开机信号，确认人员离开，再开机运行。设备停机、检修或者处理故障时，必须停电闭锁。

② 带电移动的设备电缆应当有防拔脱装置。电缆必须连接牢固、可靠，电缆收放装置必须完好。操作电缆卷筒时，人员不得骑跨或者踩踏电缆。

③ 运煤车、铲车、梭车制动装置必须齐全、可靠。作业时，行驶区间严禁人员进入；检修时，铰接处必须使用限位装置。

④ 给料破碎机与输送机之间应当设连锁装置。给料破碎机行走时两侧严禁站人。

⑤ 连续运输系统或者桥式转载机运行时，严禁在非行人侧行走或者作业。

⑥ 锚杆钻车作业时必须有防护操作台，支护作业时必须将临时支护顶棚升至顶板。非操作人员严禁在锚杆钻车周围停留或者作业。

⑦ 履带行走式支架应当具有预警延时启动装置、系统压力实时显示装置，以及自救、逃逸功能。

(4) 使用刮板输送机运输时，必须遵守下列规定：

① 采煤工作面刮板输送机必须安设能发出停止、启动信号和通讯的装置，发出信号点的间距不得超过 15 m。

② 刮板输送机使用的液力偶合器，必须按所传递的功率大小，注入规定量的难燃液，并经常检查有无漏失。易熔合金塞必须符合标准，并设专人检查、清除塞内污物；严禁使用不符合标准的物品代替。

③ 刮板输送机严禁乘人。

④ 用刮板输送机运送物料时，必须有防止顶人和顶倒支架的安全措施。

⑤ 移动刮板输送机时，必须有防止冒顶、顶伤人员和损坏设备的安全措施。

(2) 运输系统设备配置合理，无制约因素；

【说明】 本条规定了运输系统设备配置的具体要求。

掘进工作面的运输系统设备要求各项参数配置合理，运输能力匹配，无其他内在与外在的因素影响出煤(矸)，保证运输系统畅通。

(3) 运输设备完好整洁，附件齐全、运转正常，电气保护齐全可靠；减速器与电动机实现软启动或软连接；

【说明】 本条规定了运输设备的具体要求。

在用运输设备综合完好率不低于 90%，电气保护齐全可靠。

(1) 使用刮板输送机运输时，必须遵守下列规定：

① 采煤工作面刮板输送机必须安设能发出停止、启动信号和通讯的装置，发出信号点的间距不得超过 15 m。

② 刮板输送机使用的液力偶合器，必须按所传递的功率大小，注入规定量的难燃液，并经常检查有无漏失。易熔合金塞必须符合标准，并设专人检查、清除塞内污物；严禁使用不符合标准的物品代替。

③ 刮板输送机严禁乘人。

④ 用刮板输送机运送物料时，必须有防止顶人和顶倒支架的安全措施。

⑤ 移动刮板输送机时，必须有防止冒顶、顶伤人员和损坏设备的安全措施。

(2) 采用滚筒驱动带式输送机运输时，应当遵守下列规定：

① 采用非金属聚合物制造的输送带、托辊和滚筒包胶材料等，其阻燃性能和抗静电性能必须符合有关标准的规定。

② 必须装设防打滑、跑偏、堆煤、撕裂等保护装置，同时应当装设温度、烟雾监测装置和自动洒水装置。

③ 应当具备沿线急停闭锁功能。

④ 主要运输巷道中使用的带式输送机，必须装设输送带张紧力下降保护装置。

⑤ 倾斜井巷中使用的带式输送机，上运时，必须装设防逆转装置和制动装置；下运时，应当装设软制动装置且必须装设防超速保护装置。

⑥ 在大于 16°的倾斜井巷中使用带式输送机，应当设置防护网，并采取防止物料下滑、滚落等的安全措施。

⑦ 液力偶合器严禁使用可燃性传动介质（调速型液力偶合器不受此限）。

⑧ 机头、机尾及搭接处，应当有照明。

⑨ 机头、机尾、驱动滚筒和改向滚筒处，应当设防护栏及警示牌。行人跨越带式输送机处，应当设过桥。

⑩ 输送带设计安全系数，应当按下列规定选取：

A. 棉织物芯输送带，8～9。

B. 尼龙、聚酯织物芯输送带，10～12。

C. 钢丝绳芯输送带，7～9；当带式输送机采取可控软启动、制动措施时，5～7。

(4) 运输机头、机尾固定牢固，行人处设过桥；

【说明】 本条规定了运输机头、机尾固定及行人处设过桥的具体要求。

输送机机头机尾锚固支柱起着固定刮板输送机的作用，必须打牢。许多掘进工作面曾发生多起因刮板输送机机头、机尾翻翘引起的人员伤亡事故。其主要原因是安装时图省事，未安装机头架与过渡槽的连接螺栓，接链后启动，下链有卡阻现象，造成上链牵引力过大，在机头没有锚固的情况下，机头向上翻翘，威胁在机头附近作业人员的安全。当机尾链出槽、飘链，下链被卡阻时，上链张力骤增，在机尾没有锚固的情况下，机尾可能翻翘。

为了人身安全，行人跨越输送机处必须设过桥。行人越过输送机时，从过桥上通过，不能直接跨越。

(5) 轨道运输各种安全设施齐全可靠。

【说明】 本条规定了轨道运输的具体要求。

轨道运输设备安设符合要求，制动可靠，声光信号齐全；轨道线路轨型、轨道铺设质量符合标准要求。

(1) 开凿或者延深斜井、下山时，必须在斜井、下山的上口设置防止跑车装置，在掘进工作面的上方设置跑车防护装置，跑车防护装置与掘进工作面的距离必须在施工组织设计或者作业规程中明确。

① 斜井（巷）施工期间兼作人行道时，必须每隔 40 m 设置躲避硐。设有躲避硐的一侧必须有畅通的人行道。上下人员必须走人行道。人行道必须设红灯和语音提示装置。

② 斜巷采用多级提升或者上山掘进提升时，在绞车上山方向必须设置挡车栏。

③ 斜巷的运输安全设施是指各种挡车设施及安全信号、警标等，应当严格遵守相关的机电运输安全技术管理规范。斜巷的一般安全设施有阻车器（标准阻车器、防逆行阻车器、自动复位阻车器）、挡车栏、挡车棍、联动挡车门、捕车器、超速挡车器以及声光行人报警装置、语音信号、“行车不行人”牌板、躲避硐室等。

(2) 倾斜井巷内使用串车提升时，必须遵守下列规定：

① 在倾斜井巷内安设能够将运行中断绳、脱钩的车辆阻止住的跑车防护装置。

② 在各车场安设能够防止带绳车辆误入非运行车场或者区段的阻车器。

③ 在上部平车场入口安设能够控制车辆进入摘挂钩地点的阻车器。

④ 在上部平车场接近变坡点处,安设能够阻止未连挂的车辆滑入斜巷的阻车器。

⑤ 在变坡点下方略大于1列车长度的地点,设置能够防止未连挂的车辆继续往下跑车的挡车栏。

上述挡车装置必须经常关闭,放车时方准打开。兼作行驶人车的倾斜井巷,在提升人员时,倾斜井巷中的挡车装置和跑车防护装置必须是常开状态并闭锁。

3. 技术保障

(1) 有矿压观测、分析、预报制度;

【说明】 本条规定了掘进矿压管理建立哪些制度的具体要求。

为加强采掘工作面的顶板管理,掌握采掘工作面顶底板活动和来压规律,为采掘工作面支护提供科学依据,确保采掘工作面有效支护,防止冒顶事故发生,煤矿必须有矿压观测、分析、预报制度。

一是要成立矿压观测领导小组,负责井下施工采掘工作面及已掘巷道的测点布置、矿压观测数据分析与总结,为选择合理支护方式提供科学的参考依据。

二是配备专职技术人员及检测工具,建立健全观测组织机构,配备相应仪器仪表,负责收集矿压观测资料并认真分析、归纳、总结。

三是矿压观测技术人员通过现场观测的数据进行分析研究,通过科学分析,就巷道支护强度、支护方式、工作面推进速度等提出合理性意见和建议,同时将结论报总工程师审核批准,必要时由矿总工程师定期组织相关人员进行分析、讨论,总结矿压显现规律,为采掘工作面顶板管理和支护设计提供科学依据。

四是矿压工程观测原始数据和参数必须真实可靠,不得弄虚作假。每次监测数据要有分析结果,实行监控、分析、措施制定、责任落实过程闭环管理。

(2) 按地质及水文地质预报采取针对性措施;

【说明】 本条规定了掘进工作面根据地质及水文地质预报采取针对性措施的具体要求。

《煤矿防治水规定》中要求煤矿防治水工作应坚持"预测预报、有疑必探、先探后掘、先治后采"的原则,采取"防、堵、疏、排、截"的综合治理措施,确保在探水确认的无任何威胁的安全距离内进行施工作业。探测工作可采用物探、钻探等手段,必须查清工作面前方50 m内地质构造发育和瓦斯赋存情况及水患情况后方可施工。巷道超前物探必须保证连续性,并且连续两次物探之间重复物探巷道长度不少于20 m。

(3) 坚持"有疑必探,先探后掘"的原则;

【说明】 本条规定了掘进工作面坚持"有疑必探,先探后掘"原则的具体要求。

(1) 采掘工作面或者其他地点发现有煤层变湿、挂红、挂汗、空气变冷、出现雾气、水叫、顶板来压、片帮、淋水加大、底板鼓起或者裂隙渗水、钻孔喷水、煤壁溃水、水色发浑、有臭味等透水征兆时,应当立即停止作业,撤出所有受水患威胁地点的人员,报告矿调度室,并发出警报。在原因未查清、隐患未排除之前,不得进行任何采掘活动。

(2) 在地面无法查明水文地质条件时,应当在采掘前采用物探、钻探或者化探等方法查清采掘工作面及其周围的水文地质条件。

采掘工作面遇有下列情况之一时，应当立即停止施工，确定探水线，实施超前探放水，经确认无水害威胁后，方可施工：

① 接近水淹或者可能积水的井巷、老空区或者相邻煤矿时。

② 接近含水层、导水断层、溶洞和导水陷落柱时。

③ 打开隔离煤柱放水时。

④ 接近可能与河流、湖泊、水库、蓄水池、水井等相通的导水通道时。

⑤ 接近有出水可能的钻孔时。

⑥ 接近水文地质条件不清的区域时。

⑦ 接近有积水的灌浆区时。

⑧ 接近其他可能突(透)水的区域时。

(3) 采掘工作面超前探放水应当采用钻探方法，同时配合物探、化探等其他方法查清采掘工作面及周边老空水、含水层富水性以及地质构造等情况。

① 井下探放水应当采用专用钻机，由专业人员和专职探放水队伍施工。

② 探放水前应当编制探放水设计，采取防止有害气体危害的安全措施。探放水结束后，应当提交探放水总结报告存档备查。

(4) 掘进工作面设计、作业规程编制审批符合要求，贯彻记录齐全；地质条件等发生变化时，对作业规程及时进行修改或补充安全技术措施；

【说明】 本条规定了对掘进工作面设计、作业规程的具体要求。

作业规程和措施按照《煤矿作业规程编制指南》编制。执行好《煤矿安全规程》第三十八条规定：单项工程、单位工程开工前，必须编制施工组织设计和作业规程，并组织相关人员学习。

(1) 煤矿作业规程的编制、审批、贯彻、管理等环节形成一个完整的系统，缺一不可。

① 编制环节：煤矿作业规程的编制应由施工单位的工程技术人员负责。要做到内容齐全、语言简明、准确、规范；图表满足施工要求，采用规范图例，内容和标注齐全，比例恰当、图面清晰，按章节顺序编号，采用计算机编制。

② 审批环节：各部门要结合各自的分工，对作业规程进行严格审查，查漏补缺，同时要签署审查意见。

③ 贯彻环节：传达学习煤矿作业规程是一个非常重要的环节。一切技术准备，最终只能通过现场按章作业才能反映出成果来。煤矿通常采用学习、考试、安全检查等方式来贯彻落实煤矿作业规程。

④ 管理环节：主要包括规程的复查、补充措施、总结、安全检查等环节。通过该环节的运行，促进作业规程的有效落实。

(2) 有下列情况之一时应编制专门技术措施：

① 掘进工作面有煤与瓦斯突出(瓦斯涌出异常)、煤层自燃、受水害威胁、冲击地压等灾害时。

② 工作面过断层、应力集中区、冒落带，石门揭露煤层或巷道开掘、贯通，复合顶板支护及掘进巷道岩性发生变化时，各单位要由总工程师或分管副总工程师负责组织分管技术负责人及专业部门对现场进行勘察会审，制定专项设计和措施。

(5) 作业场所有规范的施工图牌板。

【说明】 本条规定了作业场所施工图牌板的具体要求。

牌板制定按照《各工作场所质量标准化牌板、制度镜框悬挂标准》执行。掘进工作面作业场所应安设巷道平面布置图、施工断面图、炮眼布置图、爆破说明书(断面截割轨迹图)、正规循环作业图和避灾路线图等,图牌板内容齐全、图文清晰、正确、保护完好,安设位置便于观看。

4. 岗位规范

(1) 建立并执行本岗位安全生产责任制;

【说明】 本条规定了建立岗位安全生产责任制的具体要求。

安全生产责任制是根据我国的安全生产方针"安全第一、预防为主、综合治理"和安全生产法规建立的各级领导、职能部门、工程技术人员、岗位操作人员在劳动生产过程中对安全生产层层负责的制度,是生产经营单位保障安全生产的最基本、最重要的管理制度。

安全生产责任制是生产经营单位岗位责任制的一个组成部分,是生产经营单位中最基本的一项安全制度,也是生产经营单位安全生产、劳动保护管理制度的核心。根据"管生产必须管安全"的原则,安全生产责任制综合各种安全生产管理、安全操作制度,对生产经营单位各级领导、各职能部门、有关工程技术人员和生产工人在生产中应负的安全责任加以明确规定,《安全生产法》把建立和健全安全生产责任制作为生产经营单位安全管理必须实行的一项基本制度,在第二章"生产经营单位的安全生产保障"第十八条第一款作了明确规定,要求生产经营单位的主要负责人要建立、健全本单位安全生产责任制,并对其负责。生产经营单位安全生产责任制的主要内容是:

(1) 生产经营单位主要负责人的安全生产责任。生产经营单位主要负责人对本单位的安全生产全面负责,负责安全生产重大事项的决策并组织实施。

(2) 生产经营单位有关负责人的安全生产责任。生产经营单位副职负责人或者技术负责人按照分工,协助主要负责人对安全生产专职负责。

(3) 生产经营单位安全管理机构负责人及其安全管理人员的安全生产责任。生产经营单位专设或者指定的安全管理机构的负责人、安全管理人员,应当按照分工,负责日常安全管理工作,对实现安全生产负责。

(4) 班组长的安全生产责任。班组长是生产经营单位作业的直接执行者,负责一线安全生产管理,责任重大。班组长应当检查、督促从业人员遵守安全生产规章制度和操作规程,遵守劳动纪律,不违章指挥、不强令工人冒险作业,对本班组的安全生产负责。

(5) 岗位职工的安全生产责任。岗位职工必须遵守以岗位责任制为主的安全生产制度,严格遵守安全生产规章制度和操作规程,服从管理,坚守岗位,不违章作业,对本岗位的安全生产负责,并有权拒绝违章指挥,险情严重时有权停止作业,采取紧急防范措施。

(2) 作业人员操作规范,无违章指挥、违章作业、违反劳动纪律(以下简称"三违")的行为;

【说明】 本条规定了对作业人员的具体要求。

执行好《煤矿安全规程》第八条规定:煤矿安全生产与职业病危害防治工作必须实行群

众监督。煤矿企业必须支持群众组织的监督活动，发挥群众的监督作用。

从业人员有权制止违章作业，拒绝违章指挥；当工作地点出现险情时，有权立即停止作业，撤到安全地点；当险情没有得到处理不能保证人身安全时，有权拒绝作业。

从业人员必须遵守煤矿安全生产规章制度、作业规程和操作规程，严禁违章指挥、违章作业。

违章指挥是指各级管理者和指挥者对下级职工发出违反安全生产规章制度以及煤矿“三大规程”的指令的行为。违章指挥是管理者和指挥者的一种特定行为，是“三违”中危害最大的一种。

违章作业是指煤矿企业作业人员违反安全生产规章制度以及煤矿“三大规程”的规定，冒险蛮干进行作业和操作的行为。违章作业是人为制造事故的行为，是造成煤矿各类灾害事故的主要原因之一。违章作业是“三违”中数量最多的一种。

违反劳动纪律是指工人违反生产经营单位的劳动规则和劳动秩序，即违反单位为形成和维持生产经营秩序、保证劳动合同的得以履行，以及与劳动、工作紧密相关的其他过程中必须共同遵守的规则。违反劳动纪律具体包括：不履行劳动合同及违约承担的责任，不遵守考勤与休假纪律、生产与工作纪律、奖惩制度、其他纪律等。

现场作业人员在作业过程中，应当遵守本单位的安全生产规章制度，按操作规程及作业规程、措施施工，不得有“三违”行为。

(3) 管理人员、技术人员掌握掘进作业规程的内容，作业人员熟知本岗位操作规程和作业规程相关内容；

【说明】 本条规定了对管理人员、技术人员和作业人员的具体要求，主要是指掘进队的管理人员、技术人员和作业人员对作业规程和措施的学习掌握情况，保证掘进巷道的质量和安全。

(1) 煤矿作业规程的贯彻学习，必须在工作面开工之前完成。传达学习煤矿作业规程是一个非常重要的环节。我们所做的一切技术准备，最终只能通过现场按章作业才能反映出成果来。除了在生产过程中要对规程进行反复学习之外，在开工以前必须进行作业规程的学习。

(2) 作业规程由施工单位负责人组织全体参与施工的人员进行学习，由编制作业规程的技术人员负责讲解，以使作业人员掌握规程的要点。

(3) 参加学习的人员，经考试合格方可上岗。考试合格人员的考试成绩应登记在本规程的学习考试记录表上，并签名。如何考核作业规程的学习情况，组织考试是最有效的方法。

目前，有许多煤矿非常重视作业规程的学习检查，在日常的安全管理、检查中能够经常现场对操作人员进行“考试”，有力地促进了规程的落实。

(4) 作业前进行安全确认。

【说明】 本条规定了掘进工作面作业前的具体要求。

开工前，班组长必须对工作面安全情况进行全面检查，确认无危险后，方准人员进入工作面。

各班组在作业前必须对现场进行隐患排查，发现隐患立即整改，做到隐患排查、落实整改、复查验收、隐患销号的隐患闭合管理，保证所有隐患能够得到落实，确保施工安全。

上岗前作业人员可以通过“手指口述”、“应知应会”等进行岗前安全确认。

5. 工程质量与安全

(1) 建立工程质量考核验收制度,验收记录齐全;

【说明】 本条规定了建立工程质量制度的具体要求。

矿井必须对掘进工程有一整套施工巷道工程质量考核标准,建立工程质量考核、检查制度。矿井对掘进工程质量的各种检查进行记录,有质量问题的巷道应记录相关情况,并整改。不合格工程整改要有措施、有要求、有记录、有验收,进行闭合管理。

掘进区队班组必须建立班组验收制度,班组验收必须细化到每一个施工工序,班组验收时在上一道工序不合格的情况下严禁进入下一道施工工序,现场整改验收合格后方可进入下一道工序。

(2) 规格质量、内在质量、附属工程质量、工程观感质量符合 GB 50213 合格的要求,未明确规定的支护方式或施工形式参照执行;

【说明】 本条规定了掘进各项质量符合 GB 50213 的具体要求。

按照《煤矿井巷工程质量验收规范》(GB 50213—2010)中对应的支护方式或施工形式验收,验收表格按照《煤矿井巷工程质量验收规范》执行。

(3) 巷道支护材料规格、品种、强度等符合设计要求;

【说明】 本条规定了巷道支护材料的具体要求。

巷道工程质量验收中,矿方、施工方应严格控制,防止劣质、过期失效、不符合设计的产品混入使用。钢架及其构件、配件的材质、规格的质量验收应符合设计及有关规定。钢架的背板和充填材料的材质、规格的质量验收应符合设计要求和有关规定。检查数量:逐架检查。检验方法:检查出厂合格证或检验报告,并现场实查。锚杆的杆体及配件的材质、品种、规格、强度必须符合设计要求。检查数量:不同规格的锚杆进场后,同一规格的锚杆每 1 500 根或不足 1 500 根的抽样检验应不少于一次。检验方法:检查产品出厂合格证或出厂试验报告和抽样检验报告,并在施工中实查。

各种金属网和塑料网的材质、规格、品种必须符合设计要求,金属网的网格应焊接、压接或绑扎牢固。检查数量和检验方法:每批进场的成品金属网和塑料网应检查出厂合格证及出厂检验证明,自行加工金属网应对材质、规格、品种进行检验,并按作业规程的规定进行验收;施工班组应每循环逐个检查验收,验收合格后方可使用;中间或竣工验收时,按有关规定选检查点,抽查验收记录。

水泥卷、树脂卷和砂浆锚固材料的材质、规格、配比、性能必须符合设计要求。检查数量:每 3 000 卷或不足 3 000 卷的每种锚固材料进场后抽样检验应不少于一次。检验方法:检查产品出厂合格证或出厂试验报告和抽样检验报告,并在施工中实查。

喷射混凝土所用的水泥、水、骨料、外加剂的质量必须符合作业规程的要求。检查数量:每批水泥、骨料、外加剂进场后抽样检查应不少于一次;对使用水源应做 pH 值检验。水源发生变化时应重新检验。检验方法:检查出厂合格证或出厂试验报告和抽样检验报告及水的 pH 值检验报告。喷射混凝土的配合比和外加剂掺量必须符合作业规程的要求。检查数量和检验方法:检查验收记录,并现场实查。

(4) 掘进工作面控顶距符合作业规程要求,杜绝空顶作业;临时支护符合规定,安全设施齐全可靠；

【说明】 本条规定了掘进工作面控顶距的具体要求。

(1) 施工岩(煤)平巷(硐)时，应当遵守下列规定：

① 掘进工作面严禁空顶作业。临时和永久支护距掘进工作面的距离，必须根据地质、水文地质条件和施工工艺在作业规程中明确，并制定防止冒顶、片帮的安全措施。

② 距掘进工作面 10 m 内的架棚支护，在爆破前必须加固。对爆破崩倒、崩坏的支架必须先行修复，之后方可进入工作面作业。修复支架时必须先检查顶、帮，并由外向里逐架进行。

③ 在松软的煤(岩)层、流砂性地层或者破碎带中掘进巷道时，必须采取超前支护或者其他措施。

(2) 顶板管理工作要引起煤矿的高度重视，加强矿井地质勘探和地质资料分析研究及矿压观测工作，并合理确定顶板的支护方式和支护参数。

锚杆、锚喷等支护的端头与掘进工作面的距离必须在施工组织设计和作业规程中规定。掘进工作面严禁空顶作业。靠近掘进工作面 10 m 内的支护，在爆破前必须加固。支架间应设牢固的撑木或拉杆。可缩性支架应用金属支拉杆，并用机械或力矩扳手拧紧卡缆。支架与顶帮之间的空隙必须塞紧、背实。煤巷必须进行顶板离层监测，并用记录牌板显示。锚杆支护的巷道必须按规定做拉力实验。在井下做锚固力实验时，必须有安全措施。

(5) 无失修的巷道。

【说明】 本条规定了对巷道维修的具体要求。

《煤矿安全规程》第一百二十五条规定：矿井必须制定井巷维修制度，加强井巷维修，保证通风、运输畅通和行人安全。

矿井应定期对巷道进行自查，失修巷道易垮落伤人、堵人、瓦斯积聚，造成通风、运输等隐患。构成掘进工作面生产系统的巷道，包括行人联巷、运输和回风通道等巷道，不得存在安全隐患。

6. 文明生产

(1) 作业场所卫生整洁；工具、材料等分类、集中放置整齐，有标志牌；

【说明】 本条规定了作业场所的具体要求。

文明生产实现“三无一整齐”(三无：无浮渣、无淤泥积水、无杂物；一整齐：物料码放整齐)。材料上架，托盘、锚固剂等其他材料分类码放，机电配件分类集中码放，且摆放整齐平稳，不得超出指定摆放区域。检测、通信、信号电缆与动力电缆分挂在巷道两侧，如一侧布置必须按检测、通信、信号、低压、高压顺序自上而下分挡吊挂，垂直度合适，电缆沟固定上下平直，所有电缆必须入沟(除拖移电缆外)，包括信号线、电话线严禁出现蜘蛛网状。

所有材料、设备、配件的码放都要挂牌标注，牌板内容应包括名称、规格、数量、管理单位、责任人等，牌板应齐全、清晰、准确。材料从卸料、码放、使用到用后整理都不得破坏，摆放材料的架子不得造成混乱，且保证安全行人距离。工具放入专用工具箱或工具架，应班班处理，班班保持，班班交接。作业场所未使用完的材料必须在工作面堆放整齐，现场交接清。所有废旧材料、坏旧设备必须集中堆放，及时回收升井。

(2) 设备设施保持完好状态;

【说明】 本条规定了设备设施的具体要求。

按照《煤矿矿井机电设备完好标准》规定确定设备综合完好率。煤矿各种机械设备状态是决定设备能否安全运行的关键,煤矿各种机械设备均应在完好状态下运行,其各种保护、保险及安全防护装置应齐全、灵敏、有效、可靠。

(3) 巷道中有醒目的里程标志;

【说明】 本条规定了巷道中里程标志的具体要求。

《煤矿安全规程》第八十八条规定:井巷交岔点,必须设置路标,标明所在地点,指明通往安全出口的方向。

巷道至少每 100 m 设置醒目的里程标志。

(4) 转载点、休息地点、车场、图牌板及硐室等场所有照明。

【说明】 本条规定了井下需要安设照明地点的具体要求。

井下巷道狭窄,如果照明不足,能见度低,就不能及时发现车辆、采掘设备的运行状况和周围的环境变化,不能及时发现险情,容易发生事故。

《煤矿安全规程》第六十一条规定:耙装机作业时必须有照明。第一百一十九条规定:掘进机必须装有前照明灯和尾灯。第四百六十九条规定:下列地点必须有足够照明:① 井底车场及其附近。② 机电设备硐室、调度室、机车库、爆炸物品库、候车室、信号站、瓦斯抽采泵站等。③ 使用机车的主要运输巷道、兼作人行道的集中带式输送机巷道、升降人员的绞车道以及升降物料和人行交替使用的绞车道(照明灯的间距不得大于 30 m,无轨胶轮车主要运输巷道两侧安装有反光标识的不受此限)。④ 主要进风巷的交岔点和采区车场。⑤ 从地面到井下的专用人行道。

《煤矿安全规程》规定:照明的供电额定电压不超过 127 V;严禁用电机车架空线作照明电源;井下照明应采用具有短路、过负荷和漏电保护的照明信号综合保护装置配电。

二、重大事故隐患判定

本部分重大事故隐患:

1. 图纸作假,隐瞒掘进工作面的;

【说明】 本条说明了重大事故隐患判定标准的具体要求。

煤矿图纸是煤矿生产建设法定的所必需的重要技术资料。《煤矿安全规程》第十四条规定井工煤矿必须按规定填绘反映实际情况的下列图纸:① 矿井地质图和水文地质图;② 井上、下对照图;③ 巷道布置图;④ 采掘工程平面图;等等。但是,近年来在煤矿安全监管监察、煤矿事故抢险救援等工作中发现,一些煤矿存在图纸测绘不及时、填绘不准确、标注不完善、管理不规范等问题,特别是个别小煤矿使用"真、假"两套图纸,弄虚作假、蓄意逃避监管,以致酿成事故,贻误了最佳抢险救援时间。为此,将"图纸作假、隐瞒采掘工作面的"列为《煤矿重大生产安全事故隐患判定标准》第十八条"其他重大事故隐患"情形之一。

掘进工作面个数要求按照《煤矿安全规程》第九十五条规定:一个采(盘)区内同一煤层的一翼最多只能布置 1 个采煤工作面和 2 个煤(半煤岩)巷掘进工作面同时作业。一个采(盘)区内同一煤层双翼开采或者多煤层开采的,该采(盘)区最多只能布置 2 个采煤工作面和 4 个煤(半煤岩)巷掘进工作面同时作业。

对图纸造假、图实不符的要按照国家安全监管总局、国家煤矿安监局《关于进一步加强和规范煤矿图纸管理和监管监察工作的通知》(安监总煤调〔2014〕80 号)要求进行查处,对弄虚作假、情节恶劣的要吊销安全生产许可证和矿长安全资格证,提请地方人民政府依法予以关闭,并公开处理结果。

2. 未配备负责掘进工作的专业技术人员的。

【说明】 本条说明了重大事故隐患判定标准的具体要求。

《煤矿重大生产安全事故隐患判定标准》第十八条“其他重大事故隐患”第一款规定:没有分别配备矿长、总工程师和分管安全、生产、机电的副矿长,以及负责采煤、掘进、机电运输、通风、地质测量工作的专业技术人员的。

《煤矿安全规程》第三十七条规定:煤矿建设、施工单位必须设置项目管理机构,配备满足工程需要的安全人员、技术人员和特种作业人员。

配备负责掘进工作的专业技术人员,能够全面负责掘进工作面的技术管理工作,落实好国家有关煤矿安全生产的法律、法规、规章、规程、标准和技术规范,保证掘进区队实现安全生产,完成各项技术经济指标。能够保证每项工程开工前规程、措施齐全,坚持一工程、一规程、一措施,并负责报批、传达、贯彻、监督执行。能够定期对掘进区队生产系统的安全隐患进行排查、治理,对排查出来的安全隐患,落实整改措施。能够组织好调查研究,及时总结掘进区队安全生产、技术管理方面的方法和经验,学习新知识,推广新技术和新经验。

对拒不配备聘用采掘专业工程技术人员或配备采掘专业工程技术人员不足、不到位的煤矿要停止其生产,从严从重追究煤矿主要负责人的责任。

三、评分方法

1. 掘进工作面评分

掘进工作面评分按表 7-1 评分,总分为 100 分;按照所检查存在的问题进行扣分,各小项分数扣完为止。

项目内容中有缺项时按式(1)进行折算:

$$A_i = \frac{100}{100 - B_i} \times C_i \tag{1}$$

式中　A_i——掘进工作面实得分数;

B_i——掘进工作面缺项标准分数;

C_i——掘进工作面检查得分数。

2. 掘进部分评分。

按照所检查各掘进工作面的平均考核得分作为掘进部分标准化得分,按式(2)进行计算:

$$A = \frac{1}{n} \sum_{i=1}^{n} A_i \tag{2}$$

式中　A——煤矿掘进部分安全生产标准化得分;

n——检查的掘进工作面个数;

A_i——检查的掘进工作面得分。

表 7-1 煤矿掘进标准化评分表

项目	项目内容	基本要求	标准分值	评分方法	得分	【说明】
一、生产组织(5分)	机械化程度	1. 煤巷、半煤岩巷综合机械化程度不低于50%; 2. 条件适宜的岩巷宜采用综合机械化掘进; 3. 采用机械装、运煤(矸); 4. 材料、设备采用机械运输,人工运料距离不超过300 m	2	查资料和现场。煤巷、半煤岩巷综合机械化程度不符合要求、没有采用机械化装运煤(矸)不得分,条件适宜的岩巷没有采用综掘的扣0.1分,人工运料距离超过规定每增加20 m,扣0.1分		1. 综掘机械化程度是指生产矿井中机械化掘进进尺占掘进总进尺的比例。条件适宜的岩巷指适合机械化破岩的巷道,一般指近水平,岩石单轴饱和抗压强度小于60 MPa的岩巷。 2. 现在综掘机都可以实现机械装运煤(矸),人工出煤(矸)不但劳动强度大,且效率不高。掘进工作面应保证施工机械、工具齐全可靠,可以正常使用。如掘进使用的钻具(如风钻、锚杆钻机)的消音装置应齐全,钻具的工况正常不带病工作;机械设备(如综掘机)各种保护齐全,润滑系统不缺润滑油,液压系统不缺液压油,综掘机刨头截齿齐全,齿座无损坏现象。 3. 材料、设备运输采用机械运输可以有效减轻工人的劳动强度,也可以减少长距离搬运过程中容易出现的各种砸伤、挤伤以及注意力转移导致的其他工伤事故。 4. 设备统计表。 5. 现场核查

续表7-1

项目	项目内容	基本要求	标准分值	评分方法	得分	【说明】
一、生产组织(5分)	劳动组织	1. 掘进作业应按循环作业图表施工； 2. 完成考核周期内进尺计划； 3. 掘进队伍工种配备满足作业要求	3	查现场和资料。不符合要求1项扣1分		1. 劳动组织科学、合理，可以实现巷道的快速施工，应坚持正规循环作业和尽量采用多工序平行交叉作业。在巷道施工中，各主要工序和辅助工序按照一定的顺序周而复始地进行称为循环作业，为组织循环作业，将循环中各工序的工作持续时间、先后顺序和相互衔接关系，周密地以图表的形式固定下来，该图表称为循环作业图表。编制好的循环图表，需在实践中进一步检验修改，使之不断改进、完善、规范，真正起到指导施工的作用。 2. 矿掘进队必须完成上级掘进生产计划，掘进的巷道能够保证该矿采煤的接续，不影响采煤生产。 3. 特种作业人员必须按国家有关规定培训合格，取得资格证书，方可上岗作业。煤矿企业必须对从业人员进行安全教育和培训。不得安排未经安全培训合格的人员从事生产作业活动。 4. 掘进循环作业图表。 5. 掘进进尺台账记录。 6. 掘进队伍工种登记表。 7. 现场核查

续表 7-1

项目	项目内容	基本要求	标准分值	评分方法	得分	【说明】
二、设备管理(15分)	掘进机械	1. 掘进施工机(工)具完好; 2. 掘进机械设备完好,截割部运行时人员不在截割臂下停留和穿越,机身与煤(岩)壁之间不站人;综掘机铲板前方和截割臂附近无人时方可启动,停止工作和交接班时按要求停放综掘机,将切割头落地,并切断电源;移动电缆有吊挂、拖曳、收放、防拔脱装置,并且完好;掘进机、掘锚一体机、连续采煤机、梭车、锚杆钻车装设甲烷断电仪或者便携式甲烷检测报警仪; 3. 使用掘进机、掘锚一体机、连续采煤机掘进时,开机、退机、调机时发出报警信号,设备非操作侧设有急停按钮(连续采煤机除外),有前照明和尾灯;内外喷雾使用正常; 4. 安装机载照明的掘进机后配套设备(如锚杆钻车等)启动前开启照明; 5. 耙装机装设有封闭式金属挡绳栏和防耙斗出槽的护栏,固定钢丝绳滑轮的锚桩及其孔深和牢固程度符合作业规程规定,机身和尾轮应固定牢靠;上山施工倾角大于20°时,在司机前方设有护身柱或挡板,并在耙装机前增设固定装置;在斜巷中使用耙装机时有防止机身下滑的措施。耙装机距工作面的距离符合作业规程规定。耙装机作业时有照明。高瓦斯、煤与瓦斯突出和有煤尘爆炸危险性的矿井煤巷、半煤岩巷掘进工作面和石门揭煤工作面,不使用钢丝绳牵引的耙装机	8	查现场和资料。掘进机械设备不完好或违反规定使用钢丝绳牵引的耙装机不得分;综掘机运行时有人员在截割臂下停留和穿越、机身与煤(岩)壁之间站人扣5分;其他1处不符合要求扣1分		"掘进施工机(工)具完好"指锚杆机、电煤钻、风煤钻、风锤、风动扭矩扳手、锚索张拉机具、锚杆拉拔仪、扭矩扳手等,部件齐全,保护有效,仪表刻度清晰、准确。 这项检查时可能出扣分项较多的情况,因为施工机具、工具较多。 "掘进机械设备完好"是指综掘机、掘锚一体机、锚杆机组、装煤机、耙装机等机械设备,主要部件、重要连接部位连接件齐全,安全保护有效,运行性能指标达到出厂要求。 1. 掘进施工机(工)具档案。 2. 掘进机械设备档案。 3. 掘进机械设备现场布置图。 4. 掘进机械操作规程及操作安全技术措施。 5. 现场核查

续表 7-1

项目	项目内容	基本要求	标准分值	评分方法	得分	【说明】
二、设备管理(15分)	运输系统	1. 后运配套系统设备设施能力匹配； 2. 运输设备完好，电气保护齐全可靠； 3. 刮板输送机、带式输送机减速器与电动机实现软启动或软连接，液力偶合器不使用可燃性传动介质（调速型液力偶合器不受此限），使用合格的易熔塞和防爆片；开关上架，电气设备不被淋水；机头、机尾固定牢固；行人跨越处设过桥； 4. 带式输送机胶带阻燃和抗静电性能符合规定，有防打滑、防跑偏、防堆煤、防撕裂等保护装置，装设温度、烟雾监测装置和自动洒水装置；机头、机尾应有安全防护设施；机头处有防灭火器材；连续运输系统安设有连锁、闭锁控制装置，沿线安设有通信和信号装置；采用集中综合智能控制方式；上运时装设防逆转装置和制动装置，下运时装设软制动装置且装设有防超速保护装置；大于16°的斜巷中使用带式输送机设置防护网，并采取防止物料下滑、滚落等安全措施；机头尾处设置有扫煤器；支架编号管理；托辊齐全、运转正常； 5. 轨道运输设备安设符合要求，制动可靠，声光信号齐全；轨道铺设符合要求；钢丝绳及其使用符合《煤矿安全规程》要求；其他辅助运输设备符合规定	7	查现场和资料。不符合要求1处扣1分		“采用集中综合智能控制方式”是指运输系统中多部胶带输送机或刮板输送机采用集中开启或停运的方式，以期减少人员达到“人少则安全”的目的，是鼓励、引导作用的条款。 1. 掘进工作面的运输系统设备要求各项参数配置合理，运输能力匹配，无其他内在与外在的因素影响出煤（矸），保证运输系统畅通。 2. 按照《煤矿矿井机电设备完好标准》第Ⅱ运输设备的相关规定确定设备综合完好率。 3. 为了人身安全，行人跨越输送机处必须设过桥。行人越过输送机时，从过桥上通过，不能直接跨越。 4. 执行好《煤矿安全规程》第一百二十一条、第三百七十四条相关规定。 5. 轨道运输执行好《煤矿安全规程》第八十条、第三百八十七条相关规定。 6. 掘进运输系统图。 7. 掘进运输设备档案。 8. 掘进运输设备安全操作规程及安全操作技术措施。 9. 现场核查

续表 7-1

项目	项目内容	基本要求	标准分值	评分方法	得分	【说明】
三、技术保障(10分)	监测控制	1. 煤巷、半煤岩巷锚杆、锚索支护巷道进行顶板离层观测,并填写记录牌板;进行围岩观测并分析、预报; 2. 根据地质及水文地质预报制定安全技术措施,落实到位; 3. 做到有疑必探,先探后掘	2	查现场和资料。1项不符合要求不得分		"煤巷、半煤岩巷锚杆、锚索支护巷道进行顶板离层观测"这里仅指的是煤巷、半煤巷,并不包括岩巷。 "根据地质及水文地质预报制定安全技术措施,落实到位"这里指的是按地质部门提供的地质预报进行的预控措施,并不是要现场的地质部门提供的预报。 1. 观测原始记录。 2. 观测记录牌板。 3. 观测分析报告、预测报告。 4. 制定的安全技术措施。 5. 掘进探水记录资料。 6. 现场核查
	现场图牌板	作业场所安设巷道平面布置图、施工断面图、炮眼布置图、爆破说明书(断面截割轨迹图)、正规循环作业图表等,图牌板内容齐全、图文清晰、正确、保护完好,安设位置便于观看	3	查现场。不符合要求1处扣1分		1. 巷道平面布置图。 2. 巷道施工断面图。 3. 炮眼布置图。 4. 爆破说明书。 5. 正规循环作业图表。 6. 现场核查
	规程措施	1. 作业规程编制、审批符合要求,矿总工程师定期组织对作业规程的贯彻、执行情况进行检查,地质及水文地质条件发生较大变化时,及时修改完善作业规程或补充安全措施并组织实施; 2. 作业规程中明确巷道施工工艺、临时支护及永久支护的形式和支护参数、永久支护距掘进工作面的距离等,并制定防止冒顶、片帮的安全措施; 3. 巷道开掘、贯通前组织现场会审并制定专门措施; 4. 过采空区、老巷、断层、破碎带和岩性突变地带等应有针对性措施	5	查资料和现场。无作业规程、审批手续不合格或无措施施工的扣5分,其他1处不符合要求扣1分		1. 掘进作业规程及其审批修改、补充完善资料。 2. 掘进作业安全技术措施。 3. 掘进现场会审记录。 4. 掘进专门措施。 5. 掘进针对性措施。 6. 现场核查

续表 7-1

项目	项目内容	基本要求	标准分值	评分方法	得分	【说明】
四、岗位规范(10分)	专业技能	1. 建立并执行本岗位安全生产责任制； 2. 管理和技术人员掌握作业规程，作业人员熟知本岗位操作规程和作业规程相关内容	5	查资料和现场。岗位安全生产责任制不全，每缺1个岗位扣2分，其他1处不符合要求扣1分		“建立并执行本岗位安全生产责任制”是指班组内的各岗位工种。 1. 掘进各岗位安全生产责任制。 2. 各岗位操作规程。 3. 掘进作业规程。 4. 作业规程培训、学习记录、考试资料。 5. 现场核查
	规范作业	1. 现场作业人员按操作规程及作业规程、措施施工； 2. 无“三违”行为； 3. 零星工程有针对性措施，有管理人员跟班； 4. 作业前进行安全确认	5	查现场和资料。发现“三违”行为不得分，其他1处不符合要求扣1分		1. 现场作业人员施工记录。 2. 现场人员“三违”行为记录。 3. “零星工程”是指不在生产的主要过程或工序中，可不连续、零散、单独作业的一次性工程。零星工程安全技术措施及管理人员跟班记录。 4. “作业前进行安全确认”时企业自行规定形式，如手指口述、隐患排查、流程卡等。 5. 现场核查
五、工程质量与安全(50分)	保障机制	1. 建立工程质量考核制度，各种检查有现场记录； 2. 有班组检查验收记录	5	查现场和资料。班组无工程质量检查验收记录不得分，其他1处不符合要求扣0.5分		1. 矿必须对掘进工程有一整套施工巷道工程质量考核标准，建立工程质量考核、检查制度。矿井对掘进工程质量的各种检查进行记录，有质量问题的巷道应记录相关情况，并整改。不合格工程整改要有措施、有要求、有记录、有验收，进行闭合管理。 2. 掘进区队班组必须建立班组验收制度，班组验收必须细化到每一个施工工序，班组验收时在上一道工序不合格的情况下严禁进入下一道施工工序，现场整改验收合格后方可进入下一道工序。 3. 现场核查

续表 7-1

项目	项目内容	基本要求	标准分值	评分方法	得分	【说明】
五、工程质量与安全(50分)	安全管控	1. 永久支护距掘进工作面距离符合作业规程规定; 2. 执行敲帮问顶制度,无空顶作业,空帮距离符合规程规定; 3. 临时支护形式、数量、安装质量符合作业规程要求; 4. 架棚支护棚间装设有牢固的撑杆或拉杆,可缩性金属支架应用金属拉杆,距掘进工作面10 m内架棚支护爆破前进行加固; 5. 无失修巷道,运输设备完好、各种安全设施齐全可靠; 6. 压风、供水系统压力等符合施工要求	10	查现场。出现空顶作业不得分,不按规程、措施施工1处扣3分,其他1处不符合要求扣1分		1. 合理确定顶板的支护方式和支护参数。 2. 敲帮问顶制度。 3. 永久支护要求参数等说明。 4. 临时支护要求。 5. 特种支护要求。 6. 无空顶作业控帮距规定。 7. 无失修巷道。 8. 压风、供水系统要求。 9. 现场核查
	规格质量	1. 巷道净宽误差符合以下要求:锚网(索)、锚喷、钢架喷射混凝土巷道有中线的0 mm～100 mm,无中线的－50 mm～200 mm;刚性支架、预制混凝土块、钢筋混凝土弧板、钢筋混凝土巷道有中线的0 mm～50 mm,无中线的－30 mm～80 mm;可缩性支架巷道有中线的0 mm～100 mm,无中线的－50 mm～100 mm	12	查现场。按表7-2取不少于3个检查点现场检查,测点1处不符合要求但不影响安全使用的扣0.5分,影响安全使用的扣3分		1. 按照《煤矿井巷工程质量验收规范》(GB 50213—2010)中对应的支护方式或施工形式验收,验收表格符合《煤矿井巷工程质量验收规范》。 2. 现场核查

续表 7-1

项目	项目内容	基本要求	标准分值	评分方法	得分	【说明】
五、工程质量与安全(50分)	规格质量	2. 巷道净高误差符合以下要求：锚网背(索)、锚喷巷道有腰线的0 mm～100 mm，无腰线的－50 mm～200 mm；刚性支架巷道有腰线的－30 mm～50 mm，无腰线的－30 mm～50 mm；钢架喷射混凝土、可缩性支架巷道－30 mm～100 mm；裸体巷道有腰线的0 mm～150 mm，无腰线的－30 mm～200 mm；预制混凝土、钢筋混凝土弧板、钢筋混凝土有腰线的0 mm～50 mm，无腰线的－30 mm～80 mm	12			
		3. 巷道坡度偏差不得超过±1‰		查现场。按表7-2取不少于3个检查点检查，不符合要求1处扣1分		1. 巷道坡度的检验方法：尺量相邻两检查点由腰线至轨面(或底板)垂直距离之差与该两检查点距离之比。 2. 巷道水沟的检验方法：挂中线，尺量中线至内沿距离，挂腰线，尺量腰线至上沿距离；深度、宽度尺量最大最小值。 3. 现场核查
		4. 巷道水沟误差应符合以下要求：中线至内沿距离－50 mm～50 mm，腰线至上沿距离－20 mm～20 mm，深度、宽度－30 mm～30 mm，壁厚－10 mm		查现场。按表7-2取不少于3个检查点现场检查，不符合要求1处扣0.5分		

续表 7-1

项目	项目内容	基本要求	标准分值	评分方法	得分	【说明】
五、工程质量与安全(50分)	内在质量	1. 锚喷巷道喷层厚度不低于设计值90%(现场每25 m打一组观测孔,一组观测孔至少3个且均匀布置),喷射混凝土的强度符合设计要求,基础深度不小于设计值的90% 2. 光面爆破眼痕率符合以下要求:硬岩不小于80%、中硬岩不小于50%、软岩周边成型符合设计轮廓;煤巷、半煤岩巷道超(欠)挖不超过3处(直径大于500 mm,深度:顶大于250 mm、帮大于200 mm) 3. 锚网索巷道锚杆(索)安装、螺母扭矩、抗拔力、网的铺设连接符合设计要求,锚杆(索)的间、排距偏差−100 mm ～100 mm,锚杆露出螺母长度10 mm～50 mm(全螺纹锚杆10 mm～100 mm),锚索露出锁具长度150 mm～250 mm,锚杆与井巷轮廓线切线或与层理面、节理面裂隙面垂直,最小不小于75°,抗拔力、预应力不小于设计值的90% 4. 刚性支架、钢架喷射混凝土、可缩性支架巷道偏差符合以下要求:支架间距不大于50 mm、梁水平度不大于40 mm、支架梁扭矩不大于50 mm、立柱斜度不大于1°,水平巷道支架前倾后仰不大于1°,柱窝深度不小于设计值;撑(或拉)杆、垫板、背板的位置、数量、安设形式符合要求;倾斜巷道每增加5°支架迎山角增加1°	13	查现场和资料。未检查喷射混凝土强度扣6分,无观测孔扣2分,喷层厚度不符合要求1处扣1分,其他1处不符合要求扣0.5分 查现场和资料。没有进行眼痕检查扣3分,其他1处不符合要求扣0.5分 查现场。锚杆螺母扭矩连续3个不符合要求扣5分,抗拔力、预应力不符合要求1处扣1分,其他1处不符合要求扣0.5分 查现场。按表7-2取不少于3个检查点现场检查,不符合要求1处扣0.5分		1. 喷射混凝土厚度应不小于设计值的90%。检查数量:中间或竣工验收时,按表7-2的规定选检查点。在检查点断面内均匀选3个测点。检验方法:打眼尺量检查,或抽查验收记录。混凝土强度检验方法:检查混凝土抽样试件强度试验报告。基础深度检验方法:尺量检查点两墙基础深度。 2. 巷道掘进中光面爆破周边眼痕率。眼痕率指光面爆破后,可见眼痕的炮眼个数与不包括底板的周边眼总数之比。当炮眼眼痕长度大于炮眼长度的70%时,即算一个可见炮眼的眼痕。检查数量:中间或竣工验收时,按表7-2的规定选检查点。检验方法:现场实查,或抽查施工检查记录。 3. 锚杆安装应牢固,托板密贴壁面、不松动,扭矩力达到作业规程要求。检查数量:施工班组每循环中逐根检查;中间或竣工验收时,按表7-2的规定选检查点,抽样检查验收记录。检验方法:用扭力扳手扳动、观察,全数检查或抽查。 4. 锚杆的抗拔力最低值不小于设计值的90%。检查数量:巷道每30～50 m,锚杆在300根以下,取样不少于1组;300根以上,每增加1～300根,相应多取样1组。设计或材料变更,应另取样1组。每组不得少于3根。检验方法:用锚杆拉力计做抗拔力试验,做好试验记录,中间或竣工验收时抽查试验记录,必要时进行现场实测。

续表 7-1

项目	项目内容	基本要求	标准分值	评分方法	得分	【说明】
五、工程质量与安全(50分)						5. 锚杆的间、排距均应不大于和不小于设计的100 mm。检查数量:施工班组检查每循环中最大和最小的间、排距;中间或竣工验收时,按表7-2的规定选检查点,抽查验收记录或实查。检验方法:尺量抽样实查或抽查。锚杆支护井巷工程的锚杆外露长度应为10～40 mm;锚喷支护的爆破材料库成巷后,锚杆不得外露。检查数量:施工班组每循环中逐孔检查;中间或竣工验收时,按表7-2的规定选检查点,抽查验收记录或实查。检验方法:观察或尺量抽查。锚杆孔的方向与井巷的轮廓线的角度应不小于75°或与层理面、节理面、裂隙面夹角不小于75°。检查数量:施工班组每循环中逐孔检查;中间或竣工验收时,按表7-2的规定选检查点,抽查验收记录。检验方法:插杆用半圆仪全数检查或抽查。预应力锚杆(锚索)锁定后的预应力应不小于设计值的90%。检查数量和检验方法:锁定前应逐根做预应力测试;中间或竣工验收时,按表7-2的规定选检查点,抽查验收记录。 6. 支架间距检验方法:尺量检查点前两架支架间立柱中至中的距离。支架梁水平度检验方法:尺量检查点前一架支架腰线上至支架梁两端下内口的距离,求其差值。支架梁扭矩检验方法:在检查点前2架支架梁水平面上,尺量后一架支架梁的中线点至前一架支架梁两端的距

续表 7-1

项目	项目内容	基本要求	标准分值	评分方法	得分	【说明】
五、工程质量与安全(50分)	内在质量					离,求其差值。立柱斜度的检验方法:用半圆仪测量检查点前一架支架两侧立柱内侧角度。水平巷道中钢架的前倾、后仰偏差值为∓ 1°(1 m垂线位置的水平偏差不大于17 mm)。检验方法:在立柱前侧面或后侧面挂1 m垂线在底板水平上量测垂点与立柱前侧面或后侧面间的距离。支架柱窝挖到实底,底梁铺设在实底上。检验方法:挖出柱窝,挂腰线尺量检查。 7. 现场核查
	材料质量	1. 各种支架及其构件、配件的材质、规格,及背板和充填材质、规格符合设计要求; 2. 锚杆(索)的杆体及配件、网、锚固剂、喷浆材料等材质、品种、规格、强度等符合设计要求	10	查资料和现场。现场使用不合格材料不得分,其他1处不符合要求扣1分		1. 料质量的基本要求都属于巷道工程质量验收中的主控项目,矿方、施工方应严格控制,防止劣质、过期失效、不符合设计的产品混入使用。 2. 钢架及其构件、配件的材质、规格的质量验收应符合设计及有关规定。钢架的背板和充填材料的材质、规格的质量验收应符合设计要求和有关规定。检查数量:逐架检查。检验方法:检查出厂合格证或检验报告,并现场实查。 3. 锚杆的杆体及配件的材质、品种、规格、强度必须符合设计要求。检查数量:不同规格的锚杆进场后,同一规格的锚杆每1 500根或不足1 500根的抽样检验应不少于一次。检验方法:检查产品出厂合格证或出厂试验报告和抽样检验报告,并在施工中实查。

续表 7-1

项目	项目内容	基本要求	标准分值	评分方法	得分	【说明】
五、工程质量与安全(50分)						4. 各种金属网和塑料网的材质、规格、品种必须符合设计要求，金属网的网格应焊接、压接或绑扎牢固。检查数量和检验方法：每批进场的成品金属网和塑料网应检查出厂合格证及出厂检验证明，自行加工金属网应对材质、规格、品种进行检验，并按作业规程的规定进行验收；施工班组应每循环逐个检查验收，验收合格后方可使用；中间或竣工验收时，按表7-2的规定选检查点，抽查验收记录。 5. 水泥卷、树脂卷和砂浆锚固材料的材质、规格、配比、性能必须符合设计要求。检查数量：每3 000卷或不足3 000卷的每种锚固材料进场后抽样检验应不少于一次。检验方法：检查产品出厂合格证或出厂试验报告和抽样检验报告，并在施工中实查。 6. 喷射混凝土所用的水泥、水、骨料、外加剂的质量必须符合作业规程的要求。检查数量：每批水泥、骨料、外加剂进场后抽样检查应不少于一次；对使用水源应做pH值检验。水源发生变化时应重新检验。检验方法：检查出厂合格证或出厂试验报告和抽样检验报告及水的pH值检验报告。喷射混凝土的配合比和外加剂掺量必须符合作业规程的要求。检查数量和检验方法：检查验收记录，并现场实查。 7. 喷射混凝土的抗压强度的检验应符合表7-1的规定。检查数量和检验方法：施工单位按表7-2的规定做试块见证取样，并送检；中间或竣工验收时抽查试块抗压试验报告。 8. 现场核查

续表 7-1

项目	项目内容	基本要求	标准分值	评分方法	得分	【说明】
六、文明生产(10分)	灯光照明	转载点、休息地点、车场、图牌板及硐室等场所照明符合要求	3	查现场。不符合要求1处扣0.5分		"转载点、休息地点、车场、图牌板及硐室等场所照明符合要求"是指这些地点首先应有照明,其次是照明应符合防爆、综合保护、其他企业自行规定等。 1. 掘进机必须有前照明灯和尾灯。 2. 下列地点必须有足够的照明: ① 井底车场及其附近。 ② 机电设备硐室、调度室、机车库、爆炸物品库、候车室、信号站、瓦斯抽采泵站等。 ③ 使用机车的主要运输巷道、兼作人行道的集中带式输送机巷道、升降人员的绞车道以及升降物料和人行交替使用的绞车道,其照明灯的间距不得大于30 m。 ④ 主要进风巷的交岔点和采区车场。 ⑤ 从地面到井下的专用人行道。 3.《煤矿安全规程》规定:照明的供电额定电压不超过127 V;严禁用电机车架空线作照明电源;井下照明应采用具有短路、过负荷和漏电保护的照明信号综合保护装置配电。 4. 现场核查

续表7-1

项目	项目内容	基本要求	标准分值	评分方法	得分	【说明】
六、文明生产(10分)	作业环境	1. 现场整洁，无浮渣、淤泥、积水、杂物等，设备清洁，物料分类、集中码放整齐，管线吊挂规范； 2. 材料、设备标志牌齐全、清晰、准确，设备摆放、物料码放与胶带、轨道等留有足够的安全间隙； 3. 巷道至少每100 m设置醒目的里程标志	7	查现场。不符合要求1处扣0.5分		1. 文明生产实现“三无一整齐”(三无：无浮渣、无淤泥积水、无杂物；一整齐：物料码放整齐)。材料上架，托盘、锚固剂等其他材料分类码放，机电配件分类集中码放，且摆放整齐平稳，不得超出指定摆放区域。检测、通信、信号电缆与动力电缆分挂在巷道两侧，如一侧布置必须按检测、通信、信号、低压、高压顺序自上而下分挡吊挂，垂直度合适，电缆沟固定上下平直，所有电缆必须入沟(除拖移电缆外)，包括信号线、电话线严禁出现蜘蛛网状。 2. 所有材料、设备、配件的码放都要挂牌标注，牌板内容应包括名称、规格、数量、管理单位、责任人等，牌板应齐全、清晰、准确。材料从卸料、码放、使用到用后整理都不得破坏，摆放材料的架子不得造成混乱，且保证安全行人距离；工具放入专用工具箱或工具架，应班班处理、班班保持、班班交接，作业场所未使用完的材料必须在工作面堆放整齐，现场交接清。所有废旧材料、坏旧设备必须集中堆放，及时回收升井。 3. 现场核查

得分合计：

表 7-2　　工序、中间、竣工验收选择检查点及测点的规定

序号	项目	选检查点的规定	选测点的规定	测点示意图
1	立井井筒	工序验收：每个循环设 1 个； 中间、竣工验收：不少于 3 个，间距不大于 20 m	每一个检查点断面的井壁上应均匀设 8 个测点，其中 2 个测点应设在与永久提升容器最小距离的井壁上	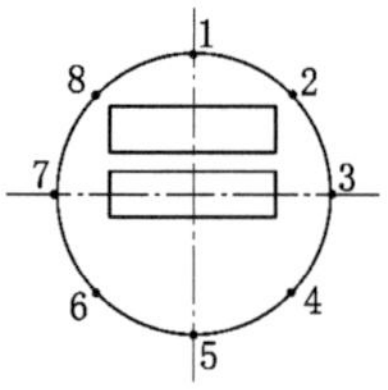 图 1　立井井筒
2	斜井井筒 巷道硐室	工序验收：每个循环设 1 个； 中间、竣工验收：不应少于 3 个，间距不大于 25 m	拱形(含半圆拱和三心拱)断面：每一检查点上应设 10 个测点，其中：拱顶和两拱肩各设 1 个测点；两墙的上、中、下各设 1 个测点(无中线测全宽)；底板中部设 1 个测点(无腰线测全高)	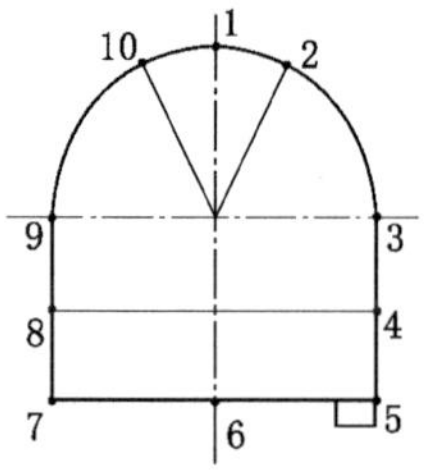 图 2　拱形断面
			圆形断面：每一个检查点上应设 4 个测点，其中：上、下、左、右各设 1 个测点	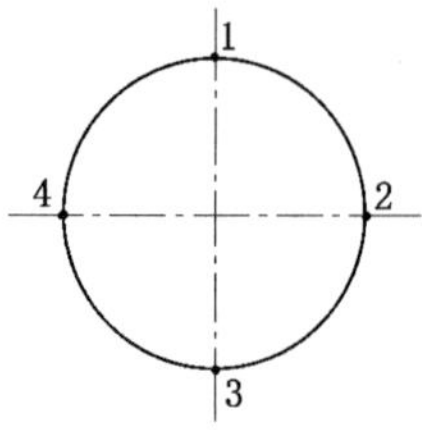 图 3　圆形断面
			梯形断面和矩形断面：每一个检查点上应设 8 个测点，其中：顶和底板各设一个测点(无腰线测全高)；两墙的上、中、下各设一个测点(无中线测全宽)	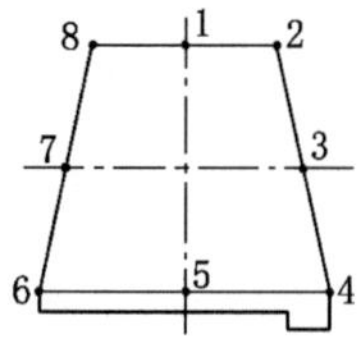 图 4　梯形、矩形断面
3	铺轨	不应少于 3 个，间距不应大于 50 m		

注：锚杆支护巷道净尺寸测量到锚杆外露端头。

第8部分　机　　电

一、工作要求(风险管控)

1. 设备与指标

(1) 煤矿各类产品合格证、矿用产品安全标志、防爆合格证等证标齐全;

【说明】 本条规定了煤矿各类产品证标的具体要求。

证标管理是煤矿生产安全装备的安全关口,应严格按照《煤矿安全规程》《矿用产品安全标志标识》(AQ 1043—2007)等标准规范进行管理,把住煤矿装备的入口关。"产品合格证"是对设备质量的承诺与保证,"防爆合格证"、"煤矿矿用产品安全标志"是对设备防爆性能的承诺与保证。

《煤矿安全规程》第四百四十八条规定,防爆电气设备到矿验收时,应当检查产品合格证、煤矿矿用产品安全标志,并核查与安全标志审核的一致性。入井前,应当进行防爆检查,签发合格证后方准入井。

(2) 设备综合完好率、小型电器合格率、矿灯完好率、设备待修率和事故率等达到规定要求。

【说明】 本条规定了设备管理的具体要求。

煤矿主要生产环节的安全质量工作符合法律、法规、规章、规程等规定,达到和保持一定的标准,使煤矿生产处于良好的状态,以适应保障矿工的生命安全和煤炭工业现代化建设的需要,本条指标可直接反映出煤矿机电水平。

2. 煤矿机械

(1) 机械设备及系统能力满足矿井安全生产需要;

【说明】 本条规定了机械设备及系统能力的具体要求。

安全生产是我国所有的煤矿企业必须坚持的准则,应从煤矿机械设备管理和提高各系统能力等方面入手,加大煤机高端设备研发或应用,使其生产设备达到机械现代化,并加强和完善对机械设备的管理,不但能大幅提高生产产量和经济效益,更能满足安全生产需要。

(2) 机械设备完好,各类保护、保险装置齐全可靠;

【说明】 本条规定了机械设备安全保护性能的具体要求。

煤矿各种机械设备状态是决定设备能否安全运行的关键,均应在完好状态下运行,其各种保护、保险装置应齐全、有效、可靠。

(3) 积极采用新工艺、新技术、新装备,推进煤矿机械化、自动化、信息化、智能化建设。

【说明】 本条规定了煤矿"四化"建设的具体要求。

随着现代科学技术的发展,我国煤矿装备水平也在不断提高,但与发达国家相比还有较大的差距,落后的技术和装备在我国现有煤矿装备中所占比例很高,大大制约了我国煤矿的生产能力,因此,煤矿安全生产过程中应积极引进、采用国际、国内新工艺、新技术、新装备,积极推进煤矿机械化、自动化、信息化、智能化建设。

3. 煤矿电气

(1) 供电设计、供用电设备选型合理;

【说明】 本条规定了供电设计和供用电设备选型的具体要求。

矿山由于生产条件的特殊性,对供电系统有如下基本要求:

(1) 供电可靠。供电的可靠性是指供电系统不间断供电的可能程度。应根据负荷等级来保证其不同的可靠性。

(2) 供电安全。由于煤矿井下有瓦斯和煤尘爆炸的危险,所以在使用电气设备时必须特别注意其防爆炸性。另外,井下潮湿,工作空间小,光线差,易发生人身触电事故,必须采取一系列的安全技术措施,以确保对煤矿企业供电的安全性。

(3) 供电质量。在满足供电可靠与安全的前提下,还应该保证供电质量,即供电技术合理。在供电质量上煤矿企业要求供电电压稳定和交流频率的稳定。煤矿中广泛使用三相异步电动机,而这种电动机的转矩与外加电压的平方成正比,转速与交流频率成正比。若供电电压和频率发生较大变化,就会严重影响电动机正常运转,甚至会使生产机械不能工作,所以必要时应采取相应的技术措施保证电能质量。

(4) 供电经济。一般考虑下列三个方面:

① 尽量降低矿山变电所与电网的基本建设投资;

② 尽量降低设备材料及有色金属的消耗量;

③ 注意降低供电系统中的电能损耗及维护费用。

(2) 矿井主要通风机、提升人员的绞车、抽采瓦斯泵等主要设备,以及井下变(配)电所、主排水泵房和下山开采的采区排水泵房的供电线路符合《煤矿安全规程》要求;

【说明】 本条规定了矿井主要设备房供电线路的具体要求。

煤矿上述地点是煤矿安全生产的关键地点,其供电可靠性至关重要,必须严格执行《煤矿安全规程》第四百三十八条规定:对井下各水平中央变(配)电所和采(盘)区变(配)电所、主排水泵房和下山开采的采区排水泵房供电线路,不得少于两回路。当任一回路停止供电时,其余回路应当承担全部用电负荷。向局部通风机供电的井下变(配)电所应当采用分列运行方式。

主要通风机、提升人员的提升机、抽采瓦斯泵、地面安全监控中心等主要设备房,应当各有两回路直接由变(配)电所馈出的供电线路;受条件限制时,其中的一回路可引自上述设备房的配电装置。

向突出矿井自救系统供风的压风机、井下移动瓦斯抽采泵应当各有两回路直接由变(配)电所馈出的供电线路。

本条上述供电线路应当来自各自的变压器或者母线段,线路上不应分接任何负荷。

本条上述设备的控制回路和辅助设备,必须有与主要设备同等可靠的备用电源。

向采区供电的同一电源线路上,串接的采区变电所数量不得超过3个。

(3) 防爆电气设备无失爆;

【说明】 本条规定了防爆电气设备的具体要求。

矿用防爆电气设备系指按GB 3836.1—2000标准生产的专供煤矿井下使用的防爆电气设备。《煤矿安全规程》中规定的矿用防爆型电气设备,除了符合GB 3836.1—2000的规定外,还必须符合专用标准和其他有关标准的规定,其型式包括:① 隔爆型电气设备d;

② 增安型电气设备 e;③ 本质安全型电气设备 i;④ 正压型电气设备 p;⑤ 充油型电气设备 o;⑥ 充砂型电气设备 q;⑦ 浇封型电气设备 m;⑧ 无火花型电气设备 n;⑨ 气密型电气设备 h;⑩ 特殊型电气设备 s。特殊型电气设备 s 是异于现有防爆型式,由主管部门制订暂时规定,经国家认可的检验机构检验证明,具有防爆性能的电气设备。该型防爆电气设备须报国家技术监督局备案。

(4) 电气设备完好,各种保护设置齐全、定值合理、动作可靠。

【说明】 本条规定了电气设备各种保护使用的具体要求。

煤矿各种电气设备状态决定着设备能否安全可靠运行。煤矿各种电气设备均应在完好状态下运行,其各种保护、保险装置应齐全、有效、可靠;保护定值的设定应能够保证设备的安全、合理运行。

4. 基础管理

(1) 机电管理机构健全,制度完善,责任落实;

【说明】 本条规定了机电管理的具体要求。

煤矿机电管理的关键:一是管理机构,二是专业化管理组,三是应具有健全、切实可行的管理制度并严格按照制度落实执行,三者缺一不可、相辅相成。

(2) 机电技术管理规范、有效,机电设备选型论证、购置、安装、使用、维护、检修、更新改造、报废等综合管理程序规范,设备台账、技术图纸等资料齐全,业务保安工作持续、有效;

【说明】 本条规定了机电技术管理及设备综合管理的具体要求。

根据《煤炭工业企业设备管理规程》第四条规定,煤炭工业设备管理的主要任务,是对企业设备进行综合管理,做到全面规划、合理选购、及时安装、正确使用、精心维护、科学检修、适时改造和更新,以不断改善和提高企业的技术装备素质,充分发挥设备的效能和投资效益。

(1) 全面规划。根据多年来安全、设备更新改造、大修理严重欠账;根据企业发展战略,逐步变小生产为大生产,形成规模经济的需要,满足安全质量标准化的要求,通过信息化、数字化、机电一体化、综合自动化为煤炭新型工业化打下基础,搞好设备的全面规划。全面规划要有中长期规划和年度计划。例如:要有设备更新、安全补欠、节能、质量标准化等达标规划和年度计划。文字说明中要有制定规划、计划的依据、目标和分年度解决问题的项目、资金、数量及解决途径。

(2) 合理选购。选购前要组织论证,达到技术先进、安全可靠、经济合理、环保节能的要求。要运用系统原理、系统方法、系统工程,依靠科技进步,积极选用新技术、新设备、新材料、新工艺、新的保护装置,注意通用化、标准化,并且必须是经过鉴定的有“三证”的产品。价格上贯彻优质优价,经济上计算设备寿命周期,费用投资要少,效益要好。

(3) 及时安装。应根据设备年度计划、购置合同、设备使用时间安排,检查设备到货、验收及安装、调试、投入运行的时间,检查是否按计划及时安装、调试并投入使用。

(4) 正确使用。根据设备操作规程等制度,检查能否正确使用设备。

(5) 精心维护。根据《煤炭工业企业设备管理规程》第十七条至第二十九条做好设备使用与维护。

(6) 科学检修。根据《煤炭工业企业设备管理规程》第三十条至第四十条对设备进行检修,特别注意:

① 定期检修。分日常检修、一般检修和大修,按设备运行的普通规律制定规程,规程要带有一定的计划性和强制性。在没有条件实现故障诊断和在线监测的情况下,要重视按规程要求检修。

② 根据故障诊断和状态监测结果,果断地、机动灵活地按客观需要及时检修。

③ 关于大修理资金提取和利用问题,机电部门按需提出款项数额,努力争取逐步落实。

(7) 高耗能、低效率大型固定设备应适时更新改造。要按照《煤炭工业企业设备管理规程》、《煤矿机电设备进行更新改造若干规定》的要求,国家公布应淘汰的产品及煤炭生产发展的需要,坚持更新改造等原则,适时对设备进行更新改造,以确保设备的安全经济运行。

(8) 按规定报废。在企业的生产设备中,凡因严重磨损、腐蚀、老化,使精度、性能达不到生产工艺要求者;专用设备因产品工艺变更而不能利用者;能耗高或污染严重,超过国家规定者;虽然能修复,但修复费用超过原值或重置价值达80%以上者,可根据《煤炭工业企业设备管理规程》的规定,提出申请,及时组织有关技术人员,对提出报废的设备进行技术鉴定,矿井机电主管部门按规定及时向上级机电主管部门申报,各级机电主管部门要对申请报废的设备及时审批,发现应报废的设备而无正当理由超期服役,应当扣分。

(3) 机电设备设施安全技术性能测试、检验及探伤等及时有效。

【说明】 本条规定了机电设备设施安全技术性能检测的具体要求。

煤矿应严格按照《煤矿安全规程》、相关AQ标准、规范及时对煤矿设备进行技术性能测试,掌握在用设备性能、状态,保证设备在性能可靠、经济、高效状态下安全运行。

5. 岗位规范

(1) 建立并执行本岗位安全生产责任制;

【说明】 本条规定了建立岗位责任制的具体要求。

根据《煤矿安全规程》第四条规定,煤矿企业必须加强安全生产管理,建立健全各级负责人、各部门、各岗位安全生产与职业病危害防治责任制,并严格执行。机电从业人员严格遵守各自岗位责任制,保证作业安全。

(2) 管理、技术以及作业人员掌握相应的岗位技能;

【说明】 本条规定了管理、技术以及作业人员掌握岗位技能的具体要求。

煤矿机电管理人员、专业技术人员要及作业人员认真学习《煤矿安全规程》、作业规程、安全技术操作规程及煤矿安全质量标准化标准。煤矿应严格按照《煤矿安全规程》及国家相关文件对煤矿从业人员进行强化培训,各级领导必须重视,要充分发挥培训机构、培训中心的作用,提高从业人员的政治、业务、技术、安全、文化等素质,使其达到全面适应现代化煤矿机电安全生产管理的要求。

(3) 规范作业,无违章指挥、违章作业和违反劳动纪律(以下简称"三违")行为;

【说明】 本条规定了对人的生产文明行为的具体要求。

人的不安全行为是煤矿安全管理的重要因素,规范机电人员安全、文明的作业行为是煤矿本质安全建设不可或缺的关键所在。

(4) 作业前进行安全确认。

【说明】 本条规定了作业前进行安全确认的具体要求。

积极倡导重要岗位人员"手指口述安全确认工作程序",增加安全防线,不断规范操作者的现场作业程序。作业前,必须确认安全措施全部到位无问题后,并严格执行"手指口述"确认法进行作业。

6. 文明生产

(1) 现场设备设置规范、标识齐全，设备整洁；

【说明】 本条规定了现场设备设置规范化管理的具体要求。

煤矿机电的文明化、规范化管理过程，涵盖机电设备设施的摆放、卫生、使用环境及操作作业环境的卫生等内容，应做到物料摆放整齐、物见本色、标识齐全正确、整洁卫生，从而达到设备有良好的运行环境、人员有舒心的作业环境的标准境界。

(2) 管网设置规范，无跑、冒、滴、漏；

【说明】 本条规定了管网设置的具体要求。

管线吊挂必须符合规程要求，吊挂整齐，维修工每天巡检管网系统，发现存在跑、冒、滴、漏现象时，及时进行维修，提高设备安全运行的可靠性。

(3) 机房、硐室以及设备周围卫生清洁；

【说明】 本条规定了机房、硐室以及设备周围卫生面貌的具体要求。

机房、硐室建立卫生责任制，明确卫生区域，做到清洁整齐，无卫生死角，无杂物，无乱堆放的设备材料，地面无积水、积灰、积油等，电缆沟内无积水、杂物，沟道、孔洞盖板完整。

(4) 机房、硐室以及巷道照明符合要求；

【说明】 本条规定了井上下主要场所照明的具体要求。

根据《煤矿安全规程》第四百六十九条规定，下列地点必须有足够照明：

① 井底车场及其附近。

② 机电设备硐室、调度室、机车库、爆炸物品库、候车室、信号站、瓦斯抽采泵站等。

③ 使用机车的主要运输巷道、兼作人行道的集中带式输送机巷道、升降人员的绞车道以及升降物料和人行交替使用的绞车道（照明灯的间距不得大于 30 m，无轨胶轮车主要运输巷道两侧安装有反光标识的不受此限）。

④ 主要进风巷的交岔点和采区车场。

⑤ 从地面到井下的专用人行道。

⑥ 综合机械化采煤工作面(照明灯间距不得大于 15 m)。

地面的通风机房、绞车房、压风机房、变电所、矿调度室等必须设有应急照明设施。

(5) 消防器材、绝缘用具齐全有效。

【说明】 本条规定了消防器材、绝缘用具管理的具体要求。

根据《煤矿安全规程》第二百五十七条规定，井下爆炸物品库、机电设备硐室、检修硐室、材料库、井底车场、使用带式输送机或者液力偶合器的巷道以及采掘工作面附近的巷道中，必须备有灭火器材，其数量、规格和存放地点，应当在灾害预防和处理计划中确定。

井下工作人员必须熟悉灭火器材的使用方法，并熟悉本职工作区域内灭火器材的存放地点。

井下爆炸物品库、机电设备硐室、检修硐室、材料库的支护和风门、风窗必须采用不燃性材料。

第二百五十八条规定，每季度应当对井上、下消防管路系统、防火门、消防材料库和消防器材的设置情况进行1次检查，发现问题，及时解决。

绝缘用具齐全合格，严格按照《煤矿电气试验规程》周期进行试验。

二、重大事故隐患判定

本部分重大事故隐患：

(1) 使用被列入国家应予淘汰的煤矿机电设备和工艺目录的产品或者工艺的；

【说明】 本条规定了严禁使用被列入国家应予淘汰的煤矿机电设备和工艺目录的产品或者工艺的具体要求。

根据《煤矿安全规程》第十条规定，严禁使用国家明令禁止使用或淘汰的危及生产安全和可能产生职业病危害的技术、工艺、材料和设备。

"国家明令禁止使用或淘汰的危及生产安全的设备"是指近年来国家各部委、国家安全生产监督管理总局及国家煤矿安全监察局下发的各类"禁止使用、淘汰的设备及工艺"文件中规定的项目内容。

(2) 井下电气设备未取得煤矿矿用产品安全标志，或者防爆等级与矿井瓦斯等级不符的；

【说明】 本条规定了煤矿井下电气设备使用的具体要求。

根据《煤矿安全规程》第十条规定，煤矿使用的纳入安全标志管理的产品，必须取得煤矿矿用产品安全标志。未取得煤矿矿用产品安全标志的，不得使用。

(3) 单回路供电的(对于边远地区煤矿另有规定的除外)；

【说明】 本条规定了矿井供电电源线路的具体要求。

《煤矿安全规程》第四百三十六条规定，区域内不具备两回路供电条件的矿井采用单回路供电时，应当报安全生产许可证的发放部门审查。采用单回路供电时，必须有备用电源。备用电源的容量必须满足通风、排水、提升等要求，并保证主要通风机等在 10 min 内可靠启动和运行。备用电源应当有专人负责管理和维护，每 10 d 至少进行一次启动和运行试验，试验期间不得影响矿井通风等，试验记录要存档备查。

(4) 矿井供电有两个回路但取自一个区域变电所同一母线端的；

【说明】 本条规定了矿井两回路供电电源线路的具体要求。

《煤矿安全规程》第四百三十六条规定，矿井应当有两回路电源线路(即来自两个不同变电站或者来自不同电源进线的同一变电站的两段母线)。当任一回路发生故障停止供电时，另一回路应当担负矿井全部用电负荷。

为使矿井的两回路电源线路真正能够做到互为备用，应使其分别来自电力网中 2 个不同区域的变电所或发电厂。当实现这一要求确有困难时，则必须分别引自同一区域的变电所或发电厂的不同母线段。

(5) 没有配备分管机电的副矿长以及负责机电工作的专业技术人员的。

【说明】 本条规定了分管机电管理人员的具体要求。

煤矿应有机电主管领导(机电副矿长、副总工程师)、部门(机电管理科)，生产区队应有对应的管理干部和负责机电工作的专业技术人员，并落实每个岗位的管理责任，做到分工明确。

三、评分方法

1. 按表 8-1 评分，总分为 100 分。按照所检查存在的问题进行扣分，各小项分数扣完为止。

2. 项目内容中有缺项时按式(1)进行折算：

$$A = \frac{100}{100 - B} \times C \quad (1)$$

式中　A——实得分数；

B——缺项标准分数；

C——检查得分数。

表 8-1　　煤矿机电标准化评分表

项目	项目内容	基本要求	标准分值	评分方法	得分	**【说明】**
一、设备与指标(15分)	设备证标	1. 机电设备有产品合格证。 2. 纳入安标管理的产品有煤矿矿用产品安全标志，使用地点符合规定； 3. 防爆设备有防爆合格证	4	查现场和资料。1台不符合要求不得分		1. 机电设备产品合格证是指煤矿机电设备应有厂家的产品合格证。 2. “煤矿矿用产品安全标志”是指国家煤矿安全监察局2001年以煤安监技装字[2001]109号文规定的第一批执行安全标志管理的煤矿矿用产品目录中的机电产品，共分十二类：电气设备，照明设备，爆炸材料、发爆器，通信、信号装置，钻孔机具及附件，提升、运输设备，动力机车，通风、防尘装备，阻燃及抗静电产品，环境、安全、工况监测监控仪器与装备，支护设备，采、掘机械及配套设备。以上这些产品设备必须具有安全标志，否则不准订货，不准在矿井使用。 3. “防爆合格证”是指防爆电气设备必须有经过具有发证资质部门核准的防爆合格证；新的防爆电气设备要有原厂的防爆合格证，并有使用矿井入井前的检查合格证；维修后的电气设备必须有矿井入井前检查合格证。 4. 设备证标原件及复印件合订本，设备档案。 5. 现场核查

续表 8-1

项目	项目内容	基本要求	标准分值	评分方法	得分	【说明】
一、设备与指标(15分)	设备完好	机电设备综合完好率不低于90%	3	查现场和资料。每降低1个百分点扣0.5分		1. 机电设备台账一览表。 2. 全矿机电设备综合状态指标:设备综合完好率90%,设备待修率5%,事故率1%,简称三率达到"90·5·1"的要求。 符合煤安监办字[2003]96号文,要求煤矿主要生产环节的安全质量工作符合法律、法规、规章、规程等的规定,达到和保持一定的标准,使煤矿生产处于良好的状态,以适应保障矿工的生命安全和煤炭工业现代化建设的需要。又据《煤炭工业企业设备管理规程》第十一条第(六)项要求:在任期内主要生产设备完好率要达到85%以上;设备新度系数不能下降(新投产和萎缩矿井除外);无特大设备事故;重大事故比前期有所下降;煤矿主要设备待修率不超过5%;煤矿机电事故率不超过1%,煤矿机械企业故障停机率低于上级主管部门规定的指标。 3. 现场核查
	固定设备	大型在用固定设备完好	2	查现场和资料。1台不完好不得分		大型固定设备是煤矿安全生产的基础装备,包括矿井主提升系统设备、主通风机、压风机、主排水设备等,关系到矿工生命和煤矿财产安全,所有大型设备均应保证在完好状态下运行
	小型电器	小型电气设备完好率不低于95%	1.5	查现场和资料。每降低1个百分点扣0.5分		根据原煤炭工业部《煤矿设备维修质量标准》,小型电器包括插销、按钮、打点器、接线盒、电话机、电铃、电笛、电钻、发爆器等。煤矿小型电器属于低值易耗材料,用合格率考核。小型电器量大面广,其管理又是薄弱环节,应特别引起重视

续表 8-1

项目	项目内容	基本要求	标准分值	评分方法	得分	【说明】
一、设备与指标（15分）	矿灯	在用矿灯完好率100%，使用合格的双光源矿灯。完好矿灯总数应多出常用矿灯人数的10%以上	1.5	查现场和资料。井下发现1盏红灯扣0.3分，1盏灭灯、不合格灯不得分，完好矿灯总数未满足要求不得分		1. 矿灯台账一览表。 2. 矿灯使用、维修、报废记录。 3. 执行《煤矿安全规程》第四百七十一条矿灯管理规定和《矿灯使用管理规范》（AQ 1111—2014）要求。保证矿灯盏盏合格，使用时间不少于11 h，严禁出现“红灯”和失爆。 4. 现场核查
	机电事故率	机电事故率不高于1%	1	查资料。机电事故率达不到要求不得分		1. 煤矿事故记录调度统计表。 2. 矿井月份、年度机电事故统计分析报告
	设备待修率	设备待修率不高于5%	1	查现场和资料。设备待修率每增加1个百分点扣0.5分		1. 机电设备台账一览表。 2. 机电设备维修记录。 3. 设备检修计划及实际检修情况。 4. 现场核查
	设备大修改造	设备更新改造按计划执行，设备大修计划应完成90%以上	1	查资料。无更新改造年度计划或未完成不得分；无大修计划或计划完成率全年低于90%，上半年低于30%不得分		1. 矿年度维简计划、技改计划和安全费用计划及其完成情况。 2. 符合《煤炭工业企业设备管理规程》第七章第五十一条、第五十二条规定，要求企业要根据长远发展规划和现有设备技术状态制订设备的改造更新规划，主要设备要组织技术经济论证。第五十四条规定了设备更新的原则是：用技术性能先进的设备更换技术性能落后又无法修复改造的老旧设备，凡符合下列情况之一的设备，可以报废更新： ① 设备老化、技术状态落后、耗能高、效率低或超过规定使用年限的老、旧、杂设备； ② 通过修理，虽能恢复精度和性能、但一次修理费用超过重置价值80%，不如更新经济的；

续表 8-1

项目	项目内容	基本要求	标准分值	评分方法	得分	【说明】
一、设备与指标(15分)						③ 严重污染环境,危害人身安全康健,进行改造又不经济的; ④ 遭受意外灾害,损坏严重,无法修复的; ⑤ 国家或有关部门规定应淘汰的设备。 设备大修计划应由公司统一下达,并能完成90%及以上;设备更新改造和大修理是保证设备综合状态的有效措施,要切实搞好两者的结合。 《煤炭工业企业设备管理规程》第三十条中第(三)项对大修理作了如下规定:对设备进行全面修理,使设备完全恢复精度和额定出力,需要对设备全面解体,对所有零部件进行清洗检查,更换或加固重要的零部件,恢复设备应有的精度和性能,调整机械和电器操作系统,处理设备基础或更换设备外壳,配齐安全装置和必要的附件,重新喷漆或电镀,按设备出厂或部颁大修标准进行验收。 需要得到检修许可证才能检修的煤矿主要设备,必须持有该种设备检修许可证的企业才能承担检修任务。 3. 主要设备更新改造,由总工程师组织技术经济论证报告

续表 8-1

项目	项目内容	基本要求	标准分值	评分方法	得分	【说明】
二、煤矿机械(20分)	主提升(立斜井绞车)系统	1. 提升系统能力满足矿井安全生产需要； 2. 各种安全保护装置符合《煤矿安全规程》规定； 3. 立井提升装置的过卷过放、提升容器和载荷等符合《煤矿安全规程》规定； 4. 提升装置、连接装置及提升钢丝绳符合《煤矿安全规程》规定； 5. 制动装置可靠，副井及负力提升的系统使用可靠的电气制动； 6. 立井井口及各水平阻车器、安全门、摇台等与提升信号闭锁； 7. 提升速度大于 3 m/s 的立井提升系统内，安设有防撞梁和缓冲托罐装置；单绳缠绕式双滚筒绞车安设有地锁和离合器闭锁； 8. 斜井提升制动减速度达不到要求时应设二级制动装置； 9. 提升系统通信、信号装置完善，主副井绞车房有能与矿调度室直通电话； 10. 上、下井口及各水平安设有摄像头，机房有视频监视器； 11. 机房安设有应急照明装置； 12. 使用低耗、先进、可靠的电控装置； 13. 主井提升宜采用集中远程监控，可不配司机值守，但应设图像监视，并定时巡检	5	查现场和资料。第1～9项提人绞车1处不符合要求“煤矿机械”大项不得分，其他绞车不符合要求1处扣1分，第10、11项不符合要求1处扣0.5分，其他项不符合要求1处扣0.1分		1. 提升机系统安全检测检验报告。 2. 各种安全保护装置齐全可靠，现场试验。 3. 提升机日检、周检、月检记录。 4. 提升机主要受力部件探伤检验报告。 5. 提升钢丝绳检验报告。 6. 提升系统通信、信号装置完善、可靠，符合《煤矿安全规程》第五百零七条及“六大系统”建设要求。 7. 井上、下安全生产的关键场所，安设视频监视器，机房安装应急照明设施。 8. 使用低耗、先进、可靠的电控装置；符合《煤矿安全规程》第四百二十八条规定，自动化运行的专用于提升物料的箕斗提升机，可不配备司机值守，但应当设图像监视并定时巡检。 9. 现场核查

续表 8-1

项目	项目内容	基本要求	标准分值	评分方法	得分	【说明】
二、煤矿机械(20分)	主提升(带式输送机)系统	1. 钢丝绳牵引带式输送机: (1) 运输能力满足矿井、采区安全生产需要,人货不混乘,不超速运人; (2) 各种保护装置符合《煤矿安全规程》规定; (3) 在输送机全长任何地点装设便于搭乘人员或其他人员操作的紧急停车装置; (4) 上、下人地点设声光信号、语音提示和自动停车装置,卸煤口及终点下人处设有防止人员坠入及进入机尾的安全设施和保护; (5) 上、下人和装、卸载处装设有摄像头,机房有视频监视器; (6) 输送带、滚筒、托辊等材质符合规定,滚筒、托辊转动灵活,带面无损坏、漏钢丝等现象; (7) 机房安设有与矿调度室直通电话; (8) 使用低耗、先进、可靠的电控装置; (9) 采用集中远程监控,实现无人值守	4	查现场和资料。第(1)～(5)项提人带式输送机1处不符合要求扣4分,其他带式输送机1处不符合要求扣1分,第(6)、(7)项1处不符合要求扣0.5分,其他项1处不符合要求扣0.1分		1. 查煤流系统带式输送机设备布置图,分析运输能力情况。 2. 钢丝绳牵引带式输送机输送人员管理制度。 3. 输送带各种安全保护装置齐全可靠。 4. 按规定装设摄像头及视频监视器。 5. 现场检查设备运行质量及检查、检修记录。 6. 符合《煤矿安全规程》第五百零七条规定,安装有与矿调度室直通电话。 7. 使用低耗、先进、可靠的电控装置,实现自动化运行。 8. 现场核查
		2. 滚筒驱动带式输送机: (1) 运输能力满足矿井、采区安全生产需要; (2) 电动机保护齐全可靠; (3) 装设有防滑、防跑偏、防堆煤、防撕裂和输送带张紧力下降保护装置,以及温度、烟雾监测和自动洒水装置; (4) 上运运输机装设防逆转和制动装置,下运运输机装设有软制动装置且装设防超速装置; (5) 减速器与电动机采用软连接或采用软启动控制,液力偶合器不使用可燃性传动介质(调速型液力偶合器不受此限);		查现场和资料。第(1)～(8)项不符合要求1处扣1分,第(9)～(11)项不符合要求1处扣0.5分,其他项不符合要求1处扣0.1分		1. 查煤流系统带式输送机设备布置图,分析运输能力情况。 2. 输送带各种安全保护装置试验灵敏可靠。 3. 减速器与电动机采用软连接或采用软启动控制,液力偶合器严禁使用可燃性液体。 4. 输送带阻燃检验报告。 5. 现场检查设备运行质量及检查、检修记录。 6. 配备钢丝绳芯及接头状态检测装备。 7. 输送带按规定安设视频监控及照明、防护设施和警示标志。 8. 符合《煤矿安全规程》第五百零七条规定,安装有与矿调度室直通电话。 9. 使用低耗、先进、可靠的电控装置,实现自动化运行。 10. 现场核查

续表8-1

项目	项目内容	基本要求	标准分值	评分方法	得分	【说明】
二、煤矿机械（20分）	主提升（带式输送机）系统	(6) 输送带、滚筒、托辊等材质符合规定，滚筒、托辊转动灵活，带面无损坏、漏钢丝等现象； (7) 倾斜井巷使用的钢丝绳芯输送机有钢丝绳芯及接头状态检测装备； (8) 钢丝绳芯输送机设有沿线紧急停车、闭锁装置，装、卸载处设有摄像头； (9) 机头、机尾及搭接处设有照明，转动部位设有防护栏和警示牌，行人跨越处设有过桥； (10) 连续运输系统安设有连锁、闭锁控制装置，沿线安设有通信和信号装置； (11) 集中控制硐室安设有与矿调度室直通电话； (12) 使用低耗、先进、可靠的电控装置； (13) 采用集中远程监控，实现无人值守		查现场和资料。第(1)～(8)项不符合要求1处扣1分，第(9)～(11)项不符合要求1处扣0.5分，其他项不符合要求1处扣0.1分		
	主通风机系统	1. 主要通风机性能满足矿井通风安全需要； 2. 电动机保护齐全、可靠； 3. 使用在线监测装置，并且具备通风机轴承、电动机轴承、电动机定子绕组温度检测和超温报警功能，具备振动监测及报警功能； 4. 每月倒机、检查1次； 5. 安设有与矿调度室直通的电话； 6. 机房设有水柱计、电流表、电压表等仪表，并定期校准； 7. 机房安设应急照明装置； 8. 使用低耗、先进、可靠的电控装置	2	查现场和资料。第1～6项不符合要求1处扣1分，第7项不符合要求扣0.5分，其他项不符合要求1处扣0.1分		1. 主通风机安全检验报告。 2. 主通风机各种安全保护装置试验灵敏可靠。 3. 实现在线监测及报警功能。 4. 倒机记录，防爆、反风设施检查记录。 5. 符合《煤矿安全规程》第五百零七条规定，安装有与矿调度室直通电话。 6. 机房安设应急照明，各种仪表正常使用，定期校验。 7. 使用低耗、先进、可靠的电控装置，实现自动化运行。 8. 现场核查

续表 8-1

项目	项目内容	基本要求	标准分值	评分方法	得分	【说明】
二、煤矿机械(20分)	压风系统	1. 供风能力满足矿井安全生产需要； 2. 压缩机、储气罐及管路设置符合《煤矿安全规程》和《特种设备安全法》等规定； 3. 电动机保护齐全可靠； 4. 压力表、安全阀、释压阀设置齐全有效，定期校准； 5. 油质符合规定，有可靠的断油保护； 6. 水冷压缩机水质符合要求，有可靠断水保护； 7. 风冷压缩机冷却系统及环境符合规定； 8. 温度保护齐全、可靠，定值准确； 9. 井下压缩机运转时有人监护； 10. 机房安设有应急照明装置； 11. 使用低耗、先进、可靠的电控装置； 12. 地面压缩机采用集中远程监控，实现无人值守	2	查现场和资料。第1～9项不符合要求1处扣1分，第10项不符合要求1处扣0.5分，其他项不符合要求1处扣0.1分		1. 压缩机、储气罐安全检验报告。 2. 压风机供风网络系统图。 3. 压缩机、储气罐及管路设置符合《煤矿安全规程》和《特种设备安全法》等规定。 4. 各种安全保护装置试验灵敏可靠。 5. 机房安设应急照明，各种仪表正常使用，定期校验。 6. 压缩机、储气罐的检查、检修、试验记录。 7. 井下压缩机运转时安排监护。 8. 符合《煤矿安全规程》第五百零七条规定，安装有与矿调度室直通电话。 9. 使用低耗、先进、可靠的电控装置，实现自动化运行。 10. 现场核查
	排水系统	1. 矿井及采区主排水系统： (1) 排水能力满足矿井、采区安全生产需要； (2) 泵房及出口，水泵、管路及配电、控制设备，水仓蓄水能力等符合《煤矿安全规程》规定； (3) 有可靠的引水装置； (4) 设有高、低水位声光报警装置； (5) 电动机保护装置齐全、可靠； (6) 排水设施、水泵联合试运转、水仓清理等符合《煤矿安全规程》规定； (7) 水泵房安设有与矿调度室直通电话； (8) 各种仪表齐全，及时校准； (9) 使用低耗、先进、可靠的电控装置； (10) 采用集中远程监控，实现无人值守。 2. 其他排水地点： (1) 排水设备及管路符合规定要求； (2) 设备完好，保护齐全、可靠； (3) 排水能力满足安全生产需要； (4) 使用小型自动排水装置	4	查现场和资料。第1项中的第(1)～(7)小项不符合要求1处扣1分，其他项不符合要求1处扣0.1分；第2项中的第(1)～(3)项不符合要求1处扣0.5分，第(4)项不符合要求扣0.1分		1. 矿井排水、供电系统图。 2. 水仓布置图。 3. 主排水泵系统安全检测检验报告。 4. 主排水泵联合试运转报告。 5. 电气设备安全保护装置齐全可靠。 6. 水泵检查、检修履历簿。 7. 水仓清挖验收报告。 8. 有可靠的真空、射流两种引水装置，并能在5 min内启动水泵。 9. 符合《煤矿安全规程》第五百零七条规定，安装有与矿调度室直通电话。 10. 使用低耗、先进、可靠的电控装置，采用集中远程控制，实现无人值守。 11. 各种仪表正常使用，定期校验。 12. 其他排水地点使用小型自动排水装置，达到设备完好，运行正常。 13. 现场核查

续表 8-1

项目	项目内容	基本要求	标准分值	评分方法	得分	【说明】
二、煤矿机械(20分)	瓦斯发电系统	1. 抽采泵出气侧管路系统装设防回火、防回气、防爆炸的安全装置; 2. 根据输送方式的不同,设置甲烷、流量、压力、温度、一氧化碳等各种监测传感器; 3. 超温、断水等保护齐全、可靠; 4. 压力表、水位计、温度表等仪器仪表齐全、有效; 5. 机房安设有应急照明; 6. 电气设备防爆性能符合要求,保护齐全可靠; 7. 阀门装置灵活; 8. 机房有防烟火、防静电、防雷电措施	1.5	查现场,不符合要求1处扣0.5分		1. 抽采管路系统布置图。 2. 泵站"三防装置"检查记录。 3. 安全保护装置齐全可靠。 4. 各种仪表正常使用,定期校验。 5. 机房安设应急照明,电气设备防爆性能完好,阀门使用正常。 6. 防烟火、防静电、防雷电安全措施。 7. 现场核查
	地面供热降温系统	1. 热水锅炉: (1) 安设有温度计、安全阀、压力表、排污阀; (2) 按规定安设可靠的超温报警和自动补水装置; (3) 系统中有减压阀,热水循环系统定压措施和循环水膨胀装置可靠,有高低压报警和连锁保护; (4) 停电保护、电动机及其他各种保护灵敏可靠; (5) 有特种设备使用登记证和年检报告; (6) 安全阀、仪器仪表按规定检验,有检验报告; (7) 水质合格,有检验报告 2. 蒸汽锅炉: (1) 安设有双色水位计或两个独立的水位表; (2) 按规定安设可靠的高低水位报警和自动补水装置; (3) 按规定安设压力表、安全阀、排污阀; (4) 按规定安设可靠的超压报警器和连锁保护装置;	1.5	查现场和资料。不符合要求1处扣0.5分		1. 热水锅炉: (1) 安全附件和仪表符合《热水锅炉安全技术监察规程》规定; (2) 安全保护装置齐全可靠; (3) 热水锅炉使用登记证; (4) 热水锅炉年检报告; (5) 安全阀、仪器仪表检验报告; (6) 水质检验报告; (7) 现场核查。 2. 蒸汽锅炉: (1) 安全附件和仪表符合《蒸汽锅炉安全技术监察规程》规定; (2) 安全保护装置齐全可靠; (3) 蒸汽锅炉使用登记证; (4) 蒸汽锅炉年检报告; (5) 安全阀、仪器仪表检验报告; (6) 水质检验报告; (7) 现场核查。

续表 8-1

项目	项目内容	基本要求	标准分值	评分方法	得分	【说明】
二、煤矿机械(20分)	地面供热降温系统	(5) 温度保护、熄火保护、停电自锁保护以及电动机和其他各种保护灵敏、可靠； (6) 有特种设备使用登记证和年检报告； (7) 安全阀、仪器仪表按规定检验,有检验报告； (8) 水质合格,有检验报告 3. 热风炉： (1) 安设有防火门和栅栏,有防烟、防火、超温安全连锁保护装置,有 CO 检测和洒水装置； (2) 电动机及其他各种保护灵敏、可靠； (3) 出风口处电缆有防护措施； (4) 锅炉距离入风井口不少于 20 米； (5) 有国家或者当地煤炭安全监察部门颁发的安全性能合格证 4. 地面降温系统： (1) 设备完好； (2) 各类保护齐全可靠； (3) 各种阀门、安全阀灵活可靠； (4) 仪表正常,有检验报告； (5) 水质合格,有化验记录				3. 热风炉： (1) 安全防护设施及保护装置齐全可靠。 (2) 锅炉安装地点符合《煤矿安全规程》第二百五十一条规定,井口房和通风机房附近 20 m 内,不得有烟火或者用火炉取暖。通风机房位于工业广场以外时,除开采有瓦斯喷出的矿井和突出矿井外,可用隔焰式火炉或者防爆式电热器取暖。 (3) 安全检验合格证。 (4) 现场核查。 4. 地面降温系统： (1) 设备完好； (2) 安全保护装置齐全可靠； (3) 各种阀门、安全阀灵活可靠； (4) 仪表检验报告； (5) 水质化验记录； (6) 现场核查
三、煤矿电气(30分)	地面供电系统	1. 有供电设计及供电系统图,供电能力满足矿井安全生产需要； 2. 矿井供电主变压器运行方式符合规定； 3. 主要通风机、提升人员的绞车、抽采瓦斯泵、压风机以及地面安全监控中心等主要设备供电符合《煤矿安全规程》规定； 4.各种保护设置齐全、定值准确、动作灵敏可靠,高压配出侧装设有选择性的接地保护；	5	查现场和资料。第 1 项 1 处不符合要求不得分,第 2、3 项不符合要求 1 项扣 3 分,第 4～10 项不符合要求 1 处扣 1 分,第 11～15 项不符合要求 1 处扣 0.5 分		1. 供电设计方案。 2. 地面供电系统图。 3. 主变压器符合《煤矿安全规程》第四百三十六条规定:正常情况下,矿井电源应当采用分列运行方式。若一回路运行,另一回路必须带电备用。带电备用电源的变压器可以热备用;若冷备用,备用电源必须能及时投入,保证主要通风机在 10 min 内启动和运行。

续表 8-1

项目	项目内容	基本要求	标准分值	评分方法	得分	【说明】
三、煤矿电气(30分)	地面供电系统	5. 变电所有可靠的操作电源； 6. 直供电机开关或带有电容器的开关有欠压保护； 7. 高压开关柜具有防止带电合闸、防止带接地合闸、防止误入带电间隔、防止带电合接地线、防止带负荷拉刀闸和通信功能； 8. 反送电开关柜加锁且有明显标志； 9. 矿井6 000 V及以上电网单相接地电容电流符合《煤矿安全规程》规定； 10. 电气工作票、操作票符合《电力安全工作规程》的要求； 11. 防雷设施齐全、可靠； 12. 供电电压、功率因数、谐波参数符合规定； 13. 矿井主要变电所实现综合自动化保护和控制，实现无人值守； 14. 变电所有应急照明装置； 15. 矿井变电所安设有与电力调度及矿调度室直通电话，并有录音功能				4. 主要通风机、提升人员的提升机、抽采瓦斯泵、地面安全监控中心等主要设备房供电符合《煤矿安全规程》第四百三十八条规定：应当各有两回路直接由变(配)电所馈出的供电线路；受条件限制时，其中的一回路可引自上述设备房的配电装置。 5. 各种安全保护装置齐全可靠。 6. 变电所操作电源可靠运行。 7. 根据《煤矿安全规程》第四百五十一条规定：井下高压电动机、动力变压器的高压控制设备，应当具有短路、过负荷、接地和欠压释放保护。 8. “五防”是指有防止带负荷分合隔离开关、防止误入带电间隔、防止误分合主开关、防止带电挂接地线和防止带地线合隔离开关的功能。通信功能是现代化监控技术的需要，是指具有数据传输接口，能够实现监视和控制功能。 9. 反送电开关柜悬挂反送电标志。 10. 矿井6 000 V及以上高压电网，符合《煤矿安全规程》第四百五十三条规定：必须采取措施限制单相接地电容电流，生产矿井不超过20 A，新建矿井不超过10 A。 11. 根据《煤矿安全规程》第四百八十一条规定：高压电气设备和线路的修理和调整工作，应当有工作票和施工措施。电气工作票、操作票执行《电力安全工作规程》格式要求。 12. 防雷设施检测报告。 13. 供电电压、功率因数参数符合规定。 14. 谐波检测报告。 15. 矿井主要变电所实现自动化控制，实现无人值守。 16. 变电所安设应急照明，根据《煤矿安全规程》第五百零七条规定，安装有与矿调度室直通电话，并有录音功能。 17. 现场核查

续表 8-1

项目	项目内容	基本要求	标准分值	评分方法	得分	【说明】
三、煤矿电气(30分)	井下供电系统	1. 井下供配电网络： (1) 各水平中央变电所、采区变电所、主排水泵房和下山开采的采区泵房供电线路符合《煤矿安全规程》规定，运行方式合理； (2) 各级变电所运行管理符合规定； (3) 矿井、采区及采掘工作面等供电地点均有合格的供电系统设计，符合现场实际； (4) 按规定进行继电保护核算、检查和整定； (5) 中央变电所安装有选择性接地保护装置； (6) 配电网路开关分断能力、可靠动作系数和动、热稳定性以及电缆的热稳定性符合规定； (7) 实行停送电审批和工作票制度； (8) 井下变电所、配电点悬挂与实际相符的供电系统图； (9) 调度室、变电所有停送电记录； (10) 变电所及高压配电点设有与矿调度室直通电话； (11) 变电所设置符合《煤矿安全规程》规定； (12) 采区变电所专人值班或关门加锁并定期巡检； (13) 采用集中远程监控，实现无人值守	4	查现场和资料。第(1)项1处不符合要求不得分，第(2)～(12)不符合要求1处扣0.5分，其他项不符合要求1处扣0.1分		1. 各级变电所运行管理规定和制度。 2. 停送电审批和工作票制度、工作记录。 3. 采区变电所专人值班或关门加锁并定期巡检及记录。 4. 供电线路、运行方式符合《煤矿安全规程》第四百三十八条规定；变电所运行管理应做到有人值守或实现智能集中控制，并严格按照《电力安全工作规程》等要求进行管理； 供电设计符合《煤矿井下低压电网短路保护装置的整定细则》及现场实际，现场变化必须及时修改。 5. 应每半年进行矿井保护校核、调整、整定和试验；必须按照地面供电的管理方式建立停送电审批和工作票制度，提高矿井供电管理标准。 6. 煤矿负责停送电指挥的调度及变电所必须有记录。 7. 井下变电所及高压配电点通信符合《煤矿安全规程》第五百零七条规定。 8. 变电所、配电点必须有符合实际的供电系统图。 9. 井下供电系统图。 10. 现场核查
		2. 防爆电气设备及小型电器防爆合格率100%	4	查现场和资料。高瓦斯、突出矿井中，以及低瓦斯矿井主要进风巷以外区域出现1处失爆"煤矿电气"大项不得分，其他区域发现1处失爆扣4分		1. 防爆电气设备及小型电器管理台账； 2. 防爆电气设备及小型电器防爆合格检测； 3. 现场核查

续表 8-1

项目	项目内容	基本要求	标准分值	评分方法	得分	【说明】
三、煤矿电气(30分)	井下供电系统	3. 采掘工作面供电： (1) 配电点设置符合《煤矿安全规程》规定； (2) 掘进工作面“三专两闭锁”设置齐全、灵敏可靠； (3) 采煤工作面瓦斯电闭锁设置齐全、灵敏可靠； (4) 按要求试验，有试验记录	2	查现场和资料。第(1)～(3)项1处不符合要求不得分；第(4)项不符合要求1处扣0.5分		1.《煤矿安全规程》第四百五十七条规定：采掘工作面配电点的位置和空间必须满足设备安装、拆除、检修和运输等要求，并采用不燃性材料支护。 2.“三专”的内容是：每套掘进工作面局部通风机的电源，直接从采区变电所采用专用开关、专用电缆、专用变压器向局部通风机供电。“两闭锁”的内容是风电、瓦斯闭锁。 3. 风电、瓦斯闭锁试验记录。 4. 现场核查
		4. 高压供电装备： (1) 高压控制设备装有短路、过负荷、接地和欠压释放保护； (2) 向移动变电站和高压电动机供电的馈电线上装有有选择性的动作于跳闸的单相接地保护； (3) 真空高压隔爆开关装设有过电压保护； (4) 推广设有通信功能的装备	2	查现场或资料。不符合要求1处扣0.5分		1.“高压控制设备装有短路、过负荷、接地和欠压释放保护”是《煤矿安全规程》第四百五十一条规定的。 2.“向移动变电站和高压电动机供电的馈电线上装有有选择性的动作于跳闸的单相接地保护”是《煤矿安全规程》第四百五十三条规定的。 3.“真空高压隔爆开关装设过电压保护，有通信功能”是JB/T 8739—2015标准规定的：真空配电装置应具有操作过电压保护装置，过电压不应超过额定相电压（峰值）的3.5倍；为了适应煤矿信息化发展的需要增加通信功能的要求，目的在于逐步实现矿井供用电管理的监视和智能集中控制。 4. 现场核查

续表 8-1

项目	项目内容	基本要求	标准分值	评分方法	得分	【说明】
三、煤矿电气(30分)	井下供电系统	5. 低压供电装备: (1) 采区变电所、移动变电站或者配电点引出的馈电线上有短路、过负荷和漏电保护; (2) 有检漏或选择性的漏电保护; (3) 按要求试验,有试验记录; (4) 推广设有通信功能的装备	3	查现场和资料。不符合要求 1 处扣 0.5 分		1. 采区变电所、移动变电站或者配电点引出的馈电线的供电电气设备环境条件差、温度高,又有瓦斯和煤尘,在运行中极易发生短路、过负荷、断相和漏电等故障,如不能将故障及时排除,则会造成设备损坏、供电中断、着火和瓦斯、煤尘爆炸等故障,危害人身和矿井的安全,所以必须具有短路、过负荷和漏电保护,实现通信传输功能。 2. 采区变电所、移动变电站或者配电点引出的馈电线上有短路、过负荷和漏电保护设备台账。 3. 漏电试验记录。 4. 现场核查
		6. 变压器及电动机控制设备: (1) 40 kW 及以上电动机使用真空磁力启动器控制; (2) 干式变压器、移动变电站过负荷、短路等保护齐全可靠; (3) 低压电动机控制设备有短路、过负荷、单相断线、漏电闭锁保护及远程控制功能	3	查现场和资料。甩保护、铜铁保险、开关前盘带电 1 处扣 1 分,其他 1 处不符合要求扣 0.5 分		1.《煤矿安全规程》第四百五十条、第四百五十一条规定:电动机控制开关应使用真空电磁启动器,低压电动机的控制设备,必须具备短路、过负荷、单相断线、漏电闭锁保护及远程控制功能。 2. 干式变压器、移动变电站保护齐全可靠。 3. 现场核查
		7. 保护接地符合《煤矿井下保护接地装置的安装、检查、测定工作细则》的要求	2	查现场或资料。不符合要求 1 处扣 0.5 分		1. 按《煤矿安全规程》第四百七十五条至第四百八十条规定执行。 2. 现场核查

续表 8-1

项目	项目内容	基本要求	标准分值	评分方法	得分	【说明】
三、煤矿电气(30分)	井下供电系统	8. 信号照明系统： (1) 井下信号、照明等其他 220 V 单相供电系统使用综合保护装置； (2) 保护齐全、可靠	1	查现场或资料。不符合要求 1 处扣 0.5 分		1. 按《煤矿安全规程》第四百七十四条规定执行。 2. 信号、照明系统图。 3. 现场核查
		9. 电缆及接线工艺： (1) 动力电缆和各种信号、监控监测电缆使用煤矿用电缆； (2) 电缆接头及接线方式和工艺符合要求，无“羊尾巴”、“鸡爪子”、明接头； (3) 各种电缆按规定敷设(吊挂)，合格率不低于 95%； (4) 各种电气设备接线工艺符合要求	3	查现场和资料。高瓦斯、突出矿井井下全范围以及低瓦斯矿井采区石门以里出现 1 处动力电缆不符合要求“煤矿电气”大项不得分，其他区域发现 1 处不符合要求扣 3 分；36 V 以上信号电缆不符合要求 1 处扣 0.5 分；本安电缆及电气设备接线工艺不符合要求 1 处扣 0.2 分；电缆合格率每降低 1 个百分点扣 0.5分		1. 重点检查各种电缆接头的质量，非本安系统电缆接头不合格(即出现“鸡爪子”、“羊尾巴”、明接头等)的均按失爆论处。 2. 接线工艺是现场供电安全管理的基础；整定卡是开关的安全运行依据。 3. 电缆布置图。 4. 现场核查
		10. 井上下防雷电装置符合《煤矿安全规程》规定	1	查现场和资料。不符合要求 1 处扣 0.5 分		按《煤矿安全规程》第四百五十五条规定执行：井上、下必须装设防雷电装置，并遵守下列规定： 1. 经由地面架空线路引入井下的供电线路和电机车架线，必须在入井处装设防雷电装置。 2. 由地面直接入井的轨道、金属架构及露天架空引入(出)井的管路，必须在井口附近对金属体设置不少于 2 处的良好的集中接地

续表 8-1

项目	项目内容	基本要求	标准分值	评分方法	得分	【说明】
四、基础管理(23分)	组织保障	1. 有负责机电管理工作的职能机构,有负责供电、电缆、小型电器、防爆、设备、配件、油脂、输送带、钢丝绳等日常管理工作职能部门	1.5	查资料。无机构不得分,其他1处不符合要求扣0.5分		1. 负责机电管理工作的职能机构成立文件。 2. 负责机电管理工作的职能机构人员聘书。 3. 供电、电缆、小型电器、防爆、设备、配件、油脂、输送带、钢丝绳等日常管理工作职能图
		2. 矿及生产区队配有机电管理和技术人员,责任、分工明确	1.5	查资料。未配备人员不得分,其他1处不符合要求扣0.5分		1. 机电管理人员任命文件、聘任文件。 2. 分工明细表
	管理制度	1. 矿、专业管理部门建有以下制度(规程):岗位安全生产责任制,操作规程,停送电管理、设备定期检修、电气试验测试、干部上岗检查、设备管理、机电事故统计分析、防爆设备入井安装验收、电缆管理、小型电器管理、油脂管理、配件管理、阻燃胶带管理、杂散电流管理以及钢丝绳管理等制度	1.5	查资料。内容不全,每缺1种制度(规程)扣0.5分,制度(规程)执行不到位1处扣0.5分		1. 机电所有岗位的岗位责任制(装订成册); 2. 全矿所有设备的操作规程(装订成册); 3. 全矿设备运行、维护、保养制; 4. 煤矿设备定期检修制; 5. 电气试验制度; 6. 机电干部上岗查岗制度; 7. 设备管理制度; 8. 机电事故追查分析制度; 9. 防爆设备入井、安装、验收制度; 10. 电缆管理制度; 11. 小型电器管理制度; 12. 油脂管理制度; 13. 配件管理制度; 14. 阻燃胶带管理制度; 15. 杂散电流管理制度等

续表 8-1

项目	项目内容	基本要求	标准分值	评分方法	得分	【说明】
四、基础管理(23分)	管理制度	2. 机房、硐室有以下制度、图纸和记录： (1) 有操作规程，岗位责任、设备包机、交接班、巡回检查、保护试验、设备检修以及要害场所管理等制度； (2) 有设备技术特征、设备电气系统图、液压（制动）系统图、润滑系统图； (3) 有设备运转、检修、保护试验、干部上岗、交接班、事故、外来人员、钢丝绳检查（或其他专项检查）等记录	1.5	查现场和资料。内容不全，每缺 1 种扣 0.5 分，执行不到位 1 处扣 0.5 分		1. 制度： (1) 岗位责任制； (2) 操作规程； (3) 设备包机制； (4) 交接班制； (5) 巡回检查制； (6) 保护试验制； (7) 设备检修制； (8) 要害场所管理等制度； (9) 设备技术特征； (10) 设备电气系统图； (11) 液压(制动)系统图； (12) 润滑系统图等。 2. 有图纸资料并张挂，应有： (1) 设备运转记录； (2) 检修记录； (3) 保护试验记录； (4) 管理人员巡查记录； (5) 交接班记录； (6) 事故记录； (7) 外来人员登记； (8) 钢丝绳检查记录。 3. 现场核查
	技术管理	1. 机电设备选型论证、购置、安装、使用、维护、检修、更新改造、报废等综合管理及程序符合相关规定，档案资料齐全	1	查现场和资料。不符合要求 1 处扣 0.5 分		1. 设备选型等符合相关规定。 2. 实行电子档案，微机专人管理。 3. 资料齐全。 4. 现场核查
		2. 设备技术信息档案齐全，管理人员明确；主变压器、主要通风机、提升机、压风机、主排水泵、锅炉等大型主要设备做到一台一档	3	查资料。无电子档案或无具体人员管理档案不得分，其他 1 处不符合要求扣 0.5 分		1. 实行电子档案，微机专人管理。 2. 大型固定设备一套一档

续表 8-1

项目	项目内容	基本要求	标准分值	评分方法	得分	【说明】
四、基础管理(23分)	技术管理	3. 矿井主提升、排水、压风、供热、供水、通讯、井上下供电等系统和井下电气设备布置等图纸齐全,并及时更新	2	查资料。缺1种图不得分,图纸与实际不相符1处扣0.5分		1. 主提升系统图; 2. 矿井排水系统图; 3. 压风系统图; 4. 供热系统图; 5. 供水系统图; 6. 通信系统图; 7. 井上下供电系统图; 8. 井下电气设备布置图
		4. 各岗位操作规程、措施及保护试验要求等与实际运行的设备相符	1	查现场和资料。不符合要求1处扣0.5分		1. 各岗位操作规程、措施; 2. 各岗位保护试验记录; 3. 现场核查
		5. 持续有效地开展全矿机电专业技术专项检查与分析工作	3	查资料。未开展工作不得分,工作开展效果不好1次扣1分		1. 专项检查实施方案; 2. 检查问题整改落实表; 3. 阶段总结、分析记录
	设备技术性能测试	1. 大型固定设备更新改造有设计,有验收测试结果和联合验收报告	1	查资料。没有或不符合要求不得分		1. 更新改造计划; 2. 测定报告; 3. 验收报告
		2. 主提升设备、主排水泵、主要通风机、压风机及锅炉、瓦斯抽采泵等按《煤矿安全规程》检测;检测周期符合《煤矿在用安全设备检测检验目录(第一批)》或其他规定要求	2	查资料。不符合要求1处扣0.5分		1. 专门升降人员及混合提升的系统应当每年进行1次性能检测,其他提升系统每3年进行1次性能检测; 2. 主排水泵应每年测定一次; 3. 新安装的主要通风机投入使用前,必须进行试运转和通风机性能测定,以后每5年至少进行1次性能测定,主要通风机技术改造及更换叶片后必须进行性能测试; 4. 压风机应每年测定一次; 5. 锅炉、瓦斯抽采泵应按《特种设备安全监察条例》规定进行检验; 6. 记录和测试资料

续表 8-1

项目	项目内容	基本要求	标准分值	评分方法	得分	【说明】
四、基础管理(23分)	设备技术性能测试	3. 主绞车的主轴、制动杆件、天轮轴、连接装置以及主要通风机的主轴、叶片等主要设备的关键零部件探伤符合规定	2	查资料。不符合要求1处扣0.5分		1. 主要设备的关键零部件(主绞车的主轴、制动杆件、天轮轴、连接装置,主要通风机的主轴、叶片)探伤周期应按规程规定,如无规定应为2年。 2. 记录和测试资料
		4. 按规定进行防坠器试验、电气试验、防雷设施及接地电阻等测试	2	查资料。1处不符合要求不得分		1. 按《煤矿安全规程》第四百一十五条规定:新安装或者大修后的防坠器,必须进行脱钩试验,合格后方可使用。对使用中的立井罐笼防坠器,应当每6个月进行1次不脱钩试验,每年进行1次脱钩试验。对使用中的斜井人车防坠器,应当每班进行1次手动落闸试验、每月进行1次静止松绳落闸试验、每年进行1次重载全速脱钩试验。防坠器的各个连接和传动部分,必须处于灵活状态。 2. 按《煤矿安全规程》第六百一十一条规定:变(配)电设施、油库、爆炸物品库、高大或者易受雷击的建筑,必须装设防雷电装置,每年雨季前检验1次。 3. 接地电网接地电阻值每季度测定1次。 4. 试验和测试工作要制定相关规定,结果要有记录

续表 8-1

项目	项目内容	基本要求	标准分值	评分方法	得分	【说明】
五、岗位规范(5分)	专业技能	1. 管理和技术人员掌握相关的岗位职责、规程、设计、措施； 2. 作业人员掌握本岗位相应的操作规程和安全措施	2	查资料和现场。不符合要求1处扣0.5分		1. 岗位职责掌握情况； 2. 规程、措施学习考试记录； 3. 操作规程和安全措施掌握情况； 4. 现场核查
	规范作业	1. 严格执行岗位安全生产责任制； 2. 无"三违"行为； 3. 作业前进行安全确认	3	查现场。发现"三违"不得分；不执行岗位责任制、未进行安全确认1人次扣1分		1. 安全生产责任制执行情况； 2. 无违章指挥、无违章作业、无违反劳动纪律的行为； 3. 作业前进行安全确认； 4. 现场核查
六、文明生产(7分)	设备设置	1. 井下移动电气设备上架，小型电器设置规范、可靠； 2. 标志牌内容齐全； 3. 防爆电气设备和小型防爆电器有防爆入井检查合格证； 4. 各种设备表面清洁，无锈蚀	1.5	查现场。不符合要求1处扣0.2分		1. 电气设备执行定置化管理规定； 2. 标志牌内容齐全； 3. 防爆电气设备合格证签发情况； 4. 各种设备卫生洁净，无锈蚀； 5. 现场核查
	管网	1. 各种管路应每100 m设置标识，标明管路规格、用途、长度、管路编号等； 2. 管路敷设(吊挂)符合要求，稳固； 3. 无锈蚀，无跑、冒、滴、漏	2	查现场。不符合要求1处扣0.5分		1. 标识牌齐全，悬挂规范； 2. 管路敷设稳固； 3. 执行日常巡查、维护制度，管理无锈蚀，无跑、冒、滴、漏现象； 4. 现场核查
	机房卫生	1. 机房硐室、机道和电缆沟内外卫生清洁； 2. 无积水，无油垢，无杂物； 3. 电缆、管路排列整齐	1.5	查现场。卫生不好或电缆排列不整齐1处扣0.2分，其他1处不符合要求扣0.5分		1. 机房内外无杂物，卫生清洁； 2. 地面无积水、积灰、积油等，电缆、管路吊挂整齐； 3. 现场核查
	照明	机房、硐室以及巷道等照明符合《煤矿安全规程》要求	1	查现场。不符合要求1处扣0.5分		1. 执行《煤矿安全规程》第四百六十九条规定； 2. 现场核查
	器材工具	消防器材、电工操作绝缘用具齐全合格	1	查现场。消防器材、绝缘用具欠缺、失效或无合格证1处扣0.5分		1. 电工操作用具台账； 2. 现场核查
得分合计：						

第9部分 运 输

一、工作要求(风险管控)

1. 运输巷道与硐室

(1) 满足运输设备安装、运行的空间要求;

【说明】 本条规定了满足运输设备安装、运行空间的具体要求。

(1) 依据《煤矿安全规程》第九十条规定:

① 采用轨道机车运输的巷道净高,自轨面起不得低于2 m。架线电机车运输巷道的净高,在井底车场内、从井底到乘车场,不小于2.4 m;其他地点,行人的不小于2.2 m,不行人的不小于2.1 m。

② 采(盘)区内的上山、下山和平巷的净高不得低于2 m,薄煤层内的不得低于1.8 m。

③ 运输巷(包括管、线、电缆)与运输设备最突出部分之间的最小间距,应当符合《煤矿安全规程》要求。

巷道净断面的设计,必须按支护最大允许变形后的断面计算。

(2) 依据《煤矿安全规程》第九十二条有关规定,在双向运输巷中,两车最突出部分之间的距离必须符合下列要求:

① 采用轨道运输的巷道:对开时不得小于0.2 m,采区装载点不得小于0.7 m,矿车摘挂钩地点不得小于1 m。

② 采用单轨吊车运输的巷道:对开时不得小于0.8 m。

③ 采用无轨胶轮车运输的巷道:双车道行驶,会车时不得小于0.5 m;单车道应当根据运距、运量、运速及运输车辆特性,在巷道的合适位置设置机车绕行道或者错车硐室,并设置方向标识。

(2) 满足运输设备检修的空间要求;

【说明】 本条规定了满足运输设备检修的具体要求。

依据《煤矿机电设备检修技术规范》(MT/T 1097—2008)和《煤矿安全规程》第九十条规定要求:

① 采用轨道机车运输的巷道净高,自轨面起不得低于2 m。架线电机车运输巷道的净高,在井底车场内、从井底到乘车场,不小于2.4 m;其他地点,行人的不小于2.2 m,不行人的不小于2.1 m。

② 采(盘)区内的上山、下山和平巷的净高不得低于2 m,薄煤层内的不得低于1.8 m。

③ 运输巷(包括管、线、电缆)与运输设备最突出部分之间的最小间距,应当符合《煤矿安全规程》要求。

巷道净断面的设计,必须按支护最大允许变形后的断面计算。

(3) 满足人员操作、行走的安全要求。

【说明】 本条规定了满足人员操作、行走的具体要求。

依据《煤矿安全规程》第九十一条、第九十二条和《煤矿辅助运输系统精细化标准》要求规定：

(1) 新建矿井、生产矿井新掘运输巷的一侧，从巷道道碴面起 1.6 m 的高度内，必须留有宽 0.8 m (综合机械化采煤及无轨胶轮车运输的矿井为 1 m)以上的人行道，管道吊挂高度不得低于 1.8 m。

生产矿井已有巷道人行道的宽度不符合上述要求时，必须在巷道的一侧设置躲避硐，2 个躲避硐的间距不得超过 40 m。躲避硐宽度不得小于 1.2 m，深度不得小于 0.7 m，高度不得小于 1.8 m。躲避硐内严禁堆积物料。

(2) 采用无轨胶轮车运输的矿井人行道宽度不足 1 m 时，必须制定专项安全技术措施，严格执行“行人不行车，行车不行人”的规定。

(3) 在人车停车地点的巷道上下人侧，从巷道道碴面起 1.6 m 的高度内，必须留有宽 1 m以上的人行道，管道吊挂高度不得低于 1.8 m。

(4) 在双向运输巷中，采用轨道运输的巷道两车最突出部分之间的距离为：对开时不得小于 0.2 m，采区装载点不得小于 0.7 m，矿车摘挂钩地点不得小于 1 m。

2. 运输线路

(1) 轨道线路轨型、轨道铺设质量符合标准要求；

【说明】 本条规定了轨道线路轨型、轨道铺设质量标准的具体要求。

(1) 运行 7 t 及以上机车、3 t 及以上矿车、采区运送重量超过 15 t(包括平板车重量)及以上设备时线路轨型不低于 30 kg/m，卡轨车、齿轨车和胶套轮车运行线路轨型不低于 22 kg/m。

(2) 主要运输线路(主要运输大巷和主要运输石门、井底车场、主要斜巷绞车道，地面运煤、运矸干线和集中运载站车场的轨道)及行驶人车的轨道线路质量应达到优良。

(3) 其他轨道线路质量达到合格，不得有杂拌道。同一线路必须使用同一型号钢轨。道岔的钢轨型号，不得低于线路的钢轨型号。运输线路轨型选用应符合《煤矿安全规程》第三百八十条规定及《煤矿井下辅助运输设计规范》(GB 50533—2009)的有关要求。

(4) 主要运输巷道轨道的铺设质量应符合下列要求：

① 扣件必须齐全、牢固并与轨型相符。轨道接头的间隙不得大于 5 mm，高低和左右错差不得大于 2 mm。

② 直线段 2 条钢轨顶面的高低偏差，以及曲线段外轨按设计加高后与内轨顶面的高低偏差，都不得大于 5 mm。

③ 直线段和加宽后的曲线段轨距上偏差为＋5 mm，下偏差为－2 mm。

④ 在曲线段内应设置轨距拉杆。

⑤ 轨枕的规格及数量应符合标准要求，间距偏差不得超过 50 mm。道碴的粒度及铺设厚度应符合标准要求，轨枕下应捣实。对道床应经常清理，应无杂物、无浮煤、无积水。

轨道质量依据《煤矿窄轨铁道维修质量标准及检查评级办法》有关要求。

(2) 保证列车能按规定的速度安全、平稳运行。

【说明】 本条规定了列车安全运行的具体要求。

(1) 依据《煤矿安全规程》第三百七十七条：

① 运送物料时制动距离不得超过 40 m；运送人员时制动距离不得超过 20 m。

② 机车行近巷道口、硐室口、弯道、道岔或者噪声大等地段，以及前有车辆或者视线有

障碍时，必须减速慢行，并发出警号。

(2) 依据《煤矿安全规程》第三百八十一条：架空线悬挂高度、与巷道顶或者棚梁之间的距离等，应当保证机车的安全运行。

① 架空线悬挂间距的规定。电机车架空线与巷道顶或棚梁之间的距离不得小于0.2 m。悬吊绝缘子距电机车架空线的距离，每侧不得超过0.25 m。

② 电机车架空线悬挂点的间距，在直线段内不得超过5 m，在曲线段内不得超过表9-1中规定值。

表 9-1　　电机车架空线曲线段悬挂点间距最大值

曲率半径/m	25～22	21～19	18～16	15～13	12～11	10～8
悬挂点间距/m	4.5	4	3.5	3	2.5	2

3. 运输设备

(1) 在用设备完好率符合要求；

【说明】 本条规定了对在用设备完好率的具体要求。

根据《煤矿矿井机电设备完好标准》规定确定设备综合完好率。

① 在用运输设备综合完好率不低于90%。

② 矿车、专用车辆完好率不低于85%。应符合《矿用窄轨车辆》(GB/T 2885—2008)的要求。

(2) 保护装置齐全、灵敏、可靠；

【说明】 本条规定了运输设备保护装置的具体要求。

根据《煤矿安全规程》以及《煤矿矿井机电设备完好标准》规定：

① 运送人员设备制动装置、撒砂装置、连接装置安全可靠。

② 架空乘人装置工作制动器、安全制动器、超速保护等安全保护装置齐全、有效，应符合有关规定要求。

(3) 安装符合设计要求。

【说明】 本条规定了运输设备安装的具体要求。

依据《煤矿矿井机电设备完好标准》及省、煤矿企业制定的《机电运输设备安装质量标准》要求执行。

4. 运输设施

安全设施齐全、可靠，安装规范，正常使用。

【说明】 本条规定了安全设施安装使用的具体要求。

依据《煤矿安全规程》第三百八十七条等相关规定：

① 在倾斜井巷内安设能够将运行中断绳、脱钩的车辆阻止住的跑车防护装置。

② 在各车场安设能够防止带绳车辆误入非运行车场或区段的阻车器。

③ 在上部平车场入口安设能够控制车辆进入摘挂钩地点的阻车器。

④ 在上部平车场接近变坡点处，安设能够阻止未连挂的车辆滑入斜巷的阻车器。

⑤ 在变坡点下方略大于1列车长度的地点，设置能够防止未连挂的车辆继续往下跑车的挡车栏。

上述挡车装置必须经常关闭,放车时方准打开。兼作行驶人车的倾斜井巷,在提升人员时,倾斜井巷中的挡车装置和跑车防护装置必须是常开状态,并可靠地锁住。

5. 运输管理

(1) 管理机构健全,制度完善;

【说明】 本条规定了运输管理机构、制度的具体要求。

机构成立要符合各集团公司相关规定,并结合本矿实际设立运输管理机构,如运输科或运输工区。管理制度、岗位责任制、操作规程齐全、完整,并根据机构设置现场设备、设施、线路情况、运输建立管理台账等。

制定和完善、事故分析规定、交接班规定、安全生产标准化定期检查考核办法、职工学习培训考核办法、封闭巷道管理办法、行车不行人管理办法、乘人管理办法、设备检查检修管理办法、设备设施(出厂、入库、安装)验收和报废管理办法、停送电管理规定、信集闭管理办法、小绞车(包括梭车、回柱机)使用管理办法、小电瓶车使用管理办法、上下山管理办法、卡轨车使用管理办法、单轨吊使用管理办法、无轨胶轮车使用管理办法、架空乘人装置使用管理办法、牵引网路检查维修管理办法、轨道线路检查维修管理办法、人车定期检查和试验管理办法、安全设施检查和试验管理办法、机车(包括电机车、柴油轨道机车)年审管理办法、电机车检查维修试验管理办法、连接装置检查试验管理办法、零星工程施工管理办法、特殊物料运送管理规定、综采设备支架运输和封装管理办法、设备准用证管理办法等,并认真执行。

(2) 设备设施定期检测检验。

【说明】 本条规定了设备设施检测检验的具体要求。

按规定对斜巷人车、机车、连接装置等进行检测检验,并有完整的检测记录和检验报告。

(1) 斜井人车按《煤矿安全规程》第四百一十五条规定,对使用中的斜井人车防坠器,应当每班进行 1 次手动落闸试验、每月进行 1 次静止松绳落闸试验、每年进行 1 次重载全速脱钩试验。防坠器的各个连接和传动部分,必须处于灵活状态。

(2) 机车制动距离试验符合《煤矿安全规程》第三百七十七条第(十一)款规定:新投用机车应当测定制动距离,之后每年测定 1 次。运送物料时不得超过 40 m;运送人员时不得超过 20 m。

(3) 窄轨车辆连接器的试验应符合《煤矿安全规程》第三百八十五条和第三百八十八条规定。符合《煤矿窄轨车辆连接件 连接链》(MT 244.1—2005)和《煤矿窄轨车辆连接件 连接插销》(MT 244.2—2005)的要求。

按设计要求及有关规定定期对架空乘人装置、单轨吊、无轨胶轮车、齿轨机车等进行检测、检验,并有完整的检测记录和检验报告。

(4) 架空乘人装置每年由具有检验资质的单位,按照《煤矿用架空乘人装置安全检验规范》(AQ 1038—2007)和《煤矿用架空乘人装置》(MT/T 1117—2011)规定,对架空乘人装置进行一次检测检验,并有完整的检测记录和检验报告。

(5) 单轨吊按照《DX25J 防爆特殊型蓄电池单轨吊车》(MT/T 887—2000)、《柴油机单轨吊车》(MT/T 883—2000)、《矿用防爆柴油机通用技术条件》(MT 990—2006)、《煤矿井下用防爆柴油机检验规范》(MT 469—1995)要求进行检测、检验。

(6) 无轨胶轮车应满足以下要求:

① 新车每运行 500 h,大修后的车辆每运行 300 h 应检测柴油机的尾气排放,CO 和

NO_x 应满足 MT 220 的规定。

② 车辆每年必须由具有车辆年检资质的单位进行年检，各项安全性能应符合 MT/T 989 和 MT 990 的要求。对司机每年要参照电机车司机年审的内容，进行培训、考试和查体等。由运输副总组织实施。

③ 大修后的车辆和防爆柴油机，应经国家安全生产监督管理总局授权的检测检验机构检验合格后投入使用。符合《煤矿井下用防爆柴油机检验规范》(MT 469—1995)要求。

(7) 齿轨机车按照《煤矿用防爆柴油机钢轮/齿轨机车及齿轨装置》(MT/T 589—1996)要求进行检测、检验。

(8) 斜巷跑车防护装置品种繁杂，很不规范，目前尚无较统一的管理试验办法，各单位可以根据有关规程和设备设施性能制定试验规定和办法。

根据现场设备、设施情况或运输管理台账，检查检测记录和检验报告。

6. 岗位规范

(1) 建立并执行本岗位安全生产责任制；

【说明】 本条规定了建立岗位责任制的具体要求。

根据《煤矿安全规程》第四条规定，煤矿企业必须加强安全生产管理，建立健全各级负责人、各部门、各岗位安全生产与职业病危害防治责任制。运输从业人员严格遵守各自岗位责任制，保证作业安全。

(2) 管理人员、技术人员掌握作业规程，作业人员熟知本岗位操作规程、作业规程及安全技术措施；

【说明】 本条规定了管理人员、技术人员、作业人员岗位的具体要求。

符合《煤矿安全规程》、煤矿工人安全技术操作规程、煤矿作业规程及机电运输行业标准规定。技术管理人员必须熟悉掌握各类规程、措施、标准，作业人员了解本岗位实际及操作流程。

(3) 现场作业人员操作规范，无违章指挥、违章作业和违反劳动纪律(以下简称“三违”)行为；

【说明】 本条规定了人员现场作业行为的具体要求。

检查现场，作业人员持证上岗、正规操作，无违章指挥，无违章操作，无违反劳动纪律行为。

(4) 作业前进行安全确认。

【说明】 本条规定了作业前进行安全确认的具体要求。

作业前，排查治理现场隐患，执行落实好“手指口述”操作法。确认安全无误后，方可进行作业。

7. 文明生产

(1) 作业场所卫生整洁；

【说明】 本条规定了作业场所卫生的具体要求。

井底车场、运输大巷和石门、主要斜巷、采区上下山、采区主要运输巷及车场，作业场所经常保持清洁，无积煤、无杂物、定期刷白，调度站、设备硐室、车间、车容、车貌等要干净、整齐、清洁。

(2) 设备材料码放整齐，图牌板内容齐全、清晰准确。

【说明】 本条规定了设备材料码放、图牌板内容的具体要求。

现场设备摆放、材料分类码放整齐、有序。现场图牌板内容齐全、参数准确、线路清晰。

二、重大事故隐患判定

本部分重大事故隐患:

1. 煤与瓦斯突出矿井使用架线式电机车的;

【说明】 本条规定了矿井使用架线式电机车的具体要求。

依据《煤矿安全规程》第三百七十六条规定,采用轨道机车运输时,轨道机车的选用应当遵守下列规定:

(1) 突出矿井必须使用符合防爆要求的机车。

(2) 新建高瓦斯矿井不得使用架线电机车运输。高瓦斯矿井在用的架线电机车运输,必须遵守下列规定:

① 沿煤层或者穿过煤层的巷道必须采用砌碹或者锚喷支护;

② 有瓦斯涌出的掘进巷道的回风流,不得进入有架线的巷道中;

③ 采用碳素滑板或者其他能减小火花的集电器。

为此,将"使用架线式电机车的"列为《煤矿重大生产安全事故隐患判定标准》第六条"煤与瓦斯突出矿井,未依照规定实施防突出措施" 重大事故隐患情形之一。

2. 未配备负责运输工作专业技术人员的。

【说明】 本条说明了配备运输技术人员的具体要求。

依据《煤矿重大生产安全事故隐患判定标准》第十八条第(一)项,"其他重大事故隐患"是指没有分别配备矿长、总工程师和分管安全、生产、机电的副矿长,以及负责采煤、掘进、机电运输、通风、地质测量工作的专业技术人员的。

《煤矿安全规程》第三十七条规定:煤矿建设、施工单位必须设置项目管理机构,配备满足工程需要的安全人员、技术人员和特种作业人员。

配备负责运输工作的专业技术人员,能够全面负责运输工作的技术管理,落实好国家有关煤矿安全生产的法律、法规、规章、规程、标准和技术规范,保证实现安全运输。加强运输设备、轨道、设施、装置及钢丝绳的质量检查、验收和问题的处理,不断完善运输管理制度和规定,促进运输管理水平的不断提高,能够定期对运输专业的安全隐患进行排查、治理,对排查出来的安全隐患,落实整改措施。能够组织好调查研究,及时总结运输专业安全生产、技术管理方面的方法和经验,学习新知识,推广新技术和新经验。

对拒不配备运输专业工程技术人员或配备运输专业工程技术人员不足、不到位的煤矿要停止其生产,从严从重追究煤矿主要负责人的责任。

三、评分方法

1. 按表 9-1 评分,总分为 100 分。按照所检查的问题进行扣分,各分值单元项(由共用 1 个分值的 1 个或若干个小项组成)分数扣完为止。

2. 在考核评分中,项目内容中有缺项时,按式(1)进行折算:

$$A = \frac{100}{100 - B} \times C \tag{1}$$

式中 A——实得分数;

B——缺项标准分数;

C——检查得分数。

3. 本部分未涉及到的设备、工艺,参照本标准,制定相应的标准并执行。

表 9-1　　煤矿运输标准化评分表

项目	项目内容	基本要求	标准分值	评分方法	得分	【说明】
一、巷道硐室(8分)	巷道车场	1. 巷道支护完整，巷道(包括管、线、电缆)与运输设备最突出部分之间的最小间距符合《煤矿安全规程》规定； 2. 车场、车房、巷道曲线半径、巷道连接方式、运输方式设计合理，符合《煤矿安全规程》及有关规定要求	8	查现场。不符合要求 1 处扣 2 分		1. 符合《煤矿安全规程》第九十条、第九十一条规定。 (1) 新建矿井、生产矿井新掘运输巷的一侧，从巷道道碴面起 1.6 m 的高度内，必须留有宽 0.8 m(综合机械化采煤矿井为 1 m)以上的人行道，管道吊挂高度不得低于 1.8 m；巷道另一侧的宽度不得小于 0.3 m(综合机械化采煤矿井为 0.5 m)。巷道内安设输送机时，输送机与巷帮支护的距离不得小于 0.5 m；输送机机头和机尾处与巷帮支护的距离应满足设备检查和维修的需要，并不得小于 0.7 m。巷道内移动变电站或平板车上综采设备的最突出部分，与巷帮支护的距离不得小于 0.3 m。 (2) 在人车停车地点的巷道上下人侧，从巷道道碴面起 1.6 m 的高度内，必须留有宽 1 m 以上的人行道，管道吊挂高度不得低于 1.8 m。 2. 符合《煤矿安全规程》、《采矿工程设计手册》第四篇"井筒"及"相关硐室"及第五篇"井底车场及硐室"的有关要求

续表 9-1

项目	项目内容	基本要求	标准分值	评分方法	得分	【说明】
一、巷道硐室(8分)	硐室车房	斜巷信号硐室、躲避硐、运输绞车车房、候车室、调度站、人车库、充电硐室、错车硐室、车辆检修硐室等符合《煤矿安全规程》及有关规定要求	8	查现场。不符合要求1处扣2分		硐室车房:斜巷信号硐室、候车室:应符合《煤矿安全规程》第三百八十八条第(四)项规定及《采矿工程设计手册》第四篇“井筒及相关硐室”及第五篇“井底车场及硐室”的有关要求。《煤矿安全规程》第三百八十八条第(四)项规定:倾斜井巷使用绞车提升时必须遵守下列规定:(四)串车提升的各车场设有信号硐室及躲避硐;运人斜井各车场设有信号和候车硐室,候车硐室具有足够的空间。躲避硐室:应符合《煤矿安全规程》第九十一条规定:生产矿井已有巷道人行道的宽度不符合本条第一款的要求时,必须在巷道的一侧设置躲避硐,2个躲避硐的间距不得超过40 m。躲避硐宽度不得小于1.2 m,深度不得小于0.7 m,高度不得小于1.8 m。躲避硐内严禁堆积物料。运输绞车车房、调度站、人车库、充电硐室、错车硐室、车辆检修硐室等符合《采矿工程设计手册》第四篇“井筒及相关硐室”规定及要求
	装卸载站	车辆装载站、卸载站和转载站符合《煤矿安全规程》及有关规定要求				装卸载站:转载站应符合《煤矿安全规程》第九十二条规定:在双向运输巷中,两车最突出部分之间的距离,对开时不得小于0.2 m,采区装载点不得小于0.7 m,矿车摘挂钩地点不得小于1 m。车辆最突出部分与巷道两侧距离,必须符合《煤矿安全规程》第九十一条的要求。矿车装载站、卸载站的设计应符合《采矿工程设计手册》第五篇“井底车场及硐室”的有关要求

续表 9-1

项目	项目内容	基本要求	标准分值	评分方法	得分	【说明】
二、运输线路(32 分)	轨道(道路)系统	1. 运行 7 t 及以上机车、3 t 及以上矿车，或者运送 15 t 及以上载荷的矿井主要水平运输大巷、车场、主要运输石门、采区主要上下山、地面运输系统轨道线路使用不小于 30 kg/m 的钢轨；其他线路使用不小于 18 kg/m 的钢轨	18	查现场。1 处不符合要求扣 3 分，单项扣至 10 分为止		1. 运输线路轨型选用应符合《煤矿安全规程》第三百八十条规定及《煤矿井下辅助运输设计规范》(GB 50533—2009)的有关要求。第三百八十条规定： (1) 运行 7 t 及以上机车、3 t 及以上矿车、采区运送重量超过 15 t 及以上载荷的矿井、采区主要巷道轨道线路使用不小于 30 kg/m 的钢轨；其他线路轨型不低于 18 kg/m。 (2) 卡轨车、齿轨车和胶套轮车运行的轨道线路，应当采用不小于 22 kg/m 钢轨。 (3) 同一线路必须使用同一型号钢轨，道岔的钢轨型号不得低于线路的钢轨型号。 2. 按照《煤矿窄轨铁道维修质量标准及检查评级办法》评定轨道线路质量等级规定： (1) 接头平整度：轨面高低和内侧错差不大于 2 mm； (2) 轨距：直线段和加宽后的曲线段允许偏差为 −2 mm～5 mm； (3) 水平：直线段及曲线段加高后两股钢轨偏差不大于 5 mm； (4) 轨缝不大于 5 mm； (5) 扣件齐全、牢固，与轨型相符； (6) 轨枕规格及数量应符合标准要求，间距偏差不超过 50 mm； (7) 道碴粒度及铺设厚度符合标准要求，轨枕下应捣实； (8) 曲线段设置轨距拉杆。 3. 按照《煤矿窄轨铁道维修质量标准及检查评级办法》评定轨道线路质量等级规定执行。其他轨道线路是指主要轨道线路以外的轨道线路，包括掘进轨道工作面的线路。杂拌道是指异型轨道长度小于 50 m 的轨道。
		2. 主要运输线路(主要运输大巷和主要运输石门、井底车场、主要绞车道，地面运煤、运矸干线和集中运载站车场的轨道)及行驶人车的轨道线路质量达到以下要求： (1) 接头平整度：轨面高低和内侧错差不大于 2 mm； (2) 轨距：直线段和加宽后的曲线段允许偏差为 −2 mm～5 mm； (3) 水平：直线段及曲线段加高后两股钢轨偏差不大于 5 mm； (4) 轨缝不大于 5 mm； (5) 扣件齐全、牢固，与轨型相符； (6) 轨枕规格及数量应符合标准要求，间距偏差不超过 50 mm； (7) 道碴粒度及铺设厚度符合标准要求，轨枕下应捣实； (8) 曲线段设置轨距拉杆		查现场。抽查 1～3 条巷道，接头平整度、轨距、水平不符合要求 1 处扣 0.5 分，其他 1 处不合格扣 0.2 分，单项扣至 10 分为止		
		3. 其他轨道线路不得有杂拌道(异型轨道长度小于 50 m 为杂拌道)，质量应达到以下要求： (1) 接头平整度：轨面高低和内侧错差不大于 2 mm； (2) 轨距：直线段和加宽后的曲线段允许偏差为 −2 mm～6 mm； (3) 水平：直线段及曲线段加高后两股钢轨偏差不大于 8 mm； (4) 轨缝不大于 5 mm； (5) 扣件齐全、牢固，与轨型相符； (6) 轨枕规格及数量符合标准要求，间距偏差不超过 50 mm； (7)道碴粒度及铺设厚度符合标准要求，轨枕下应捣实		查现场。抽查 1～3 条巷道，接头平整度、轨距、水平不符合要求 1 处扣 0.3 分，其他 1 处不合格扣 0.1 分，单项扣至 7 分为止		

续表 9-1

项目	项目内容	基本要求	标准分值	评分方法	得分	【说明】
二、运输线路(32分)	轨道(道路)系统	4. 异型轨道线路、齿轨线路质量符合设计及说明书要求	18	查现场。不符合要求1处扣1分,单项扣至5分为止		4. 应符合《煤矿井下辅助运输设计规范》(GB 50533—2009)的有关要求。一处不符合要求指线路合格率每降低1%扣0.1分,低于80%扣2分,1组道岔不合格扣0.5分,扣完2分为止。
		5. 单轨吊车线路达到以下要求: (1) 下轨面接头间隙直线段不大于3 mm; (2) 接头高低和左右允许偏差分别为2 mm和1 mm; (3) 接头摆角垂直不大于7°,水平不大于3°; (4) 水平弯轨曲率半径不小于4 m,垂直弯轨曲率半径不小于10 m; (5) 起始端、终止端设置轨端阻车器		查现场。轨端阻车器不符合要求扣3分,其他1处不符合要求扣0.5分,单项扣至5分为止		5. 符合《煤矿井下辅助运输设计规范》(GB 50533—2009)中13.3的要求。 (1) 下轨面接头间隙直线段不大于3 mm; (2) 接头高低和左右允许偏差分别为2 mm和1 mm; (3) 接头摆角垂直不大于7°,水平不大于3°; (4) 水平弯轨曲率半径不小于4 m,垂直弯轨曲率半径不小于10 m; (5) 起始端、终止端应设置轨端阻车器。一处不符合要求指线路合格率每降低1%扣0.1分,低于80%不得分。
		6. 无轨胶轮车主要道路采用混凝土、铺钢板等方式硬化		查现场。不符合要求1处扣1分,单项扣至5分为止		6. 应符合《煤矿安全规程》第三百九十二条第(七)项规定:巷道路面、坡度、质量,应当满足车辆安全运行要求。符合《煤矿井下辅助运输设计规范》(GB 50533—2009)中13.4的要求:一处不符合要求指线路合格率每降低1%扣0.1分,低于80%不得分
	道岔	1. 道岔轨型不低于线路轨型,无非标准道岔,道岔质量达到以下要求: (1) 轨距按标准加宽后及辙岔前后轨距偏差不大于+3 mm; (2) 水平偏差不大于5 mm; (3) 接头平整度:轨面高低及内侧错差不大于2 mm; (4) 尖轨尖端与基本轨密贴,间隙不大于2 mm,无跳动,尖轨损伤长度不超过100 mm,在尖轨顶面宽20 mm处与基本轨高低差不大于2 mm; (5) 心轨和护轨工作边间距按标准轨距减小28 mm后,偏差+2 mm; (6) 扣件齐全、牢固,与轨型相符; (7) 轨枕规格及数量符合标准要求,间距偏差不超过50 mm,轨枕下应捣实	5	查现场。轨距、水平、接头平整度、尖轨、心轨和护轨工作边间距不符合要求1处扣1分,其他1处不符合要求扣0.5分		按照《煤矿窄轨铁道维修质量标准及检查评级办法》评定轨道线路质量等级要求: (1) 轨距按标准加宽后及辙岔前后轨距偏差不大于+3 mm; (2) 水平偏差不大于5 mm; (3) 接头平整度:轨面高低及内侧错差不大于2 mm; (4) 尖轨尖端与基本轨密贴,间隙不大于2 mm,无跳动,尖轨损伤长度不超过100 mm,在尖轨顶面宽20 mm处与基本轨高低差不大于2 mm; (5) 心轨和护轨工作边间距按标准轨距减小28 mm后,偏差+2 mm; (6) 扣件齐全、牢固,与轨型相符; (7) 轨枕规格及数量应符合标准要求,间距偏差不超过50 mm,轨枕下应捣实

续表9-1

项目	项目内容	基本要求	标准分值	评分方法	得分	【说明】
二、运输线路(32分)	道岔	2. 单轨吊道岔达到以下要求： (1) 道岔框架4个悬挂点的受力应均匀，固定点数均匀分布不少于7处； (2) 下轨面接头轨缝不大于3 mm； (3) 轨道无变形，活动轨动作灵敏，准确到位； (4) 机械闭锁可靠； (5) 连接轨断开处设有轨端阻车器	5	查现场。机械闭锁、轨端阻车器不符合要求1处扣3分，其他1处不符合要求扣1分		依据《煤矿井下钢丝绳牵引单轨吊车》(MT/T 886—2000)或省、煤矿企业制定的单轨吊线路有关规定。单轨吊道岔采取"抽查"的办法，其每条线路的检查数量不得少于1组
	窄轨架线电机车牵引网络	1. 敷设质量达到以下要求： (1) 架空线悬挂高度：自轨面算起，架空线悬挂高度在行人的巷道内、车场内以及人行道与运输巷道交叉的地方不小于2 m；在不行人的巷道内不小于1.9 m；在井底车场内，从井底到乘车场不小于2.2 m；在地面或工业场地内，不与其他道路交叉的地方不小于2.2 m； (2) 架空线与巷道顶或棚梁之间的距离不小于0.2 m；悬吊绝缘子距架空线的距离，每侧不超过0.25 m； (3) 架空线悬挂点的间距，直线段内不超过5 m，曲线段内符合规定； (4) 架空线直流电压不超过600 V； (5) 两平行钢轨之间每隔50 m连接1根断面不小于50 mm^2的铜线或者其他具有等效电阻的导线。线路上所有钢轨接缝处，用导线或者采用轨缝焊接工艺加以连接。连接后每个接缝处的电阻符合要求； (6) 不回电的轨道与架线电机车回电轨道之间，应加以绝缘。第一绝缘点设在2种轨道的连接处；第二绝缘点设在不回电的轨道上，其与第一绝缘点之间的距离应大于1列车的长度。在与架线电机车线路相连通的轨道上有钢丝绳跨越时，钢丝绳不得与轨道相接触； (7) 绝缘点应经常检查维护，保持可靠绝缘； 2. 电机车架空线巷道乘人车场装备有架空线自动停送电开关	4	查现场。架空线悬挂高度、架空线与巷道顶或棚梁之间的距离、悬吊绝缘子距架空线的距离、架空线悬挂点间距、架空线直流电压绝缘点不符合要求1处扣2分。其他1处不符合要求扣0.5分。架空线巷道乘人车场未装备有架空线自动停送电开关的不得分		1. 依据《煤矿安全规程》第三百八十一条及《电机车牵引网路维护及运行规程》等相关规定执行。 第三百八十一条规定： (1) 架空线悬挂高度、与巷道顶或者棚梁之间的距离等，应当保证机车的安全运行。 (2) 架空线的直流电压不得超过600 V。 (3) 轨道应当符合下列规定：①两平行钢轨之间，每隔50 m应当连接1根断面不小于50 mm^2的铜线或者其他具有等效电阻的导线。②线路上所有钢轨接缝处，必须用导线或者采用轨缝焊接工艺加以连接。连接后每个接缝处的电阻应当符合要求。③不回电的轨道与架线电机车回电轨道之间，必须加以绝缘。第一绝缘点设在2种轨道的连接处；第二绝缘点设在不回电的轨道上，其与第一绝缘点之间的距离必须大于1列车的长度。在与架线电机车线路相连通的轨道上有钢丝绳跨越时，钢丝绳不得与轨道相接触。 2. 绝缘点应当经常检查维护，保持可靠绝缘。 3. 符合《煤矿安全规程》第三百八十五条第(四)项规定：人员上下车地点应当有照明，架空线必须设置分段开关或者自动停送电开关，人员上下车时必须切断该区段架空线电源

续表 9-1

项目	项目内容	基本要求	标准分值	评分方法	得分	【说明】
二、运输线路(32分)	运输方式改善	1. 长度超过 1.5 km 的主要运输平巷或者高差超过 50 m 的人员上下的主要倾斜井巷,应采用机械方式运送人员	5	查现场。1 处不符合要求扣 5 分		1. 依据《煤矿安全规程》第三百八十二条和《煤矿井下辅助运输设计规范》(GB 50533—2009)等规定。助行器不能视为机械运人装置。集中行人的采区平巷、联络巷、平巷长度超过 1.5 km 时,在条件适宜的情况下,应考虑机械运送人员。 2. 依照《禁止井工煤矿使用的设备及工艺目录(第四批)》(初稿)要求:序号第 11,异型轨卡轨斜井人车、架空乘人装置等。 3. 依照国家安全监管总局、国家煤矿安监局《关于减少井下作业人数 提升煤矿安全保障能力的指导意见》的规定:水平单翼距离较长(超过 4 000 m)时,可以利用邻近采区(水平)进风井运输物料及上下人员,或施工专用投料井(孔)就近运输物料,减少井下运输环节,缩短井下运输距离,减少物料运输作业人员。 4. 依照国家安全监管总局、国家煤矿安监局《关于减少井下作业人数 提升煤矿安全保障能力的指导意见》的规定:推广使用单轨吊车、架空乘人装置、齿轨式卡轨车等有轨辅助运输系统;有条件的煤矿推广使用无轨胶轮车、多功能铲运车等无轨辅助运输成套装备;巷道坡度变化大、辅助运输环节多的煤矿,优先选用无极绳绞车运输替代多级、多段运输
		2. 逐步淘汰斜巷(井)人车提升,采用其他方式运送人员; 3. 水平单翼距离超过 4 000 m 时,有缩短运输距离的有效措施; 4. 采用其他运输方式替代多级、多段运输		查现场。不符合要求 1 处扣 0.1 分		

续表 9-1

项目	项目内容	基本要求	标准分值	评分方法	得分	【说明】
三、运输设备(22分)	设备管理	1. 在用运输设备综合完好率不低于90%;矿车、专用车完好率不低于85%;运送人员设备完好率100%	5	查现场。完好率每降低1个百分点扣0.2分。综合完好率低于70%扣5分,矿车、专用车完好率低于60%扣5分。运送人员设备1台不完好扣2.5分		1. 符合《煤矿矿井机电设备完好标准》和《煤矿机电设备检修技术规范》(MT/T 1097—2008)的要求判定运输设备完好情况,计算出设备综合完好率。 (1) 在用运输设备是指电机车、斜巷人车、平巷人车、架空乘人装置、运输绞车、绳牵引连续运输车、卡轨车、齿轮车、无轨胶套轮机车、单轨吊等综合完好率不低于90%。 (2) 矿车、专用车辆完好率85%。应符合《矿用窄轨车辆》(GB/T 2885—2008)的要求。现场检查矿车、专用车辆数量不少于在册数的5%~10%。 (3) 运送人员设备完好率必须达到100%。 2. 参照《煤炭工业企业设备管理规程》或省、煤矿企业制定的设备管理有关规定
		2. 人行车、架空乘人装置、机车、调度绞车、无极绳连续牵引车、绳牵引卡轨车、绳牵引单轨吊车、单轨吊车、齿轨车、无轨胶轮车、矿车、专用车等运输设备编号管理		查现场。不符合要求1处扣0.5分		
	普通轨斜巷(井)人车	1. 制动装置齐全、灵敏、可靠; 2. 装备有跟车工在运行途中任何地点都能发送紧急停车信号的装置,并具有通话和信号发送、接收功能,灵敏可靠	17	查现场。1处不符合要求"运输设备"大项不得分		1. 依据《煤矿安全规程》第三百八十四条规定: (1) 车辆必须设置可靠的制动装置。断绳时,制动装置既能自动发生作用,也能人工操纵。 (2) 必须设置使跟车工在运行途中任何地点都能发送紧急停车信号的装置。 (3) 多水平运输时,从各水平发出的信号必须有区别。 (4) 人员上下地点应当悬挂信号牌。任一区段行车时,各水平必须有信号显示。 (5) 应当有跟车工,跟车工必须坐在设有手动制动装置把手的位置。 (6) 每班运送人员前,必须检查人车的连接装置、保险链和制动装置,并先空载运行一次。 2. 依据《煤矿安全规程》第三百八十三条及省制定的架空乘人装置管理规定执行。
	架空乘人装置	1. 架空乘人装置正常运行。每日至少对整个装置进行1次检查; 2. 工作制动装置和安全制动装置齐全、可靠; 3. 运行坡度、运行速度不得超过《煤矿安全规程》规定; 4. 装设超速、打滑、全程急停、防脱绳、变坡点防掉绳、张紧力下降、越位等保护装置,并达到齐全、灵敏、可靠; 5. 有断轴保护措施; 6. 各上下人地点装备通信信号装置,具备通话和信号发送接收功能,灵敏、可靠;		查现场和资料。未按规定装设有关装置扣2分,其他1处不符合要求扣1分,单项扣至10分为止		

续表 9-1

项目	项目内容	基本要求	标准分值	评分方法	得分	【说明】
三、运输设备(22分)	架空乘人装置	7. 沿线设有延时启动声光预警信号及便于人员操作的紧急停车装置； 8. 减速器应设置油温检测装置，当油温异常时能发出报警信号； 9. 钢丝绳安全系数、插接长度、断丝面积、直径减小量、锈蚀程度符合《煤矿安全规程》规定	17			3. 依据《煤矿安全规程》第四百零八条：架空乘人装置钢丝绳安全系数不得小于6。 第四百一十四条：钢丝绳接头的插接长度不得小于钢丝绳直径的1 000倍。 第四百一十二条：在一个捻距内断丝断面积与钢丝总断面积之比为10%。直径减小量为10%。锈蚀程度：① 钢丝出现变黑、锈皮、点蚀麻坑等损伤时，不得再用作升降人员；② 钢丝绳锈蚀严重，或者点蚀麻坑形成沟纹，或者外层钢丝松动时，不论断丝数多少或者绳径是否变化，应当立即更换
	机车	1. 制动装置符合规定，齐全、可靠； 2. 列车或者单独机车前有照明、后有红灯； 3. 警铃(喇叭)、连接装置和撒砂装置完好； 4. 同一水平行驶5台及以上机车时，装备机车运输集中信号控制系统及机车通信设备；同一水平行驶7台及以上机车时，装备机车运输监控系统； 5. 新建投产的大型矿井的井底车场和运输大巷，装备机车运输监控系统或者运输集中信号控制系统； 6. 防爆蓄电池机车或者防爆柴油机动力机车装备甲烷断电仪或者便携式甲烷检测报警仪； 7. 防爆柴油机动力机车装备自动保护装置和防灭火装置				1. 依据《煤矿安全规程》第三百七十七条规定执行。 2. 依据《煤矿安全规程》第五百零一条第(三)项规定执行：采用防爆蓄电池或者防爆柴油机为动力装置的运输装备必须设置甲烷断电仪或者便携式甲烷检测报警仪。 3. 依据《煤矿安全规程》第三百七十八条规定：使用的矿用防爆型柴油动力装置，应满足以下要求：(一) 具有发动机排气超温、冷却水超温、尾气水箱水位、润滑油压力等保护装置。(六) 必须配备灭火器

续表 9-1

项目	项目内容	基本要求	标准分值	评分方法	得分	【说明】
三、运输设备（22分）	调度绞车	1. 安装符合设计要求，固定可靠； 2. 制动装置符合规定，齐全、可靠； 3. 钢丝绳安全系数、断丝面积、直径减小量、锈蚀程度以及滑头、保险绳插接长度符合《煤矿安全规程》规定； 4. 声光信号齐全、完好	17			1. 符合《煤矿用运输绞车安全检验规范》（AQ 1030—2007）及省、煤矿企业制定的《机电运输设备安装质量标准》要求及规定。 2. 依据《煤矿安全规程》第四百零八条规定：调度绞车钢丝绳安全系数不小于6.5。 第四百一十二条规定：在1个捻距内断丝断面积与钢丝总断面积之比为10%。直径减小量为10%。锈蚀程度：①钢丝出现变黑、锈皮、点蚀麻坑等损伤时，不得再用作升降人员；②钢丝绳锈蚀严重，或者点蚀麻坑形成沟纹，或者外层钢丝松动时，不论断丝数多少或者绳径是否变化，应当立即更换。滑头、保险绳插接长度不少于2.5个捻距。 3. 符合《煤矿安全规程》第三百八十八条第（五）项规定：提升信号参照《煤矿安全规程》第四百零三条和第四百零四条规定
	无极绳连续牵引车、绳牵引卡轨车、绳牵引单轨吊车	1. 闸灵敏可靠，使用正常； 2. 装备越位、超速、张紧力下降等安全保护装置，并正常使用； 3. 设置司机与相关岗位工之间的信号联络装置；设有跟车工时，应设置跟车工与牵引绞车司机联络用的信号和通信装置； 4. 驱动部、各车场设置行车报警和信号装置； 5. 钢丝绳安全系数、插接长度、断丝面积、直径减小量、锈蚀程度符合《煤矿安全规程》规定				1. 依据《煤矿安全规程》第三百九十条规定执行。（二）安全制动和停车制动装置必须为失效安全型，制动力应当为额定牵引力的1.5～2倍。（三）必须设置既可手动又能自动的安全闸。（七）无极绳连续牵引车、绳牵引卡轨车、绳牵引单轨吊车，还应当符合下列要求：①必须设置越位、超速、张紧力下降等保护。②必须设置司机与相关岗位工之间的信号联络装置；设有跟车工时，必须设置跟车工与牵引绞车司机联络用的信号和通信装置。在驱动部、各车场，应当设置行车报警和信号装置。

续表 9-1

项目	项目内容	基本要求	标准分值	评分方法	得分	【说明】
三、运输设备(22分)	无极绳连续牵引车、绳牵引卡轨车、绳牵引单轨吊车					2. 依据《煤矿安全规程》第四百零八条规定:倾斜无极绳绞车,钢丝绳安全系数运人时不小于6,运物时不小于3.5。第四百一十四条规定:钢丝绳接头的插接长度不得小于钢丝绳直径的1 000倍。 第四百一十二条规定:在1个捻距内断丝断面积与钢丝总断面积之比为25%;直径减小量为10%;锈蚀程度:① 钢丝出现变黑、锈皮、点蚀麻坑等损伤时,不得再用作升降人员;② 钢丝绳锈蚀严重,或者点蚀麻坑形成沟纹,或者外层钢丝松动时,不论断丝数多少或者绳径是否变化,应当立即更换
	单轨吊车	1. 具备2路以上相对独立回油的制动系统; 2. 设置既可手动又能自动的安全闸,并正常使用; 3. 超速保护、甲烷断电仪、防灭火设备等装置齐全、可靠; 4. 机车设置车灯和喇叭,列车的尾部设置红灯; 5. 柴油单轨吊车的发动机排气超温、冷却水超温、尾气水箱水位、润滑油压力等保护装置灵敏、可靠; 6. 蓄电池单轨吊车装备蓄电池容量指示器及漏电监测保护装置,且齐全、可靠				1. 符合《煤矿安全规程》第三百九十条规定: (六)柴油机和蓄电池单轨吊车,必须具备2路以上相对独立回油的制动系统,必须设置超速保护装置。司机应当配备通信装置。 2. 符合《煤矿安全规程》第三百九十条规定: (三)必须设置既可手动又能自动的安全闸。 3. 符合《煤矿安全规程》第三百七十八条规定:(六)必须配备灭火器。第五百零一条规定:井下下列设备必须设置甲烷断电仪或者便携式甲烷检测报警仪:(三)采用防爆蓄电池或者防爆柴油机为动力装置的运输设备。 4. 符合《煤矿安全规程》第三百九十条规定: (五)柴油机和蓄电池单轨吊车、齿轨车和胶套轮车的牵引机车或者头车上,必须设置车灯和喇叭,列车的尾部必须设置红灯。

续表 9-1

项目	项目内容	基本要求	标准分值	评分方法	得分	【说明】
三、运输设备（22分）	单轨吊车					5. 符合《煤矿安全规程》第三百七十八条规定：（一）具有发动机排气超温、冷却水超温、尾气水箱水位、润滑油压力等保护装置。（二）排气口的排气温度不得超过 77 ℃，其表面温度不得超过 150 ℃。（三）发动机壳体不得采用铝合金制造；非金属部件应具有阻燃和抗静电性能；油箱及管路必须采用不燃性材料制造；油箱最大容量不得超过 8 h 用油量。（四）冷却水温度不得超过 95 ℃。（五）在正常运行条件下，尾气排放应满足相关规定。 6. 符合《煤矿安全规程》第四百八十四条规定：（三）电池配置充放电安全保护装置
	无轨胶轮车	1. 车辆转向系统、制动系统、照明系统、警示装置等完好可靠，车辆自带防止停车自溜的设施或工具； 2. 装备自动保护装置、便携式甲烷检测报警仪、防灭火设备等安全保护装置； 3. 行驶 5 台及以上无轨胶轮车时，装备车辆位置监测系统； 4. 装备有通信设备； 5. 运送人员应使用专用人车； 6. 载人或载货数量在额定范围内； 7. 运行速度，运人时不超过 25 km/h，运送物料时不超过 40 km/h，车辆不空挡滑行				依据《煤矿安全规程》第三百九十二条及《矿用防爆柴油机无轨胶轮车通用技术条件》（MT/T 989—2006）和《煤矿用防爆柴油机无轨胶轮车安全使用规范》（AQ 1064—2008）的要求。 《煤矿安全规程》第三百九十二条规定：（四）设置工作制动、紧急制动和停车制动，工作制动必须采用湿式制动器。（五）必须设置车前照明灯和尾部红色信号灯，配备灭火器和警示牌。（六）运行中应当符合下列要求：① 运送人员必须使用专用人车，严禁超员；② 运行速度，运人时不超过 25 km/h，运送物料时不超过 40 km/h；③ 同向行驶车辆必须保持不小于 50 m 的安全运行距离；④ 严禁车辆空挡滑行；⑤ 应当设置随车通信系统或者车辆位置监测系统。（九）长坡段巷道内必须采取车辆失速安全措施。 第五百零一条规定：井下下列设备必须设置甲烷断电仪或者便携式甲烷检测报警仪：（三）采用防爆蓄电池或者防爆柴油机为动力装置的运输设备

续表 9-1

项目	项目内容	基本要求	标准分值	评分方法	得分	【说明】
四、运输安全设施(20分)	挡车装置和跑车防护装置	挡车装置和跑车防护装置齐全、可靠,并正常使用	5	查现场。1处不符合要求不得分		依据《煤矿安全规程》第三百八十七条等相关规定。 (1) 在倾斜井巷内安设能够将运行中断绳、脱钩的车辆阻止住的跑车防护装置。 (2) 在各车场安设能够防止带绳车辆误入非运行车场或区段的阻车器。 (3) 在上部平车场入口安设能够控制车辆进入摘挂钩地点的阻车器。 (4) 在上部平车场接近变坡点处,安设能够阻止未连挂的车辆滑入斜巷的阻车器。 (5) 在变坡点下方略大于1列车长度的地点,设置能够防止未连挂的车辆继续往下跑车的挡车栏。 上述挡车装置必须经常关闭,放车时方准打开。兼作行驶人车的倾斜井巷,在提升人员时,倾斜井巷中的挡车装置和跑车防护装置必须是常开状态并闭锁
	安全警示	1. 斜巷各车场及中间通道口装备有声光行车报警装置,并使用正常; 2. 斜巷双钩提升装备错码信号; 3. 弯道、井底车场、其他人员密集的地点、顶车作业区装备有声光预警信号装置,关键部位道岔装备有道岔位置指示器; 4. 各乘人地点悬挂有明显的停车位置指示牌; 5. 斜巷车场悬挂最大提升车辆数及最大提升载荷数的明确标识; 6. 无轨胶轮车运输巷道各岔口、错车点、弯道、车场等处设有行车指示等安全标志和信号; 7. 有轨运输与无轨运输交叉处、有轨运输行人通行处等危险路段设置有限速和警示装置	10	查现场。未按规定装设1处扣1分,装设但不符合要求1处扣0.5分		依据《煤矿安全规程》、《煤矿用防爆柴油机无轨胶轮车安全使用规范》(AQ 1064—2008)和相关文件规定。 (1) 斜巷各车场及中间通道口应装备声光行车报警装置,并有“正在行车、不准进入”的醒目标志。 (2) 斜巷双钩提升应装备错码信号。 (3) 在弯道或司机视线受阻的区段、井底车场、其他人员密集的地点、顶车作业区、各乘人车场应使用预报警信号装置;列车通过的风门,必须设有两侧都能接收到声光信号的装置。关键部位的道岔必须使用道岔位置指示器。主要运输线以及区间、交叉点及采区车场中机车行驶频繁地段的道岔,以及机车驶过次数多、速度较快、有调车与顶车作业所使用的道岔都应视为关键部位道岔。

续表 9-1

项目	项目内容	基本要求	标准分值	评分方法	得分	【说明】
四、运输安全设施（20 分）	安全警示					道岔位置指示器应能对道岔和尖轨与基本轨密贴在定位、反位或不密贴进行监视，没有达到上述要求的道岔位置指示器按没有使用扣分。 (4) 各上下人地点必须悬挂有停车位置指示牌。 (5) 斜巷车场悬挂有最大提升车辆数及最大提升载荷数内容的牌板。 (6)《煤矿用防爆柴油机无轨胶轮车安全使用规范》(AQ 1064—2008) 中 4.1.5 规定：在巷道弯道或驾驶员视线受阻的区段，应设限速、鸣笛标志。人员躲避硐室、车辆躲避硐室附近应设置提示标志。各类标志应符合 GB 5768 的规定。4.1.6 规定：行驶车辆的巷道平面交叉时，宜设置自动交通信号装置
	物料捆绑	捆绑固定牢固可靠，有防跑防滑措施	5	查现场。1 处不符合要求不得分		捆绑用具投入使用前必须进行完好检查，损坏的及时更换，并有显著标识。有具体、可行的防滑措施。检查时，按各集团公司(矿)捆绑封车标准检查
	连接装置	保险链(绳)、连接环(链)、连接杆、插销、滑头及其连接方式符合规定				符合《煤矿安全规程》第四百一十六条和《煤矿窄轨车辆连接件 连接链》(MT 244.1—2005) 和《煤矿窄轨车辆连接件 连接插销》(MT 244.2—2005) 的要求。 《煤矿安全规程》第四百一十六条规定：(四) 各种保险链以及矿车的连接环、链和插销等，必须符合下列要求：① 批量生产的，必须做抽样拉断试验，不符合要求时不得使用；② 初次使用前和使用后每隔 2 年，必须逐个以 2 倍于其最大静荷重的拉力进行试验，发现裂纹或者永久伸长量超过 0.2% 时，不得使用。(五) 立井提

续表 9-1

项目	项目内容	基本要求	标准分值	评分方法	得分	【说明】
四、运输安全设施(20分)	连接装置					升容器与提升钢丝绳的连接,应当采用楔形连接装置。每次更换钢丝绳时,必须对连接装置的主要受力部件进行探伤检验,合格后方可继续使用。楔形连接装置的累计使用期限:单绳提升不得超过10年;多绳提升不得超过15年。(六)倾斜井巷运输时,矿车之间的连接、矿车与钢丝绳之间的连接,必须使用不能自行脱落的连接装置,并加装保险绳。(七)倾斜井巷运输用的钢丝绳连接装置,在每次换钢丝绳时,必须用2倍于其最大静荷重的拉力进行试验。(八)倾斜井巷运输用的矿车连接装置,必须至少每年进行1次2倍于其最大静荷重的拉力试验
五、运输管理(10分)	组织保障	有负责运输管理工作的机构	3	查资料。不符合要求1处扣2分		建立健全运输管理机构,各级运输管理人员齐全,责任明确,有运输管理结构图
	制度保障	包含以下内容: 1. 岗位安全生产责任制度; 2. 运输设备运行、检修、检测等管理规定; 3. 运输安全设施检查、试验等管理规定; 4. 轨道线路检查、维修等管理规定; 5. 辅助运输安全事故汇报管理规定等	3	查资料。每缺1种或每1处不符合要求扣0.5分		制定和完善安全活动办法、事故分析规定、交接班规定、质量标准化定期检查考核办法、职工学习培训考核办法、封闭巷道管理办法、行车不行人管理办法、乘人管理办法、设备检查检修管理办法、设备设施(出厂、入库、安装)验收和报废管理办法、停送电管理规定、信集闭管理办法、小绞车(包括梭车、回柱机)使用管理办法、小电瓶车使用管理办法、小上下山管理办法、卡轨车使用管理办法、单轨吊使用管理办法、无轨胶轮车

续表 9-1

项目	项目内容	基本要求	标准分值	评分方法	得分	【说明】
五、运输管理(10分)	制度保障					使用管理办法、架空乘人装置使用管理办法、牵引网路检查维修管理办法、轨道线路检查维修管理办法、人车定期检查和试验管理办法、安全设施检查和试验管理办法、机车(包括电机车、柴油轨道机车)年审管理办法、电机车检查维修试验管理办法、连接装置检查试验管理办法、零星工程施工管理办法、特殊物料运送管理规定、综采设备支架运输和封装管理办法、设备准用证管理办法等,并认真执行。根据机构设置,现场设备、设施、线路情况、运输管理台账等,检查现场及资料
	技术资料	1. 有运输设备、设施、线路的图纸、技术档案、维修记录; 2. 施工作业规程、技术措施符合有关规定; 3. 运输系统、设备选型和能力计算资料齐全	7	查资料。每缺1种或每1处不符合要求扣0.5分		1. 运输设备、设施、线路的图纸、技术档案、维修记录,要求齐全,与实际相符。线路图必须用计算机出图,内容应包括:巷道参数,设备和设施参数、轨型参数,巷道投入使用时间、服务年限及用途等参数,要求每季度补充修改一次,并执行图纸审查签字制度。根据现场设备、设施、线路情况或运输管理台账,检查图纸、技术档案及维修记录。 2. 各项工程施工技术措施齐全、完整,有针对性,符合有关规定。运输岗位工作应具备岗位作业规程和施工技术措施;日常施工应有零星施工任务书。检查施工技术措施在现场的落实情况,施工技术措施的内容应齐全、完整、有针对性,并符合有关规定。

续表 9-1

项目	项目内容	基本要求	标准分值	评分方法	得分	【说明】
五、运输管理(10分)	技术资料					3. 设备购置前应由运输管理部门和机电部门共同负责选型和能力计算,选用的设备必须是有生产资质的厂家生产的、煤安标志等证照齐全、性能先进、能力满足现场要求的合格品。应符合《煤矿井下辅助运输设计规范》(GB 50533)和《现代矿井辅助运输设备选型及计算》一书中的要求。根据现场设备、设施、线路情况或运输管理台账,检查运输设备选型和能力计算资料
	检测检验	1. 更新或大修及使用中的斜巷(井)人车,有完整的重载全速脱钩测试报告及连接装置的探伤报告	7	查资料。不符合要求扣7分		1. 依据《煤矿斜井(巷)人车试验细则》、《煤矿安全规程》以及《煤矿窄轨车辆连接件 连接链》(MT 244.1—2005)和《煤矿窄轨车辆连接件 连接插销》(MT 244.2—2005)等规定和要求执行。斜巷人车应每班进行1次手动落闸试验,每月进行1次静止松绳落闸试验,每年进行1次重载全速脱钩试验。并有完整的重载全速脱钩测试报告及连接装置的探伤报告。 2. 新投用架线电机车、蓄电池机车应进行年审,制动距离符合《窄轨列车制动距离试验细则(试行)》及《煤矿安全规程》第三百七十七条规定;防爆柴油机动力机车制动距离符合《柴油机单轨吊机车》(MT/T 883—2000)的规定;均有完整的制动距离测试报告。
		2. 新投用机车应测定制动距离,之后每年测定1次,有完整的制动距离测试报告; 3. 斜巷提升连接装置每年进行1次2倍于其最大静荷重的拉力试验,有完整的拉力试验报告; 4. 架空乘人装置、单轨吊车、无轨胶轮车、齿轨车、卡轨车、无极绳连续牵引车等按《煤矿安全规程》或相关规范要求进行检测、检验、试验,有完整的检测、检验、试验报告		查资料。不符合要求1处扣1分		

续表 9-1

项目	项目内容	基本要求	标准分值	评分方法	得分	【说明】
五、运输管理(10分)	检测检验					3. 斜巷提升连接装置性能检验符合《煤矿安全规程》第四百一十六条、《煤矿窄轨车辆连接件 连接链》(MT 244.1—2005)和《煤矿窄轨车辆连接件 连接插销》(MT 244.2—2005)规定,并有完整的拉力试验报告。 4. 依据《煤矿安全规程》第三百八十三条规定:每年至少对整个架空乘人装置进行 1 次安全检测检验。并有完整的检测记录和检验报告。 单轨吊按照《DX25J 防爆特殊型蓄电池单轨吊车》(MT/T 887—2000)、《柴油机单轨吊机车》(MT/T 883—2000)、《矿用防爆柴油机通用技术条件》(MT 990—2006)和《煤矿井下用防爆柴油机检验规范》(MT 469—1995)要求进行检测、检验。 无轨胶轮车应满足以下要求:① 新车每运行 500 h、大修后的车辆每运行 300 h 应检测柴油机的尾气排放,CO 和 NO_x 应满足 MT 220 的规定。② 车辆每年必须由具有车辆年检资质的单位进行年检,各项安全性能应符合 MT/T 989 和 MT 990 的要求。对司机每年要参照电机车司机年审的内容,进行培训、考试和查体等。由运输副总组织实施。③ 大修后的车辆和防爆柴油机,应经

续表 9-1

项目	项目内容	基本要求	标准分值	评分方法	得分	【说明】
五、运输管理(10分)	检测检验					国家安全生产监督管理总局授权的检测检验机构检验合格后投入使用。符合《煤矿井下用防爆柴油机检验规范》(MT 469—1995)要求。 齿轨机车按照《煤矿用防爆柴油机钢轮/齿轨机车及齿轨装置》(MT/T 589—1996)要求进行检测、检验。 斜巷跑车防护装置品种繁杂,很不规范,目前尚无较统一的管理试验办法,各单位可以根据有关规程和设备设施性能制定试验规定和办法。 根据现场设备、设施情况或运输管理台账,检查检测记录和检验报告
六、岗位规范(5分)	专业技能	1. 管理和技术人员掌握相关的规程、规范等有关内容; 2. 作业人员掌握本岗位操作规程、安全措施	5	查资料和现场。不符合要求1处扣0.5分		符合《煤矿安全规程》、煤矿工人安全技术操作规程、煤矿作业规程及机电运输行业标准规定。技术管理人员熟悉掌握各类规程、措施、标准,作业人员了解本岗位实际及操作流程
	规范作业	1. 严格执行岗位安全生产责任制; 2. 无"三违"行为; 3. 作业前进行安全确认		查现场。发现1人"三违"扣5分;其他不符合要求1处扣1分		1. 符合《煤矿人员岗位安全责任制汇编》规定:各岗位严格执行安全生产责任制。 2. 作业前,排查治理现场隐患,执行落实好"手指口述"操作法。确认安全无误后,方可进行作业。 3. 检查现场,作业人员持证上岗、正规操作,无违章指挥,无违章操作,无违反劳动纪律行为

续表 9-1

项目	项目内容	基本要求	标准分值	评分方法	得分	【说明】
七、文明生产(3分)	作业场所	1. 运输线路、设备硐室、车间等卫生整洁,设备清洁,材料分类、集中码放整齐	3	查现场。不符合要求1处扣0.2分		1. 检查时按各集团公司文明生产标准检查。井底车场、运输大巷和石门、主要斜巷、采区上下山、采区主要运输巷及车场,作业场所经常保持清洁,无积煤、无杂物、定期刷白,调度站、设备硐室、车间、车容、车貌等要干净、整齐、清洁。 2. 符合《煤矿巷道断面和交岔点设计规范》(GB 50419—2007)、《煤炭工业矿井设计规范》(GB 50215—2015)、《煤炭工业小型矿井设计规范》(GB 50399—2006)要求。检查时查现场、查设计资料和验收资料
		2. 主要运输线路水沟畅通,巷道无淤泥、积水。水沟侧作为人行道时,盖板齐全、稳固				

得分合计:

第10部分 职业卫生

一、工作要求(风险管控)

1. 职业卫生管理

(1) 建立健全职业病危害防治管理机构,配备专业技术人员;

【说明】 本条规定了煤矿要建立健全职业病危害防治管理机构,配备专业技术人员的具体要求。

煤矿设置由法定代表人(主要负责人)、管理者代表、相关职能部门以及工会代表组成的职业病防治领导机构和职业卫生管理机构。

各单位要以红头文件的形式,制定下发本单位成立的职业病(职业危害)防治领导机构和职业卫生管理机构。人员发生变动,要对机构人员及时进行调整。

人员配备按照《中华人民共和国职业病防治法》及煤矿的相关规定,配备职业卫生管理人员负责本单位职业卫生管理工作。

按照《用人单位职业病防治指南》(GBZ/T 225—2010)规定:用人单位应配备专(兼)职的职业卫生专业人员,对本单位职业卫生工作提供技术指导和管理。用人单位按职工总数的千分之二到千分之五配备职业卫生专(兼)职人员,职工人数少于三百人的用人单位至少应配备一名职业卫生专(兼)职人员。

(2) 建立相关管理制度,完善职业病防治责任制;

【说明】 本条规定了煤矿要建立职业卫生管理制度和职业病防治责任制的具体要求。

根据职业病防治法律法规、规章的要求,制定相应的职业卫生规章制度,完善职业病防治责任制。职业卫生管理制度应涵盖职业病危害防治管理机构各级人员的岗位责任制、职业病危害项目申报、建设项目职业病危害评价,作业场所管理、作业场所职业病有害因素监测、职业病防护设施管理、个人职业病防护用品管理、职业健康监护管理、职业卫生培训、职业危害告知等方面。职业卫生管理制度应包括管理部门、职责、目标、内容、保障措施、评估方法等要素。煤矿企业应建立健全下列职业危害防治制度:

① 职业危害防治责任制度;

② 职业危害防治计划和实施方案;

③ 职业危害告知制度;

④ 职业危害防治宣传教育培训制度;

⑤ 职业危害防护设施管理制度;

⑥ 从业人员防护用品配备发放和使用管理制度;

⑦ 职业危害日常监测管理制度;

⑧ 职业健康监护管理制度;

⑨ 职业危害申报制度;

⑩ 职业病诊断鉴定及治疗康复制度;

⑪ 职业危害防治经费保障及使用管理制度；

⑫ 职业卫生档案与职业健康监护档案管理制度；

⑬ 职业危害事故应急救援预案；

⑭ 法律、法规、规章规定的其他职业危害防治制度。

(3) 定期开展职业病危害因素检测、职业病危害现状评价工作。

【说明】 本条规定了职业病危害检测与评价的具体要求。

按照《中华人民共和国职业病防治法》、《用人单位职业病危害因素定期检测管理规范》、《煤矿安全规程》等规定定期开展职业病危害因素检测、职业病危害现状评价工作。按照规定委托有资质的职业卫生技术服务机构对工作场所进行职业病危害因素检测评价，并落实整改措施。检测评价结果存入职业卫生档案并向监管监察部门报告。

检测和评价的相关规定：

① 按规定委托取得资质认定的职业健康技术服务机构进行作业场所危害因素浓度或强度的检测和评价；

② 作业场所危害因素浓度或强度若超过职业接触限值，应及时采取有效的治理措施，治理措施难度较大的应制订规划，限期解决；

③ 职业卫生防护设施在投入使用时和在设备大修后，应进行危害因素浓度或强度检测和评价。

2. 职业病危害因素监测

(1) 为劳动者创造符合国家职业卫生标准和卫生要求的工作环境和条件；

【说明】 本条规定了煤矿工作环境和条件的具体要求。

按照《中华人民共和国职业病防治法》、《煤矿安全规程》的相关规定为劳动者配备符合要求的防护用品。用人单位必须采用先进的工艺、技术、装备和材料，设计合理的生产布局，设置有效的职业病防护设施，进行严格的职业卫生管理，从根本上保证工作场所环境职业病危害达到国家职业卫生标准要求。

作业场所与作业岗位设置警示标识和告知卡是用人单位在其工作场所进行危害告知的具体形式。警示告知能够引起劳动者对职业病危害的重视，提高劳动者的防范意识，进而提升其职业病危害防控能力。

(2) 实施由专门人员负责的职业病危害因素日常监测，并确保监测系统处于正常运行状态；

【说明】 本条规定了职业病危害因素日常监测的具体要求。

用人单位应当按照国务院安全生产监督管理部门的规定，定期对工作场所进行职业病危害因素检测。检测结果存入用人单位职业卫生档案，定期向所在地安全生产监督管理部门报告并向劳动者公布。

日常监测的主要职责：

① 明确日常监测人员，并对数据的准确性负责；

② 明确尘、毒、噪声的合理布点(布置图)，明确监测时间，并做好记录(记录表)；

③ 规定监测办法。

(3) 职业病危害因素监测地点、监测周期、监测方法符合规定要求。

【说明】 本条规定了职业病危害因素监测地点、周期和方法的具体要求。

依据《中华人民共和国职业病防治法》和《工作场所职业卫生监督管理规定》(国家安全生产监督管理总局令第 47 号)、《用人单位职业病危害因素定期检测管理规范》、《煤矿安全规程》等法规的相关规定:

煤矿企业应当每年进行一次作业场所职业病危害因素检测,每 3 年进行一次职业病危害现状评价。检测、评价结果存入煤矿企业职业卫生档案,定期向从业人员公布。

定期检测范围应当包含用人单位产生职业病危害的全部工作场所,用人单位不得要求职业卫生技术服务机构仅对部分职业病危害因素或部分工作场所进行指定检测。根据《煤矿安全规程》第六百四十条的规定,作业场所空气中粉尘(总粉尘、呼吸性粉尘)浓度应当符合表 10-1 的要求。不符合要求的,应当采取有效措施。

表 10-1　　作业场所空气中粉尘浓度要求

粉尘种类	游离 SiO_2 含量/%	时间加权平均容许浓度/(mg/m^3)	
		总尘	呼尘
煤尘	＜10	4	2.5
矽尘	10～50	1	0.7
	50～80	0.7	0.3
	≥80	0.5	0.2
水泥尘	＜10	4	1.5

注:时间加权平均容许浓度是以时间加权数规定的 8 h 工作日、40 h 工作周的平均容许接触浓度。

除此之外,《煤矿安全规程》还对监测方法、监测地点做了规定:

第六百四十一条:粉尘监测应当采用定点监测、个体监测方法。

第六百四十二条:煤矿必须对生产性粉尘进行监测,并遵守下列规定:

① 总粉尘浓度,井工煤矿每月测定 2 次;露天煤矿每月测定 1 次。粉尘分散度每 6 个月测定 1 次。

② 呼吸性粉尘浓度每月测定 1 次。

③ 粉尘中游离 SiO_2 含量每 6 个月测定 1 次,在变更工作面时也必须测定 1 次。

④ 开采深度大于 200 m 的露天煤矿,在气压较低的季节应当适当增加测定次数。

第六百四十三条:粉尘监测采样点布置应当符合表 10-2 的要求。

表 10-2　　粉尘监测采样点布置

类别	生产工艺	测尘点布置
采煤工作面	司机操作采煤机、打眼、人工落煤及攉煤	工人作业地点
	多工序同时作业	回风巷距工作面 10～15 m 处
掘进工作面	司机操作掘进机、打眼、装岩(煤)、锚喷支护	工人作业地点
	多工序同时作业(爆破作业除外)	距掘进头 10～15 m 回风侧
其他场所	翻罐笼作业、巷道维修、转载点	工人作业地点

续表 10-2

类别	生产工艺	测尘点布置
露天煤矿	穿孔机作业、挖掘机作业	下风侧 3～5 m 处
	司机操作穿孔机、司机操作挖掘机、汽车运输	操作室内
地面作业场所	地面煤仓、储煤场、输送机运输等处进行生产作业	作业人员活动范围内

第六百五十七条：作业人员每天连续接触噪声时间达到或者超过 8 h 的，噪声声级限值为 85 dB(A)。每天接触噪声时间不足 8 h 的，可以根据实际接触噪声的时间，按照接触噪声时间减半、噪声声级限值增加 3 dB(A)的原则确定其声级限值。

第六百五十八条：每半年至少监测 1 次噪声。

井工煤矿噪声监测点应当布置在主要通风机、空气压缩机、局部通风机、采煤机、掘进机、风动凿岩机、破碎机、主水泵等设备使用地点。露天煤矿噪声监测点应当布置在钻机、挖掘机、破碎机等设备使用地点。

第六百六十条：监测有害气体时应当选择有代表性的作业地点，其中包括空气中有害物质浓度最高、作业人员接触时间最长的地点。应当在正常生产状态下采样。

第六百六十一条：氧化氮、一氧化碳、氨、二氧化硫至少每 3 个月监测 1 次，硫化氢至少每月监测 1 次。

第六百六十二条：煤矿作业场所存在硫化氢、二氧化硫等有害气体时，应当加强通风降低有害气体的浓度。在采用通风措施无法达到作业环境标准时，应当采用集中抽取净化、化学吸收等措施降低硫化氢、二氧化硫等有害气体的浓度。

保证采样检测符合以下要求：

① 采用定点采样时，选择空气中有害物质浓度最高、劳动者接触时间最长的工作地点采样；采用个体采样时，选择接触有害物质浓度最高和接触时间最长的劳动者采样。

② 空气中有害物质浓度随季节发生变化的工作场所，选择空气中有害物质浓度最高的时节为重点采样时段；同时风速、风向、温度、湿度等气象条件应满足采样要求。

③ 在工作周内，应当将有害物质浓度最高的工作日选择为重点采样日；在工作日内，应当将有害物质浓度最高的时段选择为重点采样时段。

④ 高温测量时，对于常年从事接触高温作业的，测量夏季最热月份湿球黑球温度；不定期接触高温作业的，测量工期内最热月份湿球黑球温度；从事室外作业的，测量夏季最热月份晴天有太阳辐射时湿球黑球温度。

3. 职业健康监护

(1) 做好接触职业病危害因素人员职业健康检查和岗位调整工作；

【说明】 本条规定了职业健康检查和岗位调整的具体要求。

(1) 接触职业病危害从业人员的职业健康检查周期按下列规定执行：

① 接触粉尘以煤尘为主的在岗人员，每 2 年 1 次。

② 接触粉尘以矽尘为主的在岗人员，每年 1 次。

③ 经诊断的观察对象和尘肺患者，每年 1 次。

④ 接触噪声、高温、毒物、放射线的在岗人员，每年 1 次。

接触职业病危害作业的退休人员,按有关规定执行。

(2) 对检查出有职业禁忌证和职业相关健康损害的从业人员,必须调离接害岗位,妥善安置;有下列病症之一的,不得从事接尘作业:

① 活动性肺结核病及肺外结核病。

② 严重的上呼吸道或者支气管疾病。

③ 显著影响肺功能的肺脏或者胸膜病变。

④ 心、血管器质性疾病。

⑤ 经医疗鉴定,不适于从事粉尘作业的其他疾病。

(3) 有下列病症之一的,不得从事井下工作:

①《煤矿安全规程》第六百六十六条所列病症之一的。

② 风湿病(反复活动)。

③ 严重的皮肤病。

④ 经医疗鉴定,不适于从事井下工作的其他疾病。

癫痫病和精神分裂症患者严禁从事煤矿生产工作。

患有高血压、心脏病、高度近视等病症以及其他不适应高空(2 m 以上)作业者,不得从事高空作业。

(4) 对已确诊的职业病人,应当及时给予治疗、康复和定期检查,并做好职业病报告工作。

(2) 建立职业健康监护档案并妥善保存。

【说明】 本条规定了职业健康监护档案的具体要求。

建立符合要求的职业健康监护档案,并妥善保管,劳动者离开时应如实、无偿为劳动者提供职业健康监护档案复印件并签章。职业卫生档案是职业病防治过程的真实记录和反映,也是卫生行政部门执法的重要参考依据。用人单位应建立职业卫生档案,指定专(兼)职人员负责,并应对档案的借阅作出规定。

职业卫生档案应包括:用人单位职业卫生基本情况(职业危害的种类,本单位职业卫生管理组织,职工总人数,接触有害因素的人数及性别分布)、生产工艺流程、有害作业点的分布情况、有害因素的强度、职业性有害因素动态监测结果及其汇总、职业健康监护情况、职业病病人档案、职业病防护设施运转及维护档案等内容。

职业卫生档案包括的 12 项内容:

① 职业卫生管理机构和责任制档案。

② 职业卫生管理制度、操作规程档案。

③ 职业病危害因素种类清单、岗位分布及作业人员接触情况档案。

④ 职业病防护设施、应急救援设施档案。

⑤ 工作场所职业病危害因素检测、评价报告与记录档案。

⑥ 职业病防护用品管理档案。

⑦ 职业卫生培训档案。

⑧ 职业病危害事故报告与应急处置档案。

⑨ 职业健康检查汇总及处置档案。

⑩ 建设项目职业卫生“三同时”档案。

⑪ 职业卫生安全许可证、职业病危害项目申报档案。

⑫ 职业卫生监督检查及其他管理档案。

4. 职业病诊断鉴定

(1) 及时安排疑似职业病病人进行诊断;

【说明】 本条规定了疑似职业病病人诊断的具体要求。

根据职业健康检查结果,对劳动者个体的健康状况结论可分为5种:

① 目前未见异常:本次职业健康检查各项检查指标均在正常范围内。

② 复查:检查时发现单项或多项异常,需要复查确定者,应明确复查的内容和时间。

③ 疑似职业病:检查发现疑似职业病或可能患有职业病,需要提交职业病诊断机构进一步明确诊断者。

④ 职业禁忌证:检查发现有职业禁忌证的患者,需写明具体疾病名称。

⑤ 其他疾病或异常:除目标疾病之外的其他疾病或某些检查指标的异常。

煤矿应及时安排疑似职业病病人进行诊断;在疑似职业病病人诊断或者医学观察期间,不得解除或者终止劳动合同,诊断、医学观察期间的费用由煤矿承担。

(2) 保障职业病病人依法享受国家规定的职业病待遇;

【说明】 本条规定了职业病待遇的具体要求。

根据《中华人民共和国职业病防治法》的规定,职业病病人享受以下待遇:

① 用人单位应当保障职业病病人依法享受国家规定的职业病待遇。

② 用人单位应当按照国家有关规定,安排职业病病人进行治疗、康复和定期检查。

③ 用人单位对不适宜继续从事原工作的职业病病人,应当调离原岗位,并妥善安置。

④ 用人单位对从事接触职业病危害的作业的劳动者,应当给予适当岗位津贴。

⑤ 职业病病人的诊疗、康复费用,伤残以及丧失劳动能力的职业病病人的社会保障,按照国家有关工伤保险的规定执行。

(3) 如实提供职业病诊断、伤残等级鉴定所需资料。

【说明】 本条规定了职业病鉴定的具体要求。

单位提供资料后,应在职业卫生档案中留存职业病患者职业病诊断证明复印件和伤残等级鉴定结果复印件。

5. 工会监督

工会组织依法对职业病防治工作进行监督,维护劳动者的职业卫生合法权益。

【说明】 本条规定了工会组织依法对职业病防治工作进行监督的具体要求。

《中华人民共和国职业病防治法》规定:工会组织依法对职业病防治工作进行监督,维护劳动者的合法权益。用人单位制定或者修改有关职业病防治的规章制度,应当听取工会组织的意见。

二、评分方法

1. 按表10-1评分,总分为100分。各小项分数扣完为止。

2. 项目内容中有缺项时,按式(1)进行折算:

$$A=\frac{100}{100-B}\times C \tag{1}$$

式中 A——实得分数;

B——缺项标准分数;

C——检查得分数。

表 10-1 煤矿职业卫生标准化评分表

项目	项目内容	基本要求	标准分值	评分方法	得分	【说明】
一、职业卫生管理(24分)	组织保障	建有职业病危害防治领导机构;有负责职业病危害防治管理的机构,配备专职职业卫生管理人员	2	查资料。无领导机构、管理机构不得分;无专职人员扣1分		1. 机构成立的红头文件; 2. 人员任免的红头文件; 3. 专职职业卫生管理人员的资格证书及相关聘任文件或证书原件和复印件; 4. 人员登记表
	责任落实	明确煤矿主要负责人为煤矿职业危害防治工作的第一责任人;明确职业病危害防治领导机构、负责职业病危害防治管理的机构和人员的职责	2	查资料。未明确第一责任人或未明确领导机构、管理机构及人员职责不得分;机构没有正常开展工作扣1分		1. 法人代表的任命文件; 2. 机构的责任制度; 3. 各部门的责任制度; 4. 各级人员的责任制度; 5. 其他相关的责任制度
	制度完善	按规定建立完善职业病危害防治相关制度,主要包括:职业病危害防治责任制度、职业病危害警示与告知制度、职业病危害项目申报制度、职业病防护设施管理制度、职业病个体防护用品管理制度、职业病危害日常监测及检测、评价管理制度、建设项目职业卫生"三同时"制度、劳动者职业健康监护及其档案管理制度、职业病诊断、鉴定及报告制度、职业病危害防治经费保障及使用管理制度、职业卫生档案管理制度、职业病危害事故应急管理制度及法律、法规、规章规定的其他职业病危害防治制度	2	查资料。未建立制度不得分;制度不全,每缺1项扣1分;制度内容不符合要求或未能及时修订1项扣0.5分		1.《煤矿作业场所职业病危害防治规定》第八条规定的制度; 2. 制度发布文件及汇编
	经费保障	职业病危害防治专项经费满足工作需要	1	查资料。未提取经费或经费不能满足需要不得分		1. 经费提取及使用制度; 2. 经费提取及使用账目

续表10-1

项目	项目内容	基本要求	标准分值	评分方法	得分	【说明】
一、职业卫生管理(24分)	工作计划	有职业病危害防治规划、年度计划和实施方案;年度计划应包括目标、指标、进度安排、保障措施、考核评价方法等内容。实施方案应包括时间、进度、实施步骤、技术要求、考核内容、验收方法等内容	2	查资料。无规划不得分,无年度计划、实施方案扣1分;相关要素不全的,每缺1项扣0.5分		1. 职业病危害防治规划; 2. 年度计划; 3. 实施方案; 4. 考核评价资料
	档案管理	分年度建立职业卫生档案,内容包括作业场所职业病危害因素种类清单、岗位分布以及作业人员接触情况等资料,职业病防护设施基本信息及其配置、使用、维护、检修与更换等记录,作业场所职业病危害因素检测、评价报告与记录,职业病个体防护用品配备、发放、维护与更换等记录,煤矿主要负责人、职业卫生管理人员和劳动者的职业卫生培训资料,职业病危害事故报告与应急处置记录,劳动者职业健康检查结果汇总资料,存在职业禁忌证、职业健康损害或者职业病的劳动者处理和安置情况记录,职业病危害项目申报情况记录,其他有关职业卫生管理的资料或者文件	3	查资料。未建立档案不得分;档案缺项,每缺1项扣1分		1. 分年度建立职业卫生档案; 2. 作业场所职业病危害因素种类清单、岗位分布以及作业人员接触情况等资料; 3. 职业病防护设施基本信息及其配置、使用、维护、检修与更换等记录; 4. 作业场所职业病危害因素检测、评价报告与记录; 5. 职业病个体防护用品配备、发放、维护与更换等记录; 6. 煤矿主要负责人、职业卫生管理人员和劳动者的职业卫生培训资料; 7. 职业病危害事故报告与应急处置记录; 8. 劳动者职业健康检查结果汇总资料,存在职业禁忌证、职业健康损害或者职业病的劳动者处理和安置情况记录; 9. 职业病危害项目申报情况记录; 10. 其他有关职业卫生管理的资料或者文件

续表 10-1

项目	项目内容	基本要求	标准分值	评分方法	得分	【说明】
一、职业卫生管理(24分)	危害告知	与劳动者订立或者变更劳动合同时，应将作业过程中可能产生的职业病危害及其后果、防护措施和相关待遇等如实告知劳动者，并在劳动合同中载明	1	查资料，抽查10份劳动合同。未全部进行告知不得分		查劳动合同，是否载明作业过程中可能产生的职业病危害及其后果、防护措施和相关待遇等
	工伤保险	为存在劳动关系的劳动者(含劳务派遣工)足额缴纳工伤保险	1	查资料。未全部参加工伤保险不得分		职工工伤保险台账
	检测评价	每年进行一次作业场所职业病危害因素检测，每3年进行一次职业病危害现状评价；根据检测、评价结果，制定整改措施；检测、评价结果向煤矿安全监察机构报告	3	查资料。未按周期检测评价不得分；其他1处不符合要求扣1分		1. 周期检测档案是否齐全，各种证明是否真实； 2. 记录是否符合规定； 3. 是否有整改记录； 4. 检测、评价结果向煤矿安全监察机构报告的相关资料
	个体防护	按照《煤矿职业卫生个体防护用品配备标准》(AQ 1051)为劳动者(含劳务派遣工)发放符合要求的个体防护用品，做好记录，并指导和督促劳动者正确使用，严格执行劳动防护用品过期销毁制度	4	查现场和资料。现场抽查4个岗位，每个岗位抽查1人，未按照AQ 1051发放个体防护用品的，每缺1项扣1分，1人1项用品不符合要求扣0.5分，每发现1人未使用个体防护用品扣0.5分；无个体防护用品发放登记记录扣2分，记录不完整、不清楚的，扣0.5分		1. 为劳动者发放符合要求的个体防护用品，做好记录； 2. 现场抽查4个岗位，每个岗位抽查1人，检查是否按标准配备个体防护用品，个体防护用品是否合格有效； 3. 指导督促劳动者使用防护用品的相关材料(培训学习档案等)； 4. 现场核查
	公告警示	在醒目位置设置公告栏，公布工作场所职业病危害因素检测结果。对产生严重职业病危害的作业岗位，应在其醒目位置设置警示标识和警示说明，载明产生职业病危害的种类、后果、预防以及应急救援措施等内容	3	查现场。未按规定公布检测结果不得分，公告栏公布不全，每缺1项扣1分，警示标识和警示说明缺失、内容不全1处扣0.5分		1. 公告栏； 2. 警示标识和警示说明； 3. 现场核查

续表 10-1

项目	项目内容	基本要求	标准分值	评分方法	得分	【说明】
二、职业病危害(42分)	监测人员	配备职业病危害因素监测人员；监测人员经培训合格后上岗作业	2	查资料和现场。未配备人员或未经培训合格不得分		1. 职业病危害因素监测人员聘用文件、资格证书等； 2. 监测人员培训学习档案； 3. 现场核查
	粉尘	1. 按规定配备2台(含)以上粉尘采样器或直读式粉尘浓度测定仪等粉尘浓度测定设备	2	查资料和现场。无设备不得分；配备监测仪器不足扣1分		1. 粉尘采样器或直读式粉尘浓度测定仪等粉尘浓度测定设备的购置证明； 2. 相关使用记录； 3. 现场核查
		2. 采煤工作面回风巷、掘进工作面回风流设置有粉尘浓度传感器，并接入安全监控系统	2	查资料和现场。粉尘浓度传感器设置不符合要求1处扣1分，未接入安全监控系统扣1分		1. 相关传感器的使用记录和监控电脑数据； 2. 现场核查
		3. 粉尘监测地点布置符合规定	5	查资料。监测地点不符合要求1处扣1分		粉尘监测地点布置文件、档案
		4. 粉尘监测周期符合规定，总粉尘浓度井工煤矿每月测定2次、露天煤矿每月测定1次或采用实时在线监测；粉尘分散度每6个月测定1次或采用实时在线监测；呼吸性粉尘浓度每月测定1次；粉尘中游离二氧化硅含量每6个月测定1次，在变更工作面时也须测定1次；开采深度大于200 m的露天煤矿，在气压较低的季节应当适当增加测定次数	3	查资料。总粉尘、呼吸性粉尘浓度监测周期不符合要求且未采用实时在线监测不得分；其他监测周期不符合要求1处扣1分		1. 粉尘监测档案材料； 2. 现场核查
		5. 采用定点监测、个体监测方法对粉尘进行监测	1	查资料和现场。不符合要求不得分		1. 粉尘监测档案材料； 2. 现场核查
		6. 粉尘浓度不超过规定：粉尘短时间定点监测结果不超过时间加权平均容许浓度的2倍；粉尘定点长时间监测、个体工班监测结果不超过时间加权平均容许浓度	10	查资料和现场。无监测数据，不得分；浓度每超标1项扣1分		1. 粉尘监测档案材料； 2. 原始记录； 3. 现场核查

续表 10-1

项目	项目内容	基本要求	标准分值	评分方法	得分	【说明】
二、职业病危害(42分)	噪声	1. 按规定配备有2台(含)以上噪声测定仪器,作业场所噪声至少每6个月监测1次	2	查资料和现场。测定仪器每缺1台扣1分;监测周期不符合要求扣1分		1. 噪声测定仪器的购置证明; 2. 相关使用记录; 3. 现场核查
		2. 噪声监测地点布置符合规定	4	查资料。不符合要求1处扣0.5分		噪声监测档案材料
		3. 劳动者接触噪声8 h或40 h等效声级不超过85 dB(A)	4	查资料和现场。无监测数据不得分,声级超过规定发现1处扣1分		1. 噪声监测档案材料; 2. 现场试验
	高温	采掘工作面回风流和机电设备硐室设置温度传感器;采掘工作面空气温度超过26 ℃、机电设备硐室超过30 ℃时,缩短超温地点工作人员的工作时间,并给予高温保健待遇;采掘工作面的空气温度超过30 ℃、机电设备硐室超过34 ℃时停止作业;有热害的井工煤矿应当采取通风等非机械制冷降温措施,无法达到环境温度要求时,采用机械制冷降温措施	3	查资料和现场。1处不符合要求不得分		1. 现场查看传感器的使用情况; 2. 传感器的使用记录; 3. 现场监测数据资料
	化学毒物	对作业环境中氧化氮、一氧化碳、二氧化硫浓度每3个月至少监测1次,对硫化氢浓度每月至少监测1次;化学毒物等职业病危害因素浓度/强度符合规定	4	查资料和现场。未进行监测或危害因素浓度/强度超过规定不得分;监测项目不全,每缺1项扣1分;监测周期不符合要求1项扣1分		1. 现场查看; 2. 对作业环境中化学毒物的监测档案
三、职业健康监护(18分)	上岗前检查	组织新录用人员和转岗人员进行上岗前职业健康检查,检查机构具备职业健康检查资质,形成职业健康检查评价报告;不安排未经上岗前职业健康检查和有职业禁忌证的劳动者从事接触职业病危害的作业	3	查资料。未安排检查或者检查机构无资质、无职业健康检查评价报告、检查项目不符合规定不得分;其他1人不符合要求扣1分		1. 新录用人员和转岗人员进行上岗前职业健康检查档案; 2. 检查机构职业健康检查资质证明; 3. 有职业禁忌证的劳动者岗位调整文件

续表 10-1

项目	项目内容	基本要求	标准分值	评分方法	得分	【说明】
三、职业健康监护(18分)	在岗期间检查	按规定周期组织在岗人员进行职业健康检查，检查机构具备职业健康检查资质，形成职业健康检查评价报告；发现与所从事的职业相关的健康损害的劳动者，调离原工作岗位并妥善安置	3	查资料。未安排检查、周期不符合规定或者检查机构无资质、无职业健康检查评价报告、检查项目不符合规定不得分；健康损害劳动者未调离、安置的，发现1人扣1分		1. 职业健康检查档案； 2. 检查机构职业健康检查资质证明； 3. 健康损害劳动者岗位调整文件
	离岗检查	准备调离或脱离作业及岗位人员组织进行离岗职业健康检查，检查机构具备职业健康检查资质，形成职业健康检查评价报告	3	查资料。未安排检查或者检查机构无资质的、无报告的、检查项目不符合规定的，不得分；离岗检查有遗漏的，发现1人扣1分		1. 职业健康检查档案； 2. 检查机构职业健康检查资质证明
	应急检查	对遭受或可能遭受急性职业病危害的劳动者进行健康检查和医学观察	2	查资料。未对劳动者进行健康检查和医学观察的不得分		对遭受或可能遭受急性职业病危害的劳动者进行健康检查和医学观察的档案
	结果告知	按规定将职业健康检查结果书面告知劳动者	3	查资料。未将职业健康检查结果书面告知劳动者不得分；每遗漏1人扣0.5分		书面通知文件
	监护档案	建立劳动者个人职业健康监护档案，并按照有关规定的期限妥善保存；档案包括劳动者个人基本情况、劳动者职业史和职业病危害接触史、历次职业健康检查结果及处理情况、职业病诊疗等资料；劳动者离开时应如实、无偿为劳动者提供职业健康监护档案复印件并签章	4	查资料。未建立档案或未按要求向劳动者提供复印件不得分；档案内容不全，每缺1项扣1分；未指定人员负责保管扣1分		1. 建立劳动者个人职业健康监护档案，并按照有关规定的期限妥善保存； 2. 专职人员负责保管； 3. 按要求向劳动者提供复印件并签章

续表 10-1

项目	项目内容	基本要求	标准分值	评分方法	得分	【说明】
四、职业病诊断鉴定(12分)	职业病诊断	安排劳动者、疑似职业病病人进行职业病诊断	3	查资料和现场。走访询问不少于10名职业病危害严重的重点岗位的劳动者,有1人提出职业病诊断申请而被无理由拒绝或未安排疑似职业病病人进行职业病诊断不得分		煤矿应定期安排劳动者、疑似职业病病人进行职业病诊断。 1. 走访询问不少于10名职业病危害严重的重点岗位的劳动者; 2. 劳动者个人职业健康监护档案
	职业病病人待遇	保障职业病病人依法享受国家规定的职业病待遇	2	查资料和现场。走访询问不少于5名职业病患者,有1人未保证职业病待遇不得分		1. 走访询问不少于5名职业病患者; 2. 职业病待遇发放台账
	治疗、定期检查和康复	安排职业病病人进行治疗、定期检查、康复	2	查资料。对照职业病病人名单和诊断病例档案,检查职业病病人治疗、定期检查和康复记录,1项1人次未安排扣1分		1. 职业病病人进行治疗、定期检查、康复记录; 2. 职业病病人花名册; 3. 走访询问不少于5名职业病患者
	职业病病人安置	将职业病病人调离接触职业病危害岗位并妥善安置	2	查资料和现场。1人未按规定安置不得分		1. 劳动者个人职业健康监护档案; 2. 职业病病人岗位调整文件; 3. 现场核查
	诊断、鉴定资料	提供职业病诊断、伤残等级鉴定所需要的职业史和职业病危害接触史、作业场所职业病危害因素检测结果等资料	3	查资料和现场。走访询问不少于5名当事人,煤矿不提供或不如实提供有关资料不得分		1. 劳动者个人职业健康监护档案; 2. 走访询问不少于5名当事人
五、工会监督(4分)	工会监督与维权	设立劳动保护监督检查委员会	2	查资料。不符合要求不得分		1. 劳动保护监督检查委员会设立文件; 2. 相关管理职责
		对职业病防治工作进行监督,维护劳动者的合法权益	2	查资料和现场。工会组织未依法对职业病防治工作进行监督不得分,开展监督活动没有记录扣1分		1. 工会组织对职业病监督检查资料; 2. 工会组织职责文件; 3. 现场核查
得分合计:						

第 11 部分　安全培训和应急管理

一、工作要求(风险管控)

1. 安全培训

(1) 制定并落实安全培训管理制度、安全培训计划;

【说明】 本条规定了安全培训管理制度和安全培训计划的具体要求。

煤矿应有负责安全生产培训工作的专门机构,该机构隶属于安监部门或人力资源部门,并配备满足培训管理和教学工作要求的人员。依据《煤矿安全培训规定》的规定,制定并严格落实各种安全培训管理制度,按年、季、月制订安全培训计划,并按计划进行培训。

(2) 按照规定对有关人员进行安全生产培训;

【说明】 本条规定了对有关人员进行安全培训的具体要求。

依据《煤矿安全培训规定》及各类法律法规的规定对有关人员进行培训,且有相关安全生产培训记录档案。

(3) 煤矿主要负责人和安全生产管理人员必须具备与生产经营活动相应的安全生产知识和管理能力,并考核合格;

【说明】 本条规定了对煤矿主要负责人和安全生产管理人员培训的具体要求。

依据《煤矿安全培训规定》及各类法律法规的规定:煤矿企业主要负责人,是指煤矿股份有限公司、有限责任公司及所属子公司、分公司的董事长、总经理,矿务局局长,煤矿矿长等人员。

煤矿企业安全生产管理人员,是指煤矿企业分管安全生产工作的副董事长、副总经理、副局长、副矿长、总工程师、副总工程师或者技术负责人,安全生产管理机构负责人及管理人员,生产、技术、通风、机电、运输、地测、调度等职能部门(含煤矿井、区、科、队)的负责人。

① 煤矿企业主要负责人考核内容主要包括安全生产法律法规和标准、煤矿生产技术与管理、主要灾害防治、抢险救灾等基本知识,建立健全安全生产管理机构和制度、保证安全资金投入、组织隐患排查治理、实施应急抢险救援等能力。

② 煤矿企业安全生产管理人员考核内容主要包括安全生产法律法规及标准、煤矿生产技术、安全管理理论、重大灾害预防、应急救援方案制定及演练、事故抢险救援等专业知识;贯彻落实安全生产法规标准和规章制度,组织开展安全培训教育、安全检查,制止不安全行为,监督隐患整改,事故应急处置及调查分析等能力。

③ 煤矿企业主要负责人和安全生产管理人员应当在任职之日起 6 个月内通过安全生产知识和管理能力考核。

④ 煤矿企业主要负责人和安全生产管理人员任职 15 d 内,由其所服务的煤矿企业向国家煤矿安全监察局或当地省级培训监管部门提出考核申请,并提交其任职文件、学历、工作经历等相关材料。

⑤ 煤矿企业主要负责人和安全生产管理人员考核应在当地考试点进行,使用全国统一

考试题库,采用计算机考试方式,其中国家级考试题库试题比例占80%及以上,考试满分100分,80分及以上为合格。

(4) 特种作业人员取得相应的特种作业人员操作资格证;其他从业人员具备必要的安全生产知识和安全操作技能,并经培训合格后方可上岗;

【说明】 本条规定了从业人员培训的具体要求。

(1) 煤矿企业特种作业人员,是指从事煤矿井下电气作业、煤矿井下爆破作业、煤矿安全监测监控作业、煤矿瓦斯检查作业、煤矿安全检查作业、煤矿提升机操作作业、煤矿采煤机操作作业、煤矿掘进机操作作业、煤矿瓦斯抽采作业、煤矿防突作业和煤矿探放水作业的人员。

煤矿企业特种作业人员应当具备从事本岗位必要的安全知识及安全操作技能,熟悉有关安全生产规章制度和安全操作规程,具备相关紧急情况处置和自救互救能力。

煤矿企业特种作业人员必须经专门的安全技术培训,由培训监管部门考核合格,取得《中华人民共和国特种作业操作证》(以下简称"特种作业操作证")后,方可上岗作业。

① 煤矿企业特种作业人员安全技术培训应当按照规定的培训大纲进行,初次培训时间不得少于90学时。

② 特种作业操作资格考试包括安全生产知识考试和实际操作能力考试。安全生产知识考试合格后,进行实际操作能力考试。

③ 特种作业考试应当使用国家统一考试题库,实际操作能力考试采用国家统一考试标准在考试点进行。满分100分,80分及以上为合格。

④ 离开特种作业岗位6个月以上的特种作业人员,应当重新进行实际操作能力考试,经考试合格后方可上岗作业。

(2) 煤矿要对全体从业人员进行全员培训,培训合格后方可上岗。

(3) 煤矿要对新工人进行入井资格培训,培训合格后方可下井工作。

(5) 建立健全从业人员安全培训档案。

【说明】 本条规定了安全培训档案的具体要求。

(1) 煤矿企业应建立健全从业人员安全培训档案,实行一人一档,其主要内容包括:

① 学历、职务、职称、工作经历、技能等级晋升情况;

② 接受安全培训、考核情况;

③ 违规违章行为记录,以及被追究责任,受到处分、处理情况;

④ 其他事项。

煤矿企业从业人员一人一档应长期保存。

(2) 煤矿企业自主培训的,还应建立专门的安全培训档案,实行一期一档,内容包括:

① 培训方案;

② 培训时间、地点、参加人员;

③ 培训内容、课时及教师;

④ 课程讲义;

⑤ 学员培训考勤、考核情况;

⑥ 综合考评报告等。

(3) 煤矿企业主要负责人和安全生产管理人员一期一档应保存3年以上,特种作业人员一期一档应保存6年以上,其他从业人员一期一档应保存3年以上。

2. 班组安全建设

（1）制定班组建设规划、目标，保障班组安全建设资金，完善班组安全建设措施；

【说明】 本条规定了班组建设的具体要求。

煤矿企业应当建立健全从企业、矿井、区队到班组的班组安全建设体系，把班组安全建设作为加强煤矿安全生产基层和基础管理的重要环节，明确分管负责人和主管部门，制定班组建设总体规划、目标和保障措施。

煤矿企业工会要加强宣传和指导，积极参与煤矿班组安全建设。要建立健全区队工会和班组工会小组，强化班组民主管理，维护职工合法权益。煤矿企业应当建立完善以下班组安全管理规章制度：

① 班前、班后会和交接班制度；

② 安全质量标准化和文明生产管理制度；

③ 隐患排查治理报告制度；

④ 事故报告和处置制度；

⑤ 学习培训制度；

⑥ 安全承诺制度；

⑦ 民主管理制度；

⑧ 安全绩效考核制度；

⑨ 煤矿企业认为需要制定的其他制度。

（2）加强班组作业现场管理，制定班组安全工作标准，规范工作流程。

【说明】 本条规定了班组安全管理的具体要求。

煤矿企业应当依据《煤矿安全规程》、作业规程和煤矿安全技术操作规程等规定，制定班组安全工作标准、操作标准，规范工作流程。

① 班组必须严格落实班前会制度，结合上一班作业现场情况，合理布置当班安全生产任务，分析可能遇到的事故隐患并采取相应的安全防范措施，严格班前安全确认。

② 班组必须严格执行交接班制度，重点交接清楚现场安全状况、存在隐患及整改情况、生产条件和应当注意的安全事项等。

③ 班组要坚持正规循环作业和正规操作，实现合理均衡生产，严禁两班交叉作业。

④ 班组必须严格执行隐患排查治理制度，对作业环境、安全设施及生产系统进行巡回检查，及时排查治理现场动态隐患，隐患未消除前不得组织生产。

⑤ 班组必须认真开展安全生产标准化工作，加强作业现场精细化管理，确保设备设施完好，各类材料、备品配件、工器具等排放整齐有序，清洁文明生产，做到岗位达标、工程质量达标，实现动态达标。

⑥ 班组应当加强作业现场安全监测监控系统、安全监测仪器仪表、工器具和其他安全生产设施的保护和管理，确保正确正常使用、安全有效。

3. 应急管理

（1）落实煤矿应急管理主体责任，主要负责人是应急管理和事故应急救援的第一责任人；明确安全生产应急管理的分管负责人和主管部门；

【说明】 本条规定了煤矿明确应急管理部门和责任人的具体要求。

煤矿应急组织机构包括应急管理的领导机构和工作机构。

① 煤矿应急管理的领导机构是在该生产经营单位常设安全生产行政机关的基础上组建的。其名称一般为安全生产应急救援领导小组或应急救援指挥部。一般应由该生产经营单位高管层的行政正职担任领导小组的组长(或指挥长),其他高管层成员为副组长(或副指挥长)。领导小组(或指挥部)的成员应包括本生产经营单位的各副总工程师。

② 煤矿应急管理的工作机构包括该领导机构下设的应急管理办公室和应急救援的各个专业小组。

③ 应急管理办公室应在本单位生产调度室的基础上组建,其办公室地点也应该设立在生产调度室。应明确办公室专职(或兼职)的主任、副主任。小型和中型煤矿至少应配备一名专职应急管理人员,大型煤矿至少应配备 2 名专职应急管理人员。

④ 应急救援专业小组的组建是必需的。煤矿应该依照本生产经营单位的重大安全生产事故的类型和特征组建应急救援专业小组,但至少应包括抢险救援、医疗救护、技术专家、通信信息、物资装备、交通运输、后勤服务、财力保障、治安保卫、善后处置等专业的。

⑤ 应急救援的各个专业小组应明确正、副组长和成员,其人员数量,应以满足日常性的应急管理和满足应急状态下的应急救援需求为原则。专业小组的成员的个人素质、技能应能够支持该专业的日常性管理需求和应急救援需求。

⑥ 应急救援管理指挥机构、工作机构、应急救援专业小组的组建和应急管理人员的配备,一般应以煤矿行政文件的形式体现。

(2) 建立健全安全生产应急管理和应急救援制度,明确岗位职责;

【说明】 本条规定了煤矿应急管理制度和职责的具体要求。

(1) 根据煤矿国家应急管理法律法规和其他要求,结合煤矿应急管理的基本状况,煤矿应建立以下应急管理制度:

① 应急工作例会的管理制度;

② 对应急职能、职责等管理工作的考核制度;

③ 重大隐患的排查与治理管理制度;

④ 重大危险源的监测(检测)、监控管理制度;

⑤ 预防性安全检查管理制度;

⑥ 应急宣传、教育管理制度;

⑦ 应急培训管理制度;

⑧ 安全生产事故应急预案管理制度;

⑨ 应急演练和应急评估管理制度;

⑩ 应急救援队伍管理制度;

⑪ 安全生产应急专项经费保障制度;

⑫ 应急救援物资保障管理制度;

⑬ 应急救援通信和信息传递保障管理制度;

⑭ 应急救援交通运输保障管理制度;

⑮ 应急医疗救护保障管理制度;

⑯ 应急救援现场警戒保卫管理制度;

⑰ 应急值守管理制度;

⑱ 应急信息报告、处置和预警管理制度;

⑲ 安全生产事故征兆显现紧急避险撤人管理制度；

⑳ 气象灾害停产、停工及撤人管理制度；

㉑ 应急救护协议管理制度；

㉒ 矿井应急避险“六大系统”管理制度；

㉓ 应急资料档案管理制度；

㉔ 应急指挥通信网络保密、运行、维护管理制度等。

(2) 应急岗位职责。

应急机构的职责分为应急管理机构的管理职能和岗位职责两类。

应急管理职能是针对应急管理机构的整体(例如包括领导小组或应急救援指挥部、应急管理办公室、应急救援专业小组)而需要明确的管理业务、范围、权限和作用。

应急管理的岗位职责是针对应急管理机构内部的各个岗位需要明确的职责、范围、权限和作用,应包括领导机构的组长(或指挥长)、副组长(或副指挥长)、成员;应急管理办公室的主任、副主任和管理人员;应急救援专业小组的组长和成员。

由于应急管理包括日常性管理和应急状态下的救援处置,因此,应急管理的岗位职责应包括日常性管理组织和应急状态下的救援处置职责两部分。

应急管理的机构职能和岗位职责的逻辑关系是:机构的职能应包括该机构所有管理岗位的职责,职责的界定应服从于职能的设定;既不能有岗位无职责,也不能有职责无具体执行的岗位;机构的职能和岗位职责应协调一致,不可以相互抵触;各应急救援专业小组的职责不能相互抵触和重复。

应急管理机构的职能和各管理岗位的职责应按照轻重缓急的逻辑顺序条理性排列,不可杂乱无序随意组合、堆砌。

(3) 应急管理和应急救援资源有保障;

【说明】 本条规定了煤矿应急管理和应急救援资源保障的具体要求。

煤矿应急管理和应急救援必须以人员、物力、财力和技术等资源的保障为基础。

(1) 通信与信息保障的基本要求:

① 设立本煤矿生产安全事故应急救援的指挥场所,一般应设置在本煤矿的生产调度室。

② 建立本煤矿应急值守制度,实行 24 h 应急值守。应急值守制度应悬挂在应急指挥场所醒目位置。

③ 应急指挥场所应配备显示系统、中央控制系统、有线和无线通信系统、电源保障系统、录音录像和常用办公等设备设施。

④ 应急指挥场所的应急通信网络应与本煤矿所有应急响应的机构、上级应急管理部门和社会应急救援部门的接警平台相连接。

⑤ 应急指挥场所应保持最新的本煤矿应急机构和人员、上级应急管理部门、社会应急救援部门的通信方式,其通信方式至少应有两种。

⑥ 应急指挥场所应能与本煤矿上级应急指挥机构进行纸质信息、电子文档信息的传递和接收。

⑦ 应配备专职技术管理人员对应急指挥场所的应急设备、设施、通信网络进行维修、维护和保养,确保日常畅通和应急状态下的畅通。

⑧ 本煤矿应急通信网络应建立健全保密、运行维护的管理制度。

(2) 应急救援物资与装备保障的基本要求：

① 煤矿应按照批准的应急预案文本要求储备应急救援的设备、设施、装备、工具、材料等物资。

② 煤矿应建立应急救援物资与装备的管理制度。

③ 应急救援物资与装备的管理必须明确管理的责任部门、责任人。

④ 煤矿对储备的应急救援物资与装备，必须建立台账，清晰注明每一类物资的品名、类型、规格型号、性能、数量、用途、存放位置、管理责任人及其通信联系方式等信息。其中通信联系方式至少应有两种。

⑤ 煤矿应制定措施以保障应急救援物资与装备的完好、有效。某些具有使用有效期限的应急救援物资(例如药品类)，应制定及时更新的措施。

(3) 交通运输保障的基本要求：

① 煤矿应建立应急救援交通运输保障管理制度。

② 煤矿应确保在应急救援情况下实施交通运输保障的交通工具，其交通工具包括保障人员安全运输和物资装备安全运输。

③ 应明确交通和运输保障的管理部门、管理职能和岗位职责。

④ 应有交通和运输工具实际操作人员的通信联络方式，其联络方式至少应有两种。

⑤ 煤矿应制定确保交通和运输工具能够实时及时出动、可靠投入运行的保障性措施。

(4) 医疗与救护保障的基本要求：

① 煤矿设有职工医院的，应以该职工医院的医疗救护人员技术骨干为基础，组建应急医疗救护专业小组。

② 应急医疗救护专业小组的成员其专业技能应能够覆盖现场救护基本施救范围，包括创伤急救、急性职业中毒窒息急救、伤员搬运等。

③ 应急医疗救护专业小组应结合本煤矿事故抢险和应急救护的基本特征，配置必需的医疗急救药品、器材和交通工具。医疗急救的药品、器材和交通工具必须明确管理责任人和管理措施。

④ 煤矿未设职工医院、不具备组建应急医疗救护专业小组的，应与附近三级以上医疗机构签订应急救护服务协议。其协议书的文本必须规范和具有约束力。

⑤ 煤矿必须建立确保应急医疗救护专业小组及时出动和有效实施急救的保障的方案或措施。

(5) 技术保障的基本要求：

① 煤矿应依照批准的专项应急预案的事故类别，组建由相关专业组成的应急救援技术专家人才库。

② 煤矿的应急救援技术专家人才库的专业类别，应完整覆盖各个专项应急预案应急救援处置措施所需要的技术专业。每一类技术专业的专家人数至少有 1 人。

③ 当本煤矿技术专业资源不足时，可以利用外聘的方式，吸纳外部技术专家进入本煤矿技术专家人才库。外聘的技术专家应有规范的聘用手续和可靠的通信联络方式。

④ 应明确一定的周期由本煤矿技术负责人主持召集技术专家人才库人员进行重大事故预防、应急救援活动的学术讨论。

(6) 技术保障的基本要求：

① 煤矿应建立安全生产应急专项经费保障制度。

② 煤矿应建立可靠的应急救援资金渠道，保障应急救援及时到位。

(7) 其他保障的基本要求：

① 煤矿应在应急预案之中载明为确保应急救援顺利实施的现场治安秩序维护、重要场所保卫、重要物资保卫等方面的保障性措施。

② 煤矿应在应急预案之中载明为确保应急救援顺利实施的后勤、服务等方面的保障性措施。

③ 上述保障性措施必须具有可操作性。

(4) 组建应急救援队伍或有应急救援队伍为其服务；

【说明】 本条规定了煤矿应急救援队伍的具体要求。

① 建立矿山救护队，不具备建立矿山救护队条件的煤矿应与就近的专业矿山救护队签订救护协议。

② 矿山救护队应进行资质认证并取得资质证。

③ 矿山救护队应实行军事化管理和训练。

④ 矿山救护队按规定配备必需的装备、器材，装备、器材应明确管理职责和制度，定期检查、维护。

⑤ 不具备建立矿山救护队条件的煤矿应组建兼职应急救援队伍，并依照计划进行训练。

(5) 编制生产安全事故应急预案及年度灾害预防和处理计划，按照规划和计划组织应急预案演练，组织实施灾害预防和处理计划。

【说明】 本条规定了煤矿应急预案及年度灾害预防和处理计划编制与演练的具体要求。

① 按照《生产安全事故应急预案管理办法》和《生产经营单位生产安全事故应急预案编制导则》的规定，结合本煤矿危险源分析、风险评价结果、可能发生的重大事故特点编制安全生产事故应急预案。

② 应急预案的内容应符合相关法律、法规、规章和标准的规定，要素和层次结构完整、程序清晰、措施科学、信息准确、保障充分、衔接通畅、操作性强。

③ 按照《生产安全事故应急演练指南》编制应急演练规划、计划和应急演练实施方案。

④ 应急演练规划应在 3 个年度内对综合应急预案和所有专项应急预案全面演练覆盖。

⑤ 年度演练计划应明确演练目的、形式、项目、规模、范围、频次、参演人员、组织机构、日程时间、考核奖惩等内容。

⑥ 应急演练方案应明确演练目标、场景和情景、实施步骤、评估标准、评估方法、培训动员、物资保障、过程控制、评估总结、资料管理等内容，演练方案应经过评审和批准。

⑦ 依照批准的规划、计划和方案实施演练，应急演练所形成的资料应完整、准确，归档管理。

二、评分方法

1. 按表 11-1 评分，总分为 100 分，各小项分数扣完为止。

2. 项目内容中有缺项时，按式(1)进行折算：

$$A=\frac{100}{100-B}\times C \tag{1}$$

式中 A——实得分数;

B——缺项标准分数;

C——检查得分数。

表 11-1 煤矿安全培训和应急管理标准化评分表

项目	项目内容	基本要求	标准分值	评分方法	得分	【说明】
一、安全培训(共50分)	基础保障	1. 有负责安全生产培训工作的机构,配备满足工作需求的人员	3	查资料。不符合要求1处扣1分		1. 机构成立的文件; 2. 人员任命文件; 3. 人员清单及各类资格证书
		2. 建立并执行安全培训管理制度	2	查资料。未建立制度不得分;制度不完善1处扣0.5分		各项制度齐全
		3. 具备安全培训条件的煤矿,按规定配备师资和装备、设施;不具备培训条件的煤矿,可委托其他机构进行安全培训	2	查现场和资料。场所、师资、设施等不符合要求或欠缺1处扣0.2分;不具备条件且未委托培训的不得分		1. 培训机构的资产证明; 2. 培训机构的人员配备文件; 3. 培训机构的教师资质证书及聘任文件等; 4. 培训机构的固定资产明细; 5.委托其他机构的授权委托书; 6. 现场核查
		4. 按照规定比例提取安全培训经费,做到专款专用	2	查资料。未提取培训经费不得分,经费不足扣1分,未做到专款专用扣1分		财务台账
	组织实施	1. 有年度培训计划并组织实施	2	查资料。无计划不得分		1. 年度培训计划; 2. 年度培训计划实施记录
		2. 培训对象覆盖所有从业人员(包括劳务派遣者)	2	查资料和现场。培训对象欠缺1种扣0.2分		1. 各级各类人员培训档案; 2. 现场核查
		3. 安全培训学时符合规定	2	查资料。不符合要求1项扣0.5分		1. 培训教学计划、教学大纲; 2. 培训课程表; 3. 培训教学课件、教案; 4. 培训教学日志

续表 11-1

项目	项目内容	基本要求	标准分值	评分方法	得分	【说明】
一、安全培训(共50分)	组织实施	4. 针对不同专业的培训对象和培训类别，开展有针对性的培训；使用新工艺、新技术、新设备、新材料时，对有关从业人员实施针对性安全再培训	2	查资料和现场。培训无针对性扣1分，其他1处不符合要求扣0.5分		1. 针对性的培训方案； 2. "四新"培训内容（课件、教案）； 3. 再培训教学培训方案； 4. 现场抽查
		5. 特种作业人员经专门的安全技术培训(含复训)并考核合格	6	查资料和现场。1人不符合要求不得分		1. 特种作业人员培训档案； 2. 现场抽查上岗人员证件； 3. 特种作业人员培训计划、大纲、教案、课件
		6. 主要负责人和职业卫生管理人员接受职业卫生培训；接触职业病危害因素的从业人员上岗前接受职业卫生培训和在岗期间的定期职业卫生培训	3	查资料和现场。主要负责人未经过职业卫生培训扣1分；其他1人不符合要求扣0.2分		1. 主要负责人和职业卫生管理人员培训方案、计划、大纲、教学课件； 2. 从业人员定期培训方案、计划、大纲、教案、课件； 3. 现场抽查
		7. 井工煤矿从事采煤、掘进、机电、运输、通风、地测等工作的班组长任职前接受专门的安全培训并经考核合格	3	查资料和现场。1人不符合要求扣0.2分		1. 班组长培训方案、计划、大纲、教案、课件； 2. 现场核查
		8. 组织有关人员开展应急预案培训，熟练掌握应急预案相关内容	3	查资料和现场。不符合要求1处扣0.2分		1. 各级各类人员应急预案培训计划、培训内容、教案、课件； 2. 现场询问
		9. 煤矿主要负责人和安全生产管理人员自任职之日起6个月内，通过安全培训主管部门组织的安全生产知识和管理能力考核	3	查资料。1人不符合要求不得分		1. 煤矿主要负责人和安全生产管理人员培训计划、大纲、教案、课件等； 2. 培训成绩
	持证上岗	1. 特种作业人员持《特种作业人员操作资格证》上岗	2	查资料和现场。不符合要求1人扣1分		1. 特种作业人员培训档案； 2. 现场抽查
		2. 煤矿主要负责人和安全生产管理人员通过考核取得合格证上岗	2	查资料和现场。不符合要求1人扣1分		1. 煤矿主要负责人和安全管理人员名单； 2. 煤矿主要负责人和安全管理人员培训档案； 3. 现场抽查
		3. 煤矿其他人员经培训合格取得培训合格证上岗	2	查资料和现场。不符合要求1人扣0.2分		1. 煤矿企业人员花名册； 2. 煤矿企业人员培训档案； 3. 现场抽查

续表 11-1

项目	项目内容	基本要求	标准分值	评分方法	得分	【说明】
一、安全培训(共50分)	培训档案	1. 建立安全生产教育和培训档案,内容包含各类别、各专业安全培训的时间、内容、参加人员、考核结果等	3	查资料和现场。未建立档案不得分;档案内容不完整每缺1项扣0.2分		安全生产教育和培训档案
		2. 建立健全特种作业人员培训、复训档案	3	查资料。未建立档案不得分;档案内容不完整每缺1项扣0.2分		特种作业人员培训档案
		3. 档案管理规范	3	查资料和现场。不符合要求1处扣0.2分		1. 有专门的档案室; 2. 有专职档案管理人员; 3. 安全生产教育和培训档案; 4. 现场核查
二、班组安全建设(共10分)	制度建设	建立并严格执行下列制度: 1. 班组长安全生产责任制; 2. 班前、班后会和交接班制度; 3. 班组安全生产标准化和文明生产管理制度; 4. 学习制度; 5. 安全承诺制度; 6. 民主管理班务公开制度; 7. 安全绩效考核制度	1	查资料。每缺1项制度扣0.2分,1项制度不严格执行不得分		1. 班组长及从业人员安全生产责任制; 2. 班前、班后会和交接班制度; 3. 班组安全生产标准化和文明生产管理制度; 4. 学习制度; 5. 安全承诺制度; 6. 民主管理班务公开制度; 7. 安全绩效考核制度; 8. 制度执行情况记录
	组织建设	1. 安全生产目标明确,有群众安全监督员(不得由班组长兼任)	1	查资料和现场。不符合要求1项扣0.2分		1. 安全生产目标计划; 2. 群众安全监督员的任命文件或聘任证明等; 3. 群众安全监督员的资格证明; 4. 现场核查
		2. 班组建有民主管理机构,并组织开展班组民主活动	1	查资料和现场。未建立机构不得分;民主活动开展不符合要求扣0.5分		1. 民主管理机构成立文件; 2. 班组民主活动记录; 3. 现场核查
		3. 开展班组建设创先争优活动、组织优秀班组和优秀班组长评选活动,建立表彰奖励机制	1	查资料和现场。未建立机制或未开展活动不得分		1. 各种评比活动制度; 2. 各种评比活动文件; 3. 表彰文件; 4. 现场核查
		4. 建立班组长选聘、使用、培养机制	1	查资料。未建立机制不得分		班组长选聘、使用、培养机制文件
		5. 赋予班组长及职工在安全生产管理、规章制度制定、安全奖罚、民主评议等方面的知情权、参与权、表达权、监督权	1	查资料和现场。不符合要求1处扣0.2分		1. 班组长职责文件; 2. 班组长日常管理记录; 3. 现场核查

续表 11-1

项目	项目内容	基本要求	标准分值	评分方法	得分	【说明】
二、班组安全建设(共 10 分)	现场管理	1. 班前有安全工作安排，班组长督促落实作业前进行安全确认	1	查资料和现场。不符合要求 1 处扣 0.2 分		1. 班会记录； 2. 班前安全确认； 3. 现场核查
		2. 严格执行交接班制度，交接重点内容包括隐患及整改、安全状况、安全条件及安全注意事项	1	查资料。不符合要求 1 处扣 0.2 分		1. 交接班制度； 2. 交接班记录； 3. 现场核查
		3. 组织班组正规循环作业和规范操作	1	查资料和现场。不符合要求 1 处扣 0.2 分		1. 班组正规循环作业制度及资料； 2. 班组岗位规范操作； 3. 现场核查
		4. 井工煤矿实施班组工程(工作)质量巡回检查，严格工程(工作)质量验收	1	查资料和现场。不符合要求 1 处扣 0.2 分		1. 巡回检查制度、验收制度； 2. 巡回检查记录； 3. 工程(工作)质量验收记录； 4. 现场抽查
三、应急管理(共 40 分)	机构和职责	1. 建立应急救援工作日常管理领导机构、工作机构和应急救援指挥机构，人员配备满足工作需要，职责明确； 2. 有固定的应急救援指挥场所	2	查资料和现场。不符合要求 1 处扣 0.2 分		1. 应急救援领导机构、工作机构和应急救援指挥机构成立的文件； 2. 人员配备花名册； 3. 人员资质证明； 4. 各项制度、职责文件； 5. 相应管理制度牌板； 6. 现场核查
	制度建设	建立健全以下制度： 1. 事故监测与预警制度； 2. 应急值守制度； 3. 应急信息报告和传递制度； 4. 应急投入及资源保障制度； 5. 应急预案管理制度； 6. 应急演练制度； 7. 应急救援队伍管理制度； 8. 应急物资装备管理制度； 9. 安全避险设施管理和使用制度； 10. 应急资料档案管理制度	2	查资料。每缺 1 项制度扣 1 分，制度内容不完善 1 处扣 0.2 分		1. 事故监测与预警制度； 2. 应急值守制度； 3. 应急信息报告和传递制度； 4. 应急投入及资源保障制度； 5. 应急预案管理制度； 6. 应急演练制度； 7. 应急救援队伍管理制度； 8. 应急物资装备管理制度； 9. 安全避险设施管理和使用制度； 10. 应急资料档案管理制度

续表 11-1

项目	项目内容	基本要求	标准分值	评分方法	得分	【说明】
三、应急管理(共40分)	应急保障	1. 配备应急救援物资、装备或设施,建立台账,按规定储存、维护、保养、更新、定期检查等; 2. 有可靠的信息通讯和传递系统,保持最新的内部和外部应急响应通讯录; 3. 配置必需的急救器材和药品;与就近的医疗机构签订急救协议; 4. 建立覆盖本煤矿所有专项应急预案相关专业的技术专家库	4	查资料和现场。不符合要求1处扣0.5分		1. 应急救援物资、装备或设施管理台账; 2. 通讯信息系统图; 3. 急救协议; 4. 技术专家库; 5. 现场核查
	安全避险系统	按规定建立完善井下安全避险设施;每年由总工程师组织开展安全避险系统有效性评估	2	查资料和现场。不符合要求1处扣0.2分		1. 井下安全避险设施图纸; 2. 避险设备使用情况记录; 3. 避险设施设备完善情况记录; 4. 总工程师签署的安全避险系统有效性评估资料; 5. 现场核查
	应急广播系统	井下设置应急广播系统,井下人员能够清晰听到应急指令	1	查现场。未建立系统不得分;1处生产作业地点不能够听到应急指令扣0.5分		1. 井下应急广播系统图; 2. 现场试验
	个体防护装备	按规定配置足量的自救器,入井人员随身携带;矿井避灾路线上按需求设置自救器补给站	1	查资料和现场。自救器的备用量不足10%扣0.5分;其他1人(处)不符合要求扣0.2分		1. 自救器使用台账; 2. 入井人员花名册; 3. 自救器补给站的建设情况及使用记录; 4. 现场核查
	紧急处置权限	明确授予带班人员、班组长、瓦斯检查工、调度人员遇险处置权和紧急避险权	1	查资料。权力未明确不得分		1. 授予带班人员、班组长、瓦斯检查工、调度人员遇险处置权和紧急避险权的授权文件; 2. 各类人员职责制度文件; 3. 各类人员日常工作记录

续表 11-1

项目	项目内容	基本要求	标准分值	评分方法	得分	【说明】
三、应急管理(共 40 分)	技术资料	1. 井工煤矿应急指挥中心备有最新的采掘工程平面图、矿井通风系统图、井上下对照图、井下避灾路线图、灾害预防与处理计划、应急预案； 2. 露天煤矿应急指挥中心备有最新的采剥、排土工程平面图和运输系统图、防排水系统图及排水设备布置图、井工老空区与露天矿平面对照图、应急救援预案	3	查现场和资料。每缺 1 项扣 1 分		1. 采掘工程平面图； 2. 矿井通风系统图； 3. 井上下对照图； 4. 井下避灾路线图； 5. 灾害预防与处理计划； 6. 应急救援预案； 7. 采剥、排土工程平面图和运输系统图； 8. 防排水系统图及排水设备布置图； 9. 井口老空区与露天矿平面对照图
	队伍建设	1. 煤矿有矿山救护队为其服务	4	查资料。不符合要求不得分		1. 矿山救护队的成立文件； 2. 矿山救护队的资质证明； 3. 矿山救护队的人员配备； 4. 矿山救护队的设施设备台账
		2. 井工煤矿不具备设立矿山救护队条件的应组建兼职救护队，并与就近的救护队签订救护协议。兼职救护队按照《矿山救护规程》的相关规定配备器材和装备，实施军事化管理，器材和装备完好，定期接受专职矿山救护队的业务培训和技术指导，按照计划实施应急施救训练和演练	3	查资料和现场。没有矿山救护队为本矿服务的或未签订救护协议不得分，其他 1 处不符合要求扣 0.5 分		1. 与就近的救护队签订救护协议； 2. 协议救护队的资质证明； 3. 协议矿山救护队的人员配备； 4. 协议矿山救护队的设施设备台账； 5. 救护业务培训和技术指导资料； 6. 应急施救训练和演练资料； 7. 现场核查
	应急预案	1. 预案编制与修订 (1) 按照《生产安全事故应急预案管理办法》编制应急预案，并按规定及时修订。 (2) 按规定组织应急预案的评审，形成书面评审结果。评审通过的应急预案由煤矿主要负责人签署公布，及时发放。 (3) 应急预案与煤矿所在地政府的生产安全事故应急预案相衔接	3	查资料。未编制应急预案的“应急预案”项不得分；应急预案修订不及时不得分；应急预案有欠缺 1 处扣 0.5 分，应急预案未组织评审不得分，评审证据资料、签署和发放管理环节 1 处不符合要求扣 0.5 分，应急预案发放不及时扣 1 分，应急预案未与政府预案相衔接扣 0.5 分		1. 应急救援预案； 2. 预案的修订记录； 3. 预案的评审记录； 4. 煤矿主要负责人签署文件； 5. 与煤矿所在地政府的生产安全事故应急预案的衔接说明

续表 11-1

项目	项目内容	基本要求	标准分值	评分方法	得分	【说明】
三、应急管理(共40分)	应急预案	2. 按照应急预案和灾害预防与处理计划的相关内容,针对重点工作场所、重点岗位的风险特点制定应急处置卡	1	查资料和现场。不符合要求1处扣0.2分		1. 应急预案和灾害预防与处理计划; 2. 针对重点工作场所、重点岗位的风险特点制定应急处置卡; 3. 现场核查
		3. 按照分级属地管理的原则,按规定时限、程序完成应急预案上报并进行告知性备案	1	查资料。未按照规定上报、备案不得分		1. 应急预案上报备案相关资料; 2. 告知性备案记录
		4. 煤矿发生事故在第一时间启动应急预案,实施应急响应、组织应急救援;并按照规定的时限、程序上报事故信息	1	查资料。不符合要求1处扣0.5分		1. 煤矿发生事故的应急响应程序; 2. 应急程序图; 3. 应急工作记录
	应急演练	1. 有应急演练规划、年度计划和演练工作方案,内容符合相关规定	2	查资料。不符合要求1处扣0.2分		1. 应急预案演练规划、年度计划; 2. 演练工作方案; 3. 演练总结报告
		2. 按规定3年内完成所有综合应急预案和专项应急预案演练	1	查资料。不符合要求不得分		3年内完成所有综合应急预案和专项应急预案演练的相关资料
		3. 应急预案及演练、灾害预防和处理计划的实施由矿长组织;记录翔实完整,并进行评估、总结	4	查资料。演练和计划的实施组织主体不符合要求不得分;其他1处不符合要求扣0.5分		1. 应急预案演练记录文件等相关资料; 2. 评估总结报告
	资料档案	1. 应急资料归档保存,连续完整,保存期限不少于2年	2	查资料。不符合要求1处扣0.5分		1. 应急档案; 2. 各种资料齐全
		2. 应急管理档案内容完整真实(应包括组织机构、工作制度、应急预案、上报备案、应急演练、应急救援、协议文书等)管理规范	2	查资料和现场。不符合要求1处扣0.2分		1. 应急管理档案资料齐全; 2. 专门的档案管理; 3. 专职档案管理人员

得分合计:

第 12 部分　调度和地面设施

一、工作要求(风险管控)

1. 调度基础工作

(1) 设置负责调度工作的专门机构,岗位职责明确,人员配备满足工作需求;

【说明】 本条规定了煤矿企业部门和煤矿要设置专门调度机构的具体要求。

煤矿应设置在生产副矿长直接领导下的独立的调度室(或调度中心),不应为生产等部门内设机构或挂靠在某一部门。调度室和各岗位工作职责内容齐全、明确,并形成规章制度。

调度各岗位要有明确的岗位职责,调度人员配备以满足工作需求为原则。

调度人员配备:调度值班人员配备应满足双岗 24 h 值班,并适当配备调度统计、综合业务等人员。人员配备应考虑调度人员下井时间,下井次数应符合规定要求。井口或井下设调度站的,人员配备应满足 24 h 值班要求。

(2) 按规定建立健全调度工作管理制度;

【说明】 本条规定了调度工作管理制度的具体要求。

调度管理规章制度包括:安全生产责任制和岗位责任制,调度值班制度,调度交接班制度,调度汇报制度,生产例会制度,业务保安制度,事故、突发事件信息处理与报告制度,调度业务学习制度、调度文档管理制度等。各项制度内容应具体、完整,并装订成册。调度台应有矿领导值班与下井(坑)带班制度、矿井(坑)灾害预防和处理计划、事故应急救援预案、《煤矿安全规程》等法规、文件。

(3) 调度工作各项技术支撑完备;

【说明】 本条规定了煤矿调度工作技术支撑的具体要求。

① 备有《煤矿安全规程》规定的图纸;

② 事故报告程序图(表);

③ 矿领导值班、带班安排与统计表;

④ 生产计划表;

⑤ 重点工程进度图(表);

⑥ 矿井灾害预防和处理计划;

⑦ 事故应急救援预案等。

图(表)保持最新版本。

(4) 岗位人员具备相关技能并规范作业。

【说明】 本条规定了调度人员调度业务技能的具体要求。

① 调度机构负责人应具备煤矿安全生产相关专业大专(同等学历)及以上文化程度,并具有三年以上煤矿基层工作经历。

② 调度值班人员具备煤矿安全生产相关专业中专(同等学历)及以上文化程度,并具有两年以上煤矿基层工作经历。

③ 基层工作经历是采掘、通风、机电区队和生产科室等的工作经历。

④ 调度值班人员应经三级及其以上培训机构培训并取得煤矿管理人员安全资格证书，持有效证件上岗。

2. 调度管理

(1) 掌握生产动态，协调落实生产计划，及时协调解决安全生产中的问题；

【说明】 本条规定了常规生产调度的基本要求。

1. 生产动态管理

掌握生产动态主要包括矿井主要生产系统、采掘工作面等动态情况，掌握巷道贯通、初(末)次放顶、过地质构造、回采面安装(拆除)、停产检修、大型设备检修、恢复生产、重点工程等情况；露天矿掌握穿爆、采装、运输、排土作业动态、矿坑运输、大型设备检修等；井工矿和露天矿还应掌握煤矿供电、疏干排水、采空区、火区等情况，详细记录相关工程进展和安全技术措施落实情况。

2. 协调落实生产计划

生产(产运销)计划主要指煤矿的月度和年度计划，运输和销售业务由上级单位(集团)统一管理的，仅考核生产计划(下同)。生产作业计划指回采、掘进工作面和辅助工程计划，露天矿指剥离工程计划等。

3. 协调解决安全生产中的问题

要及时有效地解决生产中出现的各种问题，并详细记录解决问题的时间、地点、参加人、内容、处理意见、处理结果等。

(2) 出现险情或发生事故时，调度员有停止作业、撤出人员授权，按程序及时启动事故应急预案，跟踪现场处置情况并做好记录；

【说明】 本条规定了应急调度的具体要求。

煤矿矿长要与调度人员签订《煤矿调度人员十项应急处置权》授权书；出现险情和发生事故时，及时下达调度指令，组织处置；按规定分级汇报，启动事故应急预案，做好应急值班职守，并做好事故信息报告、现场处置情况等记录；对影响安全生产的重大隐患及时按要求下达调度指令，并跟踪落实整改。

煤矿调度人员在接到险情和事故报警后，如威胁到现场人员人身安全时，应在第一时间下达撤人指令并通知到有关人员。

煤矿调度人员十项应急处置权

(1) 汛期本地区气象预报为降雨橙色预警天气或 24 h 以内连续观测降雨量达到 50 mm 以上；或受上游水库、河流等泄洪威胁时；或发现地面向井下溃水的。

(2) 井下发生突水，或井下涌水量出现突增，有异常情况，危及职工生命及矿井安全的。

(3) 井下发生瓦斯、煤尘、火灾、冲击地压等事故的。

(4) 供电系统发生故障，不能保证安全供电的。

(5) 主要通风机发生故障，或通风系统遭到破坏，不能保证矿井正常通风的。

(6) 安全监测监控系统出现报警，情况不明的。

(7) 煤层自然发火有害气体指标超限或发生明火的。

(8) 井下工作地点瓦斯浓度超过规定的。

(9) 采掘工作面有冒顶征兆，采取措施不能有效控制；或采掘工作面受冲击地压威胁，采取防冲措施后，仍未解除冲击地压危险的。

(10) 有其他危及井下人员安全险情的。

(3) 汇报及时准确，内容、范围符合程序要求；

【说明】 本条规定了调度汇报的具体要求。

调度应履行班、日、旬(周)、月汇报制度，除汇报生产计划完成情况、影响计划完成的原因和领导带班情况外，重点汇报安全生产、重点工程情况，遇有重大安全问题，应及时汇报措施、处理情况并提出解决问题的有关建议。

① 报上一级调度室的调度报表、安全生产信息应经调度部门负责人或分管矿领导审核后，按规定要求及时上报。

② 专题汇报主要指节假日停产放假、检修安排，停、复产安全技术措施，矿井大修、主要大型设备检修安排及安全措施，拆启密闭排放瓦斯、重大排(探)放水安排及安全技术措施，初(末)次放顶、巷道贯通安全技术措施等应以书面形式按规定要求汇报，其他专题汇报按上级要求完成。

③ 季节性汇报主要是指雨季防汛、防雷电，冬季防寒、防冻，冬、春季防火等季节性工作安排应按规定要求报上一级调度部门，发生紧急情况要立即报告本单位负责人和上一级调度室。

④ 发生影响生产超过1 h的非人身伤亡生产事故，重伤及以上人身伤亡事故，应立即报告当班值班领导，在接到报告后1 h内向上一级调度室报告事故信息；发生较大及以上事故，在接到报告后立即报告上一级调度室；发生死亡事故，还应按规定在1 h内报当地安全监管部门。

⑤ 发生影响生产安全的突发性事件，应在规定时间内向矿负责人和有关部门报告。

(4) 调度台账齐全，记录及时、准确、全面、规范。

【说明】 本条规定了调度台账的具体要求。

调度台账主要包括调度值班、调度交接班、安全生产例会、重点作业工程，安全生产问题、重大安全隐患排查及处理情况等台账；建立产、运、销、存的统计台账(运、销企业集中管理的除外)。台账应内容齐全，数据准确，字迹工整。

3. 调度信息化

(1) 装备有线调度通信系统；

【说明】 本条规定了调度通信的具体要求。

按照《煤矿生产调度通信系统通用技术条件》(MT 401—1995)及《煤矿安全规程》(2016版)装备有线调度系统。

井工矿应装备调度通信系统，并具有汇接、转接、录音、放音、扩音、群呼、组呼、强插、强拆等功能；调度总机应与上级调度总机、矿区专网、市话公网联网。应具备不少于2种与井下通信联络的手段，并保证至少一种是有线通信。即除有线通信外，还应有无线通信和广播系统中两种通信方式中的至少1种，以满足事故应急救援通信的需要。

露天矿调度通信系统应具有录音、放音、扩音、群呼、组呼、无线对讲等功能。

煤矿调度室应配备传真机、打印机、复印机，调度工作台上所有电话都应该有录音功能，录音保存时间不能少于一个季度。

调度室与矿长、安全副矿长(安监站长)、生产副矿长、总工程师、采掘工作面、中央变电所、中央水泵房、主通风机房、主副井绞车房、井底车场、地面主变电所、井下主要硐室、救护队、车队、医院(井口保健站)、应急物资仓库等之间应设置直通电话或者具有强插、强拆功能的直拨电话。

(2) 装备安全监控系统、人员位置监测系统,可实时调取相关数据;

【说明】 本条规定了安全监控和人员定位系统的具体要求。

矿井安全监测监控系统要求:调度室有安全监测监控终端显示,并具有声光报警、数据存储查询功能;露天矿应装备边坡稳定监测系统;监测监控系统应实现联网、运行正常。煤矿安全监控系统必须 24 h 连续运行。接入煤矿安全监控系统的各类传感器应符合 AQ 6201—2006 的规定,稳定性应不小于 15 d。

人员定位系统要求:调度室应具有井下人员定位系统监控终端显示并运行正常,具有声光报警、数据存储查询功能,准确显示井下总人数及人员分布情况。

(3) 引导建立安全生产信息管理系统、安装图像监视系统。

【说明】 本条规定了安全生产信息管理系统的具体要求。

信息管理系统应对产、运、销、存统计和安全、生产等信息进行管理和存储,通过网络实现信息和调度统计报表的实时传输,并与本单位相关部门和上一级调度室联网。本单位相关部门指安全、生产、经营管理等部门。

系统具有调度日报、旬(周)报、月报表,矿领导下井统计表,生产安全事故统计表,采掘工作面接续情况表,初(末)次放顶预报表,巷道贯通预报表,专题汇报材料等处理功能。数据信息保存期应不少于 2 年,进行数据备份,保证存储安全。

工业视频管理系统是对各生产重要岗点的现场进行实时监控的系统,能对历史图像进行回放。按照国家规定,图像监视系统应当在矿调度室设置集中显示装置,实时显示地面储煤场、主要运输胶带、火车装车点、副井上下井口、井下主要转载点、主要水仓入口、主通风机房等场所视频信号,并具有存储和查询功能。图像存储时间应不小于 7 d,有图像信号上传功能,与集团公司联网,工业视频信号清晰稳定。安装图像监视系统的矿井,应当在矿调度室设置集中显示装置,并具有存储和查询功能。

4. 地面设施

(1) 地面办公场所满足工作需要,办公设施及用品齐全,通道畅通,环境整洁;

【说明】 本条规定了地面办公场所的具体要求。

办公室、会议室配置合理,满足工作需要,室内(办公室、会议室、传达室、值班室等)整洁,无蛛网、积尘,墙面无剥脱,窗明几净。室内外无杂物、无痰迹、无烟蒂。会议室、接待室、活动室应有禁烟标志,应配置消毒设施;室内所有办公用品应摆放整齐有序。

(2) 职工“两堂一舍”(食堂、澡堂、宿舍)设计合理、设施完备、满足需求,食堂工作人员持健康证上岗,澡堂管理规范,保障职工安全洗浴,宿舍人均面积满足需求;

【说明】 本条规定了职工“两堂一舍”的具体要求。

食堂证照齐全,证件包括卫生许可证、营业执照、员工健康证等证件,证件必须齐全、有效;职工食堂位置要适中,不易距矿井过远;不能与有危害因素的工作场所相邻设置,不能受有害因素影响;设计布局合理,应符合《煤炭工业矿井设计规范》中矿井行政、公共建筑面积指标的要求;食堂卫生应符合国家卫生标准要求;严格执行《食品卫生法》,职工食堂作业人员必须持证(健康证)上岗,并每年至少进行一次体检。

(3) 工业广场及道路符合设计规范,环境清洁;

【说明】 本条规定了工业广场的具体要求。

工业广场的设计应符合矿井生产需要,并符合《煤炭工业矿井设计规范》中工业场地总平面布置的有关规定,工业区与生活区域应分开设置,相对独立,地面整洁并进行绿化;物料分类码放整齐;停车场规划合理、画线分区,车辆按规定停放整齐,照明符合要求;标识等规范、清晰。

(4) 地面设备材料库符合设计规范,设备及材料验收、保管、发放管理规范。

【说明】 本条规定了地面设备材料库的具体要求。

设备材料库是指矿井器材库、器材棚、消防材料库、油脂库等,其建筑面积指标应根据矿井规模进行设计和施工,其设计指标符合《煤炭工业矿井设计规范》中的有关规定。

设备库设计应与矿井规模相适应,设计合理;仓储配套设备设施齐全、完好;不同性能的材料应分区或专库存放并采取相应的防护措施;货架布局合理,实行定置管理。

建立物资管理制度;验收单签字或印章齐全;库内物资应做到账、卡、物三相符;按照先进先出原则发放合格物资;实现信息化管理。

5. 岗位规范

(1) 建立并执行本岗位安全生产责任制;

【说明】 本条规定了调度岗位安全生产责任制的具体要求。

应建立健全安全生产责任制和岗位责任制,内容应具体、完整,并装订成册。

1. 调度室主任岗位安全生产责任制

(1) 在生产副总经理(矿长)的领导下,负责总调度室的全面工作,根据煤炭安全生产的方针政策和生产计划,对日常生产进行安排和调度指挥。

(2) 组织安全生产调度会议、参加各种生产会议,对有关安全生产的安排和决议负责督促检查和落实。

(3) 掌握生产完成情况和生产动态,搞好综合平衡,组织均衡生产,协助有关领导抓好安全生产。

(4) 掌握采掘部署、工作面的衔接和采区准备情况,督促解决问题,保持矿井正常接替。

(5) 负责协调生产单位和辅助部门的关系。

(6) 负责接受和传达集团公司(矿)领导及上级调度下达的有关安全生产指令和布置的工作,并检查落实情况。

(7) 对妨碍安全生产的问题和生产中的薄弱环节,组织有关部门及时解决。发生重大事故时,负责调动人力、物力、车辆等,对同级业务部门进行统一调度,行使调度职权。

(8) 经常检查调度系统工作情况,按季(月)召开调度工作会议,总结工作,交流经验,负责全公司调度系统业务竞赛评比。

(9) 负责组织领导全公司(矿)调度人员的业务学习和培训工作,不断提高调度人员的思想政治觉悟和业务水平,组织实现标准化调度室。

(10) 负责向公司(矿)领导和上级调度汇报工作,提供情况。

2. 值班调度员岗位责任制

(1) 负责掌握全公司(矿)当班生产作业计划完成情况,并负责当班生产数据的统计和原因分析及第二天的生产预报工作。

(2) 在矿井发生重大事故时,立即向领导和有关部门汇报,调动一切力量,积极组织抢救工作。

(3) 掌握煤炭洗选和地面运输情况,按照生产实际,做好铁路车辆平衡调配,掌握煤炭发运和落地情况,确保矿井正常生产。

(4) 准确无误地计算各种数据,填写牌板和图表,并记录好如下资料台账:

① 综合调度记录。详细记录产量构成与按巷道类别完成的掘进进尺。

② 生产、准备、搬家工作面的个数,跟班干部姓名、地点、人数,日装车外运数。

③ 非伤亡事故单项记录,各类事故的汇总次数、误时和误产情况。

④ 生产一线工人的日出勤情况,采掘工人出勤人数。小班回采工人、掘进工人应出勤和实际出勤人数。

⑤ 上级指示记录。

⑥ 交接班记录、调度日志记录。

⑦ 伤亡事故记录。

⑧ 重大非伤亡事故记录。

⑨ 采掘队日计划和实际完成情况记录。

⑩ 有害气体超限专题记录。

(5) 全公司(矿)回采工作面循环次数和正规循环数目。

(6) 认真做好对上级的通知、指示的接收和下达工作,并做好完整记录。

(7) 掌握矿井采掘方面存在的问题,及时与有关单位联系,并积极解决。

(8) 轮流深入井下了解熟悉生产情况,掌握现场生产条件和存在的问题。

(9) 认真执行业务保安责任制,搞好安全生产工作,制止违章指挥、违章作业和违反劳动纪律的现象,并做好记录。

(2) 具备煤矿安全生产相关专业知识、掌握岗位相关知识;

【说明】 本条规定了调度人员应具备的知识的具体要求。

1. 调度人员应具备的基本条件

(1) 必须具有中专或高中毕业以上的文化程度,具有三年以上采掘实践经验,熟悉煤炭生产的全过程。

(2) 熟悉本企业生产布局、煤层赋存和接续状况、年度计划(包括承包计划)、月度作业计划以及经营计划。

(3) 熟悉本企业或本单位大型设备的性能、能力、完好状况,熟悉有关单位与本单位原材料、电力等主要供求关系及供需量。

(4) 掌握《煤矿安全规程》、作业规程和安全技术操作规程的规定及公司、矿有关的重要命令和规章制度。

(5) 了解矿井通风、运输、供电、排水、压风、通信、洗选等生产系统状况,能够熟悉地指挥生产。

(6) 具有高度的事业心和良好的职业道德,责任心强,作风扎实。

2. 调度人员的应知应会

(1) 应知是:

① 本矿(井)所开采的煤系、主采煤层、各煤层的赋存情况(产状)、开采条件(包括断层构造、煤层的稳定性和水文地质等)和矿界。

② 本矿(井)开拓方式、开采水平、延深水平,全矿井现有地质、可采储量和各个水平的

可采储量和“三量”变化。

③ 本矿(井)采区接续，生产的采区和回采面，正在掘进准备的新采区和新工作面。

④ 本矿的采煤方法、支护形式、落煤方法、循环安排，掘进工作面的爆破、装运和支护方式。

⑤ 矿井的提升运输方式和现用的设备与能力，地面生产系统的原煤加工，储、装、运系统与能力，以及排矸方式和排矸运输系统。

⑥ 矿井、采区和回采工作面的进、回风系统，主、辅、局通风机的型号和能力以及运转情况。

⑦ 矿井总变电所和采区变电所的位置、设备容量和通往采掘面的供电线路系统。

⑧ 本矿压风机房所在位置、设备能力、管路系统和供风状况。

⑨ 防尘水源(或静压供水)、供水设备及送水管路系统，以及防尘喷雾洒水设施等。

⑩ 本矿当年的矿井瓦斯等级、煤尘爆炸指数、自然发火期和每个季度审定的矿井灾害预防计划、事故避灾路线和重大事故应急救援预案。

⑪ 本矿当年的水平延深、技术改造和安全技术措施等重要工程的计划。

⑫ 本矿的主要采掘机械设备的在籍台数、性能和使用维修情况。

(2) 应会是：

① 会使用本调度室内的各种通信设备与上、下、内、外通话(包括无线电话传呼装置)以及调度总机、各种电话、传真机、微机和多媒体、网络设备等。

② 会操作调度室内的遥测、遥控仪表。

③ 会组织日、班生产工作和循环作业，会处理生产中的一般故障。

④ 掌握生产动态，分析发展趋势，做好预测预报。

⑤ 会计算生产工作日数、日均和月均产量与进尺、单产、单进、正规循环率、均衡生产率、生产事故率和采掘日生产能力与利用。

⑥ 会做班、日、旬、月的生产与安全分析。

⑦ 会看采掘工程平面图、井上下对照图、采掘单项施工图、采掘作业规程的各种附图和矿井避灾路线图。

(3) 现场作业人员操作规范，无违章指挥、违章作业和违反劳动纪律(以下简称“三违”)行为。

【说明】 本条规定了现场作业人员操作规范和“三违”行为的具体要求。

要求调度人员应着装整洁，做到文明用语、行为规范、正规操作、按章作业。

1. 现场安全管控

现场安全管控主要是根据煤矿生产组织的基本顺序开展工作的，可以分为“手指口述”安全确认、走动式巡查、安全验收、考核评价等几个前后紧密相连的阶段。

(1) “手指口述”安全确认。“手指口述”安全确认是将工作中的各种安全注意事项或要求固化在一些工作流程中，充分利用煤矿员工的手、口、脑等感知觉器官，提示煤矿员工注意工作安全，确保设备、材料和环境等静态因素处于安全稳定的状态，从而最大限度地减少事故发生。在交接班、重要工作开始等工作环节，跟班人员要组织班队长对工作或施工现场进行“手指口述”安全确认，对于发现的隐患要积极安排相关责任人整改。煤矿员工在施工前要按照规定对工作范围内的设备、材料和环境进行“手指口述”安全确认，在一些施工过程中也要按照要求进行“手指口述”安全确认，以达到控制不安全行为的目的。

进入工作地点后，跟带班管理人员要组织班队长和工人对施工现场进行交接班的“手指口述”安全确认。跟班干部与班长“手指口述”安全确认的对象是整个作业系统，即由跟班干部、班长按照规定的"手指口述"安全确定要素通过巡查逐一进行"手指口述"安全确认。两人及两人以上作业岗位由安全责任人进行"手指口述"安全确认,单人操作岗位由作业人员对本岗位进行"手指口述"安全确认。

(2) 走动式巡查。跟带班管理人员和各级检查人员要按照一定的检查路线,对现场及工作过程中出现的不安全行为和不安全状态进行动态观察和监测,发现不安全行为要及时纠正,发现安全隐患要追查相关人员的不安全行为,并做好相关的信息记录工作。各级管理人员的走动式巡查要能够覆盖生产系统的每个环节、每个过程以及每个岗位。对于特殊地段和重点工程要加大走动式巡查的力度,切实做好特殊地段和重点工程的安全管理工作,保证煤矿员工的施工安全。

(3) 安全验收。安全验收包括职工自验后申请验收、班队长验收和现场交接班时两班共同进行工程验收。通过这样的三级安全验收制度,严格控制施工质量和安全,从而保证安全生产的进行。

(4) 考核评价。各单位和各类人员要做好现场管理工作的记录,考核、分析和评价工作。各单位主要领导要对前一个工作班中存在的安全生产问题进行分析和评价,必要时对相关责任人进行追究、实行闭合管控;同时建立记录、考核、分析、评价的台账,每月对相关管理情况进行统计、分析和总结。

"手指口述"安全确认、走动式巡查、安全验收、考核评价都是对现场煤矿员工工作行为进行观察和管理工作,它们共同组成了现场安全管控工作的核心运行机制。

2. "三违"行为

把违反劳动纪律、违章作业、违章指挥合称为"三违"。

(1) 违章作业是指在煤矿生产工作活动中,违反国家有关安全生产法律、法规、规定要求,违反上级和企业有关安全生产管理规定、制度,违反《煤矿安全规程》、安全技术操作规程、作业规程及安全技术措施的行为。

(2) 违章指挥是指煤矿生产过程中,有关管理人员不遵守国家有关安全生产规定要求及企业安全生产规章制度,命令、指挥、默许、纵容员工违章作业或冒险作业的行为。

(3) 违反劳动纪律是指煤矿从业人员不遵守企业制定的规范和约束劳动者劳动及相关行为的规定要求,违反相关制度的行为。

6. 文明生产

(1) 工作场所面积、设备、设施满足工作要求;

【说明】 本条规定了工作场所的具体要求。

办公室、会议室配置合理,满足工作需要,办公设施齐全、完好;室内外整洁,办公设施及用品摆放整齐有序,通道畅通。

(2) 办公环境整洁,置物有序。

【说明】 本条规定了办公环境的具体要求。

调度室、会议室、办公室应清洁整齐、物放有序,图纸、资料、文件摆放整齐,图表、牌板规范统一。

二、评分方法

1. 按表 12-1 评分,总分为 100 分。按照所检查存在的问题进行扣分,各小项分数扣完为止。

2. 项目内容中有缺项时,按式(1)进行折算:

$$A=\frac{100}{100-B}\times C \tag{1}$$

式中　A——实得分数；

B——缺项标准分数；

C——检查得分数。

表12-1　煤矿调度和地面设施标准化评分表

项目	项目内容	基本要求	标准分值	评分方法	得分	【说明】
一、调度基础工作（12分）	组织机构	1. 有调度指挥部门，岗位职责明确	2	查资料。无调度指挥部门不得分，岗位职责不明确1处扣0.5分		1. 煤矿应设置独立的调度室（或调度指挥中心），不应作为生产等部门内设机构或挂靠在某一部门。 2. 调度室和各岗位工作职责内容齐全、明确并形成规章制度
		2. 每天24 h专人值守，每班工作人员满足调度工作要求	2	查现场。人员配备不足或无值守人员不得分		1. 调度室应24 h专人值守，并适当配备调度统计、综合业务等人员。 2. 人员配备应考虑调度人员下井（坑）时间。井口或井下设调度站的，人员配备应满足24 h值班要求
	管理制度	制定并严格执行岗位安全生产责任制、调度值班制度、交接班制度、汇报制度、信息汇总分析制度、调度人员入井（坑）制度、业务学习制度、事故和突发事件信息报告与处理制度、文档管理制度等	3	查资料与现场。每缺1项制度扣1分；制度内容不全或未执行，每处扣0.5分		1. 内容应具体、完整，并装订成册。 2. 制度牌板。 3. 现场核查
	技术支撑	备有《煤矿安全规程》规定的图纸、事故报告程序图（表）、矿领导值班、带班安排与统计表、生产计划表、重点工程进度图（表）、矿井灾害预防和处理计划、事故应急救援预案等，图（表）保持最新版本	5	查资料。无矿井灾害预防和处理计划、事故应急救援预案不得分；每缺1种图（表）扣1分，图（表）未及时更新1处扣0.5分		1. 灾害预防和处理计划。 2. 事故应急救援预案。 3. 事故报告程序图表。 4. 矿领导值班带班安排与统计表。 5. 重点工程进度图（表）
二、调度管理（25分）	组织协调	1. 掌握生产动态，协调落实生产作业计划，按规定处置生产中出现的各种问题，并准确记录	3	查资料。不符合要求1处扣0.5分		1. 生产作业计划是指回采、掘进工作面和辅助工程计划，露天矿指剥离工程和辅助工程计划等。 2. 详细记录相关工程进展和安全技术措施落实情况。 3. 安全生产信息上报记录。 4. 安全生产指令下达并跟踪落实记录
		2. 按规定及时上报安全生产信息，下达安全生产指令并跟踪落实、做好记录				

续表 12-1

项目	项目内容	基本要求	标准分值	评分方法	得分	【说明】
二、调度管理（25分）	应急处置	出现险情或发生事故时，及时下达撤人指令、报告事故信息，按程序启动事故应急预案，跟踪现场处置情况并做好记录	2	查资料。未授权调度员遇险情下达撤人调度指令、发现1次没有在出现险情下达撤人指令或未按程序启动事故应急预案或未及时跟踪现场处置情况不得分，记录不规范1处扣0.5分		“出现险情或发生事故时，及时下达撤人指令”是指接到险情和事故报告后，如威胁到现场人员人身安全时，应第一时间下达受威胁区域的撤人指令，并有相应的记录
	深入现场	按规定深入现场，了解安全生产情况	2	查资料。每缺1人次深入现场扣1分		深入现场次数要符合上级及本单位规定，并有记录
	调度记录	1. 值班记录整洁、清晰，完整、无涂改	4	查现场。不符合要求1处扣0.5分		1. 内容齐全、数据准确、字迹工整。 2. 现场核查
		2. 有调度值班、交接班及安全生产情况统计等台账（记录）	2	查资料。无台账（记录）的不得分；台账（记录）内容不完整、数据不准确1处扣0.5分		内容齐全、数据准确、字迹工整
		3. 有产、运、销、存的统计台账（运、销、存企业集中管理的除外），内容齐全，记录规范	2	查资料。无台账（记录）的不得分；台账（记录）内容不完整、数据不准确1处扣0.5分		内容齐全、数据准确、字迹工整。按要求进行存档备查
	调度汇报	1. 每班调度汇总有关安全生产信息	2	查资料。抽查1个月相关记录。缺少或内容不全，每1处扣0.5分		节假日停产放假、检修安排，停、复产安全技术措施，矿井大修、主要大型设备检修安排及安全措施，拆启密闭排放瓦斯、重大排（探）放水安排及安全技术措施，初（末）次放顶、巷道贯通安全技术措施等应提前报上一级调度部门
		2. 按规定上报调度安全生产信息日报表、旬（周）、月调度安全生产信息统计表、矿领导值班带班情况统计表	6	查资料。不符合要求1处扣1分		调度日报、旬（周）报、月报表，矿领导下井统计表，生产安全事故统计表，采掘工作面接续情况表，初（末）次放顶预报表，巷道贯通预报表，专题汇报材料等
	雨季“三防”	组织落实雨季“三防”相关工作，并做好记录	2	查资料和现场。1处不符合要求不得分		1. 有相应的文件规定及重点工程进展情况完成记录、值班记录等。 2. 现场核查

续表 12-1

项目	项目内容	基本要求	标准分值	评分方法	得分	【说明】
三、调度信息化(27分)	通信装备	1. 装备调度通信系统,与主要硐室、生产场所(露天矿为无线通信系统)、应急救援单位、医院(井口保健站、急救站)、应急物资仓库及上级部门实现有线直拨	4	查现场和资料。不符合要求1处扣0.5分		1. 按照《煤矿生产调度通信系统通用技术条件》(MT 401—1995)及《煤矿安全规程》(2016版)装备有线调度系统。 2. 现场核查
		2. 有线调度通信系统有选呼、急呼、全呼、强插、强拆、录音等功能。调度工作台电话录音保存时间不少于3个月	4	查现场和资料。不符合要求1处扣0.5分		
		3. 按《煤矿安全规程》规定装备与重要工作场所直通的有线调度电话	4	查现场和资料。不符合要求1处扣0.5分		
	监控系统	1. 跟踪安全监控系统有关参数变化情况,掌握矿井安全生产状态	2	查现场和资料。不符合要求1处扣0.5分		1. 接入煤矿安全监控系统的各类传感器应符合AQ 6201—2006的规定,稳定性应不小于15 d。 2. 现场核查
		2. 及时核实、处置系统预(报)警情况并做好记录	4	查现场和资料。有1项预(报)警未处置扣0.5分		1. 对系统预(报)警情况要有详细记录。 2. 现场核查
	人员位置监测	装备井下人员位置监测系统,准确显示井下总人数、人员时空分布情况,具有数据存储查询功能。矿调度室值班员监视人员位置等信息,填写运行日志	4	查现场和资料。无系统或运行不正常、无数据存储查询功能不得分,数据不准确1处扣0.5分,未正常填写运行日志1次扣0.5分		1. 系统应符合有关国家标准和行业标准,取得"MA安全标志"。 2. 人员定位系统图。 3. 值班及运行日志。 4. 现场核查
	图像监视	矿调度室设置图像监视系统的终端显示装置,并实现信息的存储和查询	2	查现场和资料。调度室无显示装置扣1分,显示装置运行不正常、存储或查询功能不全1处扣0.5分		1. 图像存储时间应不小于7 d,有图像信号上传功能。 2. 存储盘。 3. 现场核查
	信息管理系统	采用信息化手段对调度报表、生产安全事故统计表等数据进行处理,实现对煤矿安全生产信息跟踪、管理、预警、存储和传输功能	3	查现场和资料。无管理信息系统或系统功能不全、运行不正常不得分;其他1处不符合要求扣0.5分		1. 系统功能齐全、运行正常。 2. 数据报表、统计表。 3. 现场核查

续表 12-1

项目	项目内容	基本要求	标准分值	评分方法	得分	**【说明】**
四、岗位规范(4分)	专业技能	1. 具备煤矿安全生产相关专业知识、掌握岗位相关知识; 2. 人员经培训合格	2	查资料和现场。不符合要求1处扣0.5分		1. 人员培训合格并取得安全管理人员安全资格证书,持有效证件上岗。 2. 现场核查
	规范作业	1. 严格执行岗位安全生产责任制; 2. 无“三违”行为	2	查现场。发现“三违”不得分,不执行岗位责任制1人次扣0.5分		1. 现场作业人员操作规范,无违章指挥、违章作业和违反劳动纪律行为。 2. 现场核查
五、文明生产(2分)	文明办公	1. 设备、设施安装符合规定 2. 图纸、资料、文件、牌板及工作场所清洁整齐、置物有序	2	查现场和资料。不符合要求1处扣0.5分		1. 办公设施齐全、完好;室内外整洁,办公设施及用品摆放整齐有序,通道畅通。 2. 图纸文档牌板。 3. 现场核查
六、地面办公场所(2分)	办公室	办公室配置满足工作需要,办公设施齐全、完好	1	查现场。不符合要求1处扣0.5分		1. 办公室清洁整齐、物放有序,图纸、资料、文件摆放整齐,图表、牌板规范统一。 2. 现场核查
	会议室	配置有会议室,设施齐全、完好	1	查现场。不符合要求1处扣0.5分		1. 清洁整齐、物放有序,有电子显示调度屏幕,有多媒体设备。 2. 现场核查
七、两堂一舍(20分)	职工食堂	1. 基础设施齐全、完好,满足高峰和特殊时段职工就餐需要; 2. 符合卫生标准要求,工作人员按要求持健康证上岗	5	查资料和现场。基础设施不齐全扣1分,不符合卫生标准扣3分,未持证上岗的1人扣1分,不能满足就餐需求不得分		1. 证照齐全。 2. 设计布局合理。 3. 符合卫生标准要求,工作人员按要求持证(健康证)上岗。 4. 现场核查
	职工澡堂	1. 职工澡堂设计合理,满足职工洗浴要求; 2. 设有更衣室、浴室、厕所和值班室,设施齐全完好,有防滑、防寒、防烫等安全防护设施	8	查记录和现场。不能满足职工洗浴要求或脏乱的不得分,基础设施不全每缺1处扣1分,安全防护设施每缺1处扣1分		1. 职工澡堂设计合理,满足职工洗浴安全。 2. 应设有更衣室、浴室、厕所和值班室,基础设施齐全完好,应有防烫、防寒、防滑等安全防护措施。 3. 更衣室、浴室、厕所和值班室应符合相关标准和要求。 4. 现场核查

续表 12-1

项目	项目内容	基本要求	标准分值	评分方法	得分	【说明】
七、两堂一舍（20 分）	职工宿舍及洗衣房	1. 职工宿舍布局合理，人均面积不少于 5 m^2； 2. 室内整洁，设施齐全、完好，物品摆放有序； 3. 洗衣房设施齐全（洗、烘、熨），洗衣房、卫生间符合《工业企业设计卫生标准》的要求	7	查记录和现场。职工宿舍不能满足人均面积 5 m^2 及以上、室内脏乱的不得分，其他不符合要求 1 处扣 1 分		1. 洗衣房、卫生间符合《工业企业设计卫生标准》的要求。 2. 现场核查
八、工业广场（6 分）	工业广场	1．工业广场设计符合规定要求，布局合理，工作区与生活区分区设置； 2. 物料分类码放整齐； 3. 煤仓及储煤场储煤能力满足煤矿生产能力要求； 4. 停车场规划合理、画线分区，车辆按规定停放整齐，照明符合要求	2	查资料和现场。不符合要求 1 处扣 0.5 分		1. 煤仓及储煤场设计合理，储煤能力应能够满足规定要求。 2. 应配备相应的移堆、装卸、照明、降尘、抑尘、消防、防涝排水、防盗设施。 3. 规划合理，分品种、分煤场、分区域落地。 4. 动态掌握储煤场储煤情况，建立落煤台账。 5. 现场核查
	工业道路	工业道路应符合《厂矿道路设计规范》的要求，道路布局合理，实施硬化处理	2	查现场。不符合要求 1 处扣 0.5 分		1. 主干道、次干道应有符合规定的道路指示牌。 2. 矿区门口、有轨运输与无轨运输交叉处、有轨运输行人通行处等危险路段应按规定设置限速和警示装置。 3. 现场核查
	环境卫生	1. 依条件实施绿化； 2. 厕所规模和数量适当、位置合理，设施完好有效，符合相应的卫生标准； 3. 每天对储煤场、场内运煤道路进行整理、清洁，洒水降尘	2	查现场。不符合要求 1 处扣 0.5 分		1. 绿化计划、效果图。 2. 卫生标准、制度及区域划分。 3. 现场核查
九、地面设备材料库（2 分）	设备库房	1. 仓储配套设备设施齐全、完好； 2. 不同性能的材料分区或专库存放并采取相应的防护措施； 3. 货架布局合理，实行定置管理	2	查资料和现场。不符合要求 1 处扣 0.5 分		1. 建立物资管理制度。 2. 验收单签字或印章齐全。 3. 库内物资应做到账、卡、物三相符。 4. 按照“先进先出”原则发放合格物资。 5. 实现信息化管理。 6. 现场核查

得分合计：

第13部分 露天煤矿

一、工作要求(风险管控)

1. 采矿作业

(1) 采剥符合生产规模和设计要求,保证合理的采剥关系;

【说明】 本条主要规定了采剥的具体要求。

经济剥采比宜采用计算分析方法确定;经济剥采比宜按项目经济评价计算期内预测的煤炭售价、剥离成本和采煤成本计算;开采多种有用矿物的露天煤矿,应按加权综合售价和加权综合成本计算。

露天煤矿的经济剥采比,应根据煤层赋存条件、剥离物特性、煤质、技术装备、资源回收率、生产成本、产品售价等条件确定,并应符合下列规定:

① 褐煤、非焦煤、焦煤的经济剥采比分别不宜大于6 m^3/t、10 m^3/t、15 m^3/t;

② 开采经济价值较低的低热值煤,应按其产品售价计算经济剥采比;

③ 开采多种有用矿物的露天煤矿,应按其综合价值计算经济剥采比。

(2) 科学组织生产,采剥、运输、排土系统匹配合理。

【说明】 本条主要规定了生产环节科学组织的具体要求。

科学组织生产,制订合理的生产计划,保证采剥、运输、排土系统匹配平衡,才能保证露天开采作业有序、高效进行。

2. 工艺与设备

采用符合要求的先进设备和工艺,配置合理。

【说明】 本条主要规定了工艺和设备的具体要求。

(1) 露天煤矿常用的开采工艺可分为间断开采工艺、连续开采工艺、半连续开采工艺、拉斗铲倒堆开采工艺和综合开采工艺。

(2) 露天开采工艺的选择,应结合地质条件、气候条件、开采规模等因素,本着因矿制宜的原则,通过多方案比较确定,并应符合下列规定:保证剥采系统的可靠性,力求生产过程的简单化,具有先进性、适应性和经济性,设备选型规格宜大型化、通用化、系列化。

(3) 主要设备和辅助设备不应配备备用设备。

(4) 当采掘场内有矿井采空区时,应对采空区进行专门探查,并应配备探查装备。

(5) 禁止使用国家明令禁止使用或者淘汰的设备、工艺。

3. 生产现场管理和生产过程控制

加强对生产现场的安全管理和对生产过程的控制,并对生产过程及物料、设备设施、器材、通道、作业环境等存在的安全风险进行分析和控制,对隐患进行排查治理。

【说明】 本条主要规定了生产现场管理和生产过程控制的具体要求。

严格执行《煤矿安全规程》、作业规程和操作规程;加强各生产环节的过程控制,生产布局合理,接续合理,采剥比符合要求;定期开展安全质量标准化的自检自查工作,并形成自检自查报告，对存在的安全质量隐患，安排专人按时按要求整改，重大隐患应制定整改方案；建立健全安全生产风险分级管控体系、隐患排查体系和安全生产信息化系统，加大对生产过程及物料、设备设施、器材、通道、作业环境等存在的安全风险进行分析和控制。

4. 技术保障

(1) 有健全的技术管理体系和完善的工作制度；

【说明】　本条主要规定了技术管理体系和工作制度的具体要求。

健全技术管理体系，完善工作制度，开展技术创新；作业规程、操作规程及安全技术措施符合要求；各种规程审批手续完备，贯彻、考核和签字记录齐全。

(2) 按规定设置机构，配备技术人员；

【说明】　本条主要规定了技术管理机构和人员的具体要求。

煤矿应按规定健全技术管理体系，任命总工程师或技术负责人，成立技术部门，负责煤矿的相关技术工作；完善技术管理的相关工作制度，明确作业规程、操作规程及安全技术措施的编制要求及审批程序。

(3) 各种规程和安全生产技术措施审批手续完备，贯彻、考核和签字记录齐全；

【说明】　本条主要规定了规程和技术措施的具体要求。

煤矿应有完善的规程和安全生产技术措施的程序审批制度，按规定逐级对各种规程和安全生产技术措施进行审批，组织相关人员学习并进行严格考核，考核通过后签字确认；工作过程中严格按照规程和安全生产技术措施。

(4) 在生产组织等方面开展技术创新。

【说明】　本条主要规定了技术创新的具体要求。

露天煤矿工程设计，应体现生产集中化、装备现代化、技术经济合理化和安全高效的原则，因地制宜地采用新技术、新工艺、新装备、新材料，推行科学管理，加大煤矿安全生产信息化建设。

5. 岗位规范

(1) 建立并执行本岗位安全生产责任制；

(2) 管理人员熟悉采矿技术，技术人员掌握专业理论知识，具有实践经验；

【说明】　本条主要规定了管理人员和技术人员基本素质的具体要求。

安全生产管理人员必须具备煤矿安全生产知识和管理能力，并取得考核合格证。技术人员掌握相关的专业理论知识，熟悉国家的相关法律法规，熟知《煤矿安全规程》、操作规程、作业规程和安全生产技术措施，具备丰富的生产技术经验，并须按规定参加安全技术培训，取得操作证。

(3) 作业人员掌握《煤矿安全规程》、操作规程及作业规程；

【说明】　本条主要规定了作业人员掌握“三大规程”的具体要求。

所有作业人员必须掌握并严格执行《煤矿安全规程》、操作规程、作业规程及安全技术措施中的相关要求。现场作业人员操作规范，无违章作业、无违反劳动纪律的行为；所有从业人员必须按规定的学时参加岗前培训，考核合格后方可上岗作业；特种作业人员必须按照国家有关规定经专门的安全技术培训，取得相应特种作业操作证后，方可上岗作业。

(4) 现场作业人员操作规范，无违章指挥、违章作业、违反劳动纪律(以下简称“三违”)的行为；

【说明】 本条主要规定了“三违”的具体要求。

执行好《煤矿安全规程》第八条规定:煤矿安全生产与职业病危害防治工作必须实行群众监督。煤矿企业必须支持群众组织的监督活动,发挥群众的监督作用。

从业人员有权制止违章作业,拒绝违章指挥;当工作地点出现险情时,有权立即停止作业,撤到安全地点;当险情没有得到处理不能保证人身安全时,有权拒绝作业。

从业人员必须遵守煤矿安全生产规章制度、作业规程和操作规程,严禁违章指挥、违章作业。

违章指挥是指煤矿领导对矿工下达违反《煤矿安全规程》、作业规程和操作规程的指令,并强迫矿工执行的行为。造成违章指挥的心理原因主要有两个:一是凭经验办事,认为过去这样做行之有效,忽视了指挥的科学性原则;二是单纯追求经济效益,把安全置于脑后。虽然煤矿规定矿工对于违章指挥可以拒绝执行,但是领导权力给矿工的心理影响是不可能完全消除的,因此违章指挥行为往往会带动、促进矿工的违章作业行为,使之具有连锁性,即领导的违章指挥和矿工的违章作业、违反劳动纪律行为会同时发生。从这个意义上讲,领导者的违章指挥行为的危害性往往要大于矿工的违章作业行为。

违章作业,就是违反《煤矿安全规程》、作业规程和操作规程,不懂安全常识及技术或不听从有关人员的劝告及阻止,冒险蛮干进行操作及作业的行为。这是人为制造事故的行为,是造成矿井事故的主要原因之一。

违反劳动纪律,即违反企业制定的有关规章制度的现象和行为。违反劳动纪律的现象在任何单位都经常发生,劳动纪律是煤矿企业对职工在生产劳动中的不规范行为的约束,它对煤矿安全生产有极其重要的作用,是安全生产的保证。

(5) 开展岗前安全确认。

【说明】 本条主要规定了安全确认的具体要求。

开工前,班组长必须对工作面安全情况进行全面检查,确认无危险后,方准人员进入工作面。

各班组在作业前必须对现场进行隐患排查,发现隐患立即整改,做到隐患排查、落实整改、复查验收、隐患销号的隐患闭合管理,保证所有隐患能够得到落实,确保施工安全。

上岗前作业人员可以通过“手指口述”、“应知应会”等进行岗前安全确认。

6. 文明生产

作业环境满足要求,设备状态良好。

【说明】 本条主要规定了作业环境和设备的具体要求。

作业场所空气质量、温度、噪声、辐射及照明等符合相关规定;物料分类摆放整齐,环境整洁;各类图牌板齐全,安设合理;管线吊挂整齐;各种标示标识按照 GB 2894—2008 及企业规定设置。

生产经营单位应按照相关要求定期对各作业场所的环境进行检测,确保作业场所的空气质量、温度、噪声、辐射及光照度等符合要求。

建立健全设备设施综合管理制度,建立设备管理台账,运用信息化手段,加强设备设施管理,使用设备管理落实责任人制度。

7. 工程质量

到界排土平盘按计划复垦绿化,工程质量除符合本标准外,还符合国家现行有关标准的规定。

【说明】 本条主要规定了工程质量的具体要求。

露天开采对土地植被、地上下水系造成了大范围持久性的破坏，同时又产生了许多新的污染源。因此，应按《中华人民共和国土地管理法》有关规定，进行及时复垦治理。依据《土地复垦条例》，土地复垦实行"谁破坏、谁复垦"的原则，由生产建设单位或者个人进行复垦。把土地复垦工艺内容纳入露天煤矿生产统一管理，可大大降低土地复垦费用，提高土地复垦率，起到事半功倍的效果。

《煤炭工业露天矿设计规范》规定：露天煤矿工程设计，对环保工程、水土保持工程和土地复垦工程，必须做到与主体工程同时设计。

二、重大事故隐患判定

本部分重大事故隐患：

1. 矿全年原煤产量超过矿核定生产能力110%的，或者矿月产量超过矿核定生产能力10%的；

【说明】 本条主要规定了超核定能力的具体要求。

本条规定是《煤矿重大生产安全事故隐患判定标准》中关于超能力生产的隐患判定标准，《煤矿重大生产安全事故隐患判定标准》是根据《安全生产法》和《国务院关于预防煤矿生产安全事故的特别规定》（国务院令第446号）等法律、法规制定的。

《国家能源局、国家煤矿安全监察局关于严格治理煤矿超能力生产的通知》（国能煤炭〔2015〕120号）中第二条、第三条对超能力生产的核定及处理做了具体规定，其中第二条规定：所有生产煤矿必须按照公告生产能力组织生产，合理安排年度、季度、月度生产计划。煤矿全年产量不得超过公告的生产能力，月度产量不得超过月度计划的110%；无月度计划的，月度产量不得超过公告生产能力的1/12。企业集团公司不得向所属煤矿下达超过公告生产能力的生产计划及相关经济指标。第三条规定：对煤矿当月产量超过当月允许产量上限（月度产量计划的110%或公告生产能力的1/12）的，应严格按照《国务院关于预防煤矿生产安全事故的特别规定》（国务院令第446号）要求进行处理。处理结果要通过新闻媒体、政府网站等途径及时向社会公开。

2. 超出采矿许可证规定开采煤层层位或者标高而进行开采的；

【说明】 本条主要规定了超层越界的具体要求。

依据《中华人民共和国行政许可法》的规定：对于矿产资源开采实施行政许可，依法取得采矿许可证的矿山企业及个人应当在采矿许可的范围内进行采矿，超出行政许可范围进行采矿属于违法行为。《中华人民共和国矿产资源法》第四十条规定：超越批准的矿区范围采矿的，责令退回本矿区范围内开采、赔偿损失，没收越界开采的矿产品和违法所得，可以并处罚款；拒不退回本矿区范围内开采，造成矿产资源破坏的，吊销采矿许可证，依照刑法有关规定对直接责任人员追究刑事责任。《中华人民共和国煤炭法》第三十一条规定：煤炭生产应当依法在批准的开采范围内进行，不得超越批准的开采范围越界、越层开采。采矿作业不得擅自开采保安煤柱，不得采用可能危及相邻煤矿生产安全的决水、爆破、贯通巷道等危险方法。

矿山企业必须在采矿许可证载明标高范围内的开采煤层层位内从事开采活动，不得超标高开采，不得开采采矿证载明开采煤层层位之外的煤层。

3. 超出采矿许可证载明的坐标控制范围而开采的。

【说明】 本条主要规定了超层越界的具体要求。

一是平面上的越界。超越了划定的采矿范围,即采矿活动位于拐点组成的闭合曲线之外,常见于露天开采矿山,地下开采矿体赋存较平缓时也有发生。二是垂向上的越界。采矿活动超越了上下限标高,实际生产中主要是地下开采矿山超越规定的下限标高。三是平面上、垂向上均存在的超界。四是超层现象。以层状、似层状构造矿体为主,采矿权人开采不允许开采的层位或开采允许开采层位的限定开采标高之外部分的现象。

三、评分方法

1. 按表 13-1～13-13 评分,各部分总分为 100 分。按照所检查存在的问题进行扣分,各小项分数扣完为止。

2. 项目内容中有缺项时,按式(1)进行折算:

$$A = \frac{100}{100 - B} \times C \tag{1}$$

式中　A——各部分实得分数;

B——缺项标准分数;

C——检查得分数。

3. 露天煤矿采用单一工艺时,对应采用该工艺的评分表进行评分;采用多工艺时,按照所采用工艺考核平均计分,按式(2)进行计算:

$$P = \frac{1}{n} \sum_{i=1}^{n} A_i \tag{2}$$

式中　P——综合得分;

n——工艺个数;

A_i——各工艺考核得分。

4. 拉斗铲工艺集采装、运输、排土为一体,表 13-5 得分代表采装、运输、排土 3 个部分的实得分。

表 13-1　露天煤矿钻孔标准化评分表

项目	项目内容	基本要求	标准分值	评分方法	得分	【说明】
一、技术管理(19分)	设计	有钻孔设计并按设计布孔	7	查资料和现场。无钻孔设计不得分,不按设计布孔 1 处扣 1 分		钻孔作业应有钻孔设计并按设计布孔,有明显标识,钻孔设计参数有孔距、行距、孔深、孔斜度、布孔方式等。采用现场人工布孔时应有明显标识,利用先进技术自动布孔(如 GPS 定位)时,现场不需有明显标识

续表 13-1

项目	项目内容		基本要求	标准分值	评分方法	得分	【说明】
一、技术管理(19分)	钻孔位置及出入口		钻孔位置有明显标识,1个钻孔区留设的出入口不多于2个	5	查现场。不符合要求1处扣1分		查看现场
	验收资料		有完整的钻孔验收资料	5	查资料。无验收资料不得分,资料不齐全1处扣1分		钻孔必须逐孔验收,误差大于要求的钻孔,应提供解决方案。每次的钻孔验收资料必须齐全
	合格率		钻孔合格率不小于95%	2	查资料。钻孔合格率小于95%不得分		不合格孔是指不符合标准钻孔设计要求的钻孔,钻孔不合格率应小于5%。钻孔不合格率=(不合格孔数/总孔数)×100%
二、钻孔参数管理(32分)	单斗挖掘机	孔深	与设计误差不超过0.5 m	4	查现场。不符合要求1处扣1分		根据设计,对钻孔深度进行实地检查验收
		孔距	与设计误差不超过0.3 m	4	查现场。不符合要求1处扣1分		根据设计,对钻孔间距进行实地检查验收
		行距	与设计误差不超过0.3 m	4	查现场。不符合要求1处扣1分		根据设计,对钻孔行距进行实地检查验收
		坡顶距	钻孔距坡顶线距离与设计误差不超过0.3 m	5	查现场。不符合要求1处扣1分		根据设计,对钻孔距坡顶线距离进行实地检查验收
	吊斗挖掘机	孔深	与设计误差不超过0.5 m	3	查现场。不符合要求1处扣1分		工作钻机全检查,每台钻机至少检查20个孔
		孔距	与设计误差不超过0.2 m	3	查现场。不符合要求1处扣1分		查看现场
		行距	与设计误差不超过0.2 m	3	查现场。不符合要求1处扣1分		查看现场
		坡顶距	钻孔距坡顶线距离与设计误差不超过0.2 m	4	查现场。不符合要求1处扣1分		查看现场
		方向、角度	符合设计	2	查现场。与设计不一致1处扣1分		钻孔方向、角度与设计不一致的每孔扣1分

续表 13-1

项目	项目内容	基本要求	标准分值	评分方法	得分	【说明】
三、钻孔操作管理(20分)	护孔	钻机在钻孔完毕后进行护孔	4	查现场。未护孔1处扣1分		钻机在钻孔完毕后应进行护孔作业,孔口周围0.3 m内的碎石、杂物清理干净,或采用其他装置保证岩渣不倒流,孔口岩壁不稳定者应进行维护
	调钻	钻机在调动时不压孔	6	查现场。压孔1处扣2分		查看现场
	预裂孔线	与设计误差不超过0.2 m	5	查现场。不符合要求1处扣1分		查看现场
	钻机	正常作业	5	查现场。发现带病作业不得分		钻机完好可靠,设备无跑、冒、滴、漏现象,电器、机械部分运转正常
四、钻机安全管理(12分)	边孔	钻机在打边排孔时,距坡顶的距离不小于设计,要垂直于坡顶线或夹角不小于45°	4	查现场。安全距离不足、不垂直或夹角小于45°,1处扣2分		钻孔设备进行钻孔作业和走行,履带边缘与坡顶线的距离应当符合相关要求:台阶高度小于4 m时,安全距离为1～2 m;台阶高度4～10 m时,安全距离为2～2.5 m;台阶高度10～15 m时,安全距离为2.5～3.5 m;台阶高度大于15 m时,安全距离为3.5～6 m。 有顺层滑坡危险区的,必须压碴钻孔。 钻凿坡底线第一排孔时,应当有专人监护
	调平	钻孔时钻机稳固并调平后方可作业	2	查现场。未调平1处扣1分		查看现场
	除尘	钻孔时无扬尘,有扬尘时钻机配备除尘设施	4	查现场。有扬尘不得分,除尘设施不完好1处扣2分		保证除尘设施工作状态良好
	行走	钻机在行走时符合《煤矿安全规程》规定	2	查现场。不符合要求不得分		钻孔设备进行钻孔作业和走行,履带边缘与坡顶线的距离应当符合相关要求:台阶高度小于4 m时,安全距离为1～2 m;台阶高度4～10 m时,安全距离为2～2.5 m;台阶高度10～15 m时,安全距离为2.5～3.5 m;台阶高度大于15 m时,安全距离为3.5～6 m

续表 13-1

项目	项目内容	基本要求	标准分值	评分方法	得分	【说明】
五、特殊作业管理(7分)	特殊条件作业	钻机在采空区、自然发火的高温火区和水淹区等危险地段作业时，制定安全技术措施	4	查资料和现场。无安全技术措施不得分		钻机设备在有采空区、自然发火的高温火区和水淹区等危险地段作业时，必须制定安全技术措施，并在专业人员指挥下进行。特殊危险区域作业应做好探孔工作，并做好相应的记录和明显的标记。对特殊危险作业应制定安全技术措施，经矿总工程师审批后方可作业
	补孔	在装有炸药的炮孔边补钻孔时，制定安全技术措施并严格执行，新钻孔与原装药孔的距离不小于10倍的炮孔直径，并保持两孔平行	3	查资料和现场。无安全技术措施及炮孔距离不足不得分		补孔作业的安全技术措施应严格按程序进行审批，批准后方可作业
六、岗位规范(5分)	专业技能及规范作业	1. 建立并执行本岗位安全生产责任制； 2. 掌握本岗位操作规程、作业规程； 3. 按操作规程作业，无“三违”行为； 4. 作业前进行安全确认	5	查资料和现场。岗位安全生产责任制不全，每缺1个岗位扣3分，发现1人“三违”不得分，其他1处不符合要求扣1分		查阅相关岗位的操作规程、作业规程的学习考试记录和以往的安全检查记录，检查特种作业人员的上岗证件是否有效以及现场作业对操作规程、作业规程的执行情况，明确岗前安全确认的内容
七、文明生产(5分)	作业环境	1. 驾驶室干净整洁，室内各设施保持完好； 2. 各类物资摆放规整； 3. 各种记录规范，页面整洁	5	查现场和资料。不符合要求1项扣1分		驾驶室室内干净整洁，标识齐全明显；物资物品摆放有序；各种记录规范齐全，没有缺项；各项制度健全

得分合计：

表 13-2 露天煤矿爆破标准化评分表

项目	项目内容	基本要求	标准分值	评分方法	得分	【说明】
一、技术管理(14分)	设计	有爆破设计并按设计爆破	6	查资料。不符合要求不得分		矿山常规爆破审批不按等级管理,一般岩土爆破和矿山常规爆破设计书或爆破说明书由爆破经理审查批准,爆破作业必须严格按照爆破设计书和爆破说明书执行操作,爆破设计应包含起爆网络、每孔装药量及装药结构、总炸药量、火工品用量、警戒范围、安全注意事项等。爆破设计必须符合《煤矿安全规程》的相关规定,爆破设计按程序审批后方可实施
	爆破区域清理	爆破区域外围设置警示标志,且设专人检查和管理;爆破区域内障碍物及时清理	4	查现场。不符合要求1处扣2分		检查爆破现场的安全警示标志和标识,且安排专人进行检查和管理,爆破前清理爆破区域内的障碍物,严禁与工作无关的人员和车辆进入爆破区
	安全技术措施	有安全技术措施并严格执行	4	查资料和现场。无安全技术措施不得分,执行不到位1处扣1分		检查安全技术措施制定、学习、掌握及执行情况,施工过程应按照安全技术措施要求进行操作
二、爆破质量(42分)	单斗挖掘机 爆堆高度	不超过挖掘设备最大挖掘高度的1.1～1.2倍	3	查现场。不符合要求1处扣1分		查看现场
	单斗挖掘机 爆堆沉降及伸出	爆堆沉降度和伸出宽度符合爆破设计和采装设备要求	3	查现场。不符合要求1处扣1分		符合爆破设计和采装设备要求,爆堆伸出宽度不得超过台阶高度的1.2～1.5倍,且不得占道,爆堆隆起不得超过采高,隆起和沉降要均匀
	单斗挖掘机 拉底	采后平盘不出现高1 m、长8 m及以上的硬块	4	查现场。不符合要求1处扣1分		查看现场
	单斗挖掘机 大块	爆破后大块每万立方米不超过3块	4	查现场。每超1块扣1分		查看现场

续表 13-2

<table>
<tr><th>项目</th><th colspan="2">项目内容</th><th>基本要求</th><th>标准分值</th><th>评分方法</th><th>得分</th><th>【说明】</th></tr>
<tr><td rowspan="5">二、爆破质量(42 分)</td><td rowspan="2">单斗挖掘机</td><td>硬帮</td><td>坡面上不残留长 5 m、突出 2 m 及以上的硬帮</td><td>3</td><td>查现场。不符合要求 1 处扣 1 分</td><td></td><td>查看现场</td></tr>
<tr><td>伞檐</td><td>采过的坡顶不出现 0.5 m 及以上的大块</td><td>4</td><td>查现场。不符合要求 1 处扣 1 分</td><td></td><td>查看现场</td></tr>
<tr><td rowspan="3">吊斗挖掘机</td><td>爆堆沉降</td><td>沉降高度符合爆破设计</td><td>7</td><td>查现场。不符合设计要求 1 次扣 2 分</td><td></td><td>查看现场</td></tr>
<tr><td>抛掷率</td><td>有效抛掷率符合设计</td><td>7</td><td>查资料和现场。未达到设计要求 1 次扣 2 分</td><td></td><td>有效抛掷率是评价抛掷爆破效果最重要的指标之一，预测有效抛掷率可以指导露天煤矿准确制订生产计划</td></tr>
<tr><td>爆堆形状</td><td>爆破后，爆堆形状利于推土机作业</td><td>7</td><td>查资料和现场。不符合设计要求 1 次扣 2 分</td><td></td><td>爆堆形状及尺寸决定于地质地形条件、药包位置、爆破参数、药量及爆破作用指数等，爆堆形状应该使推土机为吊斗铲准备工作面需做辅助工程的推土量和推土距离尽量小，此外在露天深孔爆破特别是铁路运输条件下爆堆形状对铲装及运输效率有很大影响</td></tr>
<tr><td rowspan="2">三、爆破操作管理(14 分)</td><td colspan="2">装药充填</td><td>按设计要求装药，充填高度按设计施工</td><td>4</td><td>查资料和现场。不符合要求 1 处扣 2 分</td><td></td><td>重点检查现场装药的参数与装药设计的参数是否一致</td></tr>
<tr><td colspan="2">连线起爆</td><td>按设计施工</td><td>4</td><td>查资料和现场。不符合要求 1 处扣 2 分</td><td></td><td>连线与爆破设计连线要求是否一致，连线时现场安全措施是否符合规定</td></tr>
</table>

续表 13-2

项目	项目内容	基本要求	标准分值	评分方法	得分	【说明】
三、爆破操作管理(14分)	警戒距离	爆破安全警戒距离设置符合《煤矿安全规程》	4	查现场。小于规定距离不得分		爆破安全警戒距离应按照《煤矿安全规程》及《爆破安全规程》执行:① 抛掷爆破(孔深小于 45 m),爆破区正向不得小于 1 000 m,其余方向不得小于 600 m;② 深孔松动爆破(孔深大于 5 m),距爆破区边缘,软岩不得小于 100 m、硬岩不得小于 200 m;③ 浅孔爆破(孔深小于 5 m),无充填预裂爆破,不得小于 300 m;④ 二次爆破,无充填预裂爆破,不得小于 300 m
	爆破飞散物	爆破飞散物安全距离符合爆破设计要求	2	查现场。不符合要求不得分		查看现场爆破飞散物是否符合安全距离
四、爆破安全管理(9分)	时间要求	爆破作业在白天进行,不能在雷雨时进行	3	查资料和现场。不符合要求不得分		爆破作业不应在夜间、大雾天、雷电雨天进行
	特殊条件作业	在采空区和火区爆破时,按爆破设计施工并制定安全措施	2	查资料和现场。无设计或安全措施不得分		特殊爆破作业必须有特殊爆破设计,该设计必须经矿总工程师批准后实施
	爆破后检查	爆破后,对爆破区进行现场检查,发现有断爆、拒爆时,立即采取安全措施处理,并向调度室和有关部门汇报	2	查资料和现场。无安全措施或没有汇报不得分		爆破后检查必须遵守下列规定:① 爆破后 5 min 内,严禁检查;② 发现拒爆,必须向爆破区负责人报告;③ 发现残余爆炸物品必须收集上缴,集中销毁。 发生拒爆和熄爆时,应当分析原因,采取措施,并遵守下列规定:① 在危险区边界设警戒,严禁非作业人员进入警戒区;② 因地面网路连接错误或者地面网路断爆出现拒爆,可以再次连线起爆;③ 严禁在原钻孔位钻孔,必须在距拒爆孔 10 倍孔径处重新钻与原孔同样的炮孔装药爆破;④ 上述方法不能处理时,应当报告矿调度室,并指定专业人员研究处理
	预裂爆破	岩石最终边帮需进行预裂爆破时,按设计施工	2	查现场。不符合要求 1 处扣 1 分		查看现场

续表 13-2

项目	项目内容	基本要求	标准分值	评分方法	得分	【说明】
五、爆炸物品管理(11分)	运输管理	专人专车负责爆炸物品的运输，并符合《民用爆炸物品安全管理条例》和GB 6722	4	查现场。不符合要求不得分		爆炸材料运输必须遵守《民用爆炸物品安全管理条例》和《煤矿安全规程》第五百二十五条、第五百二十六条的要求，爆炸材料运输必须采用公安部指定的专用车辆生产厂家生产的车辆，专职司机和押运员由公安部门培训合格并取得证书，严禁炸药和雷管同车装运
	领退管理	爆炸物品的领取、使用、清退，严格执行账、卡、物一致的管理制度，数量吻合，账目清楚	4	查资料和现场。账、卡、物不相吻合不得分		爆炸物品的领用、保管和使用必须严格执行账、卡、物一致的管理制度；严禁发放和使用变质失效以及过期的爆炸物品；爆破后剩余的爆炸物品，必须当天退回爆炸物品库，严禁私自存放和销毁
	运送车辆	运送爆炸物品的车辆要完好、安全机件齐全、整洁	3	查现场。发现运输车辆有故障或安全机件不全不得分		运输车辆采用专用车辆并无故障，车厢底部铺设胶皮、顶部有帆布、设防静电装置(一般是拖挂在车体尾部并直接接触地面的金属导电线)、配置灭火器、排气管配置防火罩
六、岗位规范(5分)	专业技能及规范作业	1. 建立并执行本岗位安全生产责任制； 2. 掌握本岗位操作规程、作业规程； 3. 按操作规程作业，无"三违"行为； 4. 作业前进行安全确认	5	查资料和现场。岗位安全生产责任制不全，每缺1个岗位扣3分，发现1人"三违"不得分，其他1处不符合要求扣1分		爆破作业人员应持有公安机关核发的爆破作业人员许可证和煤矿安全监察局核发的中华人民共和国特种作业操作证，熟知本岗位的操作规程、作业规程及安全技术措施；按规定程序进行岗前安全确认
七、文明生产(5分)	作业环境	1. 驾驶室干净整洁，室内各设施保持完好； 2. 各类物资摆放规整； 3. 各种记录规范，页面整洁	5	查现场和资料。不符合要求1项扣1分		驾驶室室内干净整洁，标识标志齐全明显；物资物品摆放有序；各种记录规范齐全，没有缺项；各项制度健全

得分合计：

表 13-3　　露天煤矿单斗挖掘机采装标准化评分表

项目	项目内容	基本要求	标准分值	评分方法	得分	【说明】
一、技术管理(10分)	设计	有采矿设计并按设计作业,设计中有对安全和质量的要求	6	查资料。不符合要求不得分		应编制采矿设计,采矿设计的内容、审批程序以及对安全和质量的要求应该由年度计划和月度计划共同组成,主要内容如下:编制依据、主要内容、编制程序、审批程序及目标
	规格参数	符合采矿设计、技术规范	4	查资料。无测量验收资料不得分,不符合设计、规范1项扣1分		规格参数包括台阶高度、坡面角、平盘宽度及作业面整洁度,应确保各规格参数符合设计规范要求
二、采装工作面(27分)	台阶高度	符合设计,不大于挖掘机最大挖掘高度	8	查现场。超过规定高度1处扣2分		挖掘机采装的台阶高度应当符合下列要求:① 不需爆破的岩土台阶高度不得大于最大挖掘高度;② 需爆破的煤、岩台阶,爆破后爆堆高度不得大于最大挖掘高度的1.1～1.2倍,台阶顶部不得有悬浮大块;③ 上装车台阶高度不得大于最大卸载高度与运输容器高度及卸载安全高度之和的差
	坡面角	符合设计	8	查现场。不符合设计要求1处扣2分		坡面角符合最终边坡设计要求
	平盘宽度	采装最小工作平盘宽度,满足采装、运输、钻孔设备安全运行和供电通讯线路、供排水系统、安全挡墙等的正常布置	8	查现场。以100 m为1个检查区,工作面平盘宽度小于设计1处扣2分		工作平盘宽度由爆堆宽度、运输设备规格、设备和动力管线的配置方式以及所需的回采矿量所决定
	作业面整洁度	及时清理,保持平整、干净	3	查现场。不符合要求1处扣1分		不能装车的大块摆放到掌子根部或采掘工作面以外并摆平,无废弃物、杂物,煤顶清理及时,电缆摆放整齐,并为下班创造条件

续表 13-3

项目	项目内容	基本要求	标准分值	评分方法	得分	【说明】
三、采装平盘工作面(22分)	帮面	齐整，在30 m之内误差不超过2 m	7	查现场。不符合要求1处扣2分		非靠界时，采完后的掌子长30 m内凹凸不得超过±2 m；靠界时，采完后的坡顶线不得超过设计坡顶线±1 m
	底面	平整，在30 m之内，需爆破的岩石平盘误差不超过1.0 m，其他平盘误差不超过0.5 m	10	查现场。不符合要求1处扣2分		按自然分层采掘，以分界面为标准，保证运输车辆行走畅通；连续检查300 m，不足300 m全检查
	伞檐	工作面坡顶不出现0.5 m及以上的伞檐	5	查现场。不符合要求1处扣1分		采完后掌子不得出现突出0.5 m的伞檐，连续检查300 m，不足300 m全检查
四、采装设备操作管理(19分)	联合作业	当挖掘机、前装机、卡车、推土机联合作业时，制定联合作业措施，并有可靠的联络信号	5	查资料和现场。无联合作业措施以及有效联络信号不得分		当电铲、前装机、卡车、推土机联合作业时，应有有效的联络信号。 有效联络信号是指通过灯光、鸣笛、通信设备、手势等方式，按照约定的规则实现信息的有效传递
	装车质量	以月末测量验收为准，装车统计量与验收量之间的误差在5%之内	2	查资料。误差超过5%不得分		统计量与实测量之差与实际测量之比不得超过±5%，据统计量和实测量核定。查看装车记录
	装车标准	采装设备在装车时，不装偏车，不刮、撞、砸设备	4	查现场。不符合要求1处扣2分		不准装偏车，进行随机抽查
	作业标准	挖掘机作业时，履带板不悬空作业。挖掘机扭转方向角满足设备技术要求，不强行扭角调方向	4	查现场。不符合要求1处扣2分		查看现场
	工作面	采装工作面电缆摆放整齐，平盘无积水	4	查现场。不符合要求1处扣1分		采装工作面电缆摆放整齐，平盘无积水，不留大角，大角是指采装设备在采掘过程中外侧遗留的物料，长度超过矿规定标准并影响卡车装车

续表 13-3

项目	项目内容	基本要求	标准分值	评分方法	得分	【说明】
五、采装安全管理(12分)	特殊条件作业处理	在挖掘过程中发现台阶崩落或有滑动迹象,工作面有伞檐或大块物料,遇有未爆炸药包或雷管、有塌陷危险的采空区或自然发火区、有松软岩层可能造成挖掘机下沉,以及发现不明地下管线或其他不明障碍物等危险时,立即停止作业,撤到安全地点,并报告调度室	6	查资料和现场。不符合要求不得分		严格执行《煤矿安全规程》第五百五十条规定并制定相应的安全技术措施
	坡度限制	挖掘机不在大于规定的坡度上作业	3	查资料和现场。不符合要求1处扣2分		查看现场
	采掘安全	挖掘机不能挖炮孔和安全挡墙	3	查现场。不符合要求不得分		查看现场
六、岗位规范(5分)	专业技能及作业规范	1. 建立并执行本岗位安全生产责任制; 2. 掌握本岗位操作规程、作业规程; 3. 按操作规程作业,无"三违"行为; 4. 作业前进行安全确认	5	查资料和现场。岗位安全生产责任制不全,每缺1个岗位扣3分,发现1人"三违"不得分,其他1处不符合要求扣1分		本专业管理人员、岗位操作人员、特种专业人员必须熟知本专业、本岗位的作业规程和操作规程,操作规程、作业规程需按程序审批,作业中无"三违"行为。 通过现场检查和对日常安全检查的各种记录进行检查。 操作人员按规定程序进行岗前安全确认
七、文明生产(5分)	作业环境	1. 驾驶室干净整洁,室内各设施保持完好; 2. 各类物资摆放规整; 3. 各种记录规范,页面整洁	5	查现场和资料。不符合要求1项扣1分		驾驶室室内干净整洁,标识标志齐全;物资物品摆放有序;各种记录规范齐全,没有缺项;安全制度健全

得分合计:

表 13-4　露天煤矿轮斗挖掘机采装标准化评分表

项目	项目内容	基本要求	标准分值	评分方法	得分	【说明】
一、技术管理(7分)	设计	有采矿设计并按设计作业,设计中有对安全和质量的要求	7	查资料。不符合要求不得分		应编制使用轮斗挖掘机采装作业专项措施,措施中必须有针对安全和质量的具体要求,设计必须符合《煤矿安全规程》的规定及相关规范的要求,设计应按程序审批后方可实施
二、采装工作面(18分)	开采高度	符合设计,不大于轮斗挖掘机最大挖掘高度	4	查现场。不符合要求1处扣2分		查看现场
	采掘带宽度	符合设计	4	查现场。不符合要求1处扣2分		轮斗挖掘机的采掘带宽度,应按斗轮臂长度、台阶高度以及工作回转角确定
	侧坡面角	符合设计	4	查现场。不符合要求1处扣2分		查看现场
	工作面	1. 工作平盘标高与设计误差不超过0.5 m; 2. 工作平盘宽度与设计误差不超过1.0 m; 3. 台阶坡顶线平直度在30 m内误差不超过1.0 m; 4. 工作平盘平整度符合设计	6	查现场。不符合要求1处扣1分		轮斗挖掘机的工作平盘宽度,应根据采掘带宽度、设备行走宽度、带式输送机占用宽度和辅助设施占用宽度等因素确定;宜按采掘两个采掘带移一次带式输送机计算工作平盘宽度
三、设备操作管理(35分)	联合作业	当轮斗挖掘机、胶带机、排土机联合作业时,制定联合作业措施,并有可靠的联络信号	5	查资料和现场。不符合要求不得分		当采用轮斗挖掘机—带式输送机—排土机连续开采工艺系统时,应当遵守下列规定:① 紧急停机开关必须在可能发生重大设备事故或者危及人身安全的紧急情况下方可使用;② 各单机间应当实行安全闭锁控制,单机发生故障时,必须立即停车,同时向集中控制室汇报,严禁擅自处理故障

续表 13-4

项目	项目内容	基本要求	标准分值	评分方法	得分	【说明】
三、设备操作管理(35分)	作业管理	1. 工作面的开切方法、作业方式、切割方式、开采参数以及台阶组合形式按设计施工； 2. 开机后注意地表，观察工作表面情况，地面要有专人指挥； 3. 设备作业时，人员不进入作业区域和上下设备，在危及人身安全的作业范围内，人员和设备不能停留或者通过； 4. 设备作业时，司机注意监视仪表显示及其他信号，并观察采掘工作面情况，发现异常及时采取措施； 5. 斗轮工作装置不带负荷启动； 6. 消防器材齐全有效	30	查资料和现场。第3项和第5项不符合要求不得分，其他不符合要求1处扣3分		轮斗挖掘机作业必须遵守下列规定：① 严禁斗轮工作装置带负荷启动；② 严禁挖掘卡堵和损坏输送带的异物；③ 调整位置时，必须设地面指挥人员
四、安全管理(30分)	特殊作业	1. 工作面松软或者有含水沉陷危险，采取安全措施，防止设备陷落； 2. 风速达到20 m/s时不开机； 3. 长距离行走时，有专人指挥，斗轮体最下部距地表不小于3 m，斗臂朝向行走方向； 4. 作业时，如遇大石块，应采取措施	15	查资料和现场。不符合第1和2小项要求不得分，其他不符合要求1处扣2分		1. 严格执行《煤矿安全规程》第五百一十九条规定，遇到8级及以上大风时禁止轮斗挖掘机作业； 2. 特殊条件下的作业措施符合《煤矿安全规程》的规定，措施的审批符合程序
	坡度限制	行走和作业时，工作面坡度符合设计	7	查资料和现场。不符合要求1处扣1分		查看现场坡度是否符合设计
	作业环境	夜间作业有足够照明	8	查现场。不符合要求1处扣2分		查看现场照明设施是否符合要求

续表 13-4

项目	项目内容	基本要求	标准分值	评分方法	得分	【说明】
五、岗位规范(5分)	专业技能及作业规范	1. 建立并执行本岗位安全生产责任制； 2. 掌握本岗位操作规程、作业规程； 3. 按操作规程作业，无“三违”行为； 4. 作业前进行安全确认	5	查资料和现场。岗位安全生产责任制不全，每缺1个岗位扣3分，发现1人“三违”不得分，其他1处不符合要求扣1分		专业管理人员、岗位操作人员、特种专业人员必须熟知本专业、本岗位的作业规程和操作规程，操作规程、作业规程需按程序审批，作业中无“三违”行为；日常安全检查各种记录齐全；按规定进行岗前安全确认
六、文明生产(5分)	作业环境	1. 驾驶室干净整洁，室内各设施保持完好； 2. 各类物资摆放规整； 3. 各种记录规范，页面整洁	5	查现场和资料。不符合要求1处扣1分		驾驶室室内干净整洁，标识警示明显；物资物品摆放有序；各种记录规范齐全，没有缺项；各项管理制度健全

得分合计：

表 13-5 露天煤矿拉斗挖掘机采装标准化评分表

项目	项目内容	基本要求	标准分值	评分方法	得分	【说明】
一、技术管理(7分)	设计	有采矿设计并按设计作业，设计中有对安全和质量的要求	3	查资料。不符合要求不得分		查看采矿设计，设计必须符合《煤矿安全规程》及相关规范要求，有明确针对安全和质量的具体要求，设计的审批符合程序
	规格参数	符合采矿设计、技术规范	4	查资料。无测量验收资料不得分，不符合设计、规范1处扣1分		规格参数包括台阶高度、坡面角、平盘宽度，应确保各规格参数符合设计规范要求及《煤矿安全规程》的规定，并每月进行一次实地测量
二、采装工作面(40分)	台阶高度	符合设计	8	查现场。超过高度1处扣2分		查看现场
	坡面角	符合设计要求，坡面是否平整，坡顶无浮石、伞檐	10	查现场。不符合要求1处扣4分		查看现场坡面角是否符合设计要求，坡面是否平整，坡顶活石、伞檐是否及时处理

续表 13-5

项目	项目内容	基本要求	标准分值	评分方法	得分	【说明】
二、采装工作面(40分)	工作面平盘宽度	符合设计	8	查资料和现场。以100 m为1个检查区,工作面平盘宽度小于设计1处扣2分		设计符合《煤矿安全规程》规定及设计规范要求,现场按设计作业
	作业平盘	1. 作业平盘密实度、平整度符合设计,作业时横向坡度不大于2%、纵向坡度不大于3%	8	查现场。不符合要求1处扣3分		物料在平盘体积内固体所充实的程度称为平盘密实度;平整度是指作业时横向坡度不大于2%、纵向坡度不大于3%
		2. 及时清理,平整、干净,采装、维修、辅助设备安全运行,供排水系统等正常布置	6	查现场。不符合要求1处扣2分		作业平盘应及时清理,确保平盘平整、干净;采装、维修、辅助设备安全运行,供排水系统布置合理
三、操作管理(25分)	联合作业	工程设备(如推土机、前装机)进入拉斗铲150 m作业范围内作业时,做好呼唤应答,将铲斗置于安全位置,制动系统处于制动状态,拉斗铲停稳后,方可通知工程设备进入	5	查现场。不符合要求不得分		检查现场各种工程设备作业程序,操作规范是否符合联合作业的各项规定和措施要求
	作业管理	1. 作业时,行走靴外边缘距坡顶线的安全距离符合设计,底盘中心线与高台阶坡底线距离不小于35 m,设备操作不过急倒逆; 2. 设备作业时,人员不能进入作业区域和上下设备,在危及人身安全的作业范围内,人员和设备不能停留或者通过; 3. 回转时,铲斗不拖地回转,人员不上下设备,装有物料的铲斗不从未覆盖的电缆上方回转; 4. 作业时,不急回转、急提升、急下放、急回拉、急刹车,不强行挖掘爆破后未解体的大块; 5. 尾线摆放规范、电缆无破皮; 6. 各部滑轮、偏心轮、辊子完好,各部润滑点润滑良好	15	查现场。1处不符合要求不得分		查看现场

续表 13-5

项目	项目内容	基本要求	标准分值	评分方法	得分	【说明】
三、操作管理（25 分）	工作面	采装工作面电缆摆放整齐，平盘无积水，扩展平台边缘无裂缝、下陷、滑落	5	查现场。1 处不符合要求扣 1 分		查看现场工作面电缆，平台积水情况及扩展平台有无裂缝、下陷、滑落的情况
四、安全管理（18 分）	特殊作业	1. 雨雪天地表湿滑、有积水时，处理后方可作业； 2. 避雷装置完好有效，雷雨天时不作业，人员不上下设备； 3. 遇大雾或扬沙天气时，做好呼唤应答，必要时停止作业	9	查现场和资料。1 处不符合要求不得分		避雷装置应符合《电力设备预防性试验规程》中金属氧化物避雷器试验标准，且避雷装置必须在每年雨季前由具备资质的单位进行检验。有特殊作业条件下的安全技术措施
	坡度限制	走铲时横向坡度不大于 5%、纵向坡度不大于 10%	9	查现场。1 处不符合要求扣 2 分		查看现场
六、岗位规范（5 分）	专业技能及作业规范	1. 建立并执行本岗位安全生产责任制； 2. 掌握本岗位操作规程、作业规程； 3. 按操作规程作业，无“三违”行为； 4. 作业前进行安全确认	5	查资料和现场。岗位安全生产责任制不全，每缺 1 个岗位扣 3 分，发现 1 人“三违”不得分，其他 1 处不符合要求扣 1 分		专业管理人员、岗位操作人员、特种作业人员必须熟知本专业、本岗位的作业规程和操作规程，操作规程、作业规程需按程序审批，作业中无“三违”行为；现场查看和日常安全检查的各种记录齐全；按制度进行岗前安全确认
七、文明生产（5 分）	作业环境	1. 驾驶室干净整洁，室内各设施保持完好； 2. 各类物资摆放规整； 3. 各种记录规范，页面整洁； 4. 驾驶室内部各种标示牌齐全完整	5	查现场和资料。不符合要求 1 项扣 1 分		驾驶室室内干净整洁，标识警示明显；物资物品摆放有序；各种记录规范齐全，没有缺项；各项管理制度健全

得分合计：

表 13-6　露天煤矿公路运输标准化评分表

项目	项目内容	基本要求	标准分值	评分方法	得分	【说明】
一、运输道路规格及参数(28分)	路面宽度	符合设计	10	查资料和现场。不符合要求1处扣2分		露天煤矿内部卡车运输道路路面宽度必须符合设计或作业规程的要求,符合通行、会车等安全要求,受采掘条件限制、达不到规定的宽度时,必须视道路距离设置相应数量的会车线;此外,当行驶载重68 t以上的大型卡车双车道路面宽度,应包括养路设备作业宽度,可按3～4倍车体宽度设计。设计符合《煤矿安全规程》的相关规定,符合设计规范要求,设计按程序审批
	路面坡度	符合设计	10	查资料和现场。不符合要求1处扣2分		道路坡度应符合设计或作业规程的要求,长距离坡道运输系统,应当在适当位置设置缓坡道
	交叉路口	设视线角	2	查现场。不符合要求1处扣1分		交叉路口位置将挡墙削成斜坡所形成的角度称为视线角,视线角应保证两侧来车能够同时提前观测到对面车辆
	变坡点	道路凸凹变坡点设竖曲线	2	查资料和现场。不符合要求1处扣1分		变坡点指的是路线纵断面上两相邻坡度线的相交点,在变坡点处必须设置竖曲线
	干道路拱、路肩	符合设计	2	查资料和现场。不符合要求1处扣1分		查看现场是否符合设计要求
	最小曲线半径、超高及加宽	符合设计	2	查资料和现场。不符合要求1处扣1分		查看现场是否符合设计要求

续表 13-6

项目	项目内容	基本要求	标准分值	评分方法	得分	【说明】
二、运输道路质量管理(32分)	道路平整度	1. 主干道路面起伏不超过设计的0.2 m; 2. 半干线或移动线路路面起伏不超过设计的0.3 m	12	查现场。不符合要求1处扣2分		路面平整度:主干线不允许出现直径35 cm、凹凸20 cm以上坑包,半干线不允许出现直径35 cm、凹凸30 cm以上坑包,无翻浆、冒泥现象
	道路排水	根据当地气象条件设置相应的排水系统	10	查资料和现场。不符合要求1处扣2分		排水沟保持畅通
	道路整洁度	路面整洁,无散落物料	10	查现场。不符合要求1处扣1分		路面整洁,无积水、冰雪、浮土,无杂物,无落石
三、运输道路安全管理(16分)	安全挡墙	高度不低于矿用卡车轮胎直径的2/5	6	查现场。不符合要求1处扣1分		必须设置安全挡墙,高度为矿用卡车轮胎直径的2/5～3/5
	洒水降尘	洒水抑制扬尘,冬季采用雾状喷洒、间隔分段喷洒或其他措施	4	查现场。扬尘未得到有效控制1处扣1分		查看现场
	道路封堵	废弃路段及时封堵	2	查现场。未封堵不得分		查看现场
	车辆管理	进入矿坑的小型车辆配齐警示旗和警示灯	4	查现场。不符合要求1次扣1分		检查进入现场的小型车辆警示旗、警示灯的配备
四、道路标志与养护(14分)	反光标识	主要运输路段的转弯、交叉处有夜间能识别的反光标识	4	查现场。不符合要求1处扣1分		查看现场

续表 13-6

项目	项目内容	基本要求	标准分值	评分方法	得分	【说明】
四、道路标志与养护(14分)	道路养护	配备必需的养路设备,定期进行养护	6	查现场。道路养护不到位或设备配备不满足要求1处扣1分		露天煤矿应建立完善的道路养护组织,并应根据规定配备相应规格的道路养护设备,如平地机、推土机、装载机、洒水车、自卸卡车、压路机、液压反铲等
	警示标志	根据具体情况设置警示标志	4	查现场。不符合要求1处扣1分		应根据具体情况在弯道、坡道、交叉路口、危险路口设置警示标志。此外,当矿用卡车在运输道路上出现故障无法行走时,必须在车体前后30 m外设置醒目的安全警示标志
五、岗位规范(5分)	专业技能及作业规范	1. 建立并执行本岗位安全生产责任制; 2. 掌握本岗位操作规程、作业规程; 3. 按操作规程作业,无“三违”行为; 4. 作业前进行安全确认	5	查资料和现场。岗位安全生产责任制不全,每缺1个岗位扣3分,发现1人“三违”不得分,其他1处不符合要求扣1分		岗位操作人员必须熟知本专业、本岗位的作业规程和操作规程,操作规程、作业规程需符合《煤矿安全规程》第五百六十六条～第五百六十九条规定,且按程序审批,作业中无“三违”行为;现场查看和日常安全检查的各种记录齐全;岗位人员按制度进行岗前安全确认
六、文明生产(5分)	作业环境	1. 驾驶室干净整洁,室内各设施保持完好; 2. 各类物资摆放规整; 3. 各种记录规范,页面整洁; 4. 休息室、工具室卫生清洁,物品摆放整齐,插头、插座无裸露破损	5	查现场和资料。1项不符合要求扣1分		驾驶室室内干净整洁,标识标志明显;物资物品摆放有序;各种记录规范齐全,没有缺项;休息室、工具室内保持干净整洁,物品定置存放,用电设施完好,消防设施齐全

得分合计:

表13-7 露天煤矿铁路运输标准化评分表

项目	项目内容	基本要求	标准分值	评分方法	得分	【说明】
一、技术管理(21分)	技术规划	1. 铁路运输系统重点工程有年度设计计划并按计划执行	7	查资料。不符合要求不得分		铁路运输系统重点工程有年度设计及实施计划，技术设计应符合有关技术规范及规定，设计进行审批并按计划执行
		2. 有铁路运输系统平面图	7	查资料和现场。无平面图不得分，与现场不符1处扣1分		有铁路运输系统平面图，图纸标识完整规范；查看现场铁路与设计是否一致
	安全措施	遇临时或特殊工程，制定安全技术措施，并按程序进行审批	7	查资料。不符合要求不得分		查看相关资料，重点查看临时或特殊工程的安全技术措施，技术措施应明确质量及安全的具体要求，措施审批符合程序
二、质量标准(54分)	铁道线路	1. 符合设计	3	查现场。无设计不得分		露天煤矿外部的铁路建筑物和设备的限界应符合《标准轨距铁路建筑限界》和《标准轨距铁路机车车辆限界》的规定；设计符合相关规定
		2. 损伤扣件及时补充、更换	3	查现场。不符合要求1处扣0.5分		对于损伤不符合标准的螺丝、道钉、垫板、轨距拉杆以及防爬器等扣件进行及时的更换
		3. 目视直线直顺，曲线圆顺	2	查现场。不符合要求1处扣0.5分		干线部分直线目视直顺，误差不超过5 mm；半干线部分直线目视直顺，误差不超过8 mm；移动线部分直线目视直顺，误差不超过15 mm。 曲线半径的选定应结合矿山地形、线路使用期限、机车车辆轴距和运行速度等因素确定，尽可能采用大曲线半径，准轨线路最小曲线半径应符合《煤矿安全规程》第五百五十九条要求

续表 13-7

项目	项目内容	基本要求	标准分值	评分方法	得分	【说明】
二、质量标准(54分)	铁道线路	4. 空吊板不连续出现5块以上	3	查现场。不符合要求1处扣0.5分		查看现场
		5. 无连续3处以上瞎缝	3	查现场。不符合要求1处扣0.5分		轨缝应根据钢轨温度计算,按标准设置或按以下规定设置:正线或半固定线4～12月份为0～12 mm、1～3月份为5～15 mm;移动线1～12月份一律规定为18 mm
		6. 重伤钢轨有标记、有措施	3	查现场。不符合要求1处扣0.5分		① 钢轨头部磨耗超限。② 钢轨在任何部位有裂纹。③ 轨头下颏透锈长度超过30 mm。④ 轨端或轨顶面剥落掉块,允许速度大于120 km/h的线路,长度超过25 mm,深度超过3 mm;其他线路长度超过30 mm,深度超过8 mm。⑤ 钢轨在任何变形(轨头扩大、轨腰扭曲鼓包等),经判断确认内有暗裂。⑥ 钢轨锈蚀除去铁锈后,允许速度大于120 km/h的线路,轨底边缘处厚度不足8 mm,轨腰厚度不足14 mm;其他线路轨底厚度小于5 mm,轨腰小于8 mm。⑦ 钢轨顶面擦伤,允许速度大于120 km/h的线路,深度超过1 mm,其他线路深度超过2 mm。⑧ 钢轨探伤人员或养路工长认为有影响行车安全的其他缺陷

续表13-7

项目	项目内容	基本要求	标准分值	评分方法	得分	【说明】
二、质量标准(54分)	架线	1. 接触网高度符合《煤炭工业铁路技术管理规定》	2	查现场。不符合要求不得分		接触网标准高为5.75 m,允许的最高设置为6.0 m,允许的最低设置为5.4 m,终点处则大于6.2 m
		2. 各种标志齐全完整、明显清晰	3	查现场。1处不符合要求扣0.5分		标志包括:换弓子标志、随行标志、道口界限标志、电杆标号等
		3. 各部线夹安装适当、排列整齐	2	查现场。不符合要求1处扣0.5分		一、二次引配线整齐,用并沟线夹、铜铝过渡线夹、接线鼻子持续良好、松紧适当,无发热、老化、氧化现象,配管排列整齐、无锈蚀,管卡子完整
		4. 角形避雷器间隙标准误差不超过1 mm	3	查现场。不符合要求1处扣0.5分		查看现场
		5. 木质电柱坠线有绝缘装置	3	查现场。不符合要求1处扣0.5分		木柱坠线应有瓷瓶,瓷瓶不歪斜,完整,绑线牢固,每年要清扫1～2次
		6. 维修、检查记录翔实	2	查资料。不符合要求1项扣0.5分		记录包括巡线检查记录、工作记录等,维修检查的各项制度应健全
	信号	1. 机械室管理制度、检测记录齐全翔实	3	查资料。不符合要求1项扣0.5分		管理制度齐全,日常检查记录翔实全面
		2. 信号显示距离符合标准	3	查现场。不符合要求不得分		查看现场
		3. 转辙装置各部螺丝紧固,绝缘件完好,道岔正常转换	3	查现场。不符合要求1处扣0.5分		查看现场设施是否符合标准
		4. 信号外线路铺设符合《煤炭工业铁路技术管理规定》	3	查现场。不符合要求1处扣0.5分		查看现场

续表 13-7

项目	项目内容	基本要求	标准分值	评分方法	得分	【说明】
二、质量标准(54分)	车站	1. 有车站行车工作细则	3	查现场。不符合要求1处扣0.5分		查看车站的各项管理制度及工作细则
		2. 日志、图表等填写规范	3	查资料。不符合要求1项扣0.5分		工作日志、行车记录及图表填写规范整齐,无缺项
		3. 行车用语符合标准	2	查现场。不符合要求1处扣0.5分		查看现场
		4. 安全设施齐全完好	2	查现场。不符合要求1处扣0.5分		查看安全设施是否完好有效,查看日常的检查维修记录等
三、设备管理(15分)	内业管理	有档案、台账,统计数字完整清晰	5	查资料。不符合要求1项扣0.5分		查看各类档案、台账的记录是否完整规范,统计数据是否真实
	设备状态	设备技术状态标准、安全装置齐全、灵活可靠	5	查现场。不符合要求1处扣0.5分		查看各项设备的技术状态是否标准,安全设施、安全装置是否齐全,动作是否可靠,信号装置是否规范灵敏
	设备使用	定人操作、定期保养	5	查现场和资料。不符合要求1处扣0.5分		查看操作规程及操作人对操作规程的熟知程度;检查设备的管理台账及日常保养、定期保养记录
四、岗位规范(5分)	专业技能及作业规范	1. 建立并执行本岗位安全生产责任制; 2. 掌握本岗位操作规程、作业规程; 3. 按操作规程作业,无"三违"行为; 4. 作业前进行安全确认	5	查资料和现场。岗位安全生产责任制不全,每缺1个岗位扣3分,发现1人"三违"不得分,其他1处不符合要求扣1分		岗位操作人员、特种作业人员必须熟知本专业、本岗位的作业规程和操作规程,操作规程、作业规程需按程序审批;作业中无"三违"行为;日常安全检查各种记录齐全;按规定进行岗前安全确认
五、文明生产(5分)	作业环境	1. 驾驶室干净整洁,室内各设施保持完好; 2. 各类物资摆放规整; 3. 各种记录规范,页面整洁	5	查现场和资料。1项不符合要求扣1分		驾驶室室内干净整洁,室内各项设施完好,标识警示明显;物资物品摆放有序;各种记录规范齐全,没有缺项

得分合计:

表13-8　露天煤矿带式输送机/破碎站运输标准化评分表

项目	项目内容		基本要求	标准分值	评分方法	得分	【说明】
一、技术管理(20分)	设计		符合设计并按设计作业	10	查资料和现场。不符合要求不得分		检查带式输送机的技术设计，设计内容应全面，符合技术及各项规范要求，设计中对安全有具体要求；检查是否按照设计作业
	记录		设备运行、检修、维修和人员交接班记录翔实	10	查资料。不符合要求1项扣1分		查看设备运行记录、检修维修记录、人员交接班记录等，各项记录应全面真实并且有相关人员签字确认
二、作业管理(35分)	巡视		定时检查设备运行状况，记录齐全	4	查资料。不符合要求1项扣1分		查看巡视的各项管理制度及制度的执行情况，查看设备的运行记录和巡视记录，记录填写规范
	带式输送机	机头机尾排水	无积水	2	查现场。不符合要求1处扣2分		机头和机尾处应设排水系统，不应存水；带式输送机沿线应当设检修通道和防排水措施；露天设置的输送机宜设防雨罩等防护装置
		最大倾角	符合设计	2	查现场。不符合要求不得分		带式输送机运输物料的最大倾角，上行不得大于16°，严寒地区不得大于14°；下行不得大于12°；特种带式输送机不受此限
		分流站	分流站伸缩头有集控调度指令方可操作，设备运转部位及其周围无人员和其他障碍物，不造成物料堆积洒落	4	查现场。不符合要求不得分		查看分流站内的作业环境和安全设施，操作人员规范操作
		清料	沿线清料及时，无洒物，不影响行车、检修作业；结构架上积料及时清理，不磨损托辊、输送带或滚筒	2	查现场。不符合要求1处扣2分		查看清料设备运转情况；安全措施；检修记录，操作人员的巡视记录等

续表 13-8

项目	项目内容			基本要求	标准分值	评分方法	得分	**【说明】**
二、作业管理(35分)	破碎站	半固定式破碎站	清料	破碎站工作平台及其下面没有洒料	2	查现场。不符合要求1处扣1分		清理破碎机堵料时,必须采取防止系统突然启动的安全保护措施及相关制度
			卸料口挡车器	挡车器高度达到运煤汽车轮胎直径的2/5以上	2	查现场。不符合要求1处扣1分		卸车平台应当设矿用卡车卸料的安全限位车挡
			减速机	各部减速机无渗、漏油现象	2	查现场和记录。不符合要求1处扣1分		
			板式给料机	链节、链板无变形,托轮无滞转	2	查现场和记录。不符合要求1处扣1分		
			润滑系统	管路、阀门、油泵运行可靠,无渗、漏油	2	查现场和记录。不符合要求1处扣1分		
		自移式破碎机	液压系统	液压管路、俯仰调节液压缸等无渗漏,液压泵及液压马达运行平稳、无噪音,液压系统各部运行温度正常	4	查现场。不符合要求1处扣1分		查看液压系统的现场管理及设备面貌,液压管路、油缸、控制系统无渗漏,泵、马达运行平稳,无噪声,油温正常;检查操作规程的执行及设备日常的检查检修记录等
			板式给料机	承载托轮无滞转,链节无裂纹,刮板无变形翘曲	4	查现场。不符合要求1处扣2分		查看现场设备运转及设备管理的情况及运转记录等
			减速机	破碎辊、大小回转减速机、板式给料机驱动减速机、行走减速机、排料胶带等各种减速机无渗漏	3	查现场。不符合要求1处扣1分		查看现场设备的运行状态、设备面貌及设备日常检查检修记录等
三、安全管理(35分)	启动间隔			2次启动间隔时间不少于5 min	4	查现场和资料。不符合要求不得分		带式输送机不应频繁启动,2次启动间隔不少于5 min,查看运行记录
	启动要求			设备准备运转前,司机检查设备并确认无危及设备和人身安全的情况,向集控调度汇报后方可启动设备	4	查现场。不符合要求不得分		检查现场操作人员的操作规程执行情况

续表 13-8

项目	项目内容	基本要求	标准分值	评分方法	得分	【说明】
三、安全管理(35分)	消防设施	齐全有效,有检查记录	2	查资料和现场。不符合要求1处扣1分		按规定配备消防设施及消防器材,消防器材的合格证标注齐全,日常检查记录真实完好
	带式输送机 安全保护装置	1. 设置防止输送带跑偏、驱动滚筒打滑、纵向撕裂和溜槽堵塞等保护装置;上行带式输送机设置防止输送带逆转保护装置,下行带式输送机设置防止超速保护装置; 2. 沿线设置紧急连锁停车装置; 3. 在驱动、传动和自动拉紧装置的旋转部件周围设置防护装置	9	查现场。不符合要求1处扣1分		带式输送机工程应设置设备运行和人身安全的保护装置,并应符合《带式输送机 安全规范》(GB 14784)的有关规定;当输送机跨越设备和人行道时,应设置防物料撒落的防护装置;带式输送机启动时应当有声光报警装置;严格按操作规程作业,健全安全管理制度
	半固定式破碎站 除铁器	运行有效	4	查资料和现场。不符合要求不得分		现场查看除铁器的安装是否符合设计要求,除铁效果是否良好;检查除铁器的运行记录及除铁效果记录等
	半固定式破碎站 大块处理	处理料仓内的特大块物料时有安全技术措施	4	查资料和现场。不符合要求不得分		
	自移式破碎机 与挖掘设备距离	符合矿相关规定	4	查资料和现场。不符合要求不得分		
	自移式破碎机 大块处理	处理料仓内的特大块物料时有安全技术措施	4	查资料和现场。不符合要求不得分		
四、岗位规范(5分)	专业技能及规范作业	1. 建立并执行本岗位安全生产责任制; 2. 掌握本岗位操作规程、作业规程; 3. 按操作规程作业,无"三违"行为; 4. 作业前进行安全确认	5	查资料和现场。岗位安全生产责任制不全,每缺1个岗位扣3分,发现1人"三违"不得分,其他1处不符合要求扣1分		岗位操作人员、特种作业人员需熟知本专业、本岗位的作业规程、操作规程及安全管理制度,操作规程、作业规程需按程序审批,作业中无"三违"行为;日常安全检查各种记录齐全;按规定进行岗前安全确认

续表 13-8

项目	项目内容	基本要求	标准分值	评分方法	得分	【说明】
五、文明生产(5分)	作业环境	1. 驾驶室干净整洁,室内各设施保持完好; 2. 各类物资摆放规整; 3. 各种记录规范,页面整洁	5	查现场和资料。1项不符合要求扣1分		驾驶室室内干净整洁,设施状态完好,标识标志明显;物资物品摆放有序;各种记录规范齐全,没有缺项

得分合计:

表 13-9 露天煤矿卡车/铁路排土场标准化评分表

项目	项目内容	基本要求	标准分值	评分方法	得分	【说明】
一、技术管理(25分)	设计	有设计并按设计作业	5	查资料。不符合要求不得分		每月严格根据相关规范对排土场进行设计,并按程序进行审批
	排土场控制	排弃后实测的各项技术数据符合设计	6	查资料。不符合要求1项扣2分		应每月对排土场的各项参数,如排土场平盘标高、排土台阶高度、排土坡面角等进行测量,并应符合设计要求;健全排土场巡查制度
	复垦、绿化	排弃到界的平盘按计划复垦、绿化	5	查现场。不符合要求1处扣1分		制订复垦、绿化计划,符合《中华人民共和国环境保护法》的相关要求
	安全距离	内排土场最下一个台阶的坡底线与坑底采掘工作面之间的安全距离不小于设计	6	查资料和现场。不符合要求不得分		排土机必须在稳定的平盘上作业,外侧履带与台阶坡顶线之间必须保持一定的安全距离;健全排土机作业的安全技术措施和管理制度
	巡视	定期对排土场巡视,记录齐全	3	查资料。无巡视记录不得分,不符合要求1处扣1分		每班设专职兼职人员对边坡,尤其是危险边坡区段进行巡视,并有巡视记录,发现有滑坡征兆的,应按规定上报,并安设明显的标志牌,采取安全措施,重点管理;巡视记录填写翔实

续表 13-9

项目	项目内容		基本要求	标准分值	评分方法	得分	【说明】
二、排土工作面规格参数管理(30分)	台阶高度		1. 符合设计	4	查现场。不符合要求1处扣2分		查看现场
			2. 特殊区段高段排弃时,制定安全技术措施	4	查资料。不符合要求不得分		挖掘机至站立台阶坡顶线的安全距离:台阶高度10 m以下为6 m;台阶高度11～15 m时为8 m;台阶高度16～20 m时为11 m;特殊区段的高段排弃必须制定安全技术措施,并经矿总工程师批准后方可实施
	工作面平整度		作业平盘平整,50 m范围内误差不超过0.5 m	4	查现场。不符合要求1处扣2分		查看现场
	卡车	排土线	排土线顶部边缘整齐,50 m范围内误差不超过2 m	3	查现场。不符合要求1处扣1分		查看现场
		反坡	排土工作面向坡顶线方向有3%～5%的反坡	3	查现场。不符合要求1处扣1分		卡车运输排土工作面应建成不小于3%的反向坡度
		安全挡墙	排土工作面卸载区有连续的安全挡墙,车型小于240 t时安全挡墙高度不低于轮胎直径的0.4倍,车型大于240 t时安全挡墙高度不低于轮胎直径的0.35倍。不同车型在同一地点排土时,按最大车型的要求修筑安全挡墙	3	查现场。不符合要求1处扣1分		检查现场安全挡墙的设置,挡墙高度、连续性应符合设计要求
	铁路	标志完整	排土线常用的信号标志齐全,位置明显	3	查现场。不符合要求1处扣1分		排土线设置移动停车位置标志和停车标志,标志应规范,位置应明显
		排土宽度	不小于22 m,不大于24 m	3	查现场。不符合要求1处扣1分		查看现场
		受土坑安全距离	线路中心至受土坑坡顶距离不小于1.5 m,雨季不小于1.9 m	3	查现场。不符合要求1处扣1分		查看现场

续表 13-9

项目	项目内容		基本要求	标准分值	评分方法	得分	【说明】
三、排土作业管理(25分)	照明		排土工作面夜间排弃时配有照明设备	3	查现场。无照明设备1处扣1分		查看现场照明设施的配备
	排土安全		1. 风氧化煤、煤矸石、粉煤灰按设计排弃	3	查现场。1处不符合要求扣1分		按照《煤矿安全规程》第五百七十九条规定,应当按规定顺序排弃
			2. 当发现危险裂缝时立即停止作业,向调度室汇报,并制定安全措施	3	查资料和现场。不符合要求不得分		检查排土的各项管理制度、安全措施的执行情况及日常的巡视记录、汇报流程等,查看现场管理及制度的落实
		卡车	(1) 卡车排土和推土机作业时,设备之间保持足够的安全距离	2	查现场。不符合要求1处扣1分		查看现场
			(2) 排土工作线至少保证2台卡车能同时排土作业	2	查现场。不符合要求1处扣1分		查看现场
			(3) 排土时卡车垂直排土工作线,不能高速倒车冲撞安全挡墙	2	查现场。冲撞安全挡墙不得分		查看现场
			(4) 推土机不平行于坡顶线方向推土	3	查现场。平行推土不得分		根据《煤矿安全规程》第五百八十条规定,要求推土机严禁平行于坡顶线作业
		铁路	(1) 列车进入排土线翻车房以里线路,由排土人员指挥列车运行	3	查现场。不符合要求1处扣1分		查看现场
			(2) 翻车时两人操作,执行复唱制度	2	查现场。不符合要求1处扣1分		查看现场作业及复唱制度的执行,检查操作人员操作规程的熟知情况
			(3) 工作面整洁,各种材料堆放整齐	2	查现场。不符合要求1处扣1分		查看工作面,现场应整洁,无杂废物料,各种材料应定置堆放

续表 13-9

项目	项目内容	基本要求	标准分值	评分方法	得分	【说明】
四、安全管理(10分)	安全挡墙	1. 上下平盘同时进行排土作业或下平盘有运输道路、联络道路时,在下平盘修筑安全挡墙	5	查现场。不符合要求1处扣1分		安全土墙高度不得小于轮胎外径的2/5,底宽不小于轮胎直径的0.95倍,安全挡墙要保持连续
		2. 最终边界的坡底沿征用土地的界线修筑1条安全挡墙	2	查现场。无挡墙不得分		查看现场
	到界平盘	最终边界到界前100 m,采取措施提高边坡的稳定性	3	查现场。未采取措施不得分		检查到界平盘前100 m时提高边坡稳定性的技术措施,检查该措施在现场的执行情况
五、岗位规范(5分)	专业技能及规范作业	1. 建立并执行本岗位安全生产责任制; 2. 掌握本岗位操作规程、作业规程; 3. 按操作规程作业,无"三违"行为; 4. 作业前进行安全确认	5	查资料和现场。岗位安全生产责任制不全,每缺1个岗位扣3分,发现1人"三违"不得分,其他1处不符合要求扣1分		操作人员需熟知本专业、本岗位的作业规程、操作规程及安全管理制度,操作规程、作业规程需按程序审批;作业中无"三违"行为;日常安全检查各种记录齐全;按规定进行岗前安全确认
六、文明生产(5分)	作业环境	1. 驾驶室干净整洁,室内各设施保持完好; 2. 各类物资摆放规整; 3. 各种记录规范,页面整洁	5	查现场和资料。不符合要求1处扣1分		驾驶室内干净整洁,标识标志明显规范;物资物品摆放有序;各种记录规范齐全,没有缺项

得分合计:

表 13-10 露天煤矿排土机排土场标准化评分表

项目	项目内容	基本要求	标准分值	评分方法	得分	【说明】
一、技术管理(30分)	设计	有设计并按设计作业	7	查资料。不符合要求不得分		排土场设计应符合《煤矿安全规程》规定及设计规范的要求,设计按程序审批后方可实施

续表 13-10

项目	项目内容	基本要求	标准分值	评分方法	得分	【说明】
一、技术管理(30分)	排土场控制	排弃后实测的各项技术数据符合设计	4	查资料。不符合要求1项扣1分		每月对排土场的各项参数,如排土场平盘标高、排土台阶高度、排土坡面角等进行测量,并应符合设计要求
	复垦、绿化	排弃到界的平盘按计划复垦、绿化	3	查现场。不符合要求1处扣1分		查看复垦、绿化是否符合设计要求
	安全距离	排土场最下一个台阶的坡底线与征地界线之间的安全距离符合设计	5	查资料和现场。不符合要求不得分		设计中有对安全距离的相关规定,查看现场实际安全距离与设计安全距离是否相符合
	巡视	定期对排土场巡视,记录齐全	3	查资料。无巡视记录不得分,不符合要求1处扣1分		排土场的各项管理制度健全,有专兼职人员每班或定期对排土场进行巡视,并做好巡视记录,巡视记录齐全规范
	上排高度	符合设计	4	查资料和现场。不符合要求不得分		上排台阶高度设计应根据排料臂长度、倾角、排弃物料抛出水平距离、排土机中心线至排土台阶坡底线安全距离以及排土台阶坡面角等确定;现场上排高度符合设计要求
	下排高度	符合设计,超高时制定安全措施	4	查现场和资料。不符合设计或无安全措施不得分		下排台阶高度设计应根据排料臂水平投影长度、排土机中心线至排土台阶坡顶线安全距离以及排土台阶坡面角等确定,软岩应对下排台阶进行稳定性验算;现场下排高度符合设计要求
二、工作面规格参数(25分)	台阶高度	1. 符合设计	5	查现场。不符合设计不得分		排土台阶高度设计应根据排弃物料的物理力学性质、运输及排弃方式、设备类型以及自然条件确定;杂煤排弃线的台阶高度不宜超过10 m;现场台阶高度符合设计
		2. 特殊区段高段排弃时,制定安全技术措施	5	查资料。不符合要求不得分		特殊区段高段排弃必须制定安全措施,并经矿总工程师批准后方可实施

续表 13-10

项目	项目内容	基本要求	标准分值	评分方法	得分	【说明】
二、工作面规格参数(25分)	排土线	沿上排坡底线、下排坡顶线方向30 m内误差不超过1 m	5	查现场。不符合要求1处扣2分		查看检查
	工作面平整度	排土机工作面平顺，在30 m内误差不超过0.3 m	5	查现场。不符合要求1处扣2分		查看检查
	安全挡墙	排土工作面到界结束后，距离检修道路近的地段在下排坡顶设有连续的安全挡墙	5	查现场。不符合要求1处扣2分		排土场卸载区，必须有连续的安全挡墙，车型小于240 t时安全挡墙高度不得低于轮胎直径的0.4倍；车型大于240 t时安全挡墙高度不得低于轮胎直径的0.35倍；不同车型在同一地点排土时，必须按最大车型的要求修筑安全挡墙，特殊情况下必须制定安全措施
三、排土作业管理(20分)	联合作业	推土机及时对排弃工作面进行平整，不在坡顶线平行推土	4	查现场。平行推土不得分		根据《煤矿安全规程》第五百八十条规定，要求推土机严禁平行于坡顶线作业
	排土安全	1. 推土机对出现的沉降裂缝及时碾压补料	4	查现场。不符合要求1处扣2分		查看现场
		2. 排土时排土机距离下排坡顶的安全距离符合设计	4	查现场。不符合要求不得分		查看现场
	照明	排土工作面夜间排弃时配有照明设备	4	查现场。不符合要求1处扣2分		查看现场有无照明设施
	气候影响	1. 雨季重点观察排土场有无滑坡迹象，有问题及时向有关部门汇报	2	查资料。不符合要求不得分		雨季排土场的专项安全管理制度、巡查制度的健全与落实；有专职或兼职人员按规定对排土场进行巡查，并做好巡查记录
		2. 雨天持续时间较长、雨量较大时，排土机停止作业，停放在安全地带	2	查现场。不符合要求不得分		雨季排土机作业的规定及排土机的作业记录

续表 13-10

项目	项目内容	基本要求	标准分值	评分方法	得分	【说明】
四、安全管理(15分)	安全挡墙	1. 上下平盘同时进行排土作业或下平盘有运输道路、联络道路时,下平盘有安全挡墙	8	查现场。不符合要求1处扣2分		安全挡墙高度不小于汽车轮胎直径的2/5,底宽不小于轮胎直径的0.95倍
		2. 最终边界的坡底沿征用土地的界线修筑1条安全挡墙	3	查现场。无挡墙不得分		查看现场
	到界平盘	最终边界到界前100 m,采取措施,提高边坡的稳定性	4	查现场。未采取措施不得分		查看措施及措施的执行
五、岗位规范(5分)	专业技能及作业规范	1. 建立并执行本岗位安全生产责任制; 2. 掌握本岗位操作规程、作业规程; 3. 按操作规程作业,无"三违"行为; 4. 作业前进行安全确认	5	查资料和现场。岗位安全生产责任制不全,每缺1个岗位扣3分,发现1人"三违"不得分,其他1处不符合要求扣1分		岗位操作人员需熟知本专业、本岗位的作业规程、操作规程及安全管理制度,操作规程、作业规程需按程序审批,作业中无"三违"行为;日常安全检查各种记录齐全;操作人员按规定进行岗前安全确认
六、文明生产(5分)	作业环境	1. 驾驶室干净整洁,室内各设施保持完好; 2. 各类物资摆放规整; 3. 各种记录规范,页面整洁	5	查现场和资料。1项不符合要求扣1分		驾驶室室内干净整洁,标识标志明显规范;物品摆放定置有序;各种记录规范齐全,字迹工整,没有缺项

得分合计:

表13-11 露天煤矿机电标准化评分表

项目	项目内容	基本要求	标准分值	评分方法	得分	【说明】
一、设备管理(15分)	设备证标	机电设备有产品合格证,纳入安标管理的产品有煤矿矿用产品安全标志	3	查现场和资料。1台设备不符合要求不得分		设备证标包括“机电设备有产品合格证,纳入安标管理的产品有煤矿矿用产品安全标志”:① 露天煤矿用所有设备应有产品合格证,内容包括产品品名、规格型号(尺寸,重量)、生产日期、执行标准(国家标准GB,企业标准QB)、检验员号等;② 随着露天采矿工艺的发展,露天煤矿也存在井巷运输、端帮采煤等环节,其机电设备应具备煤矿矿用产品安全标志,具备防爆特性;③ 建立健全机电设备的各项管理制度
	设备完好	机电设备综合完好率不低于90%	2	查资料。每低于1个百分点扣0.5分		设备完好率,指的是完好的生产设备在全部生产设备中的比重,计算公式为:设备完好率=完好设备总台数/生产设备总台数×100%。现场抽查,根据设备完好标准,确定每台设备是否属于完好设备。查看设备管理台账等
	管理制度	机电设备管理、机电设备事故管理制度	2	查资料。缺1项制度扣1分		建立健全完善的机电设备管理、机电设备事故管理制度
	待修设备	设备待修率不高于5%	2	查资料。每增加1个百分点扣0.5分		设备待修即设备故障率;查看现场和相关记录
	机电事故	机电事故率不高于1%	2	查资料。超过1%不得分		机电事故率指在一定时间周期内,发生机电事故经济损失与当期机电设备总价值之比例,该周期确定为一年内。设备损坏一般分为非正常损坏和设备事故,其划分原则按照损失程度划分,各企业集团均有自己的标准,该安全质量标准化考核也是按照企业的标准执行

续表 13-11

项目	项目内容	基本要求	标准分值	评分方法	得分	【说明】
一、设备管理(15分)	设备大修改造	有设备更新大修计划并按计划执行	2	查资料。无计划或计划完成率全年低于90%、上半年低于30%不得分		露天煤矿应设相应规模的机电设备维修车间,亦可由设备制造厂或专业维修公司承担机电设备大修任务,无更新改造年度计划或未完成不得分,无大修计划或计划完成率全年低于90%、上半年低于30%不得分;查看设备台账及大修计划等
	设备档案	齐全完整	2	查资料。不齐全完整1项扣1分		各类设备管理台账、技术档案健全,记录规范完整,也可用计算机并配专人管理
二、钻机(13分)	技术要求	1. 机上设施、装置符合移交时的各项技术标准和要求; 2. 检修和运行记录完整翔实	3	查资料。不符合要求1处扣1分		机上设施、装置移交的各项技术标准和要求应符合《煤矿安全规程》、操作规程等规定;检查钻机移交的各项管理制度;检查相关的检修记录、运行记录,要求各项记录完整翔实,规范整齐,不得缺项
	电气部分	1. 供电电缆及接地完好,外皮无破损; 2. 行走时电缆远离履带; 3. 配电系统保护齐全,定时整定并有记录,机上保存最新记录; 4. 使用直流控制的操作系统,直流开关灭弧装置正常,开关性能良好; 5. 机上各电气开关标识明确,停开有明显标识; 6. 各照明设备性能良好,固定牢靠	5	查资料和现场。不符合要求1处扣1分		供电电缆外皮完好,接地保护安装规范;配电系统、操作系统的各种保护齐全,性能良好,动作灵敏可靠;定时整定记录齐全;操作规程及各项管理制度完善,检查检修记录、交接班记录等齐全翔实;电气开关的标识明确,停开标识明显;照明设施安装牢靠,照明设施的照度符合要求

续表 13-11

项目	项目内容	基本要求	标准分值	评分方法	得分	【说明】
二、钻机(13分)	机械部分	1. 液压管保护完好，护套绑扎牢固，管路无破损、不漏油； 2. 钻塔起落装置、托架完好，连接件无松动、裂纹、开焊等； 3. 储杆装置完好，换杆系统灵活可靠； 4. 以内燃机为动力的钻机，三滤齐全，转速、液压、流量满足钻孔和行走要求，系统无渗漏，内燃机转速正常，启动、停车灵活可靠； 5. 液压系统用油符合说明书要求，按规定保养，工作时油温正常	3	查现场。不符合要求1处扣1分		查看现场
	辅助设施	1. 电热和正压通风设备运行良好； 2. 机上消防设施完好可靠	2	查现场。不符合要求1处扣1分		查看设备运行状态；消防设施、消防器材配备符合规定，且有合格证及日常检查记录
三、挖掘机(20分)	技术要求	1. 设施、装置符合移交时的各项技术标准和要求； 2. 检修、运行、交接班记录完整翔实	2	查资料。不符合要求1处扣2分		设施、装置移交的各项技术标准和要求应符合《煤矿安全规程》、操作规程等规定；检查挖掘机的各项管理制度；检查相关的检修记录、运行记录、交接班记录等，要求各项记录完整翔实，规范整齐，不得缺项
	电气部分	1. 电缆尾杆长度适当，以防转向和倒车时压伤电缆； 2. 配电系统的各项保护齐全，计算机和显示系统工作正常，诊断警报可靠； 3. 配变电系统工作正常，机上电缆入槽，无过热，槽内清洁无杂物，保持通畅，盖板齐全，无松动； 4. 司机操作系统灵活可靠； 5. 电机不过热； 6. 维修所用连接电源安全可靠； 7. 大臂、司机室内外和机房照明正常可靠； 8. 各种电线、电缆连接可靠，绑扎固定； 9. 电器柜加锁，通风良好，无积尘	8	查现场。不符合要求1处扣1分		查看现场

续表 13-11

项目	项目内容	基本要求	标准分值	评分方法	得分	【说明】
三、挖掘机(20分)	机械部分	1. 空气压缩系统工作正常,压缩机无漏油、跑风,气压正常,无杂音; 2. 提升(推压)钢丝绳无断股,绷绳断丝不超限,开门绳无扭结、无断股,各导绳绳轮转动良好; 3. 铲斗斗齿无缺损; 4. 铲斗插销、斗门开合自如,旋转时门缝不漏料; 5. 推压机构润滑正常,通道无积油; 6. 天轮润滑良好,无裂纹,磨损不超限; 7. 推压齿条无缺牙断齿; 8. 回转齿圈和滚道润滑正常,无缺齿,磨损不超限; 9. 提升滚筒无裂纹; 10. 履带运行正常无断裂,张紧装置定位牢固可靠,张紧适度,辊轮转动灵活,滚道无损坏; 11. A形架无裂纹; 12. 制动系统工作正常,不发生过卷; 13. 减速传动装置有安全罩,不漏油	7	查现场。不符合要求1处扣1分		查看现场
	辅助设施	1. 机顶人行道防滑垫完整、粘贴可靠,各种扶手、挡链连接可靠、使用方便; 2. 机房清洁无杂物,消防设施齐全,警报装置正常,润滑室通风正常; 3. 梯子抽动自如,信号准确; 4. 配重箱无破裂,配重量符合标准; 5. 机下和司机室联络信号灵活可靠	3	查现场。不符合要求1处扣1分		查看现场

续表 13-11

项目	项目内容	基本要求	标准分值	评分方法	得分	【说明】
四、矿用卡车(10分)	技术要求	1. 设施、装置符合移交验收时的要求； 2. 检修、运行和交接班记录翔实； 3. 移动检查装置(PTU)使用正常，有记录，定期存档	2	查资料和现场。不符合要求1处扣0.5分		设施、装置移交的各项技术标准和要求应符合操作规程及车辆使用的相关规定；检查车辆管理的制度；检查相关的检修记录、运行记录、交接班记录等，要求各项记录完整翔实，规范整齐，不得缺项，并按要求存档。现场检查车辆的仪表显示应准确，油尺油箱视窗应完好，各种管线应按标准固定，无渗漏，各个接口均完好
	动力设施	1. 风机等的传动皮带运转正常，无超限磨损； 2. 发动机冷却液温度正常，系统工作良好； 3. 发动机怠速声均匀无杂音； 4. 启动电池连接良好，无闪络(火花)痕迹； 5. 增压器接管无裂痕，固定牢靠，有防火布； 6. 排烟管无裂缝； 7. 发动机和发电机(液压马达)连接正常； 8. 发电机通风管道无漏风，软接头良好； 9. 电动轮通风正常； 10. 电拖动开关箱无变形，闭锁正常； 11. 电子监控系统显示正常； 12. 电子加速踏板(俗称油门踏板)工作正常； 13. 车辆上的插件无松动，工作正常； 14. 缓行减速工作正常；电阻栅不过热，无过热烧损痕迹，通风冷却正常； 15. 冷却通风及过热警告系统工作正常； 16. 各种仪表显示正常； 17. 电动轮无环火，换向器表面无烧蚀痕迹，碳刷压力和高度正常，刷架定位正常； 18. 照明和倒车信号指示正确，联动无误，灯光正常	3	查现场。1处不符合要求扣0.5分		查看现场

续表 13-11

项目	项目内容	基本要求	标准分值	评分方法	得分	【说明】
四、矿用卡车(10分)	机械部分	1. 制动系统可靠； 2. 悬挂装置完好，工作正常； 3. 关节联结，润滑良好； 4. 举升系统完好，工作正常； 5. 鼻锥连接正常，润滑良好； 6. 平衡杆无弯曲，连接点润滑良好； 7. 箱斗和机架间衬垫良好，无缺损，车架无裂痕； 8. 转向系统调整正常； 9. 轮胎与轮辋匹配，打石器完整，灵活无断裂； 10. 定期查验防滚架(ROPS)架构，螺丝紧固适当； 11. 油尺和油箱视窗保持完好； 12. 各种管线固定，接口完好	3	查现场和资料。不符合要求1处扣0.5分		应健全车辆管理的专项制度、岗位责任制、维修记录、日常车辆的检查记录等，严格执行保养规程；操作人员必须积极配合保养，监督验收保养质量；现场按要求内容检查车辆的机械部分
	辅助部分	1. 集中润滑系统完好，各人工注油嘴保持通畅，按规定注油； 2. 司机室采暖设备、雨刷齐备完好； 3. 司机座位调整和方向盘调整适合司机操作； 4. 安全带、门锁、门窗使用灵活，玻璃完整； 5. 司机上下车梯子完整，固定可靠； 6. 消防设施完好； 7. 轮胎管理符合技术要求，定时换位，检查胎温、胎压、花纹及胎面，并作好记录、存档	2	查现场和资料。不符合要求1处扣0.5分		健全日常检查的管理制度、安全检查制度，严格执行保养规程；操作人员必须积极配合保养，监督验收保养质量；消防设施配备应符合要求，日常检查记录的填写应真实规范。现场按照要求内容检查

续表 13-11

项目	项目内容		基本要求	标准分值	评分方法	得分	【说明】
五、连续工艺(10分)	轮斗挖掘机	技术要求	1. 设施、装置符合移交时的各项技术标准和要求； 2. 检修、运行、交接班记录完整翔实	0.5	查资料。不符合要求1处扣0.1分		设施、装置移交的各项技术标准和要求应符合《煤矿安全规程》、操作规程等规定；检查轮斗挖掘机的各项管理制度；检查相关的检修记录、运行记录、交接班记录等，要求各项记录完整翔实，规范整齐，不得缺项
		机械部分	1. 制动性能良好，制动部件完好； 2. 钢丝绳磨损和断丝不超限，滑轮无裂痕，紧固端无松动； 3. 减速器通气孔干净、畅通，减速器油位、油质合格； 4. 润滑部件完好、齐全； 5. 防倾翻安全钩间隙不超限； 6. 履带张紧适度，履带板无断裂； 7. 斗轮体的锥体和圆弧导料板、斜溜料板、溜槽和挡板磨损不超限； 8. 变幅机构张力值不超限； 9. 钢结构无开焊、变形、断裂现象、防腐完好，各部连接螺栓紧固齐全； 10. 胶带机驱动滚筒及改向滚筒包胶磨损不超限； 11. 胶带损伤、磨损不超限； 12. 清扫器齐全有效； 13. 各转动部位防护罩、防护网齐全有效； 14. 消防设施齐全有效	1	查现场。不符合要求1处扣0.2分		查看现场

续表 13-11

项目	项目内容		基本要求	标准分值	评分方法	得分	【说明】
五、连续工艺(10分)	轮斗挖掘机	电气部分	1. 各种安全保护装置齐全有效; 2. 机上固定电缆理顺、捆绑、入槽或挂钩固定、布置整齐,接线规范、无裸露接头; 3. 电器柜内无积尘,电气元器件齐全、无破损、标识明确,柜内布线整齐,按规定捆绑; 4. 配电室及时上锁; 5. 电机接线盒、风翅、风罩齐全、无破损; 6. 电气保护接地齐全、规范; 7. 室外电气控制箱、操作箱箱体完好,箱内元器件齐全、无破损、无积尘、及时上锁; 8. 室外照明灯具完好	1	查现场。不符合要求1处扣0.2分		查看现场
	排土机	技术要求	1. 设施、装置符合移交时的各项技术标准和要求; 2. 检修、运行、交接班记录完整翔实	0.5	查现场和资料。不符合要求1处扣0.1分		设施、装置移交的各项技术标准和要求应符合《煤矿安全规程》、操作规程等规定;检查排土机的各项管理制度;检查相关的检修记录、运行记录、交接班记录、维修保养记录等,要求各项记录完整翔实,规范整齐,不得缺项
		机械部分	1. 制动性能良好,制动部件完好; 2. 钢丝绳磨损和断丝不超限,滑轮无裂痕,紧固端无松动; 3. 减速器通气孔干净、畅通,减速器油位、油质合格; 4. 润滑部件完好、齐全; 5. 防倾翻安全钩间隙不超限; 6. 履带张紧适度,履带板无断裂; 7. 夹轨器状态正常; 8. 钢结构无开焊、变形、断裂现象,防腐有效,各部连接螺栓紧固齐全; 9. 胶带机驱动滚筒及改向滚筒包胶磨损不超限; 10. 胶带损伤、磨损不超限; 11. 清扫器齐全、有效; 12. 各转动部位防护罩、防护网齐全、有效; 13. 消防设施齐全、有效	1	查现场。不符合要求1处扣0.2分		查看现场

续表13-11

项目	项目内容		基本要求	标准分值	评分方法	得分	【说明】
五、连续工艺(10分)	排土机	电气部分	1. 各种安全保护装置齐全有效； 2. 机上固定电缆理顺、捆绑、入槽或挂钩固定、布置整齐，接线规范、无裸露接头； 3. 电器柜内无积尘，电气元器件齐全、无破损、标识明确，柜内布线整齐，按规定捆绑； 4. 配电室及时上锁； 5. 电机接线盒、风翅、风罩齐全、无破损； 6. 电气保护接地齐全、规范； 7. 室外电气控制箱、操作箱箱体完好，箱内元器件齐全、无破损、无积尘、及时上锁； 8. 室外照明灯具完好	1	查现场。不符合要求1处扣0.2分		查看现场
	带式输送机	技术要求	1. 机上设施、装置符合移交时的各项技术标准和要求； 2. 检修和运行记录完整翔实	0.5	查现场和资料。不符合要求1处扣0.1分		设施、装置移交的各项技术标准和要求应符合《煤矿安全规程》、操作规程等规定；检查带式输送机的各项管理制度；检查相关的检修记录、运行记录、交接班记录等，要求各项记录完整翔实，规范整齐，不得缺项
		机械部分	1. 制动性能良好，制动部件完好； 2. 钢丝绳磨损和断丝不超限，滑轮无裂痕，紧固端无松动； 3. 减速器通气孔干净、畅通，减速器油位、油质合格； 4. 钢结构无开焊、变形、断裂现象，防腐有效，各部连接螺栓紧固齐全； 5. 受料槽圆钢、母板、耐磨板等各部位焊接牢固，磨损不过限，不伤及母板，挡料胶条夹板无变形，部件无损坏或不全，防冲击装置使用完好； 6. 托辊组部件完好； 7. 胶带损伤、磨损不超限； 8. 清扫器齐全有效； 9. 驱动滚筒及改向滚筒包胶磨损不超限； 10. 分流站伸缩头行走机构部件处于完好状态； 11. 各转动部位防护罩、防护网齐全、有效； 12. 消防设施齐全有效	1	查现场。不符合要求1处扣0.2分		查看现场

续表 13-11

项目	项目内容		基本要求	标准分值	评分方法	得分	【说明】
五、连续工艺(10分)	带式输送机	电气部分	1. 各种安全保护装置齐全有效,带式输送机检修时使用检修开关并上锁,启动预警时间不少于20 s; 2. 机上固定电缆理顺、捆绑、入槽或挂钩固定、布置整齐,接线规范,无裸露接头; 3. 电器柜内无积尘,电气元器件齐全、无破损、标识明确,柜内布线整齐,按规定捆绑; 4. 配电室及时上锁; 5. 电机接线盒、风翅、风罩齐全、无破损; 6. 电气保护接地齐全、规范; 7. 室外电气控制箱、操作箱箱体完好,箱内元器件齐全、无破损、无积尘、及时上锁	1	查现场。不符合要求1处扣0.2分		查看现场
	破碎站	技术要求	1. 设施、装置符合移交时的各项技术标准和要求; 2. 检修和运行记录完整翔实	0.5	查资料。不符合要求1处扣0.1分		设施、装置移交的各项技术标准和要求应符合《煤矿安全规程》、操作规程等规定;检查破碎机的各项管理制度;检查相关的检修记录、运行记录、交接班记录等,要求各项记录完整翔实,规范整齐,不得缺项
		机械部分	1. 制动性能良好,制动部件完好; 2. 减速器通气孔干净、畅通,减速器油位、油质合格; 3. 钢结构无开焊、变形、断裂现象,防腐有效,各部连接螺栓紧固齐全; 4. 板式给料机链节、驱动轮磨损不过限,给料机链板不变形; 5. 破碎辊的破碎齿、边齿磨损不过限、不松动; 6. 受料槽圆钢、母板、耐磨板等各部位焊接牢固,磨损不过限,不伤及母板,挡料胶条夹板无变形,部件无损坏或不全,防冲击装置使用完好; 7. 胶带损伤、磨损不超限; 8. 驱动滚筒及改向滚筒包胶磨损不超限; 9. 各转动部位防护罩、防护网齐全有效; 10. 消防设施齐全有效	1	查现场。1处不符合要求扣0.2分		查看现场

续表 13-11

项目	项目内容		基本要求	标准分值	评分方法	得分	【说明】
五、连续工艺(10分)	破碎站	电气部分	1. 各种安全保护装置齐全有效； 2. 机上固定电缆理顺、捆绑、入槽或挂钩固定、布置整齐，接线规范、无裸露接头； 3. 电器柜内无积尘，电气元器件齐全、无破损、标识明确，柜内布线整齐，按规定捆绑； 4. 配电室上锁； 5. 电机接线盒、风翅、风罩齐全、无破损； 6. 电气保护接地齐全规范； 7. 室外电气控制箱、操作箱箱体完好，箱内元器件齐全、无破损、无积尘、上锁； 8. 室外照明灯具完好	1	查现场。1 处不符合要求扣 0.2 分		查看现场
六、电机车(单斗-铁路工艺)(10分)	技术要求		1. 设施、装置符合移交时的各项技术标准和要求； 2. 检修、运行及交接班记录完整翔实	2	查资料。不符合要求 1 处扣 0.5 分		电机车的相关设施、装置移交的各项技术标准和要求应符合《煤矿安全规程》、操作规程等规定；检查电机车的各项管理制度；检查相关的检修记录、运行记录、交接班记录等，要求各项记录完整翔实，规范整齐，没有缺项
	设施要求		1. 正旁弓子无裂纹、无折损，编组铜线烧损和折损率不大于 15%，气筒不跑气； 2. 车棚盖不漏雨，避雷器完好，探照灯射程达 80 m 以上，主隔离开关无烧损，接触面积达 75%以上； 3. 主电阻室连接铜带无松弛和烧损，导线片间距离不小于原有的 66%； 4. 高压室的导线绝缘无腐蚀老化，接线头无烧损、脱焊，连锁装置正常； 5. 蓄电池箱底无腐蚀，滑道无破损，零件完整； 6. 机械室内辅助电机的保护网完整、轴承不漏油、动作可靠； 7. 台车、联结器、轮轴、牵引电动机各零件紧固、无缺失，润滑良好	4	查现场。不符合要求 1 处扣 0.5 分		查看现场

续表 13-11

项目	项目内容	基本要求	标准分值	评分方法	得分	【说明】
六、电机车(单斗-铁路工艺)(10分)	辅助设施	1. 司机室仪表齐全、完整、灵活,电热器完好,操作开关齐全完整、动作灵活; 2. 消防设施齐全有效	2	查现场。不符合要求1处扣0.5分		查看现场
	机车自翻车	1. 各机件齐全完好、无松动、不漏油,磨损符合要求,制动灵活; 2. 转动装置、台车连接处润滑良好、不缺油	2	查现场。不符合要求1处扣0.5分		查看现场
七、辅助机械设备(10分)	技术要求	1. 设施、装置符合移交时的各项技术标准和要求; 2. 检修、运行及交接班记录完整翔实	2	查资料。不符合要求1处扣0.5分		设施、装置移交的各项技术标准和要求应符合《煤矿安全规程》、操作规程等规定;辅助机械设备的各项管理制度应健全;检查相关的检修记录、运行记录、交接班记录等,要求各项记录完整翔实,规范整齐,没有缺项
	电气部分	1. 工作照明、各部仪表、蜂鸣器工作正常; 2. 控制装置、监控面板、报警装置工作正常,接线柱螺栓、各种保险开关不缺失; 3. 各种电线、电缆连接可靠,绑扎固定良好;各部插头连接紧固; 4. 发电机皮带、风扇皮带等运转正常,张紧度符合要求、无超限磨损; 5. 电瓶搭线连接良好,无闪络(火花)痕迹,可维护电瓶电解液液位满足使用要求	3	查现场。不符合要求1处扣0.5分		查看现场

续表13-11

项目	项目内容	基本要求	标准分值	评分方法	得分	【说明】
七、辅助机械设备(10分)	机械部分	1. 发动机冷却液温度正常,系统工作良好; 2. 发动机怠速声均匀无杂音、排烟正常; 3. 涡轮增压器歧管联接正常,无裂痕,固定牢固; 4. 排烟管、消音器无裂纹; 5. 机油、液压油、齿轮油油位、油质、温度、密封正常; 6. 制动装置部件齐全完好,制动性能可靠; 7. 传动装置工作正常,无漏油现象,各部分润滑良好; 8. 液压元件工作正常,液压回路密封良好,无漏油现象,液压传动系统工作安全可靠; 9. 钢结构件无开焊、变形或断裂现象,侧机架无漏油现象,铲刀、铲角、斗齿等磨损程度符合要求	3	查现场。不符合要求1处扣0.5分		查看现场
	辅助设施	1. 驾驶室仪表齐全有效,电器完好,操作开关齐全完整、动作灵活,安全装置,工作可靠; 2. 司机室清洁无杂物,消防设施齐全有效	2	查现场。不符合要求1处扣0.5分		查看现场
八、供电管理(12分)	断路器和互感器	1. 油位正常; 2. 本体及高压套管无渗漏	2	查现场。不符合要求不得分		查看现场
	开关柜	1. 内设断路器或负荷开关完好; 2. 内设电压、电流互感器完好; 3. 母线支撑瓶无损,连接螺栓无松动; 4. 开关柜各种保护完好	2	查现场。不符合要求不得分		查看现场

续表 13-11

项目	项目内容	基本要求	标准分值	评分方法	得分	【说明】
八、供电管理(12分)	变电站	有供电监控系统,35 kV、110 kV 变电站 2 小时排查、巡视 1 次,检查隔离开关、引线、设备卡有无发热、放电现象,记录齐全	2	查资料和现场。不符合要求 1 处扣 0.5 分		变电站设置应当遵守下列规定:① 采场变电站应当使用不燃性材料修建,站内变电装置与墙的距离不得小于 0.8 m,距顶部不得小于 1 m,变电站的门应当向外开,门口悬挂警示牌;② 采场变电站、非全封闭式移动变电站,四周应当设有围墙或栅栏;③ 必须对变电站、移动变电站、开关箱、分支箱统一编号,门必须加锁,并设安全警示标志,变电站内的设备应该编号,并注明负荷名称,必须设有停、送电标志;④ 移动变电站箱体应当有保护接地;⑤ 无人值班的变电站、移动变电站至少每 2 周巡视一次;⑥ 变电站室内必须配备合格的检测和绝缘用具。变电站的各项管理制度、操作规程健全;运行记录、交接班记录齐全;消防器材配备符合规定
	电力电缆防护区	1. 电力电缆防护区(两侧各 0.75 m)内不堆放垃圾、矿渣、易燃易爆及有害的化学物品; 2. 电缆线路标识符合《电力电缆工程技术导则》	2	查现场。不符合要求 1 处扣 0.5 分		架空输电线下严禁停放矿用设备,严禁堆置剥离物和煤炭等物料
	配电室	1. 配电室不渗、漏水,内、外墙皮完好,挡鼠板、防护网齐全并符合要求,非工作人员进入要登记; 2. 配电室外有"禁止攀登、高压危险"、"配电重地、闲人免进"等警示标示; 3. 周围无杂草、柴垛等易燃物; 4. 配电室内电缆沟使用合格盖板,出口封堵完好; 5. 按规定安装电容器并固定牢固	2	查现场。不符合要求 1 处扣 0.5 分		查看现场

续表 13-11

项目	项目内容	基本要求	标准分值	评分方法	得分	【说明】
八、供电管理(12分)	变压器	1. 柱上安装的变压器，底座距地面不小于2.5 m； 2. 露天安装的变压器悬挂“禁止攀登、高压危险”的标示牌； 3. 横梁、电缆套管等使用镀锌件； 4. 线路杆号、名称、色标及柱上开关(包括电缆分线箱、环网柜名称和编号)正确清楚，电缆牌齐全并与实际相符； 5. 高、低压同杆架设，横担间最小垂直距离：直线杆1.2 m，分支和转角杆1.0 m； 6. 柱上开关、配电台架、10 kV电缆线路(超过50 m的两端)安装避雷器，避雷器按要求定期试验； 7. 配电设备的接地线使用直径不小于16 mm的圆钢或截面积不小于100 mm^2 的接地体，接地电阻符合要求； 8. 表计无损坏，安装规范、牢固、无歪斜，表尾用供电所专用钳封印； 9. 带风扇通风冷却的变压器能自动或手动投入运行	2	查现场和资料。不符合要求1处扣0.5分		按照基本要求对现场进行逐条检查，同时检查变压器的各项管理制度、日常的各种工作记录、检查记录、维修记录等；检查避雷器的定期检测报告(专业机构)及消防器材的配备等

得分合计：

表 13-12 露天煤矿边坡标准化评分表

项目	项目内容	基本要求	标准分值	评分方法	得分	【说明】
一、技术管理(20分)	组织保障	有部门负责边坡管理工作	2	查资料。无部门负责不得分		设立边坡管理机构
	管理制度	制定边坡管理制度,定期巡视边坡,有巡视记录	5	查资料。无管理制度、不巡视或无巡视记录不得分,记录不完善1处扣1分		健全边坡管理的专项制度;有专人或兼职人员定期巡视采场及排土场边坡,发现有滑坡征兆时,及时汇报,并设立明显标志牌;对设有运输道路、采运机械和重要设施的边坡,必须及时采取安全措施;巡视记录应齐全,记录翔实
	资料管理	1. 有完善、准确、详细的工程地质、水文地质勘探资料	2	查资料。资料缺项不得分		露天煤矿应当进行专门的边坡工程、地质勘探工程和稳定性分析评价,并须具有完善、准确、详细的工程地质、水文地质勘探资料
		2. 有边坡设计	4	查资料。无设计不得分		边坡设计应根据工程地质和水文地质调剂教案确定最优边坡轮廓,采掘场的边坡设计应确定采掘场最终边坡及其与稳定系数 K 之间的曲线;工程地质条件复杂,有不利于边坡稳定的岩体结构、构造、软弱夹层、地震、动载荷、爆破等因素时,尚应进行专门的边坡工程地质勘探及岩土物理力学试验,边坡设计需符合《煤矿安全规程》规定和设计规范的要求,边坡设计的审批需符合程序
	气象预报	与当地气象部门建立天气预报及时通报机制	2	查资料。未建立通报机制不得分		检查通报机制的制度及通报记录
	技术措施	制定边坡稳定专项技术措施	3	查资料。无技术措施不得分		制定边坡稳定专项技术措施需符合《煤矿安全规程》第五百八十三条至第五百八十八条的规定;专项措施按程序审批
	应急预案	制定滑坡应急预案并组织演练	2	查资料。不符合要求不得分		必须建立应急救援组织,健全规章制度,编制应急救援预案,储备应急救援物资、装备并定期安全检查

续表 13-12

项目	项目内容	基本要求	标准分值	评分方法	得分	【说明】
二、采场边坡(30分)	稳定性分析与评价	每年做边坡稳定性分析与评价	7	查资料。未进行分析与评价不得分		定期请有资质的科研单位对边坡进行稳定性分析,必要时采取防治措施;有专业机构出具的边坡稳定性分析与评价报告
	稳定验算	每年做边坡稳定验算	7	查资料。未做边坡稳定验算不得分		露天煤矿必须进行年度边坡稳定性计算,当达不到边坡稳定要求时,应当修改采矿设计或者制定安全措施
	最终边坡	最终边坡到界后,稳定性达不到要求时,修改设计,并采取治理措施	5	查资料。未修改设计或未采取治理措施不得分		工作帮边坡在临近最终设计的边坡之前,必须对其进行稳定性分析和评价,当原设计的最终边坡达不到稳定的安全系数时,应当修改设计或者采取治理措施
	到界平盘	1. 符合设计	6	查现场。不符合设计不得分		查看现场
		2. 临近到界的平盘采取控制爆破	5	查资料。未采取控制爆破不得分		临近到界台阶时,应采用控制爆破。控制爆破是指对工程爆破过程中由于炸药在被爆破对象的爆炸而产生的飞散物、地震、空气冲击波、烟尘、噪声等公害通过一定的技术手段加以控制的一种爆破技术。 查看控制爆破的爆破设计
三、排土场边坡(30分)	稳定性分析与评价	定期做边坡稳定性分析与评价	7	查资料。未进行分析与评价不得分		定期对排土场边坡进行稳定性分析,必要时采取防治措施,有专业机构出具的定期边坡稳定性分析与评价报告
	稳定验算	定期做边坡稳定验算	7	查资料。未进行边坡稳定验算不得分		《煤矿安全规程》第五百八十六条规定:露天煤矿的长远和年度采矿工程设计,必须进行边坡稳定性验算。达不到边坡稳定要求时,应当修改采矿设计或制定安全措施。 查看边坡稳定性验算

续表 13-12

项目	项目内容	基本要求	标准分值	评分方法	得分	**【说明】**
三、排土场边坡(30分)	稳定性管理	1. 排土场到界前 100 m,采取措施	5	查现场。未采取措施不得分		检查相关措施及措施的现场实施
		2. 内排土场基底有不利于边坡稳定的松软土岩时,按照设计要求进行处理	6	查资料和现场。未按要求进行处理不得分		稳定性管理措施必须符合《煤矿安全规程》第五百八十八条的规定。 查看稳定性管理的相关措施及现场
		3. 排土场的排弃高度和边坡角,符合设计	5	查现场。不符合要求不得分		排土场的最大排弃高度和边坡角,应根据排土场基底的稳定性、地形坡度、排弃物性质确定。查看设计和现场
四、不稳定边坡(20分)	管理	对不稳定边坡实施重点监管,进行稳定性分析与评价	3	查资料。不符合要求不得分		查看边坡管理部门对于危险边坡进行重点管理的制度和措施以及边坡稳定性的分析与评价报告
	监测	在不稳定边坡设监测网络,有监测记录	8	查资料和现场。未设监测网络或没有监测记录不得分,记录不符合要求 1 处扣 2 分		查看现场和监测记录,监测记录应齐全完整;监测网络运行可靠
	防范	加强巡视,有巡视记录,发现滑坡征兆,撤出作业人员,设警示标志	9	查资料和现场。有危险未撤人不得分,无巡视记录扣 3 分,未设警示标志扣 3 分		应当定期巡视采场及排土场边坡,发现有滑坡征兆时,必须设明显标志牌;发生滑坡后,应当立即对滑坡区采取安全措施,并进行专门的勘察、评价与治理工程设计;查看巡视记录

得分合计:

表 13-13　**露天煤矿疏干排水标准化评分表**

项目	项目内容	基本要求	标准分值	评分方法	得分	【说明】
一、技术管理(35分)	组织保障	有负责疏干排水工作的部门	5	查资料。不符合要求不得分		露天矿必须有防治水工作的管理机构，必须有足够的防治水技术人员和正常工作的装备，并具备相应的硬件设备和严格的管理制度，以保证工作顺利进行
	管理制度	建立水文地质预测预报、疏干排水技术管理及疏干巷道雨季人员撤离制度	5	查资料。缺1项制度扣2分		制定防治水管理办法，成立防治水机构并明确规则；编制水害预测预报制度、水害隐患排查与治理制度、矿山水害应急救援预案并进行演练
	技术资料	1. 综合水文地质图； 2. 综合水文地质柱状图； 3. 疏干排水系统平面图； 4. 矿区地下水等水位线图； 5. 疏干巷道竣工资料； 6. 疏干巷道井上下对照图	12	查资料。每缺1种图纸扣5分；图纸信息不全1处扣2分		必备的水文地质图纸和图纸信息应齐全，图纸的比例符合要求
	规划及计划	有防治水中长期规划、年度疏干排水计划及措施，并组织实施	5	查资料和现场。无规划、计划及措施、未组织实施不得分		根据《煤矿防治水规定》必须编制露天矿防治水中长期规划、年度疏干排水计划及措施，并组织实施；坑底储排水的期限要求必须满足
	水文地质	查明地下水来水方向、渗透系数等；受地下水影响较大和已经进行疏干排水工程的边坡，进行地下水位、水压及涌水量观测并有记录，分析地下水对边坡稳定的影响程度及疏干效果，制定地下水治理措施	5	查资料。未查明、无记录、无措施不得分，记录不全1处扣2分		露天矿必须填报的涌水量和排水量的记录，全矿统一格式，按要求、时限填报，并由本部门的领导签字审核后上报主管科室备案留存；因地下水位升高，可能造成排土场或者采场滑坡时，必须进行地下水疏干。 查看涌水量和排水量记录和地下水治理的措施
	疏干水再利用	疏干水、矿坑水，可直接利用的或经处理后可利用的要回收利用	3	查现场。应利用未利用的不得分		对露天开采所排出的水综合利用，提倡节约水资源，从而实现水资源的循环利用

续表 13-13

项目	项目内容	基本要求	标准分值	评分方法	得分	【说明】
二、疏干排水系统(55分)	设备设施	1. 地面排水沟渠、储水池、防洪泵、防洪管路等设施完备,排水能力满足要求; 2. 地下水疏干水泵、管道和运行控制等设备完好,满足疏干设计; 3. 疏干巷道排水设备满足巷道涌水量要求	10	查现场和资料。不符合要求1处扣5分		排水系统设备和设施应满足坑底储排水期限的要求,排水期限符合《煤矿安全规程》规定;设备设施完好,运行可靠,能满足设计的排水能力;设备运行记录、检修记录齐全规范
	地面排水	1. 用露天采场深部做储水池排水时,有安全措施,备用水泵的能力不小于工作水泵能力的50%; 2. 采场内的主排水泵站设置备用电源,当供电线路发生故障时,备用电源能担负最大排水负荷; 3. 排水泵电源控制柜设置在储水池上部台阶,加高基础,远离低洼处,避免洪水淹没和冲刷; 4. 储水池周围设置挡墙或护栏,检修平台符合GB 4053.4,上下梯子符合GB 4053.1~4053.2; 5. 矿区外地表水对采场有影响时,有阻隔治理措施	10	查现场和资料。第1和第2项不符合要求不得分,其他不符合要求1处扣2分		地表及边坡上的防排水设施应当避开有滑坡危险的地段,排水沟应当经常检查、清淤,不应渗透、倒灌或者漫流;当采场内有滑坡区时,应当在滑坡区周围采取截水措施;当水沟经过有变形、裂缝的边坡地段时,应当采取防渗措施;露天矿地面排水系统的检查,主要是防、堵、疏、截、排等相关设施、设备的巡视检查,并做好巡视检查记录,对发现的问题制定措施,并监督实施
	地下水疏干	1. 疏干工程应超前采矿工程,疏干降深满足采矿要求; 2. 有涌水点的采剥台阶,设置相应的疏干排水设施; 3. 因地下水位升高,可能造成排土场或采场滑坡的,应进行地下水疏干或采取有效措施进行治理; 4. 疏干管路应根据需要配置控制阀、逆止阀、泄水阀、放气阀等装置,管路及阀门无漏水现象; 5. 疏干井地下(半地下)泵房应设通风装置; 6. 免维护疏干巷道有防火措施、排水通畅; 7. 严寒地区疏干排水系统有防冻措施	10	查现场和资料。不符合要求1处扣2分		地下水影响较大和已进行疏干排水工程的边坡,应当进行地下水位、水压及涌水量的观测,分析地下水对边坡稳定的影响程度及疏干的效果,并制定地下水治理措施;疏干工程应有工程设计,疏干的设备设施应符合设计要求,有相应的安全质量措施。设备的运行记录、检修记录齐全规范

续表 13-13

项目	项目内容	基本要求	标准分值	评分方法	得分	【说明】
二、疏干排水系统(55分)	现场管理	1. 在矿床疏干漏斗范围内,地面出现裂缝、塌陷,圈定范围加以防护,设置警示标识,制定安全措施; 2. 进入疏干井地下(半地下)泵房前应进行通风,检测气体合格后方可进入; 3. 现场备用排水泵处于完好状态; 4. 现场有配电系统图、水泵操作流程图; 5. 检查疏干排水系统,有记录; 6. 地埋管路堤坝应进行整形处理,疏干井、明排水泵周围应设检修平台,外围疏干现场应设检修通道; 7. 疏干巷道运行设施完好,运行记录完整; 8. 维护疏干巷道时,有防火、通风措施; 9. 疏干巷道符合《矿井地质规程》	20	查现场和资料。不符合要求1处扣5分		现场各项管理制度、操作规程、安全措施有效执行;警示标志明显规范;运行记录、检修记录、交接班记录填写规范整齐;工作环境整洁,物品定置存放;有专门的防火、通风措施;消防器材配备符合规定,且有检查记录
	疏干集中控制系统	1. 主机运行状态良好; 2. 分站通讯状况良好; 3. 主站采集的电流、电压、温度等数据准确,采集系统无异常或缺陷; 4. 远程启动、停止、复位指令可靠; 5. 停泵、通讯异常报警正常; 6. 有完好的集控备用系统和备用电源	5	查现场和资料。不符合要求1处扣2分		集控系统设施设备状态良好,运行安全可靠,数据采集传输准确;通信系统、远程控制系统、异常报警系统、备用系统及备用电源完好;集控系统的各项管理制度、操作规程有效执行;运行记录、检查记录、维修记录等填写规范整齐;按规定配备消防器材
三、岗位规范(5分)	专业技能及作业规范	1. 建立并执行本岗位安全生产责任制; 2. 掌握本岗位操作规程、作业规程; 3. 按操作规程作业,无“三违”行为; 4. 作业前进行安全确认	5	查资料和现场。岗位安全生产责任制不全,每缺1个岗位扣3分,发现1人“三违”不得分,其他1处不符合要求扣1分		操作规程、作业规程应符合《煤矿安全规程》和技术规范要求,编制内容齐全、规范,审批手续规范,学习、贯彻、考核记录齐全。严格按照操作规程作业,管理人员、岗位工、特种作业人员一律按要求持证上岗。对现场和日常的安全检查资料进行检查

续表 13-13

项目	项目内容	基本要求	标准分值	评分方法	得分	【说明】
四、文明生产(5分)	作业环境	1. 环境干净整洁,各设施保持完好; 2. 各类物资摆放规整; 3. 各种记录规范,页面整洁	5	查现场和资料。1项不符合要求扣1分		对作业环境进行现场检查,值班室内设施完好,环境整洁,物品摆放有序;各种记录规范齐全,没有缺项

得分合计:

《煤矿安全生产标准化考核定级办法（试行）》执行说明

第一条 为深入推进全国煤矿安全生产标准化工作,持续提升煤矿安全保障能力,根据《安全生产法》关于"生产经营单位必须推进安全生产标准化建设"的规定,制定本办法。

【说明】 本条主要给出了《煤矿安全生产标准化考核定级办法(试行)》(以下简称《定级办法》)制定的法律依据和目的。

1. 安全生产标准化

《安全生产法》第四条明确规定生产经营单位必须推进安全生产标准化建设,所以推动标准化工作是企业的责任与义务。政府部门有责任监督企业按照《安全生产法》推行标准化工作。煤矿取得的安全生产标准化等级,是煤矿安全生产标准化工作主管部门对煤矿执行《安全生产法》组织开展安全生产标准化建设情况的考核认定,是标准化主管部门对煤矿实行分类监管的一种有效手段,其实质是一项行政管理措施。

安全生产标准化,是指通过建立安全生产责任制,制定安全管理制度和操作规程,排查治理隐患和监控重大危险源,建立预防机制,规范生产经营行为,使各生产经营环节符合有关安全生产法律、法规和标准、规范的要求,处于良好的生产经营状态并持续改进。

(1) 煤矿安全生产标准化的内涵。

矿井的风险分级管控、隐患排查治理、采煤、掘进、机电、运输、通风、地质灾害防治与测量以及调度和地面设施、应急救援、职业卫生等相关生产环节和相关岗位的安全质量工作,必须符合法律、法规、规章、规程等规定,达到并保持良好的标准,保障矿工的安全、身体健康和矿井长治久安的需要,要逐步达到安全型矿井标准。

(2) 煤矿安全生产标准化的特点。

一是突出了安全生产工作的重要地位。安全生产制约着我国煤炭健康发展,始终是头等重要的任务。安全生产标准化,就是要求标准化的所有工作必须以安全生产为出发点和着眼点,紧紧围绕矿井安全生产来进行。二是强调安全生产工作的规范化和标准化。安全生产标准化要求煤矿的安全生产行为必须是合法的和规范的,安全生产各项工作必须符合《安全生产法》等法律、法规和规章、规程的要求。三是体现了安全与生产之间的紧密联系。讲安全必须讲质量,抓质量标准化必须抓安全工作标准化,任何时候都不能偏废。四是安全生产标准化的起点更高,标准更严。新形势下的煤矿安全生产标准化,必须符合质量标准,满足职工群众日益增长的安全生产、文明生产的愿望。

2. 法律依据

(1)《安全生产法》第四条规定:生产经营单位必须遵守本法和其他有关安全生产的法律、法规,加强安全生产管理,建立、健全安全生产责任制和安全生产规章制度,改善安全生产条件,推进安全生产标准化建设,提高安全生产水平,确保安全生产。

(2)《中共中央 国务院关于推进安全生产领域改革发展的意见》规定:强化企业预防措施。企业要定期开展风险评估和危害辨识。针对高危工艺、设备、物品、场所和岗位,建立分级管控制度,制定落实安全操作规程。树立隐患就是事故的观念,建立健全隐患排查治理制度、重大隐患治理情况向负有安全生产监督管理职责的部门和企业职代会"双报告"制度,实行自查自改自报闭环管理。严格执行安全生产和职业健康"三同时"制度。大力推进企业安全生产标准化建设,实现安全管理、操作行为、设备设施和作业环境的标准化。开展经常性的应急演练和人员避险自救培训,着力提升现场应急处置能力。

(3)《安全生产"十三五"规划》规定:严格落实企业安全生产条件,保障安全投入,推动企业安全生产标准化达标升级,实现安全管理、操作行为、设备设施、作业环境标准化。

将职业病危害防治纳入企业安全生产标准化范围,推进职业卫生基础建设。

推动企业安全生产标准化达标升级。

3. 制定目的

制定的目的是深入推进全国煤矿安全生产标准化工作,持续提升煤矿安全保障能力。

(1) 煤矿安全生产标准化工作是煤矿企业的基础工程、生命工程和效益工程,是构建煤矿安全生产长效机制的重要措施,是我国煤炭行业借鉴国内外先进的安全质量管理理念、技术和方案,经过多年的探索,逐步发展形成的一整套安全生产管理体系和方法。继续深入开展煤矿安全生产标准化达标创建工作,是落实党中央、国务院关于煤炭工业安全发展、科学发展的必然要求,是全国煤矿在安全生产过程中达成的共识,是强化煤矿安全基础工作、保障煤矿生产安全的重要手段。

(2) 安全生产标准化是加强煤矿安全基层基础管理工作的有效措施。安全生产标准化是在继承以往煤矿安全质量标准化工作基础上不断创新、逐步发展完善形成的一套行之有效的安全生产管理体系和方法,深入持久地组织开展煤矿安全生产标准化建设是提升煤矿安全生产保障能力建设的有效措施,突出体现了安全生产基层、基础工作的重要地位,体现了全员、全过程、全方位安全管理和以人为本、科学发展的核心理念。近年来,各地区、各煤矿企业结合实际开展煤矿安全质量标准化工作,强化安全基础,提升安全保障能力,为促进全国煤矿安全生产状况稳定好转做出了贡献。但是,煤矿安全生产标准化工作总体水平仍然偏低,各地进展不平衡,不能适应新时期、新形势对煤炭工业安全发展的新要求。各地区、各煤矿企业要进一步提高认识,增强责任感和使命感,加快完善与新要求、新任务相适应的煤矿安全生产标准化工作体系,精心组织,强力推进,把煤矿安全生产标准化工作深入持久地开展下去,为促进煤矿安全生产状况的持续稳定好转、进而实现根本好转奠定基础。

第二条 本办法适用于全国所有合法的生产煤矿。

【说明】 本条规定了本办法的适用范围。

本办法适用于全国所有合法的生产煤矿,包括中央直属、省属、市县属、乡属及个体煤矿等各类煤矿。制定本办法是为了考核定级的,只针对生产矿井,不涉及新建、技改(包括重组整合)等矿井。新建、技改等矿井在建设、改造期间可以参照新标准开展标准化基础工作,一旦验收合格自然就转为生产矿井,进入新标准的规范范围。

第三条 考核定级标准执行《煤矿安全生产标准化基本要求及评分方法》(以下简称《评分方法》)。

【说明】 本条规定了煤矿安全生产标准化考核定级时使用的标准和评分方法。

新标准将原来的考核评级改为考核定级,以凸显对煤矿工作状况的客观认定,避免考核人员的主观评判。简单说,这项工作就像单位每年对职工的考核,不是主观评价,是客观描述。

对煤矿进行安全生产标准化考核定级必须严格按照《评分方法》的标准进行评分,申报煤矿也必须根据《评分方法》的基本要求和评分标准进行安全生产标准化建设,以及资料和现场准备。

第四条 申报安全生产标准化等级的煤矿必须同时具备《评分方法》设定的基本条件,有任一条基本条件不能满足的,不得参与考核定级。

【说明】 本条规定了申报安全生产标准化等级煤矿的必备条件。

申报安全生产标准化等级的煤矿必须是国内的合法生产煤矿，还必须同时具备《评分方法》设定的基本条件。

《评分方法》中规定的安全生产标准化达标煤矿应具备的基本条件为：

(1) 采矿许可证、安全生产许可证、营业执照齐全有效；

(2) 矿长、副矿长、总工程师、副总工程师(技术负责人)在规定的时间内参加由煤矿安全监管部门组织的安全生产知识和管理能力考核，并取得考核合格证；

(3) 不存在各部分所列举的重大事故隐患；

(4) 建立矿长安全生产承诺制度，矿长每年向全体职工公开承诺，牢固树立安全生产"红线意识"，及时消除事故隐患，保证安全投入，持续保持煤矿安全生产条件，保护矿工生命安全。

以上 4 个基本条件中，有任一条基本条件不能满足的，不得参与考核定级。

第五条 煤矿安全生产标准化等级分为一级、二级、三级 3 个等次，所应达到的标准为：

一级：煤矿安全生产标准化考核评分 90 分以上(含，以下同)，井工煤矿安全风险分级管控、事故隐患排查治理、通风、地质灾害防治与测量、采煤、掘进、机电、运输部分的单项考核评分均不低于 90 分，其他部分的考核评分均不低于 80 分，正常工作时单班入井人数不超过 1 000 人、生产能力在 30 万吨/年以下的矿井单班入井人数不超过 100 人；露天煤矿安全风险分级管控、事故隐患排查治理、钻孔、爆破、边坡、采装、运输、排土、机电部分的考核评分均不低于 90 分，其他部分的考核评分均不低于 80 分。

【说明】 本条该款规定了煤矿安全生产标准化等级中一级的定级标准。

(1) 井工矿安全生产标准化考核必须同时满足以下 4 个条件，才能给予一级：

① 煤矿考核总得分：≥90 分。

② 主要单项考核得分：≥90 分(主要单项包括：安全风险分级管控、事故隐患排查治理、通风、地质灾害防治与测量、采煤、掘进、机电、运输)。

③ 其他单项考核得分：≥80 分(其他单项包括：职业卫生、安全培训和应急管理、调度和地面设施)。

④ 单班入井人数：正常工作时单班入井人数不超过 1 000 人、生产能力在 30 万吨/年以下的矿井单班入井人数不超过 100 人。

(2) 露天矿安全生产标准化考核必须同时满足以下 3 个条件，才能给予一级：

① 煤矿考核总得分：≥90 分。

② 主要单项考核得分：≥90 分(主要单项包括：安全风险分级管控、事故隐患排查治理、钻孔、爆破、边坡、采装、运输、排土、机电)。

③ 其他单项考核得分：≥80 分(其他单项包括：疏干排水、职业卫生、安全培训和应急管理、调度和地面设施)。

二级：煤矿安全生产标准化考核评分 80 分以上，井工煤矿安全风险分级管控、事故隐患排查治理、通风、地质灾害防治与测量、采煤、掘进、机电、运输部分的单项考核评分均不低于 80 分，其他部分的考核评分均不低于 70 分；露天煤矿安全风险分级管控、事故隐患排查治理、钻孔、爆破、边坡、采装、运输、排土、机电部分的考核评分均不低于 80 分，其他部分的考核评分均不低于 70 分。

【说明】 本条该款规定了煤矿安全生产标准化等级中二级的定级标准。

(1) 井工矿安全生产标准化考核必须同时满足以下3个条件,才能给予二级:

① 煤矿考核总得分:≥80分。

② 主要单项考核得分:≥80分(主要单项包括:安全风险分级管控、事故隐患排查治理、通风、地质灾害防治与测量、采煤、掘进、机电、运输)。

③ 其他单项考核得分:≥70分(其他单项包括:职业卫生、安全培训和应急管理、调度和地面设施)。

(2) 露天矿安全生产标准化考核必须同时满足以下3个条件,才能给予二级:

① 煤矿考核总得分:≥80分。

② 主要单项考核得分:≥80分(主要单项包括:安全风险分级管控、事故隐患排查治理、钻孔、爆破、边坡、采装、运输、排土、机电)。

③ 其他单项考核得分:≥70分(其他单项包括:疏干排水、职业卫生、安全培训和应急管理、调度和地面设施)。

三级:煤矿安全生产标准化考核评分70分以上,井工煤矿事故隐患排查治理、通风、地质灾害防治与测量、采煤、掘进、机电、运输部分的单项考核评分均不低于70分,其他部分的考核评分均不低于60分;露天煤矿安全风险分级管控、事故隐患排查治理、钻孔、爆破、边坡、采装、运输、排土、机电部分的考核评分均不低于70分,其他部分的考核评分均不低于60分。

【说明】 本条该款规定了煤矿安全生产标准化等级中三级的定级标准。

(1) 井工矿安全生产标准化考核必须同时满足以下3个条件,才能给予三级:

① 煤矿考核总得分:≥70分。

② 主要单项考核得分:≥70分(主要单项包括:事故隐患排查治理、通风、地质灾害防治与测量、采煤、掘进、机电、运输)。

③ 其他单项考核得分:≥60分(其他单项包括:职业卫生、安全培训和应急管理、调度和地面设施)。

(2) 露天矿安全生产标准化考核必须同时满足以下3个条件,才能给予三级:

① 煤矿考核总得分:≥70分。

② 主要单项考核得分:≥70分(主要单项包括:安全风险分级管控、事故隐患排查治理、钻孔、爆破、边坡、采装、运输、排土、机电)。

③ 其他单项考核得分:≥60分(其他单项包括:疏干排水、职业卫生、安全培训和应急管理、调度和地面设施)。

第六条 煤矿安全生产标准化等级实行分级考核定级。

一级标准化申报煤矿由省级煤矿安全生产标准化工作主管部门组织初审,国家煤矿安全监察局组织考核定级。

二级、三级标准化申报煤矿的初审和考核定级部门由省级煤矿安全生产标准化工作主管部门确定。

【说明】 本条规定了煤矿安全生产标准化等级实行分级考核定级的基本原则,明确了组织分级考核定级的部门。

(1) 一级标准化申报煤矿:

① 初审:省级煤矿安全生产标准化工作主管部门组织。

② 考核定级:国家煤矿安全监察局组织。

(2) 二级、三级标准化申报煤矿的初审和考核定级由省级煤矿安全生产标准化工作主管部门确定,省级煤矿安全生产标准化工作主管部门具有一定的自主权。

第七条 煤矿安全生产标准化考核定级按照企业自评申报、检查初审、组织考核、公示监督、公告认定的程序进行。煤矿安全生产标准化考核定级部门原则上应在收到煤矿企业申请后的60个工作日内完成考核定级。

【说明】 本条规定了煤矿安全生产标准化考核定级的程序和时限要求。

(1) 考核定级程序:自评申报→检查初审→组织考核→公示监督→公告认定。

(2) 考核定级时限:煤矿安全生产标准化考核定级部门原则上应在收到煤矿企业申请后的60个工作日内完成考核定级。

1. 自评申报。煤矿对照《评分方法》全面自评,形成自评报告,填写煤矿安全生产标准化等级申报表,依拟申报的等级自行或由隶属的煤矿企业向负责初审的煤矿安全生产标准化工作主管部门提出申请。

【说明】 本条该款对煤矿自评申报做了详细要求。煤矿要对照《评分方法》全面自评,依拟申报的等级自行或由隶属的煤矿企业向负责初审的煤矿安全生产标准化工作主管部门提出申请。申请材料主要包括自评报告和等级申报表。

1. 煤矿安全生产标准化自评报告

井工矿自评报告内容一般应包括下列内容:

××煤矿×级煤矿安全生产标准化自评报告

第一章 概述
  第一节 考评对象、依据和时间
  第二节 煤矿基本情况
第二章 煤矿安全生产标准化各部分考评情况
  第一节 安全风险分级管控
  第二节 事故隐患排查治理
  第三节 通风
  第四节 地质灾害防治与测量
  第五节 采煤
  第六节 掘进
  第七节 机电
  第八节 运输
  第九节 职业卫生
  第十节 安全培训和应急管理
  第十一节 调度和地面设施
第三章 考评结论
第四章 存在问题及建议
附各部分评分表
附矿井证件证书影印件

2. 煤矿安全生产标准化等级申报表

煤矿安全生产标准化等级申报表要按照有关部门统一制定的表格填报。

2. 检查初审。负责初审的煤矿安全生产标准化工作主管部门收到企业申请后,应及时进行材料审查和现场检查,经初审合格后上报负责考核定级的部门。

【说明】 本条该款对煤矿安全生产标准化检查初审做了详细要求。

(1) 检查初审主要是初审部门对企业申请及时进行初审,初审合格后上报负责考核定级的部门。

(2) 负责初审的煤矿安全生产标准化工作主管部门检查初审的方式包括材料审查和现场检查两种。

3. 组织考核。考核定级部门在收到经初审合格的煤矿企业安全生产标准化等级申请后,应及时组织对上报的材料进行审核,并在审核合格后,进行现场检查或抽查,对申报煤矿进行考核定级。

对自评材料弄虚作假的煤矿,煤矿安全生产标准化工作主管部门应取消其申报安全生产标准化等级的资格,认定其不达标。煤矿整改完成后方可重新申报。

【说明】 本条该款对煤矿安全生产标准化组织考核定级做了详细要求。

(1) 规定了组织考核的流程和内容。考核定级部门在收到经初审合格的煤矿企业安全生产标准化等级申请后,应及时组织对上报的材料进行审核,并在审核合格后,进行现场检查或抽查,对申报煤矿进行考核定级。

(2) 新标准在制度设计上,对诚信有严格的要求。对自评材料弄虚作假的煤矿企业,煤矿安全生产标准化工作主管部门应取消其申报安全生产标准化等级的资格,认定其不达标。煤矿整改完成后方可重新申报。除了在制度设计上,在后续考核上,也要有诚信记录,要求煤矿企业对自查报告等出具承诺书。

4. 公示监督。对考核合格的煤矿,煤矿安全生产标准化考核定级部门应在本单位或本级政府的官方网站向社会公示,接受社会监督。公示时间不少于 5 个工作日。

对考核不合格的煤矿,考核定级部门应书面通知初审部门按下一个标准化等级进行考核。

【说明】 本条该款对煤矿安全生产标准化公示监督做了详细要求。

(1) 公示要求:对考核合格的煤矿,煤矿安全生产标准化考核定级部门应在本单位或本级政府的官方网站向社会公示,接受社会监督。对考核不合格的煤矿,考核定级部门应书面通知初审部门按下一个标准化等级进行考核。

(2) 公示时间:不少于 5 个工作日。

5. 公告认定。对公示无异议的煤矿,煤矿安全生产标准化考核定级部门应确认其等级,并予以公告。

【说明】 本条该款对煤矿安全生产标准化公告认定做了详细要求。

对考核合格的煤矿,经公示监督后,对公示无异议的煤矿,煤矿安全生产标准化考核定级部门应确认其等级,并予以公告。

第八条 煤矿安全生产标准化等级实行有效期管理。一级、二级、三级的有效期均为 3 年。

【说明】 本条规定了煤矿安全生产标准化等级实行有效期管理。一级、二级、三级的有效期均为 3 年。

第九条 安全生产标准化达标煤矿的监管。

1. 对取得安全生产标准化等级的煤矿应加强动态监管。各级煤矿安全生产标准化工作主管部门应结合属地监管原则,每年按照检查计划按一定比例对达标煤矿进行抽查。对工作中发现已不具备原有标准化水平的煤矿应降低或撤消其取得的安全生产标准化等级;对发现存在重大事故隐患的煤矿应撤消其取得的安全生产标准化等级。

【说明】 本条该款对煤矿安全生产标准化达标煤矿动态监管做了详细要求。

(1) 动态监管要求:对取得安全生产标准化等级的煤矿应加强动态监管。各级煤矿安全生产标准化工作主管部门应结合属地监管原则,每年按照检查计划按一定比例对达标煤矿进行抽查。

(2) 动态监管处理:

① 对工作中发现已不具备原有标准化水平的煤矿应降低或撤消其取得的安全生产标准化等级;

② 对发现存在重大事故隐患的煤矿应撤消其取得的安全生产标准化等级。

2. 对发生生产安全死亡事故的煤矿,各级煤矿安全生产标准化工作主管部门应立即降低或撤消其取得的安全生产标准化等级。一级、二级煤矿发生一般事故时降为三级,发生较大及以上事故时撤消其等级;三级煤矿发生一般及以上事故时,撤消其等级。

【说明】 本条该款对煤矿安全生产标准化达标煤矿发生生产安全死亡事故做了详细要求。

取得等级的煤矿在考核定级后如果思想麻痹,管理松懈滑坡,风险管控和隐患排查工作不到位,是有可能发生事故的。一旦发生事故,应当对其等级进行降低或撤消处理。

(1) 一级、二级煤矿发生一般事故时降为三级,发生较大及以上事故时撤消其等级;

(2) 三级煤矿发生一般及以上事故时,撤消其等级。

3. 降低或撤消煤矿所取得的安全生产标准化等级时,应及时将相关情况报送原等级考核定级部门,并由原等级考核定级部门进行公告确认。

【说明】 本条该款对煤矿安全生产标准化达标煤矿降低或撤消等级做了详细要求。

降低或撤消煤矿所取得的安全生产标准化等级时:

(1) 应及时将相关情况报送原等级考核定级部门;

(2) 原等级考核定级部门进行公告确认。

4. 对安全生产标准化等级被撤消的煤矿,实施撤消决定的标准化工作主管部门应依法责令其立即停止生产、进行整改,待整改合格后、重新提出申请。

因发生生产安全事故被撤消等级的煤矿原则上 1 年内不得申报二级及以上安全生产标准化等级(省级安全生产标准化主管部门另有规定的除外)。

【说明】 本条该款对煤矿安全生产标准化达标煤矿被撤消等级做了详细要求。

(1) 对安全生产标准化等级被撤消的煤矿,实施撤消决定的标准化工作主管部门应依法责令其立即停止生产、进行整改,待整改合格后、重新提出申请。

(2) 因发生生产安全事故被撤消等级的煤矿原则上 1 年内不得申报二级及以上安全生产标准化等级(省级安全生产标准化主管部门另有规定的除外)。

5. 安全生产标准化达标煤矿应加强日常检查,每月至少组织开展 1 次全面的自查,并在等级有效期内每年由隶属的煤矿企业组织开展1次全面自查(企业和煤矿一体的由煤矿组织),形成自查报告,并依煤矿安全生产标准化等级向相应的考核定级部门报送自查结果。一级安全生产标准化煤矿的自评结果报送省级煤矿安全生产标准化工作主管部门,由其汇总并于每年年底向国家煤矿安全监察局报送1次。

【说明】 本条该款对煤矿安全生产标准化达标煤矿自查做了详细要求。

(1) 月自查。安全生产标准化达标煤矿应加强日常检查,每月至少组织开展1次全面的自查。

(2) 年自检。安全生产标准化达标煤矿在等级有效期内每年由隶属的煤矿企业组织开展1次全面自查(企业和煤矿一体的由煤矿组织),形成自查报告。

(3) 年自检报告报送。年自查报告要依煤矿安全生产标准化等级向相应的考核定级部门报送自查结果。一级安全生产标准化煤矿的自评结果报送省级煤矿安全生产标准化工作主管部门,由其汇总并于每年年底向国家煤矿安全监察局报送1次。

6. 各级煤矿安全生产标准化主管部门应按照职责分工每年至少通报一次辖区内煤矿安全生产标准化考核定级情况,以及等级被降低和撤消的情况,并报送有关部门。

【说明】 本条该款对煤矿安全生产标准化达标煤矿、等级被降低和撤消煤矿的管理做了详细要求。

各级煤矿安全生产标准化主管部门应按照职责分工每年至少通报一次辖区内煤矿安全生产标准化考核定级情况,以及等级被降低和撤消的情况,并报送有关部门。

第十条 煤矿企业采用《煤矿安全风险预控管理体系规范》(AQ/T 1093—2011)开展安全生产标准化创建工作的,可依据其相应的评分方法进行考核定级,考核等级与安全生产标准化相应等级对等,其考核定级工作按照本办法执行。

【说明】 本条规定了原来采用《煤矿安全风险预控管理体系规范》(AQ/T 1093—2011)开展安全生产标准化创建工作的煤矿的考核定级办法。

煤矿安全风险预控管理体系是在进行了危险源辨识和风险评估,明确了煤矿安全管理的对象和重点的基础上,通过保障机制,促进安全生产责任制落实和风险管控标准与措施得以执行,从而实现对危险源超前监测监控和风险预警,对工作过程中出现的隐患进行跟踪治理和管控,实现安全生产的工作过程。它是对安全标准化工作的继承和得升。这一体系灵活性较高,允许煤矿根据自身生产条件的变化及时对体系因素进行调整,具有较高的针对性,但是体系的运行对煤矿的基础条件要求较高,运行管理较为复杂,目前主要在神华集团所属煤矿中应用,而且以其所属的神东公司运行最好。其他已引用该体系的如河南省省属国有煤矿企业、国投集团、华能集团等单位,主要是引用其第一个环节,即危险源辨识和风险评估,安全管理仍以安全生产标准化为主。

第十一条 各级煤矿安全生产标准化工作主管部门和煤矿企业应建立安全生产标准化激励政策,对被评为一级、二级安全生产标准化的煤矿给予鼓励。

【说明】 本条规定对煤矿安全生产标准化达标煤矿奖励做了具体要求。

(1) 奖励政策要求:各级煤矿安全生产标准化工作主管部门和煤矿企业应建立安全生产标准化激励政策;

(2) 奖励对象:对被评为一级、二级安全生产标准化的煤矿给予鼓励。

第十二条 省级煤矿安全生产标准化工作主管部门可根据本办法和本地区工作实际制

定实施细则,并及时报送国家煤矿安全监察局。

【说明】 本条规定了省级煤矿安全生产标准化工作主管部门可以制定煤矿安全生产标准化实施细则。

我国煤矿分布范围广,各省煤矿煤层赋存状况差异较大,生产技术水平不一,省级煤矿安全生产标准化主管部门根据本办法和本地区工作实际制定实施细则,有利于各省煤矿安全生产标准化建设的推进。

第十三条 本办法自 2017 年 7 月 1 日起试行,2013 年颁布的《煤矿安全质量标准化考核评级办法(试行)》同时废止。

【说明】 本条规定了本办法试行和原办法废止的时间要求。

本办法于 2017 年 1 月 24 日公布,自 2017 年 7 月 1 日起施行,有关单位应在这个时间段内进行学习、宣传、贯彻,做好实施前的准备工作。

参考文献

[1] 国家安全生产监督管理总局,国家煤矿安全监察局.煤矿安全规程[M].北京:煤炭工业出版社,2016.

[2] 国家煤炭工业局.建筑物、水体、铁路及主要井巷煤柱留设与压煤开采规程[M].北京:煤炭工业出版社,2010.

[3] 周连春,赵启峰.《煤矿安全规程》专家释义[M].徐州:中国矿业大学出版社,2016.

[4] 国家煤矿安全监察局.《防治煤与瓦斯突出规定》读本[M].北京:煤炭工业出版社,2009.

[5] 国家煤矿安全监察局.《煤矿防治水规定》释义[M].徐州:中国矿业大学出版社,2009.

[6] 国家煤矿安全监察局.《煤矿地质工作规定》释义[M].北京:煤炭工业出版社,2014.

[7] 李馥友.《煤矿建设安全规范》读本[M].北京:煤炭工业出版社,2012.

[8] 孙继平.《煤矿安全规程》传感器设置修订意见[J].工矿自动化,2015,40(5):1-6.

[9] 孙继平.《煤矿安全规程》安全监控与人员位置监测修订意见[J].工矿自动化,2015,40(6):1-7.

[10] 孙继平.《煤矿安全规程》监控、通信与监视修订意见[J].工矿自动化,2015,40(3):1-6.

[11] 本书编委会.《煤矿安全质量标准化基本要求及评分办法(试行)》执行说明[M].徐州:中国矿业大学出版社,2013.